PXA270을 이용한

임베디드 시스템 구조 및 응용

남상엽 · 노성동
노태상 · 우종정 공저

도서출판 상 학 당

머리말

21세기로 접어든 지금, 세계 IT 산업은 디지털 기술과 인터넷의 확산으로 디지털, 가전, 컴퓨터, 방송 등 다양한 산업분야가 융합되어, 새로운 부가가치를 창출하는 디지털 컨버전스와 사람, 사물, 기계 등 무엇이든지 서로 접속하여 실시간으로 어떠한 정보든지 주고받을 수 있는 환경으로 빠르게 진화되고 있다. 이러한 추세에 따라서, 점차적인 IT 기술의 고도화는 모든 사물에 컴퓨팅과 네트워킹 기술이 적용되어 도처에 존재하는 컴퓨팅 인프라를 통해 사람과 컴퓨팅 기기 및 환경이 서로 상호 작용하여 컴퓨터가 사람의 필요사항을 알아서 처리하는 인간 중심의 하나의 패러다임을 만들어낼 것인데, 이것이 바로 '유비쿼터스(Ubiquitous) 컴퓨팅'이다.

Anytime, Anywhere, Anynetwork, Anydevice, Anyservice를 지향하는 유비쿼터스 컴퓨팅 패러다임은 인간 생활을 둘러싼 모든 환경과 사물 속에 특정 용도와 기능 중심의 컴퓨터를 센서, 칩, 배지 등과 같은 포스트 PC 형태로 내장시키고 이들을 유무선 네트워크로 연결함으로써 보이지 않은 컴퓨터를 통해 사람, 장소, 사물의 시시각각 변하는 상황정보를 활용할 수 있는 미래 정보화의 핵심으로 떠오르고 있다.

이러한 포스트 PC의 시대에 맞추어 적용될 뭔가의 요소의 기술력이 필요해짐에 따라 등장한 것이 이 '임베디드(Embedded) 시스템'이다. 이전까지는 단순히 각종 하드웨어에 내장된 부품의 일부로서만 인식되었지만, 이제는 이러한 새로운 시대의 변화에 발맞추어 컴퓨터 기술의 1, 2차 혁명을 주도했던 메인프레임과 개인용 컴퓨터(PC)에 이어 IT 산업의 차세대 성장의 엔진으로서 부각되고 있는 것이다.

임베디드 시스템은 전기, 전자, 정보통신, 컴퓨터 기술들이 빠르게 발전하면서 이들 기술을 이용한 다양한 제품들이 출시되어 우리의 생활 주변에서 쉽게 접할 수 있다. TV, 냉장고, 세탁기, 전자레인지, 개인 휴대 정보 단말 등과 같은 모바일 컴퓨팅 기기나 마이크로프로세서를 보유한 가전제품, 공장 자동화 기기와 사이버 아파트의 홈 오토메이션 시스템, 홈 네트워크 게이트웨이 시스템 및 그 밖의 교통 관리 시스템, 주차 관리 시스템, 엘리베이터 시스템, 현금 지급기, 항공 관제 시스템, 우주선 제어 장치, 자동 항법 장치 등 셀 수도 없이 무수한 기술들이 내부적으로 임베디드 시스템이 적용되면서 우리의 생활에 아주 밀접하게 관련이 되어 도움을 주고 있다. 이러한 시스템에 사용되는 OS(운영체제)를 임베디드 리눅스(Embedded Linux)라고 한다.

현재 컴퓨터에 쓰는 OS는 용량이 많은 관계로 HDD에 저장되어 있어서 부팅과 동시에 커널이 올라가서 필요 OS 프로그램을 HDD에서 메모리로 Load하여 쓰고, 안 쓸 때는 HDD로 Copy해 놓는다. 그러나 임베디드 시스템은 메모리상에 RTOS가 상주해 있는 형태이다. 이것을 POS(Power On System/Service) Base라고도 한다. RTOS는 실시간으로 필요 Component들만으로 만들어 놓아서 OS가 사이즈를 작게 만들 수 있고 OS의 기능을 최대한 살려서 제어할 수 있는 장점이 있다.

이 타깃 시스템(X-Hyper270-TKU)의 OS는 임베디드 리눅스(레드 햇 9.0) 기반으로 구현하여 실습하도록 구성되어 있으며, 여기에서 사용한 프로세서는 코드네임 'Bulverde'인 PXA270으로 차세대 XScale PXA255에, 3가지 핵심 기능인 저전력 무선통신용 멀티미디어 처리기술인 무선 MMX, 무선 Speed Step을 지원하고, 카메라 접속을 용이하게 하는 퀵 capther-인터페이스를 제공한다.

무선단말 전용의 차세대 응용 프로세서 PXA270은 최고기능 프로세서 기술로써 고급지향 휴대폰, 고화질의 화상회의, PDA에서 DVD급 화질의 비디오 재생 및 연산능력을 지니고 있는 임베디드 프로세서이다.

이 교재는 인텔의 32bit 프로세서인 PXA270(ARM9)를 기반으로 한 X-Hyper270-TKU 보드를 이용하여 컴퓨터 · 전자 · 통신 분야 관련 학생 및 초보개발자를 대상으로 한 임베디드 시스템 프로그램에 대한 기본학습 및 실습을 위한 교재로서, 처음 임베디드 리눅스를 접하는 개발자에게 쉽고 빠르게 접근할 수 있도록 하는 데 초점을 맞추어 편찬되었다. 따라서 임베디드 시스템의 작동원리에 대한 이해와 감각을 키우기 위하는 데 부족함이 없을 것이라 생각된다.

이 책의 주요 구성은 다음과 같다.

1장은 임베디드 시스템의 기초부분으로서 임베디드 시스템의 개요, 임베디드 시스템의 활용, 임베디드 시스템의 향후 전망, 개요를 설명하였고, 제2장은 임베디드 소프트웨어인 운영체제(OS)의 개요, 기능, 개발환경, 임베디드 운영체제 종류의 특징을 설명하였으며, 3장에서는 임베디드 타깃 시스템인 X-Hyper270-TKU의 구성 및 성능에 대한 내용으로 구성하면서 특히 PXA270 프로세서에 대한 개괄적인 특징을 설명하였다.

4장, 5장에서는 임베디드 리눅스 시스템의 활용으로서 PXA270프로세서의 임베디드 시스템 개발 장비인 X-Hyper270-TKU의 타깃 장비를 호스트 PC의 환경으로 설정하여 교차개발 환경 구성, JTAG 활용, 부트 로더 활용, 커널 컴파일, 파일시스템을 통하여 임베디드 시스템의 개발환경 구축 및 임베디드 리눅스 시스템 포팅을 구현할 수 있도록 설명하였다. 특히 6장에서는 리눅스 2.6을 기준으로 한 임베디드 리눅스 커널 내부구조의 이해를 위하여 각 주제별 리눅스 커널 내부의 특징에 관하여 설명하였다.

7장에서는 타깃 시스템의 디바이스 드라이버를 구현하기 위하여 리눅스 드라이버 개요 및 특징을 설명하였고, 여러 개의 드라이버 구현의 예제를 설명하였다. 8장에서는 기초와 활용을 통하여 숙달된 지식과 실습의 능력을 시스템에 적용 및 실습을 통하여 응용분야에 접근할 수 있도록 QT 설정 및 구현 응용, 웹 서버 구축(GoAhead) 응용, 웹 브라우저 구축(Dillo) 응용, NAT 구축, NFS구축 및 MPEG 플레이어 포팅 응용, USB 호스트 응용을 기술하여 처음 접하는 개발자 및 학생들이 가장 어렵게 느끼는 개발환경 설정 실습을 통해 익히도록 하였다. 그리고 각 장에서는 소스를 장비에 적용함으로써 X-Hyper270-TKU 교육장비의 실질적인 실험실습을 통해 다양한 기능과 특징을 확인할 수 있어 임베디드 리눅스 시스템에 대한 쉽고 빠른 이해를 얻을 수 있을 것이다.

끝으로 이 교재를 집필하는 데 많은 도움을 주신 (주)하이버스의 김태형 사장님과 김원호 이사님, 기술연구소의 조성칠 소장님, 이용규 주임, 마케팅의 이경섭 차장님, 방수준 과장님 및 관계자 여러분께 감사의 말씀을 전하고, 도서출판 상학당의 관계자 여러분에게 감사의 마음을 전한다. 그리고 어려운 환경 속에서 이 책을 집필하는데 많은 도움을 준 노성민 학생에게도 감사의 말을 전한다.

저 자 씀

차 례

제1장 | 임베디드 시스템

제2장 | 임베디드 시스템 소프트웨어

제3장 | X-Hyper270-TKU 임베디드 시스템 구성 및 성능

제4장 | 임베디드 리눅스 시스템 개발환경 구축

제5장 | 임베디드 리눅스 시스템 포팅

제6장 | 임베디드 리눅스 커널 내부구조의 이해

제7장 | 임베디드 리눅스 디바이스 드라이버 구현

제8장 | 임베디드 리눅스 시스템 응용

제1장 임베디드 시스템

1.1 임베디드 시스템의 개요

임베디드 시스템(embedded system)이란 어떤 시스템에 내장되어 특정한 목적만을 수행하는 컴퓨터의 하드웨어와 소프트웨어가 결합된 고기능의 전자 제어 시스템을 말한다. 임베디드 시스템의 일반적인 의미는 마이크로프로세서/마이크로컨트롤러를 내장(embedded)하여 원래 제작자가 의도한 특정한 기능만을 수행하는 장치이다.

임베디드 시스템의 구성을 살펴보면, 임베디드 하드웨어는 임베디드 프로세서/임베디드 컨트롤러, 메모리, I/O 장치, 네트워크 장치, 센서, 구동기 등으로 구성되어 있고 임베디드 소프트웨어는 운영체제, 시스템 소프트웨어 및 응용 소프트웨어로 구성되어 있다.

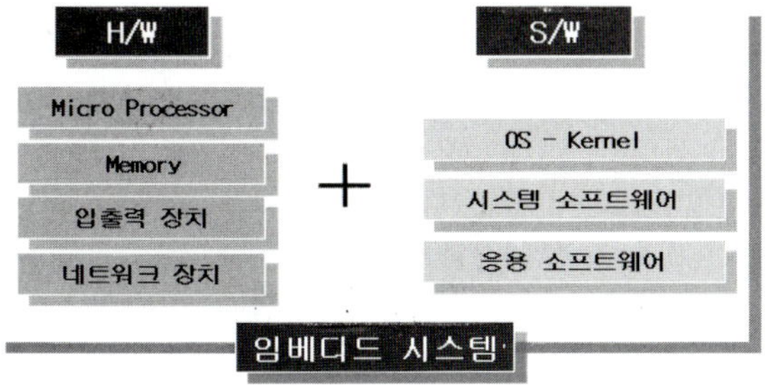

[그림 1-1] 임베디드 시스템의 구성

임베디드 시스템의 특징은 특정한 기능에 부합하는 최적화(application- specific functionality), 소형, 경량화, 저전력화, 고신뢰성이면서 네트워크를 지원하고 멀티미디어를 지원하는 시스템으로 실시간 운영이 되는 열악한 환경 하에서도 데드라인(deadline) 이내, 즉 반응에 요구되는 시간의 한계 값에 논리적으로도 결과 산출에 걸리는 시간에서도 적시성(timeliness)을 가지며 외부 자극에도 예측 가능한(predictable) 방식으로 반응하는 시스템으로서 가격에 민감하고 안전하게 동작할 수 있는 시스템의 특징을 가지고 있다.

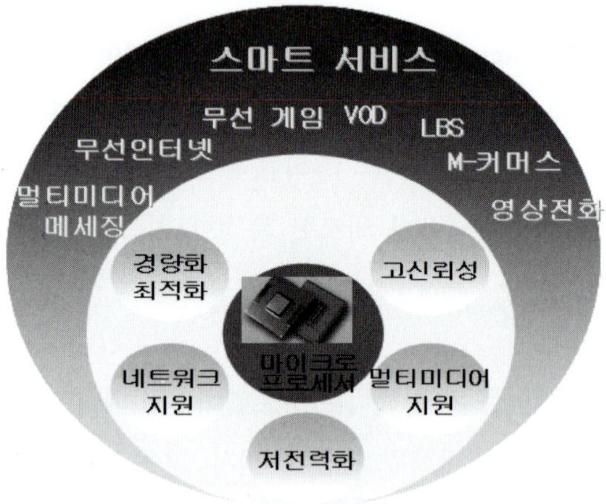

[그림 1-2] 임베디드 시스템의 특징

실시간 시스템(real time system)의 정의는 정해진 시간 내에 시스템이 결과를 출력하는 시스템을 말한다. 이는 주어진 작업을 빨리 처리하는 것이 아니고 정해진 시간을 넘어서는 안 된다는 뜻이다.

실시간 시스템의 분류는 하드웨어 실시간 시스템(hardware real-time system)과 소프트웨어 실시간 시스템(software real-time system)으로 분류된다.

① **하드웨어 실시간 시스템**은 정해진 시간(deadline) 내에 즉, 시간 내에 처리하지 않으면 치명적인 결과를 초래하는 경우에 작업의 결과가 절대적으로 출력되어야 하는 시스템으로 주로 전투기의 비행제어 시스템, 핵발전소의 제어 시스템, 인공

위성의 제어 시스템 등이 이에 해당된다.

② **소프트웨어 실시간 시스템**은 정해진 범위를 넘는 시간(deadline) 지연이 발생하더라도 그것이 시스템의 에러가 되지 않는 시스템으로 주로 컴퓨터, 정보기기, 네트워크 관련기기 등이 이에 해당된다.

임베디드 시스템은 대부분 실시간적인 요소가 내포되어 있고 실시간 시스템이 포함되어 있어야 한다.

1.2 임베디드 시스템의 활용

- 정보가전 : 세탁기, 오디오, 인터넷 냉장고, HDTV 등
- 제어분야 : 공장자동화, 가정자동화, 로봇 제어, 공정제어 등
- 정보기기 : 핸드폰, PDA, 스마트 폰, LBS 등
- 네트워크기기 : 교환기, Router, 공유기, 홈 게이트웨이 등
- 게임기기 : 가정용 게임기(PS2, Xbox, PSP), 지능형 장난감 등
- 항공/군용 : 비행기, 우주선, 로켓, 야전 이동단말(GPS, GIS)
- 물류/금융 : ATM, RFID, 물류단말, 영업단말 등
- 차량/교통 : 자동차, ITS 등
- 사무, 의료 : 전화기, 프린터, Heart pacer, 수술로봇, 증강현실장비

[그림 1-3] 임베디드 시스템의 응용

1.3 임베디드 시스템의 향후 전망

■ 프로세서

- 대부분의 프로세서가 임베디드 시스템용으로 사용한다.
- 데이터 처리용량 증가로 인하여 32비트 코어에서 64비트 코어로 발전한다.
- 고성능의 파이프라인, DSP, 자바 처리 전용 H/W 추가한다.
- 많은 종류의 마이크로프로세서/컨트롤러들 중에서 응용에 최적인 제품을 찾아내는 것이 설계에서 매우 어렵고 중요한 작업이다.

■ SOC(System-On-a-Chip)

- CPU, 메모리, DSP, I/O 등을 하나의 칩으로 만드는 기술로써 CPU칩, 메모리칩, 주변장치 칩 들을 따로 사용하여 설계한다.
- 각 칩에 해당되는 회로를 각각의 IP(Intellectual Property 또는 지적재산권)로 확보해서 한 개의 칩으로 설계한다.
- 수백만 게이트 급의 칩으로 제작된다.

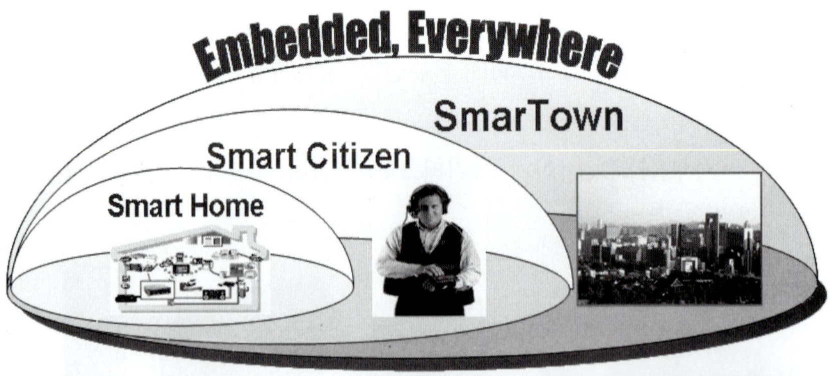

서버	홈서버	퍼스널 서버	웹서비스 서버
클라이언트	정보가전	웨어러블단말	임베디드 시스템
통신망	홈 네트워크	Personal Area Network	Ubiquitous Network
서비스유형	홈 서비스	모바일 서비스	유비쿼터스 서비스

[그림 1-4] 임베디드 시스템의 향후 전망

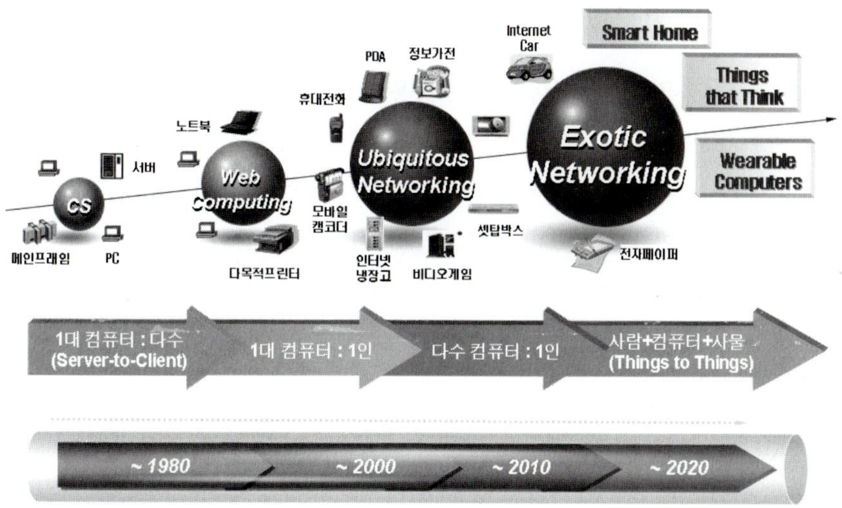

[그림 1-5] 새로운 시대의 가능성

1.4 임베디드 시스템 프로세서의 종류 및 특징

임베디드 프로세서는 8비트에서 64비트까지 다양한 종류와 특징을 가지고 있다. 특히 〈표 1-1〉에서 보는바와 같이 프로세서의 CISC와 RISC별, 제조사별 다양한 종류가 생산되고 있다.

〈표 1-1〉 임베디드 프로세서의 종류

프로세서	제 조 사	종 류
8051계열	Atmel, Cirrus, intel, TI 등	8051
PowerPC계열	모토로라(현재 ; Freescale)	MPC860,850,8260
ARM계열	ARM	ARM7, ARM9, ARM10, ARM11
INTEL계열	Intel	strongARM, Xscale(PXA255), Bulverde(PXA270)
삼성계열	삼성Korea	S3C2410, S3C2440 등
MIPS계열	MIPS	MIPS32,MIPS63 등
X86계열	AMD, Intel 등	I386,I686 등

1.4.1 ARM7과 ARM9의 특징

- ARM7은 휴대전화에서 많이 사용한다.
- ARM7 프로세서는 요즘 등장하는 카메라, 동영상 처리, 압축 보안 등의 처리요구에 코어의 성능이 모자라는 문제 때문에 ARM9이 나왔다.
- ARM9의 종류 중 ARM9TDMI, ARM940T, ARM920T가 가장 많이 사용된다.
- ARM920T는 ARM9T 코어에 MPU가 부가된 형태의 프로세서이다.
- ARM940T는 ARM9코어에 MMU가 포함되어 있다
- MPU는 가상 메모리를 지원하지 않고 물리주소를 직접 사용하는 임베디드 시스템에 활용할 수 있다.
- MMU는 리눅스처럼 가상 메모리를 사용하는 운영체제들을 지원하기 위해서 사용한다.
- ARM9과 ARM7은 프로세서는 V4T에 속하지만 구조적인 면은 성능향상을 위해 많이 수정되었다. ARM7코어에서는 3단계 파이프라인을 사용하고 ARM9 코어에서는 5단계 파이프라인을 사용한다. 5단계의 파이프라인은 한 명령어의 처리과정을 Fetch, Decode, Execute, Memory(Access), Register(Update) 이다.

1.4.2 인텔 계열의 특징

1. StrongARM(SA-1110 & SA-1111)

- SA-1110은 16K 바이트 명령어 캐시 메모리와 8K바이트 데이터 캐시, MMU, 쓰기버퍼, 읽기 버퍼 유닛과 32비트 ARM 프로세서 코어로 구성한다.
- SA-1110은 ARM7프로세서 코어와 같은 V4 버전의 프로세서 코어를 포함하여 ARM의 장점을 다 포함하면서 각종 주변장치들도 하나의 칩에서 지원하게 설계되어 PDA 등의 임베디드 시스템에서 자주 사용되던 칩이다.
- SA-1111 칩은 SA-1110을 보완하는 칩으로서 보다 더 다양한 종류의 주변장치들을 최소한의 주변회로를 사용하여 구현할 수 있게 만들어 준다.
- 사용 가능한 주변 장치는 USB, PCMCIA, CF, 두 개의 PS/2포트, 두 개의 직렬포트 등과 외부메모리의 효율적 이용을 위한 공급 DMA 등의 기능이 추가되었다.

2. XScale의 구조 및 특징

- Xscale은 StrongARM과 같이 무선 통신환경의 휴대 단말기를 목표로 설계된 32비트 RISC 프로세서 코어이다.
- 고성능과 저전력 소모를 목표로 설계되었다.
- StrongARM은 ARMV4기반이고 Xscale은 ARMV5TE로 발전이 되었다. 그의 차이점은 1K 바이트 크기의 Tiny page 처리 기능, CLZ(Count the Leading Zeros) 명령어의 추가, 그리고 ARM-Thum 모드 이동을 위한 BLX, BRK 등의 명령어가 추가되었다.
- Xscale은 2000년에 ARM사의 ARMV5 기술에 기반을 두고 인텔의 독자적인 파이프라인 및 캐시 기술을 접목시킨 것이다.
- 기존 StrongARM보다 적은 전력을 소비하면서도 보다 높은 성능을 얻을 수 있다.
- PXA210은 휴대전화용, PXA250/255는 PDA용으로 발표하였다.
- 디스플레이 컨트롤러는 공통적으로 최대 800x600의 16비트까지 지원된다.
- 시스템 버스가 200MHz이다.
- 오디오/비디오 디코딩 성능을 향상시켰다.

3. 벌버디(Bulverde)의 특징

- 휴대전화와 개인휴대단말기(PDA)를 위한 제품 프로세서 PXA270을 제시하였다.
- 고화질의 화상회의를 구현하고 PDA에서 DVD급 화질의 비디오를 재생하기에 충분한 수준의 연산능력을 지니고 있다.
- 저전력 무선통신용 멀티미디어 처리기술 무선 MMX가 공급된 PXA270은 전압과 동작속도를 지능적으로 관리해 전력 소모량을 현격히 줄여 IMT-2000, 무선랜, 와이맥스 등 각종 무선통신 기능을 이용하는 데 적합하다.
- 멀티미디어 기능이 더욱 강화된 PXA270은 3차원 그래픽 게임과 고화질 비디오를 무리 없이 소화할 수 있고 400만화소급 이상의 디지털 카메라를 지원한다.

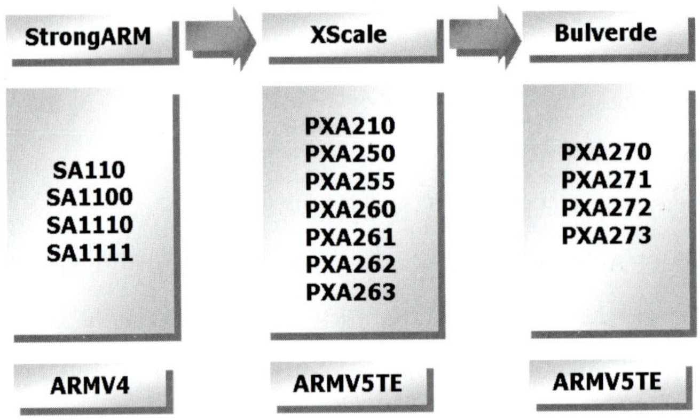

[그림 1-6] 인텔계열의 임베디드 프로세서의 진화단계

- 모든 운영체제를 지원하며 보안기술도 통합 탑재돼 있어 신뢰성 있는 부팅, 개인 정보와 암호의 보안 저장, 널리 사용되는 보안 프로토콜 기본지원 등이 가능하다.
- 2700G라는 멀티미디어 가속기와 함께 사용할 수 있다. 이 제품은 1280 x 1024 까지의 해상도를 화면 2개를 함께 구동할 수 있으며 640 x 480해상도를 화면으로 DVD급 화질의 비디오를 재생할 수 있으며 MPEG-2, MPEG-4, 마이크로 소프트 윈도 미디어 비디오9 등 다양한 비디오 형식을 지원한다.

1.5 인텔 벌버디 PXA270

PXA270은 차세대 XScale PXA255에, 3가지 핵심 기능을 추가했고 코드네임 'Bulverde'는 무선 MMX, 무선 Speed Step을 지원하며, 카메라 접속을 용이하게 하는 퀵 capther-인터페이스를 갖춘다.

PXA270은 무선 단말전용의 차세대 응용 프로세서 「Bulverde」는 차세대의 XScale 프로세서 기술을 기반으로 한 고급 지향 휴대폰, PDA전용 CPU로 2006년 이후 휴대폰/DMB/ PDA 트렌드를 결정할 프로세서다.

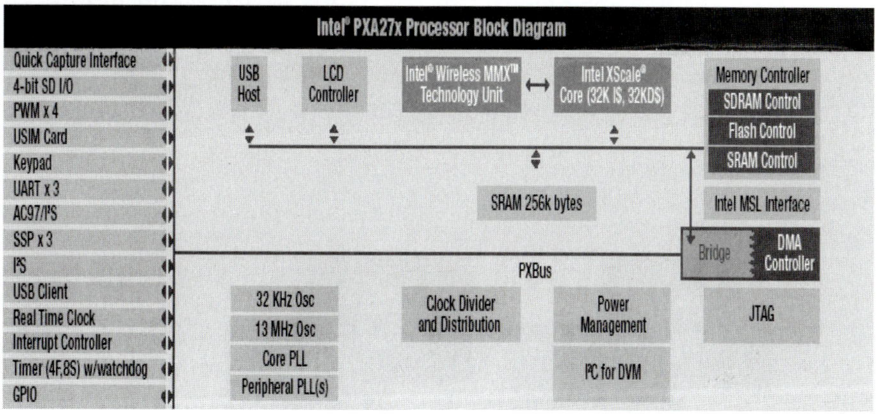

[그림 1-7] 인텔 PXA270프로세서의 구성도

1.5.1 PXA270 개요

1. 프로세서 코아

PXA27X 프로세서는 휴대용 핸드헬드 및 범용 기기에 사용하기에 적합한 소형의 저전력, 고성능의 프로세서이며 다양한 주변기기가 통합된 Intel® XscaleTM 마이크로 아키텍처(architecture)의 SoC(system on-chip) 마이크로프로세서이다.

PXA27x 프로세서의 패밀리는 〈표 1-2〉처럼 StrataFlash와 저전력 SDRAM 및 클록에 따라 구분된다.

〈표 1-2〉 PXA27x패밀리의 종류

종류	StrataFlash	LowPowerSDRAM	최대클록
PXA270	–	–	624MHz
PXA271	32MB	32MB	416MHz
PXA272	64MB	–	520MHz
PXA273	32MB		416MHz

[그림 1-8]의 PXA27X RISC프로세서는 32비트 메모리 데이터 버스와 주변기기들이 통합된 23×23mm 크기의 256핀 PBGA 패키지로 되어있다. 프로세서의 메모리 인터페이스는 다양한 형태의 메모리를 지원하며 800×600픽셀의 1, 2, 4, 8비트 그레이스케일과 8,16,18비트의 컬러 픽셀 디스플레이를 지원한다.

[그림 1-8] 인텔 PXA27x 프로세서 패키지

인텔 XScale 마이크로 아키텍쳐는 타깃에 맞는 다양한 주변기기들을 지원한다. 예를 들어 RISC 코아는 소형의 저전력, 멀티미디어 응용 성능의 향상을 위해 LCD 제어기, 멀티미디어 제어기, 외부 메모리 인터페이스 등과 통합 가능하다.

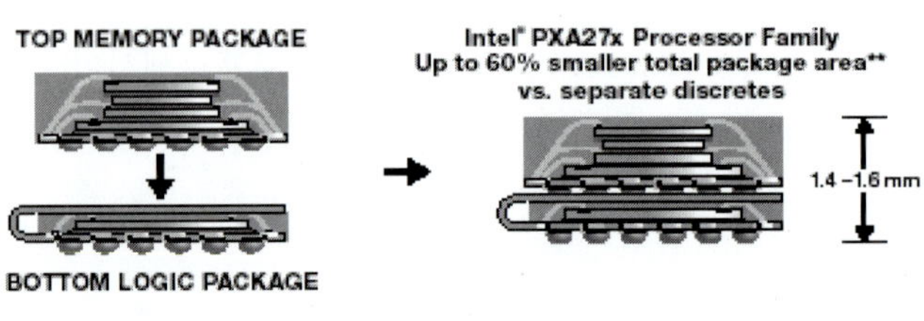

[그림 1-9] 패키지의 통합

인텔의 XScale은 인텔이 ARM으로부터 라이선스한 ARMv5TE 아키텍처를 기반으로 하고 있다. 〈표 1-3〉은 ARM 아키텍처의 특징을 비교하였다

〈표 1-3〉 ARM 아키텍처의 특징 비교

Feature	ARM9E™	ARM10E™	Intel® XScale™	ARM11™
구조 파이프라인 길이	ARMv5TE(J) 5	ARMv5TE(J) 6	ARMv5TE	ARMv6 8
Java Decode	(ARM926EJ)	(ARM1026EJ)	No	Yes
V6 SIMD 명령어	No	No	No	Yes
MIA 명령어	No	No	Yes	Available as coprocessor
Branch Prediction	No	Static	Dynamic	Dynamic
Independent Load-Store Unit	No	Yes	Yes	Yes
명령어 이슈	Scalar, in-order	Scalar, in-order	Scalar, in-order	Scalar, in-order
Concurrency	None	ALU/MAC, LSU	ALU, MAC, LSU	ALU/MAC, LSU
Cut-of-order completion	No	Yes	Yes	Yes
Target Implementation	Synthesizable	Synthesizable	Custom chip	Synthesizable and Hard macro
Performance 범위	Up to 250MHz	Up to 325MHz	200MHz->1GHz	350MHz->1GHz

2. 메모리 제어

메모리 제어기는 다양한 형태의 메모리 구성을 지원한다. 메모리 제어기는 4개의 SDRAM 분리와 SRAM, SSRAM, Flash, ROM, SROM 등을 위해 6개의 직접 칩 선택(static chip select)을 가지고 있으며 2개의 PCMCIA혹은 Compact flash slot을 지원한다.

3. 클록 및 전력 제어

프로세서는 13MHz와 32.768KHz 크리스털의 클록으로 구동된다. 그 중 13MHz 크리스털은 코아 PLL(Phase Locked Loop)와 Peripheral PLL을 구동시키며 PLL들은 특정 기능 블록들을 구동하기 위해 선택된 주파수의 클럭을 생성한다. 32.768KHz 크리스털은 RTC(Real Time Clock), 전력관리 제어기 그리고 인터럽트 제어기를 구동시킨다. 32.768KHz 크리스털은 프로세서가 슬립(sleep)모드 동안 클럭을 공급하기 위해서 분리된 power를 사용한다.

전력관리제어는 turn/run, idle, sleep 모드를 컨트롤 한다.

4. USB(Universal Serial Bus) 클라이언트

USB 클라이언트 모듈은 USB(Universal Serial Bus) 사양, 버전1.1을 지원한다.

최대 16개의 endpoint를 지원하며 CPU내부에서 48MHz의 클록을 생성한다. USB 다비이스 제어기는 DMA에서 메모리로 혹은 메모리에서 DMA로 액서스하는 FIFO를 제공한다.

5. DMA 제어기(DMAC)

DMAC는 내부 주변기기들로부터 서비스 전송 요청을 위한 16개의 우선순위를 가지는 채널을 지원하며 외부의 칩으로부터 최대 2개의 데이터 요청을 지원한다. DMAC는 주변기기들과 워드, 하프-워드, 바이트 크기의 데이터의 전송을 지원한다.

1.5.2 PXA270의 주요기술

1. 무선 MMX

멀티미디어 처리를 고속화하는 SIMD 연산을 실시하는 명령 세트로 IA-32 프로세서에 내장되고 있는 'MMX'와 호환성으로 'PC로부터 무선 단말의 접속을 간단히 한다'는 장점을 가진다. 또한 동영상의 디코더에서 최대 50%의 성능이 업그레이드 됐으며, 엔코더에서는 XScale만 비교해 2~3배 퍼포먼스가 높아졌다(인텔 발표자료). 또한 저전력화로 QCIF 사이즈 화상 전화 동영상, 음성을 처리하는데 필요한 CPU 코어의 소비 전력이 초간 15fps에 78MW, 30fps에 120MW다(208 MHz 동작시).

2. 무선 SpeedStep

주파수와 전압 양쪽 모두를 동적으로 변화시키는 것으로 소비 전력을 줄이는 구조다. 종래 XScale 프로세서에서는 주파수만을 바꿀 수 있었지만, 전압도 동적으로 변화시키는 것으로 한층 더 소비 전력을 줄일 수 있다. 총 5가지 모드가 있어 소비 전력을 중시하는 경우와 응답 시간을 중시하는 경우로 유연하게 구분하여 사용할 수 있다.

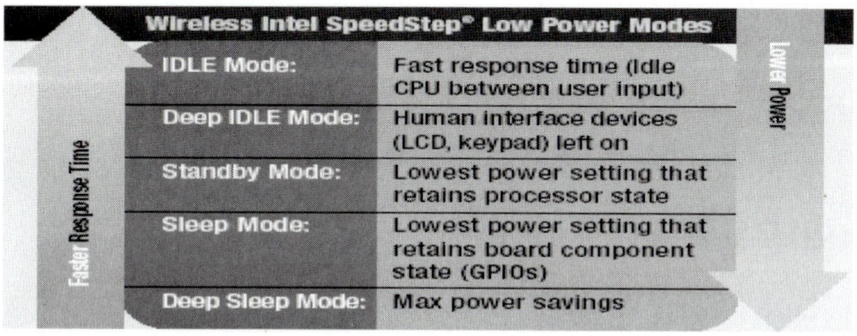

[그림 1-10] 무선 SpeedStep의 5가지 모드

3. 퀵 capther-인터페이스

전 세계적으로 급격한 성장세를 지속하고 있는 디지털 카메라에 대응하여 카메라와의 접속을 용이하게 하기 위한 구조로 통상 카메라 모듈은 영상 처리용 DSP를 갖추고 있지만, 버벌디(Bulverde)는 이 카메라용의 DSP를 내장함으로, 카메라의 비용 삭감을 가능하게 한다. 4M픽셀(2048×2048 픽셀)까지의 CMOS/CCD 센서를 접속할 수 있어 무선 MMX와 내장 DSP를 사용해 컬러 조화(color-balance)나 노이즈 제거, 화이트 밸런스, 감마 수정 등을 행할 수 있다. 또 CPU를 배제한 촬영된 이미지를 고속으로 프리뷰해 주는 기능을 지원하며, QVGA로 초간 30프레임, VGA로 초간 15프레임의 동영상 촬영도 지원 가능하다. 이는 CPU를 사용하지 않기 때문에 전력 소비를 현격히 줄일 수 있다.

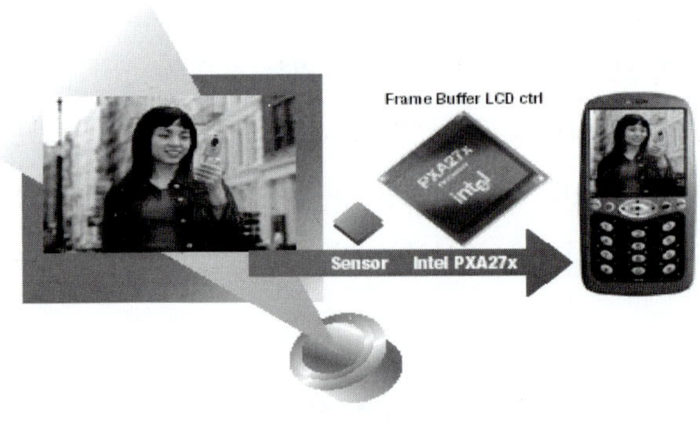

[그림 1-11] PXA270의 영상처리 시스템

1.5.3 PXA27X의 응용제품

[그림 1-12] PXA27X의 응용제품

1.6 Bulverde PXA270과 Xscale PXA255 비교

〈표 1-4〉에서 PXA270 Bulverde와 PXA255 Xscale의 CPU클록, incredible, 고성능 카메라 인터페이스, 고성능 LCD 제어기, 무선데이터 액세스 및 다량의 주변기기세트를 비교하였다.

〈표 1-4〉 PXA270과 PXA255 비교

	Bulverde PXA27x	XScale PXA255
CPU 클록	최대클록주파수; 520,624MHz ARM구조; v.5TE Compliant 23 x 23mm(1.0mm 볼 피치간격) 13 x 13mm(0.5mm 볼 피치간격) 패키지 ; PBGA	200,300,400MHz ARM구조 v.5TE compliant 17x17 mm 256-pin PBGA
Incredible	무선 MMX™ 기술 명령은 3D게임과 고성능 비디오를 위해 설계되었다.	
고성능 카메라 인터페이스	IQuick Capture 기술은 디지털 이미지 캡쳐와 저전력, 실시간 previews를 위해 4M 픽셀을 제공한다.	
고성능 LCD Controller	18비트컬러를 가진 Dual-panel LCD. 하드웨어 컬러 공간은 고속 비디오를 위해 256KB 온칩 SRAM를 변환한다. 2개의 오버레이는 LCD대역폭을 감소한다. Quick Capture 기술을 집적하였다.	Integrated LCD controller with unique 고속 color screen 제공하기 위해 DMA를 사용
무선데이터 고속 액세스	Mobile Scalable Link는 통신과 응용프로세서간의 416 Mbps link를 제공한다.	
다량의 주변기기 셋트	USB Host/Client USB OTG 4-bit SD I/O MMC/SD Card Memory Stick USIM card interface Keypad controller PCMCIA/CF ICP	MMC/SD PCMCIA/CF USB Client 290 Kbps Bluetooth interface 1.84 MHz cellular baseband interface

1.7 X-Hyper270-TKU과 X-Hyper255-TKU 사양 비교

X-Hyper270의 타깃 임베디드 시스템의 개발로 인하여 종래 타깃시스템과 X-Hyper255와 성능비교를 다양한 항목별로 〈표 1-5〉에 요약 서술하였다.

〈표 1-5〉 X-Hyper270과 255사양비교(요약)

항목	X-Hyper270 TKU 임베디드 시스템	X-Hyper255TKU 임베디드 시스템
리눅스 버전	linux-2.6.11	linux-2.4.18
CPU	PXA270	PXA255
CPU클록	520MHz	400MHz
SDRAM	K4s561632 4EA(128MB)	K4s561632 2EA(64MB)
플래시 ROM	TE28F128 2EA(32MB)	TE28F128 2EA(32MB)
NAND 플래시	K9K12088U0M-YCB0(64MB)	
오디오	AC'97 CODEC Chip(CS4299)	AC'97 CODEC Chip(CS4299)
이더넷	10Base-T 1Port(CS8900)	10Base-T 1Port(CS8900)
	10/100Base-T 2Port(LAN91C111)	
디스플레이	6.4 inches TFT LCD Interface	6.4 inches TFT LCD Interface
VGA	VGA Controller(THS8135)	
터치 스크린	MK712RI	ADS7843
USB HOST	USB 1.1 Host 1Port(PXA270 Internal)	USB 1.1 Host 1Port(SL811)
	USB 2.0 Host 2Port(TD242LP)	
USB Slave	USB 1.1 Slave 1Port(PXA270 Internal)	USB 1.1 Slave 1Port(PXA255 Internal)
CPLD/FPGA	CPLD EPM3604_TQFP100/FPGA ALTERA 10만 gate	FPGA ALTERA 10만 gate
IRDA	IRDA Module(HSDL3201)	IRDA Module(HSDL3201)
카메라 I/F	CMOS(PXA270 Internal)	
UART	UART 1Port(PXA270 Internal)	UART 2Port(PXA255 Internal)
UART Externd	Full Function UART 4 Port(TL16C554APN)	
7'Segment	8EA	8EA
Dot Matrix	7 X 5 (1EA)	8EA

항목	X-Hyper270 TKU 임베디드 시스템	X-Hyper255TKU 임베디드 시스템
KEY	GPIO Key 4EA	GPIO Key 2EA
	4 X 4 Key Matrix	4 X 4 Key Matrix
Charicter LCD	16 X 2 Line (1EA)	16 X 2 Line (1EA)
LED	LED 8EA	LED 8EA
A/D	A/D Converter (ADC0804)	A/D Converter (ADC0804)
D/A	D/A Converter (DAC0800)	D/A Converter (DAC0800)
Motor driver	DC Moter Controller 2Port (L298)	
	Step Moter Controller 1Port (L297)	Step Moter Controller 1Port (L297)
MMC	PXA270 Internal Controller	PXA255 Internal Controller
PCMCIA Slot	PXA270 Internal Controller	PXA255 Internal Controller
CF Slot	PXA270 Internal Controller	PXA255 Internal Controller

1.8 리눅스 커널 2.4와 커널 2.6 사양 비교

1.8.1 리눅스 커널의 개요

리눅스 커널은 1991년 토발즈가 단지 재미를 위해서 만들기 시작하여 GNU 프로젝트와 어우러지면서 급진적인 발전을 거듭해 왔다.

일부 해커와 고급 유저 사이에 소리 소문 없이 펴져 나가던 리눅스는 1998년에 들어 여러 커뮤니티 단체들과 기업들이 관심을 보이며 대중화에 앞장서게 된다. 또한 IBM, 오라클, HP 등의 대형 벤더들이 앞다투어 자사의 제품과 호환성을 맞추고 적극적인 지원을 나서면서 유닉스, 윈도우 이 후의 대표적인 운영체제로 자리 매김을 하게 되었다.

그러나 지금까지 리눅스는 큰 기대 뒤에 아쉬움이 남는 운영체제로 보여 질 때가 많았다. 유닉스가 자리 매김 하고 있는 엔터프라이즈 서버에서는 확장성의 한계가 있었으며 윈도우로 대표되는 데스크톱의 독점적 시장을 뚫고 들어가기 힘겨운 것이 사실이었다.

리눅스 커널 2.6 발표는 이러한 한계점을 극복함으로써 그 활용 폭을 넓혀 준다는 점에서 매우 반가운 소식이다.

엔터프라이즈급에서는 유닉스의 확장성을 갖췄고 데스크톱용 하드웨어의 디바이스 지원 확대로 윈도우의 영역에 한발 다가서는 데에 충분한 기반을 갖추었으며 임베디드 분야의 성능 향상으로 자체 개발하거나 윈도우 CE를 사용해 왔던 모바일, 임베디드 개발사들을 리눅스로 발길을 돌리게 할 수 있는 충분한 매력을 갖추고 있기 때문이다.

리눅스 커널 2.6의 여러 특징 중 시스템 성능, 서버, 데스크톱, 임베디드 분야에 주요한 내용만을 간략히 소개 해 본다.

1.8.2 시스템 기능 개선

시스템의 성능을 월등히 향상 시킬 수 있는 여러 기능이 추가되어 서버, 데스크톱, 임베디드 분야에서 모두 큰 효과를 볼 수 있다.

1. 선점형동작

커널 2.4에서는 커널 자체가 동작하는 동안 다른 프로세스의 인터럽트를 허용하지 않았지만 커널 2.6에서는 커널 동작 중에도 특정 시간 동안 어떤 프로세스가 디바이스를 점유할 것인지를 결정하는 I/O 스케줄러가 개선되어 한 프로세스가 너무 오래 대기 하지 않도록 효율적으로 배분해 시스템에 부하가 많이 걸렸을 때에도 사용자 입력에 대해 빠르게 응답한다.

2. 하이퍼스레딩

펜티엄 4 이상의 CPU에서 지원하는 기능으로 하나의 CPU를 2개 이상의 CPU로 활용하는 기능이다. 전 CPU에 걸쳐 부하를 분산하고 최적화 하는데 도움을 주어 큰 성능 향상이 기대된다.

3. 디바이스 정보

디바이스 지원은 운영체제로서 필수적이라 할 수 있다. 커널 2.6에서는 디바이스가 sys에 마운트되어 디바이스의 속성과 갯수를 포함하여 디바이스 이름, IRQ, DMA, 전원공급 상태 등을 확인 할 수 있다.

또한 모듈을 지원하는 하드웨어에 대한 정보를 모듈 밖에 공유하여 대체 디바이스로 강제 동작할 수 있어 디바이스에 대한 확장성을 강화하였다.

1.8.3 서버 성능 향상

엔터프라이즈급 이상의 서버는 현재 UNIX 시스템을 대체할 수 있는 확장성이 중요한데 커널 2.6은 이를 강화시켜 준다.

1. NUMA(Non-Uniform Memory Access) 지원

커널 2.4까지는 여러 개의 CPU가 메모리를 사용할 경우 같은 주소에 메모리를 access하므로 병목현상이 발생하였다.

Kernel 2.6에서는 위상 API 스케줄러를 통해 최대한 효율적으로 가까운 리소스를 활용함으로써 이러한 병목 현상을 없앴으며 비연속적인 메모리의 사용이 가능하다.

2. 커널에서 디바이스 지원 개수 증가

커널 2.4 에서는 255개의 주 디바이스가 각각 255개의 부 디바이스를 갖고 있어 대용량 스토리지 서버를 운영하는데 문제가 발생하였다. 커널 2.6에서는 4096개의 주 디바이스가 각각 100만개의 부 디바이스를 갖게 되어 현재 나와 있는 최신의 하드웨어 장비를 모두 지원한다.

3. 프로세스 아이디, 사용자 수와 그룹 수 증가

프로세스 아이디(PID)가 32000개에서 10 억 개로 증가하여 업타임(uptime)이 길고 바쁜 서버에서 새로운 프로세스를 생성하는 퍼포먼스가 향상되었다. 또한 사용자 수와 그룹 수의 제한이 기존의 65000개에서 40억 개로 증가 하였다.

4. 모듈 서브 시스템의 안정성 향상

중요한 서비스 운영 중 인 서버가 운영 도중 모듈이 내려가 서비스가 중지되는 것을 방지 하는 기능이 포함되어 서버 시스템을 안정적으로 운영할 수 있게 되었다.

1.8.4 데스크톱 성능향상

데스크톱의 성능향상에 도움을 줄 여러 주변 장치 지원과 윈도우의 파일 시스템 호환 면에서의 성능이 향상 되었다.

1. 데스크톱 주변 장치의 지원과 하드웨어 호환성 향상

커널 2.6은 PC 카드, USB, 핫 플러그 PCI 등 핫플러그(Hot Plug)기기들을 지원한다. 또한 커널의 서브시스템에서 부팅 시 찾아낸 디바이스와 실행 중에 찾아낸 디바이스의 차이점을 차별하지 않음으로써 핫플러그 디바이스를 처리하는 방식이 간단해 졌다.

480Mbps의 전송 속도를 갖고 있는 USB 2.0을 지원하며 USB 디바이스를 파악하는 루틴을 새로 작성하여 동일한 타입의 여러 디바이스가 잘 동작하도록 USB의 안정성과 호환성을 향상시켰다.

150 MB/sec의 전송속도를 갖는 Serial ATA 하드디스크를 지원하고 엡캠, 라디오 카드, 디지털 비디오 레코더 등의 지원도 강화되었다.

2. 사운드 시스템 변경

■ ALSA(Advanced Linux Sound Architecture)

기존 OSS(Open Sound system)을 대체하는 ALSA를 사용하며 기존에는 CPU를 1개로 생각하여 1개의 CPU에만 부하가 걸리던 것을 스레드와 SMP에 안전하도록 설계하여 CPU의 부하를 분산하여 사용하게 한다.

1.8.5 모바일 / 임베디드 지원 확대

1. 무선 디바이스

블루투스 디바이스 지원을 확대했으며 디바이스를 종류 별로 설정해야 하는 문제를 해결하여 사용자 프로그램으로 여러 종류의 디바이스를 동일하게 제어 하는 것이 가능하다.

2. 전원 관리 기능 개선

전원 연결 여부에 따라 CPU 속도를 자동으로 변경할 수 있다.

이 밖에도 서버 시스템 에서는 멀티 CPU에 경우 APIC 지원 개선으로 IRQ 밸런싱 기능이 개선되었으며 최신 32bit의 x86시스템들이 64GB까지의 RAM을 페이지 모드로 사용할 수 있게 되었다.

〈표 1-6〉 커널 2.4와 2.6의 비교(요약)

선점형 동작	커널 2.4에서는 커널 자체가 동작하는 동안 다른 프로세스의 인터럽트를 허용하지 않았지만 커널 2.6에서는 커널 동작 중에도 특정시간동안 어떤 프로세스가 디바이스를 점유할 것인지를 결정하는 I/O 스케줄러가 개선되어 한 프로세스가 너무 오래 대기하지 않도록 효율적으로 배분해 시스템에 부하가 많이 걸렸을 때에도 사용자 입력에 대해 빠르게 응답한다.
하이퍼스레딩	Pentium 4 이상의 CPU에서 지원하는 기능으로 하나의 CPU를 2개 이상의 CPU로 활용하는 기능이다. 전 CPU에 걸쳐 부하를 분산하고 최적화하는데 도움을 줘 퍼포먼스의 향상이 기대된다.
NUMA (Non-Uniform Memory Access)	커널 2.4까지는 여러 개의 CPU가 메모리를 사용할 경우 같은 주소에 메모리를 access하므로 병목현상이 발생한다. Kernel 2.6에서는 위상 API 스케줄러를 통해 최대한 효율적으로 가까운 리소스를 활용하여 이런 병목현상을 없앴으며 각 노드가 차지하는 Memory 사이에 구멍이 있어 비연속적인 메모리의 사용이 가능하다.
디바이스 지원 확대	2.6 커널에서는 더욱 많은 유형의 디바이스들이 지원을 받는다. 2.6 커널은 메이저 넘버의 한계를 255에서 4095로 확대하고 유형 당 백만 개 이상의 하위 디바이스를 허용한다.
쓰레딩 향상	2.6 커널은 새로운 스레드 라이브러리인 Native POSIX Thread Library (NPTL)를 채택했다. 이 새로운 라이브러리는 1:1 모델과 완전한 POSIX 호환에 기반한다. Red Hat에서 수행된 테스트에서, NPTL을 사용하여 구 IA-32 dual 450MHz PII Xeon 시스템에서 100,000 스레드가 만들어질 수 있고 2.3초안에 파괴될 수 있다는 결과가 나왔다.

O(1) 스케쥴러	O(1) 스케쥴러는 2002년 공식적인 리눅스 2.5 커널 트리에 허용되었다. O(1) 스케쥴러는 리눅스 확장성과 전체 퍼포먼스를 높인다. O(1)은 많은 태스크와 CPU에 더욱 잘 확장되고 CPU들 간 태스크 바운싱을 피한다. O(1) 스케쥴러는 CPU와 NUMA 인식의 로드 밸런싱을 통한 로드 밸런싱을 공급한다.
Block I/O Layer	2.6 커널의 Block I/O Layer는 커널 확장성과 퍼포먼스를 위해 재작성되었다. 2.4의 글로벌 I/O 요청 락(lock)은 제거되었다.
비동기식 I/O	비동기식 I/O는 2.6 커널의 새로운 점이다. 웹 서버와 데이터베이스 같은 엔터프라이즈 애플리케이션들이 복잡한 내부의 풀링(pooling) 메커니즘에 의지하지 않고서도 확장될 수 있는 방식을 제공한다.
기타	이외에도 뚜렷한 변화와 새로운 기능들이 몇 가지 있다. 예를 들어 2.6 커널은 여러 가지 새로운 파일 시스템들을 지원한다. JFS, XFS, NFS v4, Andrew File System (AFS) 등이 그것이다. 새로운 네트워킹 프로토콜과 기능들(Stream Control Transmission Protocol (SCTP), Internet Protocol Security(IPSec), IPv6 지원 확대, IP Payload Compression (IPComp) 등은 리눅스 2.6 커널의 네트워크 안정성과 전송 품질에 기여했다.

제2장
임베디드 시스템 소프트웨어

2.1 임베디드 소프트웨어의 개요

임베디드 소프트웨어란 임베디드 시스템에 탑재되는 소프트웨어를 말한다. 임베디드 시스템의 응용 분야가 다양해지면서, 예전에는 단순했던 임베디드 소프트웨어가 점점 더 복잡하고 다양한 기능을 처리하게 되었다.

임베디드 OS를 사용하는 이유는 인공위성이나 미사일 제어 등과 같이 오류에 견고한 시스템이나 실시간 시스템을 위해 최적화된 운영체제가 필요할 경우이다. 이러한 경우에는 다양한 목적의 범용적인 운영체제보다는 RTOS(Real Time Operating System)와 같은 임베디드 OS를 사용한다.

RTOS는 표준 하드웨어 환경이 정해져 있지 않다는 점이 윈도우나 유닉스 등 범용 운영체제와 커다란 차이이며, 이는 곧 응용 프로그램뿐 아니라 운영체제 자체에 대해서도 사용자가 환경을 설정해야 하고 때에 따라서는 포팅 노력이 요구된다는 뜻이다. 그리고 시스템의 하드웨어 자원, 특히 메모리 사용에 대해서 많은 제약이 따른다.

예를 들어 일반 OS에서 작동하는 응용 프로그램이 몇 백 KB 메모리를 더 사용한다고 해서 무슨 큰 문제가 되는 것은 아니다. 그러나 임베디드 시스템에서는 메모리를 더 사용하면 그만큼 제품 단가가 올라가고, 특히 이동 환경에서는 제품의 크기와 전지의 사용 시간에도 직접적인 영향을 주게 된다.

RTOS는 실시간 처리에 대한 강력한 지원과 통합 개발 및 디버깅 환경을 지원한다. RTOS는 그 종류는 대단히 많이 있다. 대표적으로 화성 착륙선인 패스파인더(PathFinder)와 혼다에서 만든 로봇인 아시모(ASIMO)의 운영체제로 쓰인 윈드리버(WindRiver)의 VxWorks, ISI에서 개발해서 지금은 윈드리버에 통합된 pSOS, Mentor

Graphics의 VRTX, 윈도우 CE 닷넷, 윈도우 XP 임베디드, 임베디드 리눅스 등이 있으며 교육용으로 만들어진 uC/OS-II가 있다.

2.2 임베디드 시스템의 운영체제(OS)

임베디드 시스템(embedded system)이라는 것은 통상적으로 일반적인 시스템과는 달리 특정한 작업만을 수행하도록 설계되며 초기의 임베디드 시스템은 비교적 아주 단순해서 특별한 운영체제가 필요 없이 사람이 순차적인 프로그램을 작성해서 실행하도록 되어있고, 중간에 인터럽터가 발생되는 경우에만 그 순차적인 프로그램에서 잠시 벗어나는 정도였다. 이전의 임베디드 시스템들은 주로 간단하고 단순한 순차적인 작업에 관련되었기 때문에 굳이 운영체제(OS : Operation System)를 사용한다는 것은 낭비가 되었고 그럴 필요조차 없었다.

최근의 임베디드 시스템 분야에서는 그 시스템 자체가 상당히 커지게 되고, 네트워크나 멀티미디어가 시스템에 기본으로 포함되면서 임베디드 시스템이 해야 할 일들도 많아지고 복잡해졌기 때문에 순차적인 프로그램을 작성하기가 매우 어렵게 되었다.

따라서 임베디드 시스템에서는 운영체제의 개념이 필요하게 되었고 임베디드 시스템의 특성상 실시간(real time)이라는 요소를 만족해야 하였으므로 실시간 운영체제가 임베디드 시스템에 도입되게 되었다.

지금도 실시간 RTOS를 채택하여 개발 되는 제품들이 점점 늘어나고 있는 추세이며, 이제는 수 많은 임베디드(embedded)시스템에서 그 목적에 맞게 실시간 운영체제와 함께 적절하게 사용되고 있는 실정이다.

그리고 임베디드 운영체제(embedded operation software)는 크게 아래와 같이 RTOS(Real Time OS)와 GPOS(General Purpose OS)로 분류할 수 있다.

2.2.1 실시간 운영체제(Real Time OS)

RTOS는 정해진 시간 내에 타깃 시스템이 결과를 출력하는 실시간 시스템을 말한다. 이는 주어진 작업을 빨리 처리하는 개념이 아니고 정해진 시간을 넘겨서는 안 된다는 개념이다 또한, RTOS에 사용되며 실시간 임베디드 시스템 응용에 적합할 수 있도록 시스템 응답 속도(response speed), 인터럽트(interrupt), Efficiency, Scalability, Portability 등에서 우수한 성능을 가지도록 설계된 운영체제를 말한다. RTOS는 실시간적 요소를 충족시키기 위해서 모듈화, 선점형 멀티 태스킹, 스케줄링, 통합 개발 환경 지원 등을 고려해야 한다.

실시간 시스템도 하드웨어 실시간 시스템(Hard Real-Time System)과 소프트웨어 실시간 시스템(Soft Real-Time System)으로 나눌 수 있다.

1. 하드웨어 실시간 시스템

하드웨어 실시간 시스템은 정해진 시간 내에 작업한 결과가 절대적으로 출력되어야 하는 시스템을 말하며, 이런 시스템의 예로는 전투기의 비행 제어 시스템이라든지 핵발전소의 제어 시스템, 인공위성의 제어 시스템 등 작업의 결과가 미리 정해진 시간 내에 도출되지 않으면 막대한 손실을 발생할 수 있는 치명적인 결과가 나오게 되는 경우이다.

2. 소프트웨어 실시간 시스템

소프트웨어 실시간 시스템은 정해진 시간 내에 작업의 결과가 나오지 않더라도 하드웨어 실시간 시스템처럼 치명적인 결과를 양산하는 그런 시스템이 아닌 경우이다. 소프트웨어 실시간 시스템은 정해진 범위를 넘는 시간 지연이 발생하더라도 그것이 시스템 에러(system error)가 되지는 않는다.

2.2.2 GPOS(General Purpose OS)

일반OS는 현재 사용하고 있는 Window NT, Window 95/98/2000/XP, DOS, UNIX, Macintosh OS, OS/2 등으로 일반적인 응용 소프트웨어를 운영하기 위하여 설계된 운

영체제를 말한다. 따라서 대용량의 메모리와 ROM영역을 필요로 하며, Local File System, Paged Virtual Memory를 관리할 수 있는 MMU(Memory Management Unit) 등이 필요하다. 실시간을 구현하는 데 있어서 응답속도(Response Speed), 인터럽트 핸들링(Interrupt Handling) 등에서 RTOS보다 우수하지 못하다.

그리고 대부분의 임베디드 시스템들은 그 자체에 맞게끔 포팅(porting)된 운영체제를 가지고 있으며 이런 운영체제로서는 하나의 운영체제가 거의 독점하고 있다시피 한 PC용 운영체제 시장과는 달리 여러 종류의 독특한 특성을 가진 운영체제가 공존하고 있는 상황이다. Xinu, uC/OS와 같이 개인이나 학계 등에서 공개한 교육용 또는 평가용 운영체제를 채용하고 있는 몇몇 디바이스를 제외하곤 대부분 pSOS, VxWORKs와 같은 상용 운영체제를 구입해 내장하고 있으며 Cisco와 같은 일부 대형 통신장비 업체에서는 IOS와 같이 자신들이 직접 개발한 운영체제를 사용하고 있다. 이렇게 다양한 운영체제들이 존재하지만 이를 채택하여 개발 시에는 많은 문제점이 상존하고 있다. 우선 교육용 운영체제를 채택하는 것은 무료로 공개되어 있는 경우가 거의 대부분임으로 가격적인 면에서 부담이 없고 구조가 간단하여 자체로 어플리케이션을 개발하기가 쉽다. 하지만 사용자층이 적거나 혹은 그 운영체제를 이용해 어플리케이션을 개발하는 데 어떤 대가도 지불하지 않았으므로 문제가 발생할 경우, 구체적으로 도움을 받거나 책임요소를 분명히 할 수가 없다.

즉, 운영체제 자체를 사용하는 데 있어 위험성이나 불안 요소를 안고 갈 수 밖에 없으며 이런 특성은 특히 제품의 성능과 안정성이 금전적인 손익과 직결되는 산업계에 있어 크게 환영 받지 못하는 요인이 되고 있다.

따라서 제품화되고 있는 대부분의 임베디드 시스템에는 상용 운영체제를 사용하고 있는 데 이런 운영체제들은 구입과 동시에 개발하는 해당 아키텍처에 대한 초기화 코드, 운영체제의 소스 코드와 개발 툴들이 함께 제공됨으로 쉽게 어플리케이션 개발에 착수할 수 있다는 장점이 있다.

그리고 운영체제에 대한 지원체계가 확실함으로 문제가 발생할 경우 체계적인 지원을 신속하게 받을 수 있으며 또한 운영체제 자체의 성능이 보장되어 있음으로 안심하고 사용할 수 있다는 장점이 있다.

이런 많은 장점에도 불구하고 사용 운영체제는 가격적인 면과 확장성 면에서 상당한 제약을 가진다. 대부분의 상용 운영체제는 운영체제 자체만으로도 수천 불 혹은 수만 불에 달하는 가격을 가지며 게다가 개발 툴을 합치면 개인이나 학계, 중소업체에서 감당하기 힘든 금액이 소요된다. 뿐만 아니라 네트워크 기능을 위해 TCP/IP 스택 , 특정 디바이스 드라이버, 특정 어플리케이션 등이 구입 옵션으로 제공되기 때문에 어떤 어플리케이션을 위한 네트워킹 디바이스를 만들기 위해서는 수만 불 이상의 엄청난 자금이 필요하다.

그 운영체제를 사용한 응용제품이 시장에 출시되어 이윤이 발생할 경우 일반적으로 제품 한 대당 일정한 규모 정도의 운영체제에 대한 라이센스(license)비가 책정되어 개발자의 부담은 가중된다. 또한, 상용 운영체제의 개발 툴 자체는 그 가격만큼이나 잘 정비되어 있고 개발자에게 뛰어난 기능들을 제공하지만 그 자체를 돌릴 수 있는 곳, 즉 개발을 위한 머신(machine)이 제한적이다.

대부분 특정 유닉스나 윈도우 기반의 운영체제 개발 툴을 위한 필요조건으로 요구하고 있으며 이는 개발자에게 또 다른 하나의 장벽이 될 수 있다.

그리고 이런 상용 운영체제 위에서 돌아가는 어플리케이션 코드를 만드는 경우 한 운영체제를 위해 개발된 코드는 쉽게 다른 운영체제를 위해 포팅 될 수 없다. 결국 상용 운영체제는 상용인 만큼 성능과 개발을 위한 환경이 보장되지만 상당한 규모의 대가를 요구하고 그 확장성, 호환성에 있어서 미약한 면을 보이고 있으며 또한 개발에 익숙하기 위해서는 많은 노력이 필요하다.

이러한 환경에서 임베디드 리눅스의 등장은 수 많은 문제점의 해결과 더불어 많은 이익을 개발자에게 가져다주었다. 여기서 사용되는 임베디드 리눅스란 일반적으로 PC의 운영체제로서 사용되는 GNU/Linux 시스템의 일반적인 명칭인 리눅스와는 차이가 있다.

PC에서의 리눅스는 운영체제의 기본 하부구조로서 리눅스 커널과 더불어 그 상위에서 유닉스 운영체제와 유사한 구조를 이루는 Glibc C 라이브러리 시스템과 이를 기반으로 한 수많은 조그만 유틸리티로 이루어져 있으며 이를 총괄적으로 통합해 리눅스 운영체제라 부른다. 하지만 임베디드 리눅스는 기본적으로 특정 임베디드 어플리케이션에 맞도록 리눅스 커널의 크기와 성능을 최소, 최적화 시켜 만들어낸 커널을 의미하며 여기에 C 라이브러리나 유틸리티 등은 필요에 따라 추가되거나 교체되어 하나의 시스템을 만드는 형태가 된다. 이런 커널의 최소, 최적화에는 커널의 내부

구조 변화도 가능하며 이를 극단화시키면 일반적인 사용 운영체제의 성능을 뛰어넘는 것도 가능하다. 결국 임베디드 리눅스는 개발자에게 시스템 개발에 있어서 금전적인 제약과 개발 환경에 적응 시간, 그리고 제품의 신뢰성에 대한 장벽을 넘을 수 있게 해주는 운영체제라 할 수 있다.

2.3 임베디드 운영체제의 기능

임베디드 운영체제는 임베디드 시스템이 가지는 특성 때문에 일반 운영체제와 구조는 다르지만 멀티태스킹, 태스크 스케줄링, 태스크 간의 통신, 메모리 관리, I/O, 인터럽터 및 TCP/IP와 같은 통신 프로토콜까지 대부분의 기능을 지원하고 있으며, 일반 운영체제와의 차이점은 시간제약에 차이, 신뢰성, 범용성과 특수성에 있다 할 것이다. 따라서 임베디드 운영체제는 구조적으로 일반 운영체제와는 구별되는 다음과 같은 특수한 기능을 제공하고 있다.

■ RAM 및 플래시 메모리 기반 파일 시스템

임베디드 시스템은 일반적으로 하드디스크를 사용하지 않는 시스템이 대부분이므로 RAM이나 플래시 메모리가 프로그램과 데이터 메모리로 사용된다. 따라서 이러한 반도체 메모리는 하드디스크에 비해 저장 용량이 현저히 부족하므로 파일의 저장, 관리, 삭제 및 부팅 등의 파일 시스템 기능은 일반 운영체제에 비해 축약된 파일관리를 위한 기능을 제공해야 하는 것이 특징이다.

■ 저전력 기능

임베디드 시스템은 이동용 기기가 대부분이므로 건전지를 전력원으로 사용하는 것이 일반적이다. 따라서 기기의 사용시간을 늘리기 위해 시스템의 전력소모를 최소로 관리하는 것이 필수적이므로 운영체제가 이러한 기능을 가지는 것이 당연하다. 따라서 임베디드 시스템에서 전력소모가 큰 장치로 LCD 및 LED 등의 디스플레이 장치들이 주 관심대상이 될 것이다.

■ 빠른 부팅 기능

일반적인 PC의 운영체제는 각종 하드웨어 진단 프로그램이 수행된 후에 부팅이 되므로 시스템 초기화에 상당한 시간이 소요된다. 그러나 임베디드 시스템의 경우는 부팅이 느리면 사용자의 불편이 증대되므로 꼭 필요한 기능만을 수행하는 것으로 부팅 기능이 축소되어 있다.

■ 유무선 통신 기능

임베디드 시스템은 정보가전기기의 비율이 급속도로 증가하고 있으므로 유무선 통신 기능에다 TCP/IP 등 인터넷 기능들이 필수적으로 장착되고 있다. 무선 LAN, 블루투스, GPS, 적외선 통신 모듈, RF, CDMA 등의 통신들이 제공된다.

■ XIP(eXecute in Place)

임베디드 시스템의 경우 일반적으로 메모리 용량이 작으므로 플래시 메모리에 있는 응용 프로그램을 주기억장치로 불러들여서 실행하는 것이 시스템에 부담이 되는 경우가 많다. 따라서 응용 프로그램을 저장된 플래시 메모리에서 바로 실행할 수 있는 기능을 제공하는 기능이 XIP 기능이다. 이 기능은 플래시 메모리에서 프로그램이 바로 실행되는 편리성이 있으나, 수행속도가 느리고, 플래시 메모리의 수명단축에 대한 단점이 있다.

■ 컴포넌트 기반 운영체제

임베디드 운영체제는 각종 타깃 디바이스에 따라서 메모리 사용을 최소화하기 위해 운영체제의 커널의 구성에서 필요한 부분만을 발췌하여 구성할 수 있는 기능을 제공한다. 이러한 기능을 제공하려면, 커널을 기능별로 모듈화가 되어 있어야 한다.

■ 다양한 입출력 장치 드라이버

임베디드 운영체제는 PC에서처럼 표준화된 규격의 하드웨어나 장치에 대해서 운용을 지원하는 것이 아니라, 그 응용 분야가 다양하므로 다양한 입출력 장치 드라이버를 제공하고 있다. GPS, LCD, CDMA, 블루투스, 무선LAN 등에 대한 장치 드라이버는 표준화되어 제공하고 있으며, 각 하드웨어의 응용에 따라서 필요할 경우 PC의 운영체제와 마찬가지로 제조사에서 하드웨어를 구동해 줄 수 있는 장치 드라이버를 만들어서 제공해야 한다.

2.4 임베디드 소프트웨어 개발 환경

Time-to-market이 생명인 임베디드 시스템 제조업자들은 임베디드 소프트웨어를 빨리 개발하여 프로젝트 기간을 단축하는데 반드시 필요한 임베디드 소프트웨어 개발 환경을 강력히 원하고 있다.

임베디드 시스템은 대개 한정된 자원을 갖고 있기 때문에 임베디드 소프트웨어 개발 환경은 대개 호스트와 타깃으로 구성된다.

타깃에는 최소한의 개발 도구만 있고, 대부분의 도구는 자원이 풍부한 호스트에 존재한다. 임베디드 소프트웨어 개발 환경은 자원이 한정된 타깃에서 실행될 프로그램을 편리하고 빨리 개발할 수 있게 해야 한다.

임베디드 소프트웨어 개발 환경은 크게 타깃 이미지 생성 도구, 소프트웨어 개발 도구, 설계 자동화 도구, 테스트 자동화 도구의 네 분야로 구분된다.

1. 타깃 이미지 생성 도구

타깃 이미지 생성 도구는 임베디드 시스템이 동작하는 데 필요한 커널, 라이브러리, 유틸리티, 응용 프로그램들 중에서 개발자가 필요한 부분만 선택하면 최적화된 타깃 이미지를 생성해주는 도구이다. 이 도구의 예로는 MS의 플랫폼 빌더와 WinXPe 스튜디오, QNX의 시스템 빌더, Lineo의 타깃 위저드, 그리고 한국전자통신연구원에서 개발한 타깃빌더가 있다.

타깃 이미지 생성 도구는 각 컴포넌트들간의 의존성을 관리하므로, 개발자가 어떤 컴포넌트를 선택하면 그 컴포넌트의 실행에 필요한 컴포넌트들이 같이 선택된다. 예전에는 커널 컴포넌트들간의 의존성과 응용 프로그램들간의 의존성이 따로 관리되었으나 근래에는 타깃 이미지를 구성하는 모든 컴포넌트들의 의존성이 통합적으로 관리된다. 타깃 이미지 생성 도구는 다양한 타깃 보드에 대한 BSP(Board Support

Package)를 제공하여 개발자가 빨리 타깃 이미지를 생성할 수 있게 한다. 근래에는 BSP보다 더 상위 수준인 임베디드 시스템의 응용 분야를 선택할 수 있다. 예를 들면, 개발자가 자동차 분야를 선택하면 이 분야의 임베디드 시스템이 공통적으로 필요로 하는 라이브러리와 유틸리티(예를 들면, CAN 지원 기능)를 포함한 타깃 이미지를 생성한다.

2. 소프트웨어 개발 도구

소프트웨어 개발 도구란 타깃에 내장되어 실행될 프로그램을 개발하는 데 필요한 도구이다. 가장 기본적인 것으로서 크로스 컴파일 툴체인과 디버거가 있다. 그리고, 타깃 모니터링 및 프로파일링 도구, 디바이스 드라이버 개발 툴킷, GUI 빌더도 중요한 소프트웨어 개발 도구이다. 더욱 편리한 개발을 위해서 위에서 언급한 개발 도구들이 통합개발환경(Integrated Development Environment)으로 제공된다.

3. 설계 자동화 도구

설계 자동화 도구란 임베디드 소프트웨어를 개발할 때 시스템을 분석 설계하고 코드를 자동 생성한 후에 최종 시스템을 구축할 수 있도록 지원해 주는 기술로서 임베디드 소프트웨어 개발 프로세스 기술, 시스템 분석 및 모델링 기술, 소프트웨어 아키텍처를 기반으로 하는 임베디드 소프트웨어 개발 기술 등이 있다.

4. 테스트 자동화 도구

테스트 자동화 도구에는 화이트 박스, 블랙 박스, 회귀(regression), 유닛, 통합, 코드 범위, 오류 방지 테스트 등이 있다.

앞으로 임베디드 시스템의 응용 분야는 더욱 다양해지고 그 수요도 지속적으로 증가할 것이다. 이에 따라 임베디드 시스템을 적시에 개발하기 위하여 더욱 편리하고 기능이 풍부한 임베디드 소프트웨어용 개발 도구의 중요성이 대두된다. 특히, 임베디드 리눅스는 앞으로 가장 널리 쓰이게 될 임베디드 운영체제임에도 불구하고 만족할만한 개발 도구가 부족해서 개발이 시급한 분야이다.

국내에서는 2002년도에 한국전자통신연구원에서 임베디드 리눅스인 Qplus-P용 통합개발환경으로 Esto를 개발하여 발표하였다. 2004년에는 기능이 더욱 강화된 이클립스 기반의 Esto가 이클립 컨퍼런스에서 발표하였다. Esto는 임베디드 리눅스뿐만 아니라 마이크로 운영체제와 나노 운영체제도 지원한다. 마이크로 운영체제는 Wind River의 VxWorks처럼 유저 모드와 커널 모드의 구분없이 단일한 주소 공간을 제공하고 경성 실시간 시스템을 지원한다.

나노 운영체제는 UC Berkeley의 TinyOS처럼 작은 센서에도 사용될 수 있는 초소형 운영체제이다.

임베디드 소프트웨어는 크기도 작아야 하지만, 전력 소모도 적어야 한다. 이를 위하여 개발 중인 임베디드 소프트웨어가 소모하는 전력을 측정해주는 도구가 Esto에 포함되어 있다. 실시간 프로그램의 경우 기존 디버거에서 하듯이 정지점에서 멈추게 되면 제대로 디버깅을 하기 어렵다. 이를 위하여 비정지 디버깅(non-stop debugging 또는 tracepoint debugging)을 지원하는 디버거도 Esto에 포함되어 있다. 이 외에도 앞으로 경성 실시간 시스템의 개발에 필요한 도구나 유비쿼터스 환경의 임베디드 소프트웨어의 개발을 도와주는 도구들을 추가 개발해 나가야 할 것이다.

2.5 임베디드 시스템 개발 환경

2.5.1 임베디드 시스템 개발 환경의 개요

임베디드 시스템 개발시 전체 시스템의 가격이나 소비되는 전력을 낮추기 위해 하드웨어 및 소프트웨어의 많은 제한을 가하게 된다. 따라서 임베디드 시스템에 사용하는 OS는 일반적인 일반 OS보다는 시스템에 특화된 운영체제를 사용한다.

임베디드 시스템을 개발하기 위해선 기본적으로 다음과 같은 요소들이 갖춰져 있어야 한다. '호스트PC'는 임베디드 시스템 개발을 위한 컴퓨터를 말하며, '타깃 PC(Target PC)'은 실제 임베디드 시스템이 설치된 개발하고자 하는 하드웨어를 말한다. 호스트에는 개발을 위한 개발 툴, 개발된 응용 프로그램을 임시로 수행해 볼 수 있는 타깃 시뮬레이터, 타깃과 연결되어 타깃에 개발된 이미지를 업로드하거나 타깃에 반응하는 디버그 에이전트를 통해 원격 디버깅을 할 수 있게 하는 타깃 서버가 설치돼 있다. 또한 타깃에는 호스트에서 만들어져서 설치된 여러 컴포넌트가 존재하는데 타깃을 부팅하기 위한 부트 로더와 커널, 그리고 임베디드 응용 프로그램이 존재하게 된다. 호스트에 설치된 개발 툴에는 타깃에서 수행될 수 있는 바이너리를 생성하는 크로스 컴파일러가 존재하며 그 밖에 오류를 검색해 주는 디버거 등으로 이루어져 있다.

2.5.2 임베디드 시스템 개발 과정

임베디드 시스템 개발 과정은 대략적으로 부트 로더 개발, 커널 및 파일 시스템 개발, 응용 프로그램 개발의 세 단계로 볼 수 있다

1. 부트 로더 개발

부트 로더는 타깃 보드에 전원이 인가되면 부트 롬으로부터 가장 먼지 수행되는 프로그램이다. 보통 부트 로더는 OS의 커널을 로드하는 순수 로더로서의 기능뿐만이 아니라 현재 레지스터나 메모리 값, 버스 상태 등을 살펴볼 수 있는 모니터 기능, 기초적인 네트워크 모듈을 내장해 네트워크를 통한 커널을 다운받아서 커널 로드를 할 수 있는 기능을 포괄하고 있다. 부트 로더는 보통 부트 롬에 내장되어 있으며 부트 로더를 새로 작성하여 타깃에 설치하려면 호스트와 JTAG 인터페이스 혹은 기타 인터페이스를 통하여 설치할 수 있으며 이외의 방법에는 롬 라이터를 이용하여 롬에 구워서 설치할 수 있다.

대부분 상용 임베디드 OS에서는 부트 롬 부분을 앞서 잠깐 언급한 BSP라 불리는 패키지의 일부분으로 규정하고 있다. 반면 임베디드 리눅스의 경우는 규격화된 BSP가 존재하지 않으므로 하드웨어 벤더가 리눅스용 BSP를 제공하지 않을 경우 부트 롬 부분을 각 하드웨어 플랫폼에 맞게 작성해야 한다.

2. 커널 및 디바이스 드라이버 및 파일 시스템 개발

커널 및 디바이스 드라이버의 개발은 호스트의 임베디드 시스템 개발 툴에서 이뤄

진다. 개발을 위해서는 개발자가 먼저 시스템에 대한 하드웨어 사양을 숙지해야 하며 이를 바탕으로 커널 및 디바이스 드라이버를 설정하게 된다. 이렇게 생성된 커널 및 디바이스 드라이버들은 부트 롬과 같이 하나의 이미지 파일 형태로 되어 부트 롬에 저장되거나 별도의 저장 장치에 파일 시스템을 통한 파일 형태로 구현된다. 만일 부트 롬의 용량이 작거나 기타 저장장치가 없는 경우 부트 로더에서 네트워크 모듈을 통해 별도의 서버로부터 커널을 다운받아 부팅이 진행될 수도 있다. 특히 부트 롬이나 저장장치의 용량이 제한적일 경우는 커널 이미지 자체를 압축해 저장되는 것이 일반적이다.

3. 임베디드 응용 프로그램

임베디드 응용 프로그램은 앞에서 구현된 커널과 파일 시스템을 바탕으로 수행된다. 응용 프로그램의 개발은 커널과 마찬가지 방법으로 호스트에서 생성이 가능하며 호스트에 설치된 개발 툴의 크로스 컴파일러에 의해 타깃 보드에 맞는 바이너리가 생성되게 된다. 생성된 응용 프로그램의 실행은 임베디드 OS 개발 툴 내의 타깃 에뮬레이터나 실제로 타깃 보드에 옮겨서 실행이 가능하다. 또한 응용 프로그램은 네트워크를 이용한 원거리 디버깅을 이용하거나, JTAG 인터페이스를 이용한 디버깅을 통하여 에러를 확인해 볼 수 있다.

2.5.3 임베디드 OS의 주요 개념

임베디드 시스템의 성능이 커지면서 기존에 간단한 펌웨어 형식으로 구현되었던 임베디드 프로그램이 점차 해야 할 일이 많아지고 복잡하게 된다. 이는 순차적인 프로그램으로는 해결하기 어려운 단계로 발전하고 결국 임베디드 시스템에도 운영체제의 개념이 필요하게 된다. 임베디드 시스템의 대부분 특성상 실시간이라는 요소를 만족해야 하는 점 때문에 많은 임베디드 OS는 RTOS의 속성을 가진다. 다음에 설명하는 주요 개념들은 여러분이 임베디드 OS를 이용해 임베디드 시스템을 개발하기 위하여 반드시 알아두어야 할 여러 개념 중 중요한 개념들을 선정하여 설명한 것이다.

1. 임베디드 환경의 파일 시스템

파일 시스템이란 저장장치에 파일을 관리하는 시스템을 말한다. 임베디드 시스템에서 주로 사용하는 저장장치는 보통 네트워크를 통한 외부 서버의 저장장치, 타깃 내의 일반 메모리 및 플래시 메모리 등을 말하며 각각 장치의 특성상 다른 파일 시스템이 올라가게 된다. 외부 서버로부터는 저장 장치에 대한 파일 시스템으로는 NFS(Network File System)라는 것이 있는데, 이는 네트워크를 통해 마치 외부 서버의 파일 시스템을 로컬의 파일 시스템처럼 사용할 수 있게 해주는 파일 시스템이다.

일반 메모리에 대한 파일 시스템은 RAMFS(RAM File System)이라 하여 보통 부트롬 내에 파일 시스템 이미지를 저장해두고 시스템이 부팅 시 일반 메모리에 그 파일들을 모두 복사한 다음 RAMFS를 통하여 파일을 유지 관리하는 파일 시스템이다. 단 일반 메모리에 구현돼 있으므로 타깃의 전원이 없어지면 그 내용이 소실된다.

플래시 메모리는 일반 메모리와는 다르게 전원이 나가도 그 내용이 보전되는 특성이 있으므로 한번 파일 시스템이 구현되면 그 내용이 보존되는 특징이 있다. 하지만 플래시 메모리의 특성상 기록 및 삭제의 횟수 제한이 있으므로 파일 시스템 내에서 이를 효율적으로 관리해 주는 부분이 고려되어야 한다.

2. 스케줄러

임베디드 OS는 보통 태스크(Task)라 불리는 프로그램 수행 단위를 가지게 된다. 보통 임베디드 시스템에서는 복수 개의 태스크가 동시에 수행되는 환경을 가지게 되며 이때 OS 내부의 스케줄러에 의해서 다음 번에 수행되어야 할 태스크를 선택하게 된다. 이때 사용되는 임베디드 OS의 스케줄링 알고리즘으로는 다양한 알고리즘이 나와 있지만 구현상의 문제 등으로 인해 실제 대부분의 임베디드 OS에서는 우선순위에 기반을 둔 스케줄링 알고리즘을 사용한다.

대표적인 우선순위 알고리즘으로 FIFO(First In First Out)와 라운드로빈 방식이 있다. FIFO의 알고리즘은 동일한 우선순위를 가진 태스크들이 존재시 먼저 시작한 태스크가 종료될 때까지 다음 번 수행된 태스크가 스케줄링을 받지 못하는 스케줄링 알고리즘이며, 라운드로빈 방식은 동일한 우선순위를 가진 태스크들이 존재할 경우 각각 미리 정해진 타임 슬라이스(time-slice)만큼씩 차례로 스케줄링이 되는 알고리즘이다.

3. 프리엠티브 커널

프리엠티브 커널(Preemptive kernel, 선점형 커널)은 어떤 태스크가 수행되고 있을 경우 커널이 강제로 그 태스크의 수행을 중지시키고 다른 태스크의 기능을 수행시킬 수 있는 능력을 지닌 커널을 말한다. 논 프리엠티브(Non-preemptive) 커널에 비해 인터럽트잠복기(interrupt latency)가 조금 길어지는 단점이 있긴 하지만 대부분의 임베디드 OS에서 프리엠티브 커널을 채택하는 이유는 우선순위가 높은 태스크가 먼저 수행될 수 있다는 점 때문이다. 이는 결국 커널의 안정성을 높게 유지시킨다는 점에서 좋은 점이 될 수 있다.

4. 상호 배제

하나의 태스크가 한 자원을 점유하여 사용 중에 또다른 태스크가 접근하여 사용중인 자원에 무단으로 접근 시도 변경을 가한다면 곧 그 자원은 예측불허의 상황으로 치달을 수밖에 없다. 이런 부분을 임계 지역(critical section)이라 명하며, 한 자원이 점유중일 경우 나머지 자원들은 점유하고 있던 태스크가 자원을 모두 사용하고 사용권을 반환하기 전까지 모두 접근이 지연돼야 하는 지역을 말한다. 따라서 임계 지역은 상호 배제(mutual exclusion)로써 보호해야 하며 임베디드 OS는 상호 배제를 위해 인터럽트 활성화/비활성화(Enable/Disable)이나 세마포어의 기능으로 임계 지역을 보호할 수 있다.

5. 세마포어

세마포어(semaphore)는 60년대 중반 Dijkstra가 고안한 메커니즘이다. 이는 태스크간에 상호 공유하는 변수이며, 임계 지역을 세마포어로 보호하면 태스크간 상호 배제을 구현할 수 있다. 기본적인 알고리즘은 먼저 세마포어 변수를 선언한 후 임계 지역에 전에 세마포어를 얻기를 시도한다. 만일 아무도 세마포어 얻기를 시도하지 않았으면 바로 임계 지역에 들어갈 수 있으나 다른 태스크가 세마포어를 얻어서 임계 지역에 있으면 나중에 시도한 태스크는 세마포어를 풀어줄 때까지 블럭 상태로 되게 된다. 이후 세마포어가 풀리면 블럭된 태스크는 세마포어를 얻어 임계 지역에 진입할 수 있게 된다.

세마포어는 초기화시 동시에 진입할 수 있는 개수를 명시할 수 있는데 그 개수가 하나인 세마포어에 대하여 바이너리 세마포어(binary semaphore)라 하며 그 이상의 값을 명시하면 카운팅 세마포어(counting semaphore)라 한다.

6. 태스크 커뮤니케이션

임베디드 OS에서의 태스크들은 종종 서로 데이터를 교환해야 할 경우가 생기게 된다. 이럴 경우 태스크간 통신을 통하여 교환할 수 있으며 이 기능은 OS에서 지원하는 여러 도구들에 의해 수행이 된다. 대표적인 방법으로는 시스템 전역의 변수를 선언하여 사용방법이 있으나 이 경우에는 변수 자체가 임계 지역이 되므로 인터럽트 활성화/비활성화(Enable/ Disable)이나 세마포어 등으로 상호 배제를 해야 한다. 그 밖의 방법으로는 큐, 파이프, 메일박스, 공유 메모리 등이 있으며 이들은 커널에 의해 자동으로 상호 배제가 이루어짐으로 임계 지역이 보호된다.

7. JTAG

JTAG(Joint Test Access Group)는 IEEE 표준 1149.1-1990 Test Access Port and Boundary-Scan Architecture에 근거한 규격으로 CPU에서 직접 지원하는 디버깅을 위한 인터페이스로 현재 CPU의 상태를 점검하거나 프로그램의 디버깅, 플래시 메모리에 새로운 자료를 저장할 때 주로 사용한다.

8. Priority Inversion

낮은 우선순위를 가진 태스크에 의해 높은 우선순위를 가진 태스크가 블럭되어 수행이 되지 않는 현상을 말한다. 이러한 우선순위 역전 현상은 시스템의 schedulability와 predictability를 떨어뜨려 결국 시스템을 불안정하게 만드는 원인이 되기도 한다. 일부 임베디드 OS에서는 OS 차원에서 priority inheritance를 이용하여 해결하기도 하나, 가장 안전한 방법은 태스크들을 디자인할 경우 그러한 상황이 벌어지지 않도록 설계를 하는 것이다. 보통 이를 막기 위해 같은 세마포어를 쓰는 태스크들 사이에는 같은 우선순위를 주는 등의 방법을 사용한다.

9. Priority Inheritance

우선순위 역전현상을 피하는 방법으로 예를 들면 태스크 T2가 특정 리소스를 점유하고 있는 상태에서 우선순위가 높은 T1이 같은 리소스에 접근할 경우 우선순위 역전현상이 나타난다. 이때 이 리소스를 대기하고 있는 가장 큰 우선순위인 T2의 우선순위만큼 T1이 우선순위를 상속(inheritance)받아서 그 우선순위의 값을 유지한 상태로 리소스를 점유하게 된다. 이후 해당 리소스를 모두 사용한 후에는 다시 원래의 T1의 우선순위 값으로 환원된다.

2.6 임베디드 운영체제의 종류

2.6.1 무료 임베디드 시스템 OS

교육용의 목적으로 개발되어 소스가 무료이거나 특정 이유로 비영리 목적에는 무료이고 영리 목적일 경우에도 거의 대가 없이 소스 코드를 사용할 수 있는 운영체제들은 다음과 같다.

■ Xinu

Xinu는 Purdue 대학의 Douglas E. Comer가 교육용 목적으로 개발한 운영체제이다. 실제로 지금도 수많은 교육기관에서 이를 운영체제 학습을 위해 사용되고 있다. 최근 버전에서는 TCP/IP스택도 구현되어 많은 교육 기관에서 데이터 통신이나 컴퓨터 네트워크 과정에서 활용하고 있다. Xinu는 병렬 프로세싱, 메시지 패싱, 세마포어(semaphore), 메모리 관리, 통일된 디바이스 I/O와 같은 세련된 운영체제적 특징을 가지고 있으면서 TCP/IP 스택도 가지고 있다. 또한, 교육용으로 제작된 것이라서 잘 정리된 레퍼런스 문서가 존재하며, Intel, Motorola, Sparc 등의 여러 CPU에 포팅되어 있다. 아주 간단하며 크기가 작으며 무료이기 때문에 이를 네트워크 디바이스용 운영체제로 사용해 장비를 제작하는 회사들도 있다.

■ uC/OS와 uC/OS-II

Jean J. Labrosse가 만든 POSIX((1) POSIX, Portable Operating Systems based on Unix1) 표준 호환의 실시간 운영체제이며 uC/OS-II는 그 다음 버전이다. 비영리 목적이라면 소스 코드를 홈페이지에서 무료로 다운 받을 수 있고 라이센스 비용도 거의 무료에 가깝다. 상당히 저렴한 가격의 실시간 운영체제이기 때문에 많은 계측장비, 산업용 장비의 운영체제로 쓰이고 있다. uC/OS와 uC/OS-II는 4천 라인 정도의 C코드와 약간의 아키텍처에 의존적인 어셈블리 코드로 이루어져 있어 여러 CPU로의 포팅이 쉬우며 실제로 Intel, Motorola, ARM, Sparc, Hitachi SH 등의 32비트 CPU와 자이로그(Zilog)사의 Z80과 같은 8비트 CPU, 그리고 TI의 여러 DSP칩에도 포팅되어 있다. C 프리프로세스 매크로로 필요 없는 기능을 제거할 수 있는 스케일러빌러티를 제공하며 완전한 선점형(preemptive)실시간 멀티태스킹을 할 수 있는 구조를 지니고 있다.

또한 여러 메일 박스, 큐, 세마포어와 같은 시스템 서비스를 제공한다. 하지만 TCP/IP 스택을 가지고 있지 않기 때문에 네트워크 디바이스용의 운영체제로 사용하기 위해서는 uC/OS, uC/OS-II용 스택을 판매하는 회사의 제품을 구매해야 한다는 단점이 있다.

■ eCOS

eCOS는 지금 레드햇에 합병된 시그너스사에서 만든 오픈 소스 실시간 운영체제로서 로열티가 없고 제조사에서 잘 정리된 지원체제를 가지고 있다는 장점이 있다. 리눅스가 탑재되지 못할 만큼 극히 제한된 임베디드 디바이스를 위해 제작되었으며 모토로라의Power PC, Sparc, ARM, Mips 계열의 CPU로 포팅되어 있으며 커널 자체를 쉽게 특정 목적에 맞게 구성할 수 있는 GUI 툴이 제공된다. 어플리케이션 제작을 위한 자체 C 라이브러리와 리눅스 호환을 위한 EL/IX라는 리눅스 호환 API를 가지고 있어 EL/IX를 이용해 리눅스에서 프로그래밍한 어플리케이션을 수정 없이eCOS에서 돌릴 수 있다. 이외에 ITRON 호환 실시간 라이브러리를 제공하며 TCP/IP 스택을 제공한다. 하지만 지금까지 TCP/IP 스택 자체가 베타(beta) 버전이기 때문에 네트워크 디바이스용 운영체제로서 안정성에 대한 검정이 이루어지지 않았다. 그리고 운영체제 자체는 오픈 소스지만 개발 툴과 지원체제를 이용하기 위해서는 상용 운영체제만큼의 부담이 든다.

[그림 2-1]은 eCOS의 구조를 보여준다.

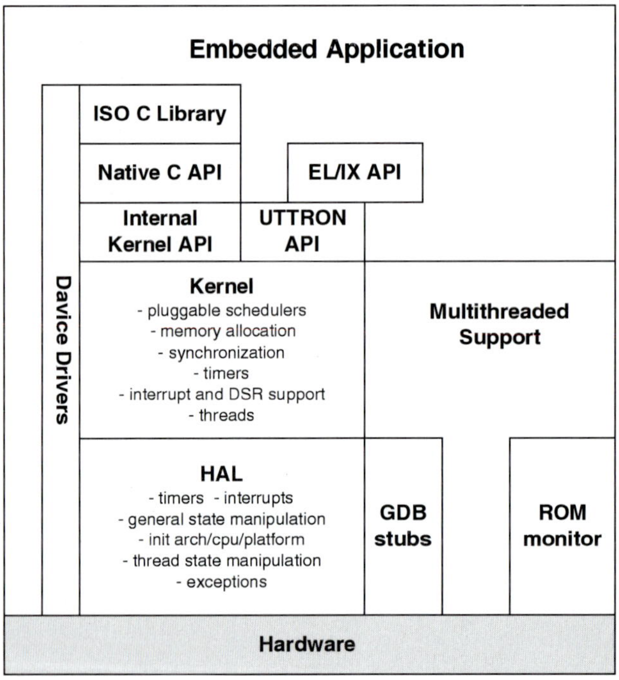

[그림 2-1] eCOS 구조

2.6.2 상용 임베디드 시스템 OS

상용 임베디드 운영체제의 수는 거의 100가지에 이르며 그 중에서 TCP/IP 스택을 자체적으로 가지거나 외부 회사를 통해 지원해 기본적인 네트워킹 기능을 보유한 운영체제만 해도 50 가지가 넘는다. 하지만 자체적으로 지원되는 아키텍처의 수가 적어 네트워크 디바이스에 많이 사용되는 Motorola, ARM, Mips 계열의 마이크로 프로세스에는 개발자가 직접 포팅해야 하는 운영체제들과 상업적으로 그다지 성공하지 못한 운영체제(OS)들을 제외하면 현재의 네트워크 디바이스에 많이 사용되고 있는 운영체제들로는 다음과 같이 6종류가 있다.

■ pSOS+

pSOS는 윈드리버(WindRiver)시스템즈로 합병된 미국의 인티그레이티드 시스템즈(Integrated Systems)에서 만든 임베디드 디바이스용 실시간 커널(Kernel)이다. 이를 이용한 운영체제를 pSOSystem이라 부른다. 이 커널은 기본적으로 클라이언트/서버의 구조로 소프트웨어 버스를 이용해 운영체제 각 모듈(module)간 통신을 수행한다. 모든 스레드(thread)들이 하나의 어드레스 스페이스를 공유하고 있으며, 따라서 컨텍스트 스위칭(context switching) 타임은 매우 적으나 서로 다른 스레드간의 메모리 보호가 이루어지지 않기 때문에 프로그래밍 테크닉이 시스템의 안정성에 영향을 준다. 이를 피하기 위해 메모리 보호와 관리를 위한 라이버러리를 따로 구입해야 한다. 멀티프로세스를 지원하기 위한 버전인 pSOS+m도 존재하며, 이 경우 프로세스간은 하나의 마스터와 다수의 슬레이브 관계를 요구하며 공유 메모리, 메모리 기반의 소프트웨어 버스 등의 방법을 통해 프로세스간의 통신을 하도록 되어 있다. 하지만 pSOS+m 커널은 인텔의 x86 계열만을 지원하며 Master/Slave라는 구조 때문에 고장 방지 능력이 부족하다. pSOSystem은 멀티태스킹 RTOS로 각 태스크들은 우선순위를 가지고 있어 우선순위가 높은 태스크들의 작업 수행이 먼저 이루어진다.

따라서 선점형 스케줄링 방식을 따른다고 볼 수 있다. 만일 각 태스크들이 같은 우선순위를 가진다면 스케줄링 방식은 라운드로빈(Round-robin)방식으로 바뀌게 된다. 태스크의 수는 총 256개이다. 우선순위 레벨(priority)은 256단계이며 스레드의 수는 메모리의 크기에 의해 제한된다. 그리고 태스크 관리, 세마포어(semaphore), 메시지 큐, 시간 관리 및 타이머, 이벤트 및 비동기 시그널, 에러 처리, 동적인 메모리 저장관리, 다른 태스크들로부터의 코드나 데이터 보호 등의 서비스를 지원한다.

여러 개의 다른 실행 모드를 가지고 있는 CPU를 위해서 사용자 모드와 슈퍼바이저 모드를 제공하고 있다. 그리고 우선순위 FIFO와 우선순위 라운드 로빈(Round Robin)의 두 가지 스케줄링 메커니즘을 가진다. MMU지원은 메모리 보호와 함께 옵션 사항이며 물리적 페이지 크기는 4KB이지만 가상 메모리를 지원하지 않는다. 외부 인터럽터 처리는 인터럽터된 스레드 내부 컨텍스트에 의해 처리됨으로 시스템 안정성을 위해서는 숙련된 프로그래밍 테크닉이 요구된다. 태스크 관리와 메모리 관리 기능이 부족하기 때문에 이를 위한 옵션 라이브러리들이 많이 제공된다. 네트워크 족으로는 TCP/IP를 비롯한 다양한 프로토콜 스택들이 유료로 선택 가능하며FTP, Telnet, TFTP, NFS, HTTP 서버 등이 어플리케이션으로 존재한다. pSOSystem은 커널을 중심으로 해서 여러 개의 소프트웨어 컴포넌트들로 구성되어 있다. 이들 소프트웨어 컴포넌트들은 각각의 독립적인 모듈로 되어 있으며 통합개발환경 툴로 pRISM+을 제공하고 있다. pSOSystem용 어플리케이션은 pRISM+라는 개발 툴을 이용하여 개발 가능하며 이 툴은 여러 유닉스 시스템과 윈도우 95/98, NT 등에서 운용할 수 있다. pRISM+는 코바를 하부구조로 가지고 있어 개발 툴 자체가 폭넓은 확장성을 가진다. 에디터로는 pROBE+라는 GUI디버거를 제공한다. pSOSystem은 실시간 멀티태스킹 커널을 중심으로 여러 개의 소프트웨어 컴포넌트와 라이브러리를 두고 있다.

이런 컴포넌트와 라이브러리는 선택적으로 사용될 수 있다. 하부 구조에는 디바이스 드라이버와 칩과 각종 디바이스의 정보를 담고 있는 BSP(Board Support Package)가 있다. BSP를 따로 구별하는 이유는 만일 하드웨어가 변경될 경우 시스템 프로그램에 큰 변경없이 BSP만 수정하여 쉽게 처리할 수 있기 때문이다. 따라서 전체적으로 정리해 보면 BSP와 디바이스 드라이버의 바탕 위에 커널과 기타 필요한 컴포넌트들을 링크하고, 다시 그 위에 사용할 각종 태스크와 응용 프로그램을제작하여 사용하는 것이다. pRISM+는 pSOSystem 개발자가 좀더 용이한 개발을 위해 소스 코드 분석을 위한 툴과 컴파일러, 링커, 디버깅할 수 있는 툴을 제공하는 통합개발환경이다. 삼성전자가 pSOS+ 개발에 참여해 라이선스를 갖고 있어 잘 알려져 있다. 삼성전자의 휴대폰에 사용되어 왔으며, 각종 통신장비와 네트워크 장비에서 사용되고 있다.

[그림 2-2]는 pSOSystem의 구조를 보여준다.

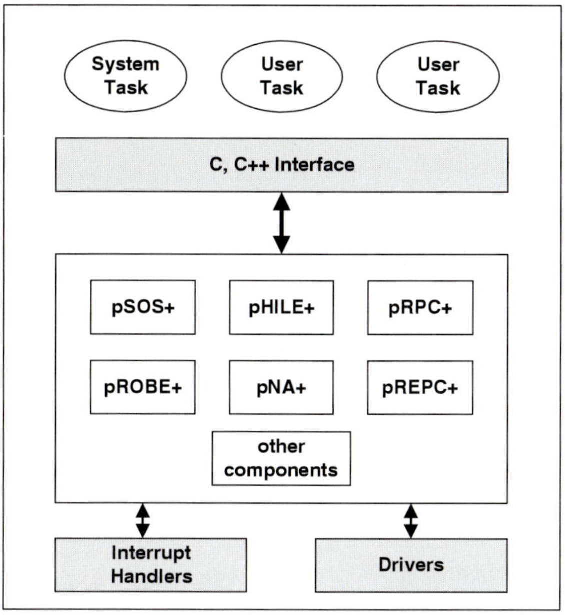

[그림 2-2] pSOS의 구조

QNX

QNX는 QNX 소프트웨어 시스템에서 만든 운영체제로서 마이크로커널과 그 상위에서 시스템 서비스를 하는 여러 프로세스들로 이루어진 클라이언트/서버 구조를 가진다.

QNX의 마이크로 커널은 스케줄링, 디스패칭, 기본 인터럽트 핸들링, IPC 라우팅과 같은 핵심 서비스들만을 가지고 있으며 그 외의 서비스는 유저 모드 프로세스들이 담당하고 있다. 이 프로세스들은 파일 시스템 매니저, 프로세스 매니저, 디바이스 매니저, 네트워크 매니저 등의 서버로 구성되어 있으며 클라이언트 개념의 어플리케이션 프로세스로부터 서비스 요청을 받아들여 동작하게 된다. 그리고 마이크로 커널과 시스템 서비스 서버들, 어플리케이션 프로그램들은 서로 다른 CPU 모드에서 동작하게 되어 있어서 구조적으로 안정성이 보장된다.

QNX는 메시지 기반의 운영체제이며 IPC도 메시지를 통해 이루어지고 어플리케이션과 시스템 서비스 프로세스(process)간의 통신 역시 메시지(message)를 통해 이루어진다. 이런 메시지 패싱 메커니즘은 네트워크 메시징으로 확장되며 이를 이용해 QNX는 완전한 고장 방지 능력과 분산운영 체제로 검증받고 있다. QNX는 실제 프로세스 개념을 가지고 있다. 모든 프로세스는 자신의 메모리 영역을 가지고 있으며 이 때문에 어플리케이션에 대해 운영체제의 안정성을 확보하고 있다. 하지만 스레드의 개념은 가지고 있지 않다. QNX는 32개의 우선순위 레벨을 가지고 있으며 프로세스의 수는 2천개로 제한되어 있다.

그리고 우선순위 FIFO, 우선순위 라운드 로빈(Round Robin), adaptive 세 종류의 스케줄링 정책을 가진다. QNX는 메모리 보호를 위해 반드시 MMU를 필요로 하며 4KB의 물리적 페이지 크기를 가지고 가상 메모리(virtual memory)를 지원한다. 인터럽터 처리는 인터럽터 핸들러를 인스톨하는 형태로 처리되지만 이를 인스톨한 프로세스의 컨텍스트에서 이루어진다. 인터럽터 핸들링과 타이머 관련 옵션 라이버러리가 많이 제공된다. 네트워킹은 기본적으로 TCP/IP 스택이 제공되며 프로토콜이 그리 다양하지 못하다.

[그림 2-3]은 QNX의 구조이다.

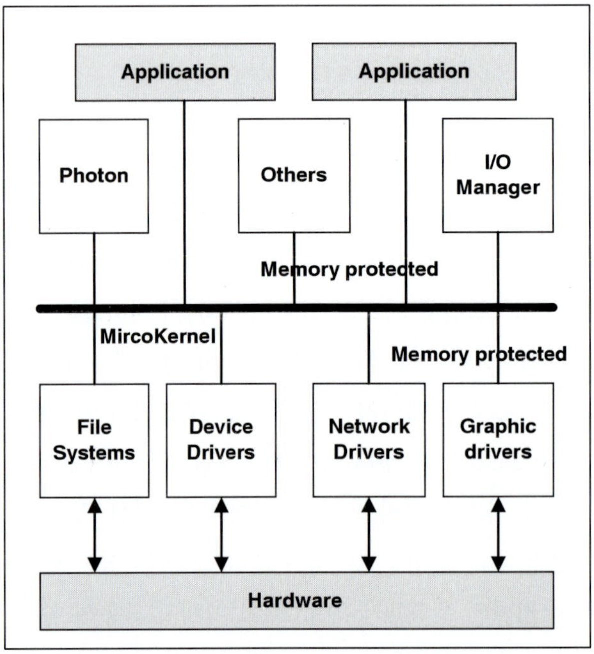

[그림 2-3] QNX의 구조

■ VRTX

VRTX는 멘토 그래픽스(Mentor Graphics)사에서 만든 실시간 운영체제(RTOS)로 극히 제약된 리소스를 가진 간단한 시스템을 위한 VRTXoc(on-chip)와 메모리 보호가 필요한 복잡한 시스템을 위한 VRTX sa(scalable architecture) 두 종류의 커널을 가진다. 커널상의 시스템 서비스가 모듈화 되어 있어 커널 크기를 필요에 맞게 줄일 수 있으며, 옵션으로 POSIX/ANSI 호환 라이버러리를 제공해 프로그램의 호환성을 높일 수 있고, MS-DOS 호환 파일 시스템을 제공한다.

기본적으로 TCP/IP 스택을 제공하며 유닉스와 비슷한 소켓 인터페이스를 가진다. SNMP와 TMN/CMIP 툴킷이 옵션으로 제공된다. 네트워킹, I/O, 파일 시스템은 스트림(stream) 기반으로 통합되어 있다. MMU를 제공하는 프로세스에 대해 MMU를 지원함으로 시스템 안정성의 향상을 기대할 수 있다.

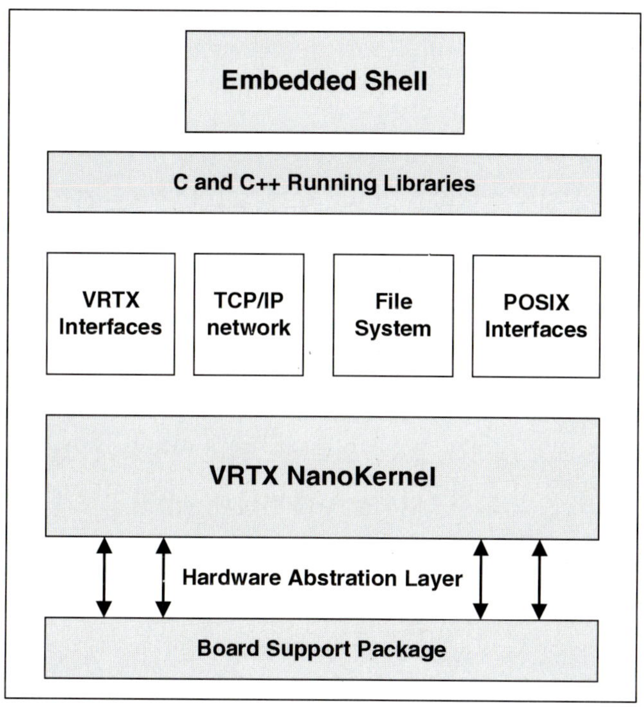

[그림 2-4] VRTX의 구조

그리고 멀티태스킹 디버깅을 지원하는 XRAY 디버거(debugger)가 제공된다. XRAY는 다수의 스레드를 동시에 추적해 실행 상태를 디스플레이 할 수 있고 서로 다른 종류의 프로세스들에서 돌아가는 스레드들도 동시에 디버깅이 가능하다.

또한, 여러 스레드간의 디버깅 명령을 동기화 할 수 있어 통신이나 메시지 패싱과 같은 복잡한 문제에 대해 대응할 수 있고 결과적으로 멀티프로세스 시스템도 지원이 가능하다. [그림 2-4]는 VRTX의 구조를 보여준다.

■ VxWORKs

VxWORKs는 처음에 윈드리버 시스템즈에서 VRTX와 pSOSystem을 위한 개발 환경과 네트워크 환경을 제공하기 위해 만들어졌다. 이런 시스템 밑에 윈드리버 시스템즈가 자신들의 마이크로 커널을 구현해 만든 것이다. 윈드리버의 RTOS인 VxWorks는 pSOSystem과 유사한 점이 많다. pSOSystem이 통합개발환경으로 pRISM+를 제공한다면 VxWorks는 토네이도를 제공한다. VxWORKs도 마이크로 커널 기반의 클라이언트/서버 구조의 운영체제로서 VxWORKs의 마이크로 커널은 Wind 마이크로 커널이라 불리는 것으로 멀티 태스킹, 스케줄링, 태스크간 동기화/통신, 메모리 관리 기능이 포함된 실시간 커널이다. VxWorks의 커널인 마이크로커널은 선점형 멀티태스킹이며 총 태스크의 단계는 256, 스케줄링 방식도 높은 우선순위를 가지는 태스크가 먼저 실행하는 방식을 지원한다.

만일 같은 우선순위를 가진다면 라운드로빈 방식의 스케줄링을 이용하는 것도 pSOSystem과 유사하다. 이외의 다른 기능들은 서비스 프로세스로 구현되어 있다. 모든 프로세스들은 커널과 같은 레벨의 특권을 가지고 모든 프로세스와 커널이 하나의 어드레스 영역을 공유함으로 시스템의 안정성이 약화될 수 있으나 옵션으로 VxVMI라는 보호 컴포넌트를 통해 커널과 사용자 프로세스간의 메모리 보호를 할 수 있다. 우선순위 레벨은 256단계를 지원하며 최대 태스크 수는 메모리 크기에 의해 제한된다. 스케줄링 정책은 POSIX와 Wind라는 우선순위 스케줄링 기법을 쓴다. MMU는 VxVMI 컴포넌트에 의해 지원되며 물리적 페이지 크기는 8KB이며 VxVMI 컴포넌트를 통해 가상 메모리를 지원한다. 인터럽트 핸들링은 해당 핸들러 컨텍스트에 의해 이루어진다. 옵션 라이브러리는 태스크 관리, 메모리 관리, 타이머 관련이 많이 존재한다. VxWORKs는 네트워크 관련 각종 프로토콜과 JVM, 각종 서버들, 네트워크 하드웨어 디바이스 드라이버들, 웹 브라우저들과 시스템 개발 환경을 함께 제공하는 토네이도(Tornado)라는 제품을 따로 가지고 있다. 이 패키지는 Tcl 기반으로 구현되어 있다.

이외에도 시스템을 시뮬레이션할 수 있는 유닉스 기반의 툴인 VxSim이 있다. VxWORKs는 다중 프로세스를 지원하지만 멀티 프로세스간 통신에 있어 하드웨어 구조의 영향을 많이 받는다. 또 하나 pSOSystem이 여러 개의 컴포넌트로 되어 있다고 하면 VxWorks는 200개 가량이 모듈을 지원하는 형식으로 되어 있어 개발자는 이들 필요한 모듈만 사용해서 시스템에 맞는 운영체제를 구성할 수 있다. VxWorks는 현대의 RTOS들이 지원하는 거의 모든 서비스를 지원하고 있다. 태스크간의 통신을 위해 세마포어와 메시지 큐, 공유 메모리, 소켓, 시그널 등을 제공하고, 표준 TCP/IP 네트워킹과 ROM이나 로컬 디스크, 네트워크로 부팅이 가능하게 되어 있다. 예를 들어 프로세스간 메시지 전송은 공유된 메모리 영역이 있을 때만 가능하며 이런 기능 또한 VxMP라는 추가구입 옵션 컴포넌트로서 존재한다.

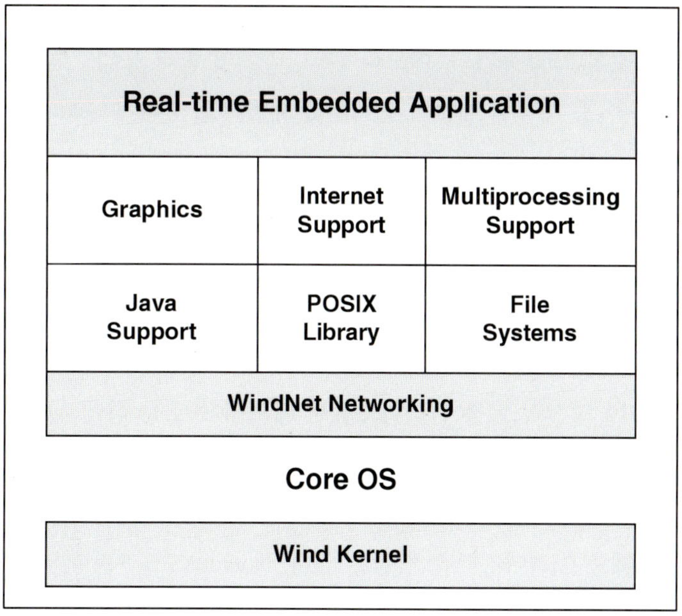

[그림 2-5] VxWORKs의 구조

소켓 기반의 통신을 지원함으로 소켓을 통해 멀티 프로세스간 통신을 해도 되지만 소켓은 자료구조를 지원하지 못하는 등의 문제로 인해 메시지 패싱에 비해 단점이 많다. 또한 TCP/IP 스택을 거쳐야 함으로 성능에 문제가 될 수도 있다. [그림 2-5]는 VxWORKs의 구조를 보여준다.

VxWorks의 구조는 크게 하드웨어에 의존하는 BSP, 디바이스 드라이브 영역과 하드웨어에 의존하지 않는 커널과 그에 따른 모듈, 그리고 애플리케이션 프로그램으로 나뉜다. 이것은 pSOSystem과 매우 유사한 부분이다. VxWorks의 토네이도는 교차 개발환경을 지원하는 통합개발환경이다.

■ Nucleus PLUS

Nucleus는 Accelerated Technology회사에서 개발한 실시간 운영 체제로서 그 중에서 네트워킹 디바이스 같이 복잡한 어플리케이션에 걸 맞는 커널이 Nucleus PLUS이다. 이 커널내에는 네트워크 기능이 들어 있지 않음으로 Necleus NET라는 TCP/IP 스택을 따로 구입해야 네트워킹 디바이스에 사용가능 하다. Nucleus PLUS는 대부분의 코드가 ANSI C로 작성되어져 있기 때문에 포팅이 용이하며 태스크간의 통신, 태스크 동기화, 메모리 관리, 타이머 관리 등의 기능과 다수의 디바이스 드라이버를 제공해 개발의 편이성을 제공하고 있다. Nucleus NET은 내부에 TCP/IP와 그 위의 수 많은 프로토콜을 소스 레벨에서 제공하며 Telnet, FTP, WWW 등의 어플리케이션을 제공한다.

Nucleus NET의 TCP/IP 스택은 그 크기가 60KB 정도이며 유닉스 소켓 인터페이스와 비슷한 인터페이스를 제공한다. Nucleus PLUS는 한 서비스 내에서 데이터끼리 각자의 메모리 영역을 침해하지 않도록 태스크마다 자신들이 가지고 있는 메모리 포인터들의 리스트를 관리함으로써 메모리 보호를 하게 된다. 하지만 아키텍처 자체가 하나의 어드레스 공간에서 모든 프로세스가 CPU의 슈퍼바이저 모드에서 돌아감으로 안정성에 문제가 있다. 이 방법은 태스크 스위칭이나 함수 콜에 있어 오브헤드가 작아진다는 장점은 있다. Nucleus PLUS는 메일 박스, 큐, 파이프의 태스크 통신 메커니즘을 가지며 인터럽터 처리는 어플리케이션 컨텍스트에서 이루어진다. MMU는 아직 지원하지 못하며 따라서 가상 메모리도 지원하지 못한다.

■ Window CE

Window CE는 마이크로소프트사에서 개발한 임베디드 시스템용 운영체제이다.

마이크로소프트(이하 MS)는 임베디드 시장에 대한 공략을 위해 1996년 윈도우 CE를 발표했다. MS에서 제작된 기존의 윈도우 인터페이스에 모바일 네트워크 기능을 강화해 가전제품, PDA, 셋톱박스 등에 주로 사용되고 있다. 적외선 통신, 웹브라우징 기능 이외에도 편리한 개발환경을 가지고 있으며 UI가 기존의 윈도우와 매우 유사하게 제작돼 있어 대부분의 사용자들은 별도의 학습 없이도 바로 사용이 가능하다. 또한 윈도우 CE 계열의 PDA는 흑백 및 컬러 디스플레이가 가능하며 동영상, WAV, MP3 등 멀티미디어 파일의 재생이 가능하여 PDA의 엔터테인먼트 기기화를 가져왔다.

또한 PC용의 윈도우 OS나 각종 오피스 프로그램들과 완벽한 호환이 가능해 기존의 데스크톱이나 노트북에서 가능하던 각종 애플리케이션들을 PDA에서도 그대로 사용할 수 있다는 이점이 있다. 그러나 제한적인 하드웨어를 가진 임베디드 시스템에 너무 많은 기능을 구현하려 했기 때문에 느린 실행 속도와 불편한 UI를 초래했다.

이를 개선해 MS는 2000년 4월 윈도우 CE 3.0을 개발하고 기존의 윈도우 CE와는 전혀 다른 것이라는 것을 강조하기 위해 그것을 포켓PC(PocketPC)라고 명명했다. 포켓PC의 등장으로 기존 윈도우 CE에서 보여주었던 수행속도의 저하와 비효율적인 하드웨어의 활용 등의 문제점들이 보완됐다. 윈도우 PC는 사운드와 동영상 재생 및 컬러 디스플레이 구현 등 다양한 멀티미디어 기능을 기본적으로 제공하며 PC와의 호환성이 뛰어나다. 또한 포켓 인터넷 익스플로러를 기본으로 내장해 모바일 인터넷을 실현했다. 게다가 데스크톱과 거의 흡사한 UI를 갖춤으로써 윈도우에 익숙한 사용자들을 쉽게 끌어들이고 있다. 그럼에도 불구하고 PDA 업계에서 윈도우 CE의 시장점유율은 팜 OS에 미치지 못했다. 하지만 유명 PDA 업체들이 윈도우 CE 채용 제품들을 대거 출시함에 따라 점유율은 계속 증가 추세에 있다.

윈도우 CE는 성능이 상당히 우수하며, 특히GUI환경과 많은 어플리케이션을 가지고 있어서 현재 널리 사용되고 있다. 멀티 태스킹 오퍼레이팅 시스템인 Windows CE는 32개에 달하는 동시 프로세스를 지원하고 각각의 프로세스는 어플리케이션의 단일 개체이다. 또한, 멀티 스레딩 지원은 각각의 프로세스가 다중 실행 스레드를 생성할 수 있게 한다. 스레드(thread)는 다른 부분들과 병행하여 실행되는 프로세스의 한 부분이며 스레드(thread)들은 독립적으로 실행한다. 그러나 각각의 스레드는 특별한 프로세스에 속하고 같은 메모리 공간을 공유한다.

스레드들의 총 수는 단지 사용 가능한 물리적인 메모리에 의해 제한된다. Windows CE는 최소의 프로세서 자원에서 스레드 동기화를 실현한다. 그리고, 다른 많은 오퍼레이팅 시스템과는 다르게 Windows CE 는 스레드와 관련된 작업, 즉 스케줄링, 동기화, 자원관리 등을 다루는 것은 커널을 이용한다.

따라서, 어플리케이션은 다른 스레드 함수들로 프로세스나 스레드의 수행과 완료를 위한 폴(poll)이 필요하지 않다. Windows CE는 선점형이기 때문에 우선순위가 더 높은 프로세스나 스레드가 선점적인 실행을 해야 한다. 그것은 스레드 스케줄링을 위해 여섯 개 등급인 스레드 우선순위를 기초로 한 시분할 알고리즘을 사용한다. Windows CE 는 선택한 수의 네트워크 스택을 제공한다. 네트워크 통신들은 적외선 통신, 이더넷, 무선 통신을 포함한 여러 가지 하드웨어를 지원한다. 비록 네트워크 스택이 윈속 인터페이스를 통해 유일하게 접근할 수 있어도 Windows CE 는 또한 내부적으로 윈속에 사용하고 윈속 연결을 설정하고 관리하는 섬세한 부분을 다루는 여러 가지 상위 레벨의 API들을 제공한다.

WinInet API는 FTP와 HTTP 1.0을 포함한 인터넷 브로우징 프로토콜들을 지원한다. 또한Secure Sockets Layer(SSL) 2.0, Secure Sockets Layer(SSL) 3.0 그리고 Private Communication Technology(PCT) 1.0을 포함한 세 가지 보안 프로토콜의 접근을 제공한다. WinInet API는 Common Internet File System(CIFS) 리디렉터를 통한 원격 파일 시스템의 접근을 제공한다. 적외선 통신을 위해 Windows CE 는 산업 표준 IrDA 프로토콜들을 사용하는 소켓 기반 적외선 통신이 가능한 윈속에서 확장된 IrSock을 지원한다.

Windows CE는 윈속으로써 네트워크 스택과 같은 레벨인 RAS 클라이언트를 제공한다. 인터넷을 위해 개발된 TCP/IP 프로토콜 그룹은 가장 복잡하고 넓게 알려진 네트워크 프로토콜이다. 그것은 광범위한 시스템에 의해 지원되고

Windows CE 네트워크 스택의 핵심을 형성한다. 많은 윈도우 기반 이동 장치들은 무선 통신을 사용할 수 있다. 그러나, 전통적인 TCP/IP 스택은 유선 네트워크에서 효과적인 함수에 의해서 만들어지기 때문에 무선 기술에서는 불충분하게 동작 할 수 있다.

그러나, Windows CE TCP/IP 스택은 무선 네트워킹을 위해 설정되게 디자인 되었다. 네트워크 스택의 기반에 있어서 Windows CE 는 시리얼 연결 네트워크와 LAN을 위해 데이터 연결 계층을 지원한다.

많은 Windows CE 기반 장치들은 모뎀과 같은 시리얼 통신 연결을 사용하여 네트워크에 연결한다. 시리얼 연결 네트워크를 지원하기 위해 Windows CE 는 많이 사용되는Serial Line Internet Protocol(SLIP)와 Point-to-Point Protocol(PPP)를 구현하였다.

Password Authentication Protocol(PAP), Challenge Handshake Authentication Protocol(CHAP)와 Microsoft CHAP의 세 가지 프로토콜들은 시리얼 연결 통신에 사용하고 있다. LAN 연결에 대한 지원은 Windows CE에서는 NDIS((2) NDIS, Network Driver Interface Specification2) 4.0으로 구현하였다. 그러나, 단지 이더넷 미니 포트 드라이버들만 지원한다.

그리고 Windows CE를 여러 가지 다른 플랫폼의 사용자 입력 요구를 받아들일 수 있게 지정할 수 있다.

현재로, 키보드, 입력 패널, 음성 그리고 스타일러스는Windows CE 를 기반으로 한 장치들의 사용자 입력 방법이다.

MS는 윈도우 CE 3.0의 소스 코드를 공개한 후 2002년 초 코드명 탈리스커(Talisker)로 알려졌던 윈도우 CE 닷넷과 윈도우 XP 임베디드를 공식 발표했다. MS는 윈도우 CE 닷넷을 Non-X86 프로세서 계열이거나 실시간이 요구되는 시스템에 대해서 권고를 하고 있으며 PC 운영체제인 윈도우 XP 프로페셔널의 컴포넌트 버전인 윈도우 XP 임베디드는 네트워킹과 서버 기능을 수행하는 시스템 개발에 권고를 하고 있다.

2.7 임베디드 리눅스 시스템(Embedded Linux System)

■ 리눅스란?

리눅스는 운영체제이다. 운영체제란 하드웨어와 응용프로그램, 혹은 사용자 사이에서 시스템을 제어하고 운영하는 프로그램이다. 엄밀한 의미로 말하면, 리눅스는 프로세스 스케줄링, 가상 메모리, 파일 관리, 장치 입/출력이라는 기본적인 서비스를 제공하는 운영체제의 커널일 뿐이다.

초기의 리눅스는 핀란드 헬싱키 대학의 교수에 의해 개발된 유닉스 기반의 마이크로 커널 구조를 가지는 인텔 프로세스에서 동작하는 운영체제인 미닉스(Minix)를 이 대학 학생인 리누즈 토발즈(Linus Torvalds)가 수정하여 인터넷에 공개한데서부터 출발한다. 그 이후 리눅스는 전 세계의 해커들에 의해서 지속적으로 수정 보완 되면서 급속히 발전하여 왔다.

또한 리처드 스톨만(Richard Stallman)에 의해 창시된 자유 소프트웨어 재단(FSF : Free Software Foundation)과 노선을 함께하여 GNU GPL(General Public License)하에 커널 소스를 공개하여 오늘에 이르고 있다. 이러한 소스 코드 공개에 기초한 자유 소프트웨어 정신에 입각하여 리눅스는 해커들에 의해 급속한 진전을 이루었으며, 비로소 1994년 5월에 커널 버전(리눅스 커널 버전이 홀수(odd)이면개발 버전, 짝수(even)이면 안정 버전임을 의미한다.) 1.0.0이 발표되었고 1996년 6월에는 커널 버전 2.0.0이 발표되었다. 그리고 2001년 1월에는 커널 버전 2.4.0이 발표되었다. 이제 리눅스는 저렴한 중소형 컴퓨터뿐만 아니라 서버급 컴퓨터에 널리 사용되고 있는 실정이다. 또한, 최근에는 크기를 현격히 줄여 임베디드 시스템에 리눅스가 포팅되어 임베디드 운영체제로 각광받고 있다.

리눅스는 유닉스 시스템의 표준 인터페이스로 자리잡고 있는 POSIX 표준을 따르고 있으나, 진정한 자유 소프트웨어를 구현하기 위해 유닉스 소스 코드 사용을 배제하고, 모든 소스를 새로 작성하였다. 초기의 리눅스는 i386이상의 x86 CPU를 탑재한 PC에서 운영되는 것을 목표로 하였으나, 현재에는 Macintosh, SPARC, MIPS, Alpha f 머신 등에서 동작하는 최고의 이식성을 자랑하는 운영체제가 되었다.

리눅스는 진정한 개념의 멀티태스킹이 가능하며, 가상 메모리를 구현하며, 공유

라이브러리, 메모리 관리, TCP/IP 네트워킹과 유닉스 계열 시스템들이 가지는 특징들을 포함하는 공개 운영체제인 것이다.

리눅스는 상용 임베디드 OS보다는 실시간적 요소를 충족하지 못하고 윈도우 CE보다는 개발환경이 좋지는 않지만, 오픈소스에 라이선스 비용이 없기 때문에 커널 크기를 줄여 다양한 임베디드 시스템의 개발에 유리하다.

리눅스는 소스를 공개하는 오픈소스 정책을 따르는 관계로 관련 개발자가 세계 곳곳에 있어 현지의 응용 프로그램을 개발할 수 있는 개발자 층이 넓다는 것이 다른 OS들과 구별되는 큰 장점이다. 이에 따라 리눅스를 채용한 임베디드 시스템은 다른 제품에 비해 가격 경쟁력이 우수하고 다양한 응용 프로그램의 개발이 가능할 것으로 기대된다.

임베디드 리눅스는 소스 공개와 아울러 안정성, 신뢰성 및 성능의 확보에 따라 활용도가 급격히 증대되고 있으며, 레드햇, 몬타비스타, 리니오 등이 임베디드 리눅스 개발 및 기술 지원 사업에 주력하고 있다.

임베디드 리눅스 운영체제는 특정 어플리케이션에 맞도록 리눅스 커널을 최적화한 것이다. 이는 라이센스비가 무료이며, 커널 소스 또한 공개되며 현재 전 세계의 수 많은 개발자들에 의해 지속적으로 업데이트 되고 있다.

그러나 임베디드 리눅스는 열악한 개발환경에 따른 개발기간에 대한 부담과 라운드로빈 방식의 스케줄링을 하므로 실시간 시스템에는 적합하지 않다는 문제점을 가지고 있다. New Mexico Tech에서 기존 리눅스 커널에 실시간 기능을 추가한 RT-Linux를 개발했으며 또한 오픈소스 진영에서는 임베디드 리눅스를 기반으로 한 표준화를 통해 시장 확대를 도모중인데, 2000년에 애질런트, 알카텔, HP, IBM, 윈드리버, ARM, 모토롤라 등이 참여하는 세계 최대 규모의 임베디드 리눅스 컨소시엄(ELC : Embedded Linux Consortium)이 결성되어 임베디드 리눅스 및 실시간 운영체제 API 표준인 EL/IX(Em bedded Linux based on POSIX)를 기반으로 플랫폼 표준화를 추진하고 있다.

임베디드 운영체제 시장은 전통적인 RTOS 중심에서 다기능 임베디드 OS 중심으로 발전하는 추세에 따라 VxWorks, pSOS 등의 RTOS의 시장 성장률이 둔화되고 있으며, 전용 실시간 임베디드 시스템에서 높은 시장 점유율을 보였던 VxWorks, pSOS, VRTX와 같은 전통적인 RTOS는 2001년을 기점으로 시장 점유율이 하락하고 있다.

2003년에는 임베디드 리눅스, 임베디드 윈도우 CE 및 팜 OS 등의 임베디드 OS 시장이 기존의 RTOS 시장을 능가할 것으로 예측된다. 전통적인 RTOS의 시장 점유 하락으로 임베디드 OS 시장에서는 MS와 임베디드 리눅스가 시장 선점을 위해 치열한 각축을 벌일 것으로 예상된다.

■ 임베디드 리눅스의 장점

- 산학계에 걸친 수많은 사용자들로부터 지난 수년간 직접 사용되면서 검증된 들로 효율적이고 안정적이며 성숙된 내용을 가진다.
- 오픈 소스이기 때문에 소스 코드 자체가 공개되어 있고 이의 공급에 따른 로열티 자체가 없기 때문에 부담 없이 쉽게 자체 개발 아키텍처에 공급할 수 있다.
- 리눅스 커널 자체가 태생적으로 모듈 형식의 코드로 이루어져 있어 쉽게 최소, 최적화 가능하다.
- 네트워킹 어플리케이션에 필수적인 TCP/IP, PPP, X.25, HDLC, FDDI 등의 네트워크 코드를 가지며 그 종류에 있어서도 다양하고 무료로 사용할 수 있어 개발에 용이하다.
- 네트워킹 디바이스에서 현존하는 거의 대부분의 프로세스에 포팅되어 있고 대부분의 컨트롤러를 위한 디바이스 드라이버가 제공되기 때문에 그 공급 영역 또한 방대하다
- 사용자뿐만 아니라 개발자 그룹의 크기도 오픈 소스이면서도 개발을 위한 자체 툴과 라이브러리를 가지고 있는 현대적인 운영체제라는 특성에 맞물려 전세계적으로 거대한 수의 개발자들이 존재한다. 따라서 어플리케이션은 물론 자체 문서도 거의 모든 영역에 대해 상용 운영체제 못지않게 잘 이루어져 있다.
- 이미 PC상에 리눅스 어플리케이션과 커널의 개발에 익숙한 사람들에게 있어 임베디드 리눅스는 자신에게 익숙한 환경을 제공하기 때문에 쉽게 임베디드 어플리케이션을 개발할 수 있게 해준다. 또한, 개발 툴은 어떤 운영체제나 아키텍처 상에도 포팅이 되어 있으므로 한번 개발 툴에 익숙해지면 개발 환경에 제약이 없어진다는 장점이 있다.
- 실시간(real time)을 지원하여 지금까지 상용 OS에 열세였던 Real Time성을

크게 확보하고 보다 다양한 분야에 공급을 할 수 있다.

■ 임베디드 리눅스의 단점

- 임베디드 리눅스(embedded Linux)위에서 실행될 수 있는 어플리케이션이 상당히 부족한 실정이다. 따라서 임베디드 리눅스를 OS로 채택하고 이를 확산 시키는 데 걸림돌이 되고 있는 실정이다.
- 임베디드 리눅스(embedded Linux)를 이용하여 장비개발 시 개발환경에 접근하는 데 상당히 어렵다. 커널을 비롯하여 마이크로 프로세스(micro process), 네트워크, 각종 툴(tool) 등을 다루어야 하는 내용이 방대하므로 단시일 내에 전문적인 개발자 양성에 문제가 있다.

3 제3장 X-Hyper270-TKU 임베디드 시스템 구성 및 성능

3.1 X-Hyper270-TKU 임베디드 시스템 개요

3.1.1 임베디드 시스템 특징

이 장은 인텔 벌버디(Bulverde) PXA270기반의 X-Hyper270-TKU 임베디드 시스템에 대한 주요특징 및 임베디드 시스템 사양에 대하여 서술하였다.

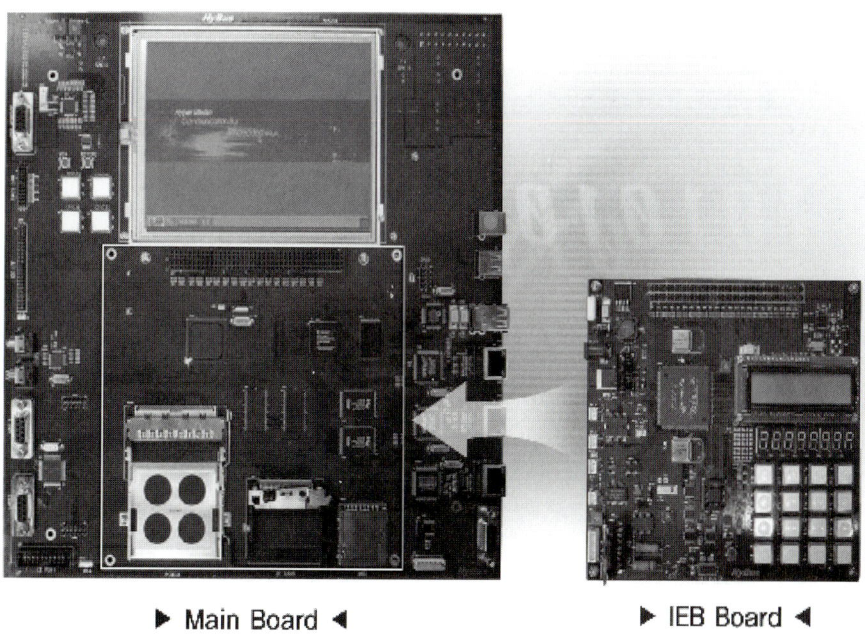

[그림 3-1] X-Hyper270-TKU 임베디드 시스템

1. 주요 특징

■ 안정적이며 고성능의 실험 실습 임베디드 시스템 장비

- 인텔 무선 MMX 기술이 통합된 최신 PXA270(520MHz 최대 속도 지원)사용
- 풍부한 메모리 지원(SDRAM ; 128MB, NOR Flash 32MB, NAND Flash 64MB)
- CPLD 사용으로 데이터/어드레스 버스의 Over Shoot/Uder Shoot를 줄임
- 안정적인 Core 전원설계 및 CPU 발열방지 기능 추가
- 데이터/어드레스 버스의 팬아웃 현상방지

■ 멀티미디어 실습에 적합

- 6.4인치 TFT 컬러 LCD(터치 스크린 포함)지원
- 아날로그 RGB(VGA 모니터 출력 가능) ; 버튼 통한 화면 전환 가능
- CMOS카메라, 웹 카메라 지원으로 동영상 정보 수집 기능
- IDE인터페이스를 통해 노트북용 하드 디스크 연동 가능

■ 수준 높은 통신 실험 실습

- 이더넷 3 포트 지원으로 라우터 등의 실험실습 가능
- 10BaseT 이더넷 1포트(CS8900), 10/100BaseT 이더넷 2포트 (Smsc91c111-전송속도 월등히 개선)
- 무선 LAN 실습(PCMCIA, CF 형태 지원)
- 시리얼 5 포트 지원(디버거용 1포트)
- 최대 UART 4포트(RS232C 형태;2포트, TTL 형태 ; 2포트)
- IrDA를 통한 적외선 통신 실습

■ GPS, 블루투스, 유비쿼터스 무선 센서네트워크(USN) 장비 연동 가능

■ IEB보드가 분리되어 독립적인 FPGA실험 실습 가능(12만 게이트 FPGA)

■ 실무에서도 공급 가능한 수준 높은 소프트웨어 제공

- 리눅스 커널 2.6.11제공

- Window CE.NET 5.0제공
- 제품 전기능의 안정적인 디바이스 드라이버 제공
- 실습에 공급 가능한 응용 다수 제공
- GUI로서 ETRI Qplus에 공급된 Match Box 사용
- RTC4513을 커널 타임과 동기화시킴
- MMC/SD카드 감지 기능으로 PnP 가능

3.1.2 하드웨어 사양

■ 메인 보드

X-Hyper270-TKU 임베디드 시스템의 메인보드의 하드웨어 사양은 <표 3-1>에 CPU, 메모리, 내외부 주변기기 및 확장 커넥터 및 CPLD들 설명하여 [그림 3-2]는 실제 X-Hyper270-TKU의 메인보드 실물이고 [그림 3-3]은 메인보드에 대한 부품배치도이다.

<표 3-1> 메인보드 사양

분 류	항 목	내 용
CPU	PXA270(520MHz)	BULVERDE(VF-BGA)
메모리	NOR Flash memory 32MByte	TE28F128J3C
	SDRAM 128MByte	K4S561632-TC75
내부 주변기기	Serial x 1Ports	RS-232 LEVEL
	Display	6.4" TFT LCD
	CMOS Camera I/F	
	USB Host 1.1 1Port	
	USB Slave 1Port	
	PCMCIA Slot	
	CF Slot	
	MMC/SD Slot	

분 류	항 목	내 용
외부 주변기기	Serial x 4Ports	Full Function UART 4 Port.
	USB Host 2.0 2Port	TD242LP
	NAND Flash 64MByte	K9F1208U0M
	IDE I/F	mini IDE
	Analog RGB(VGA Monitor)	THS8135
	Ethernet(10)	CS8900A 1 Port
	Ethernet(10/100)	SMSC91C111 2Port.
	Audio(CS4299)	SPEAKER 내장
	Touch Panel	
	RTC4513	BATTERY 내장
확장 커넥터	160 pin	2.54mm pitch
CPLD	256 pin CPLD	XC2C256-7FT256C(BGA)

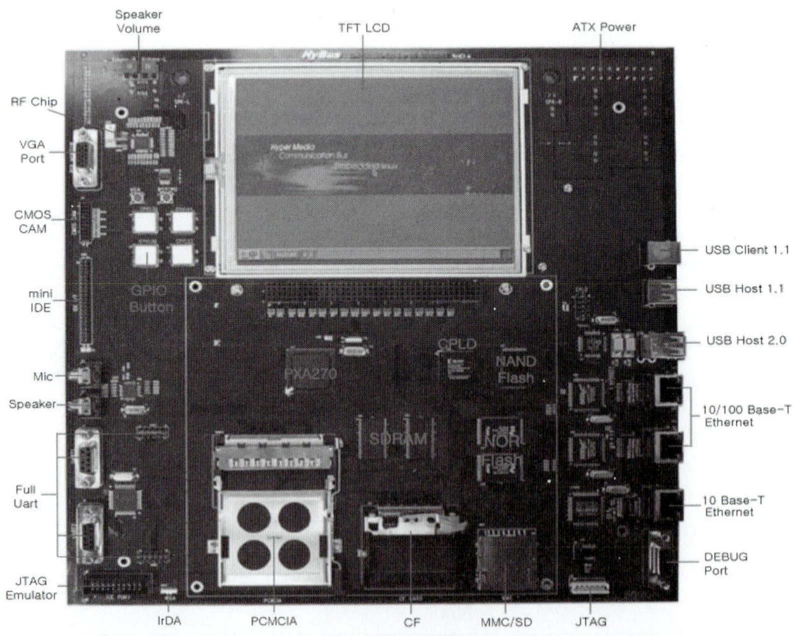

[그림 3-2] X-Hyper270-TKU 임베디드 시스템 (메인 보드)

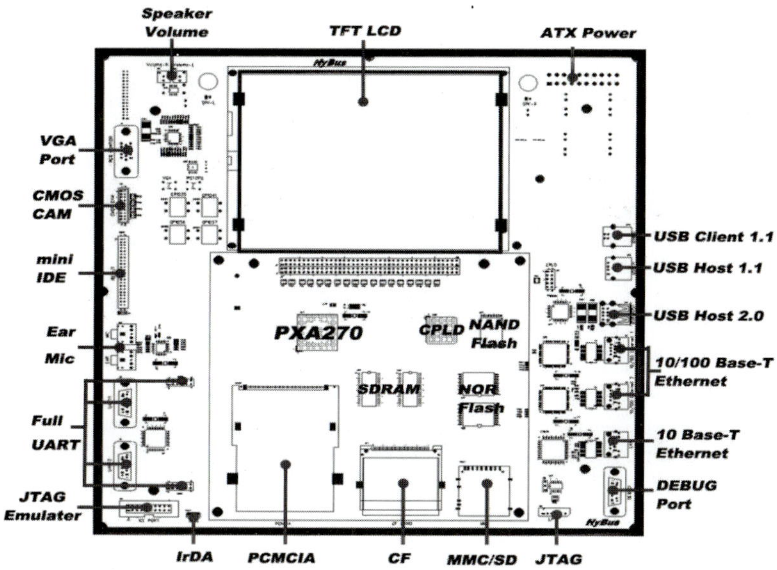

[그림 3-3] X-Hyper270-TKU 임베디드 시스템 (메인 보드) 부품 배치도

■ IED확장 보드

X-Hyper270-TKU 임베디드 시스템의 IED확장보드의 사양은 〈표 3-2〉에 분류하여 하였다. [그림 3-4]는 IDE보드에 대한 실물 하드웨어이다.

〈표 3-2〉 IEB확장 보드의 하드웨어 사양

분류	항 목	내 용
FPGA	EP1C6240PQFP	Cyclone (PQFP-240)
Programming ROM	EPC2	EP2(PLCC/SOCKET)
RF 디바이스	CC2420	CC2420(QLP48)
DC 모터 제어	L298	DIP
Step모터 제어	L297	DIP
ADC	ADC0804	
DAC	DAC0800	
7-Segment	7-Segment * 8	
DOT Matrix	DOT Matrix	
글자 LCD	글자 LCD	

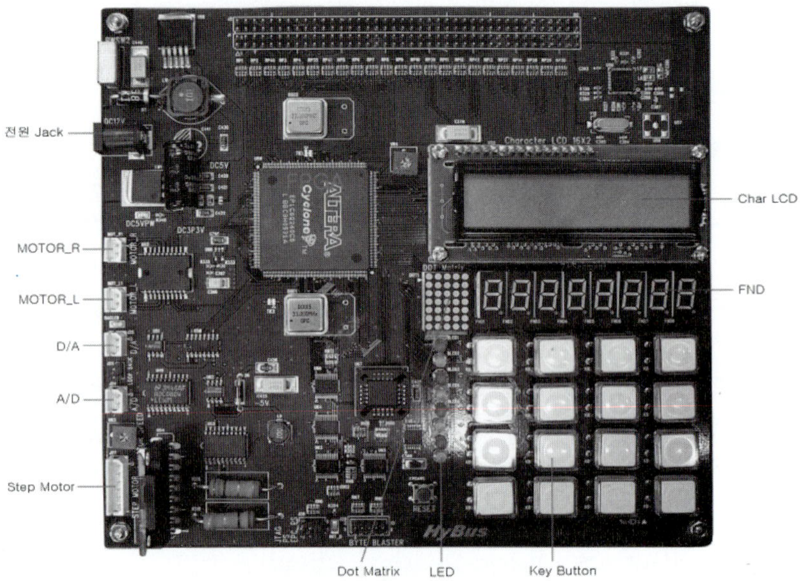

[그림 3-4] X-Hyper270-TKU 임베디드 시스템(IEB확장 보드)

[그림 3-5]는 PXA270-TKU의 전체블록도를 나타낸다.

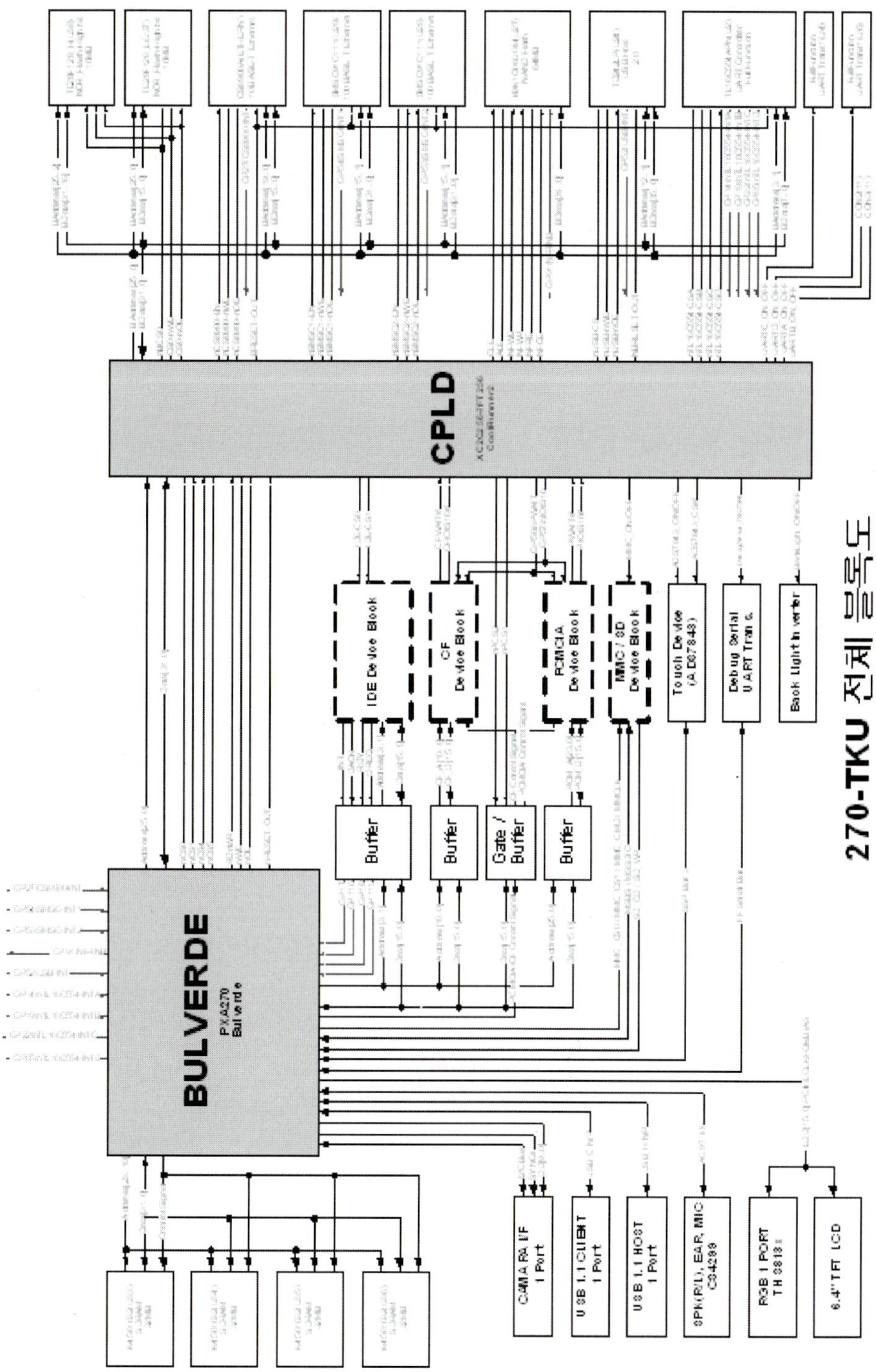

[그림 3-5] X-Hyper270-TKU 전체 블록도

3.1.3 소프트웨어 사양

■ 메인보드의 소프트웨어 사양

분 류	항 목	내 용
O/S	Linux	Linux 2.6.11
디바이스 드라이버	CS8900	10Base-T 1Port
	SMC91C111	10/100Base-T 2Port
	TFT LCD	6.4 inches TFT LCD Interface
	ADS7843	Toch Screen Controller
	16C554	Full Function UART 4 Port
	CS4209	AC'97 CODEC Chip
	MMC/SD/SDIO Controller	
	USB 1.1 Host(PXA Internal)	
	USB 1.1 Slave(PXA Intenal)	
	TD242	USB 2.0 Host 2Port(TD242)
	PCMCIA/CF	
	IrDA	FIR Mode
	IDE	PIO Mode Driver
파일 시스템	JFFS2(Rootfile system) Ext2, ext3, YAFFS, RAMFS, NFS	
응 용	Tiny X-Server	
	MatchBox	Windows manager
	MP3 Player	
	동영상 Player	MPEG1,2,4, WMV1/2/3, DivX 5
	Web Brower	
	USB Cam	OV511 CAM 지원
	Access Pointer	802.a, 802.b

■ 확장보드의 소프트웨어 사양

분 류	항 목	내 용
디바이스 드라이버	DC Mocter Control	L298
	Step Mocter Control	L297
	ADC	ADC0804
	DAC	DAC0800
	7-Segment	8 ea
	DOT Matrix	5 * 7
	Character LCD	2 * 16
응 용	IEB Test Program	

3.2 전 원

270-TKU의 전원의 구성을 [그림 3-6]과 같은 블록도로 구성되어 있다.

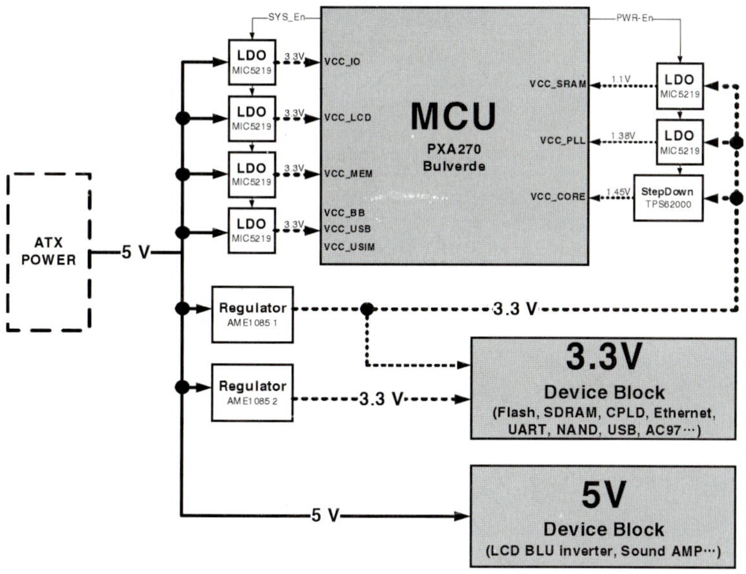

[그림 3-6] 전원 구성도

PXA270은 다양한 전압을 〈표 3-3〉과 같이 사용한다.

① **VCC_CORE** : CPU의 CORE 구동하기 위한 전압으로 1.45V를 사용하고 칩에서 사용할 스피드에 따라 공급 전압이 조금씩 틀리다. 270-TKU제품은 520MHz에 맞춰져 있다.
② **VCC_SRAM** : CPU 내부 SRAM구동을 위한 전원으로 1.1V를 사용한다.
③ **VCC_PLL** : CPU 내부 PLL구동을 위한 전원으로 1.3V을 사용한다.
④ **VCC_MEM** : 메모리/시스템 버스를 위한 전원으로 3.3V을 사용한다.
⑤ **VCC_IO** : GPIO나 주변 기기를 사용하기 위한 전원으로 3.3V를 사용한다.
⑥ **VCC_USIM** : 외부 USIM카드 사용을 위한전원으로 3.3V를 사용한다.,
⑦ **VCC_USB** : CPU내부에 있는 USB컨트롤러를 사용하기 위한 전원으로 3.3V를 사용한다.

〈표 3-3〉PXA-270의 전압

이름	Enable	Units	Default Voltage (V)	Allowed Levels (V)	오차범위 (%)
VCC_BATT	None	Sleep-active units, Oscillators	3.0	3.0	±25
VCC_IO	SYS_EN	Peripheral I/O	3.3	3.0,3.3	±10
VCC_LCD	SYS_EN	LCD I/O	3.3	1.8,2.5,3.0,3.3	±10
VCC_USB	SYS_EN	USB I/O	3.3	3.0,3.3	±10
VCC_MEM	SYS_EN	Memory Controller Interface	3.3	1.8,2.5,3.0,3.3	±10
VCC_BB	SYS_EN	Base band Interface	3.3	1.8,2.5,3.0,3.3	±10
VCC_USIM	SYS_EN	USIM Interface	3.3	1.8,3.0,3.3	±10
VCC_PLL	PWR_EN	Phase Locked Loops	1.3	1.3	±10
VCC_SRAM	PWR_EN	Internal SRAM units	1.1	1.1	±10
VCC_CORE	PWR_EN	All other internal units	Any	0.85 -1.55	±10

〈표 3-4〉는 PXA270의 각 전압 값에 따른 성능을 나타내 주는 표이다.

■ 전 압

〈표 3-4〉 PXA270전원 값의 성능 비교

심볼	설 명	최소	정격	최대	단위
VCC_BATT 전압					
VVCC0	VCC_BATT @3.0V 공급 전압	2.25	3.00	3.75	V
VCC_PLL 전압					
VVCC1	VCC_PLL @1.3V 공급 전압	1.17	1.30	1.43	V
VCC_BB 전압					
VCC2a	VCC_BB @1.8V 공급 전압	1.71	1.80	2.16	V
VCC2b	VCC_BB @2.5V 공급 전압	2.25	2.50	2.75	V
VCC2c	VCC_BB @3.0V 공급 전압	2.70	3.0	3.30	V
VCC2d	VCC_BB @3.3V 공급 전압	2.97	3.3	3.63	V
VCC_LCD 전압					
VCC3a	VCC_LCD @1.8V 공급 전압	1.71	1.80	2.16	V
VCC3b	VCC_LCD @2.5V 공급 전압	2.25	2.50	2.75	V
VCC3c	VCC_LCD @3.0V 공급 전압	2.70	3.0	3.30	V
VCC3d	VCC_LCD @3.3V 공급 전압	2.97	3.3	3.63	V
VCC_IO 전압					
VCC4a	VCC_IO @3.0V 공급 전압	2.6917	3.0	3.30	V
VCC4b	VCC_IO @3.3V 공급 전압	2.97	3.3	3.63	V
VCC_USIM 전압					
VCC5a	VCC_USIM @1.8V 공급 전압	1.71	1.80	2.16	V
VCC5b	VCC_USIM @3.0V 공급 전압	2.70	3.0	3.30	V
VCC_SRAM 전압					
VCC6	VCC_SRAM @1.1V 공급 전압	0.99	1.10	1.21	V
VCC_USB 전압					
VCC7a	VCC_USB @3.0V 공급 전압	2.70	3.00	3.30	V
VCC7b	VCC_USB @3.3V 공급 전압	2.97	3.30	3.65	V

■ 메모리 전압과 주파수 전기적 사양

〈표 3-5〉 메모리전압과 주파수 영역의 전기적 사양

심 볼	설 명	최소	정격	최대	단위
메모리 전압과 주파수 영역1					
VMEM1	VCC_MEM 공급 전압	1.71	1.80	2.16	V
fSM1A	외부 동기 주파수 SDCLK1, SDCLK2	13	–	104	MHz
fSM1B	외부 동기 주파수SDCLK0	13	–	104	MHz
메모리 전압과 주파수 영역 2					
VMEM2	VCC_MEM 공급 전원	2.25	2.50	2.75	V
fSM2A	외부 동기 메모리 주파수 , SDCLK1, SDCLK2	13	–	104	MHz
fSM2B	외부 동기 메모리 주파수 SDCLK0	13	–	104	MHz
메모리 전압과 주파수 영역3					
VMEM3	VCC_MEM 공급 전원	2.70	3.0	3.3	V
fSM3A	외부 동기 메모리 주파수 SDCLK1, SDCLK2	13	–	104	MHz
fSM3B	외부 동기 메모리 주파수 SDCLK0	13	–	104	MHz
메모리 전압과 주파수 영역 4					
VMEM4	VCC_MEM 공급 전원	2.97	3.30	3.63	V
fSM4A	외부 동기 메모리 주파수 SDCLK1, SDCLK2	13	–	104	MHz
fSM4B	외부 동기 메모리 주파수 SDCLK0	13	–	104	MHz

■ 코아 전압과 주파수의 전기적 사양

〈표 3-6〉 코아 전압과 주파수의 전기적 사양

심볼	설　명	최소	정격	최대	단위
코아 전압 주파수 범위 1					
VVCCC1	VVCC_CORE 공급 전원	0.8075	0.85	1.705	V
fCORE1	코아 동작 주파수	13	–	13	MHz
코아 전원 주파수 영역 2					
VVCCC2	VCC_CORE 공급 전원	0.855	0.9	1.705	V
fCORE2	코아 동작 주파수	91	–	104	MHz
코아 전원 주파수 영역 3					
VVCCC3	VCC_CORE공급 전원	0.95	1.00	1.705	V
fCORE3	코아 동작 주파수	–	156	–	MHz
코아 전원 주파수 영역 4					
VVCCC4	VCC_CORE공급 전원	1.12	1.18	1.705	V
fCORE4	코아 동작 주파수	–	208	–	MHz
코아 전원 주파수 영역 4a					
VVCCC4a	VCC_CORE 공급 전원	0.9975	1.05	1.705	V
fCORE4a	코아 동작 주파수	–	208	–	MHz
코아 전원 주파수 영역 5					
VVCCC5	VCC_CORE 공급 전원	0.99	1.1	1.705	V
fCORE5	코아 동작 주파수	–	312	–	MHz
코아 전압 주파수 영역 6					
VVCCC6	VCC_CORE 공급 전원	1.2825	1.35	1.705	V
fCORE6	코아 동작 주파수	–	416	–	MHz
코아 전압 주파수 영역 7					
VVCCC7	VCC_CORE 공급 전압	1.3775	1.45	1.705	V
fCORE7	코아 동작 주파수	–	520	–	MHz
코아 전압 주파수 영역 8					
VVCCC8	VCC_CORE 공급 전압	1.4725	1.55	1.705	V
fCORE8	코아 동작 주파수	–	624	–	MHz

블록도에서 단순하게 보게 되면 5V전압원은 디바이스들 중에 5V로 구동하는 칩들에 공급하기 위한 전압이며 3.3V전압은 디바이스들 중에 3.3V로 구동하는 칩들에 공급하기 위한 전압이다.

먼저 270-TKU의 전체 전원을 공급할 수 있도록 외부에서 전원을 인가하는데 [그림 3-6]에서 보듯이 PC용 ATX 전원을 사용한다. 이렇게 들어오는 전원을 두 개의 레귤레이터(AME1085)를 사용해서 3.3V로 전압을 강하시킨다. 다시3.3V의 전압을 또 다른LDO(MIC5219 / MIC5238), StepDown Dc-Dc Converter(TPS62000)들을 사용하여 PXA270에 필요한 여러 가지 전압 원을 만든다. 그리고 CS8900, ADS7843, CS4299는 LDO(AME1085)에서 출력되는 3.3V를 전압으로 사용하며 LCD의 전원과 LCD BLU의 인버터, Audio AMP는 Po전업 원에서 공급되는 5V전원을 사용한다. 두 개의 레귤레이터 중 하나는 CPU와 SDRAM에 3.3V를 공급하며 나머지 하나의 레귤레이터가 그 외 모든 3.3V전압 원을 사용하는 디바이스들에게 전원을 공급하게 된다.

전원 부분을 이해하기 위해서는 해당 칩의 데이터 시트를 면밀히 검토하기 바란다.

3.3 주변장치 인터페이스

이 절에서는 PXA270과 각 주변장치들의 인터페이스에 대해 기술한다.

대략적인 설명이므로 자세한 부분은 회로도와 PXA270 데이터 시트를 참조하기를 바란다.

메모리는 첫 번째로 주 메모리 역할을 하는 SDRAM(128MB), 두 번째로 OS 및 소프트웨어를 저장하기 위한 플래시 메모리(32MB)이다.

이 두 가지 메모리의 인터페이스 방식은 서로 다르며 이에 대한 것은 각각의 데이터시트와 회로도를 참조하기 바란다. [그림 3-7]에서 보다시피 SDRAM을 제외한 데이터/어드레스 버스로 연결된 모든 디바이스들은 버퍼 혹은 CPLD로 필터링 되어 구성되어있다. 또한 SDRAM을 제외한 모든 디바이스의 어드레스 디코딩은 CPLD에서 한다.

SDRAM만 데이터/어드레스버스(Data / Address Bus)와 직접 연결된 것은 SDRAM

연결 버스를 가능한 수준까지 고속으로 동작시키기 위한 것과 연결 되는 디바이스가 많아진다.

그리고 버스선이 길어지는 것에 따른 팬 아웃(FanOut)과 노이즈 현상을 막기 위한 것이다. 각 디바이스들의 어드레스 맵(Address Map)은 다음 절에 표현한다.

3.3.1 SDRAM(K4561632; 4EA)

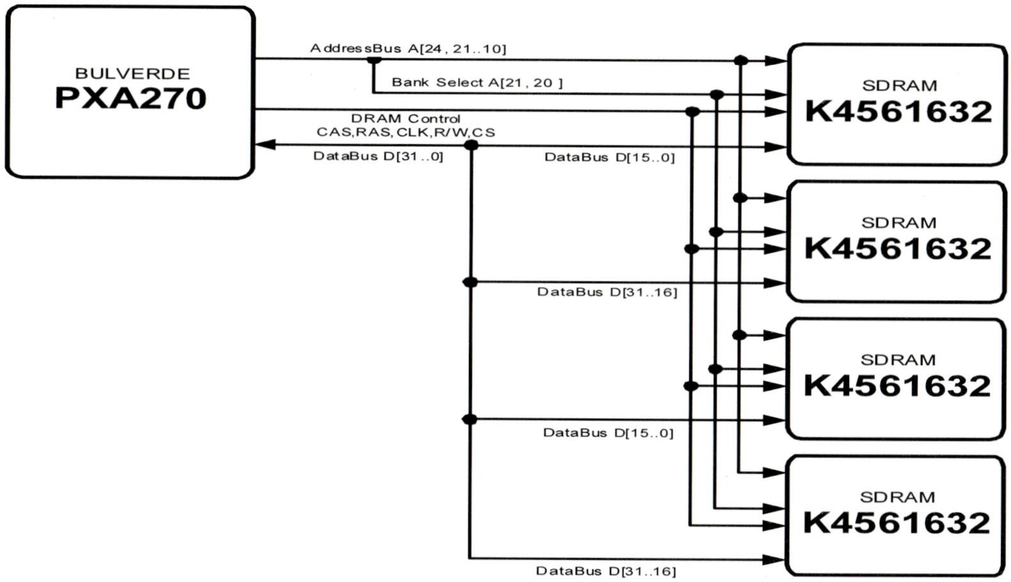

[그림 3-7] SDRAM 인터페이스

[그림 3-7]은 PXA270과 SDRAM 간의 인터페이스이다.

PXA270A이나 PXA272A은 SDRAM 사용을 위한 인터페이스를 가지고 있다. 따라서 SDRAM사용을 하기 위해서는 정의된 핀들로 인터페이스를 하며 해당 레지스터를 설정함으로써 SDRAM의 속도형태 등을 지정할 수 있다. [그림 3-7]에서 SDRAM과 인터페이스할 수 있도록 CAS, RAS, CLK 등이 따로 구성되어 있다. 초기 셋팅 후 CLK, RAS, CAS 신호가 발생된다.

또 X-Hyper270-TKU에서는 16M 비트 * 4 뱅크 * 16 비트 SDRAM 4개를 데이터 버스에 총 128MB를 구성해서 사용했다.

3.3.2 플래시 메모리 : TE28F128 2EA

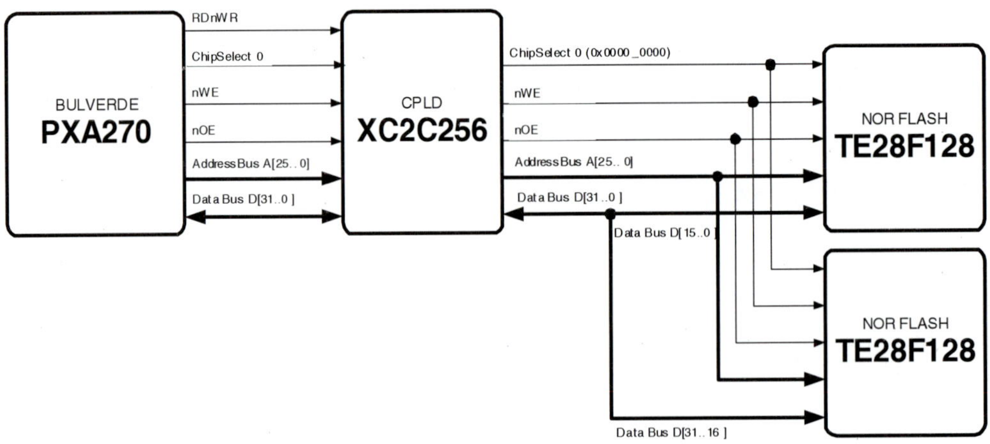

[그림 3-8] 플래시 메모리 인터페이스 블록도

플래시 메모리는 전체 어드래스 맵 중 0x0000_0000번지에 위치함으로 Chip Select0 사용한다. Data Bus, Address Bus, new, OE, CS 시그널 들은 모두 CPLD를 통하여 연결 된다.

시스템 부팅을 위해 0번지에 위치하는 것을 제외하면 SRAM영역에 연결되는 외부 디바이스들과 동일한 인터페이스로 연결된다.

3.3.3 10 Base-T 이더넷 : CS8900

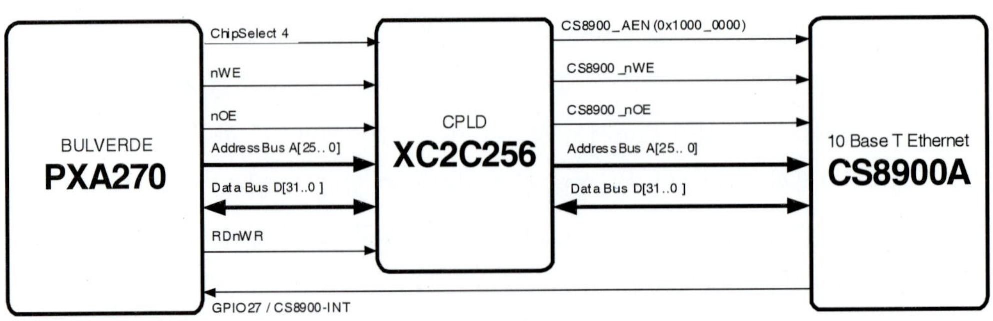

[그림 3-9] 10 Base-T 이더넷 제어기 인터페이스

이더넷 칩과의 연결은 데이터를 주고 받는 어드레스/데이터버스와 칩의 동작 시 상태를 알려주고 해당 동작을 하기 위한 인터럽트, Read, Write, Chip Select 신호가 있다.

특별한 것은 CS8900은 원래 ISA 인터페이스 방식의 칩이다. 현재 X-Hyper270-TKU에서는 DMA를 사용하지 않기 때문에 DMA를 사용할 경우는 데이터 시트를 참조해서 해당 핀을 어떻게 처리해야 하는지를 고려해서 설계하기 바란다. 현재 PXA270은 DMA에 관한 제어 핀과 레지스터가 있으므로 이것을 사용해서 제어할 수도 있다. 현재 X-Hyper270-TKU는 DMA를 사용하지 않도록 설계되었기 때문에 제어 신호에 대한 변경이 필요하다.

3.3.4 10/100 Base-T 이더넷(LAN91C111 2EA)

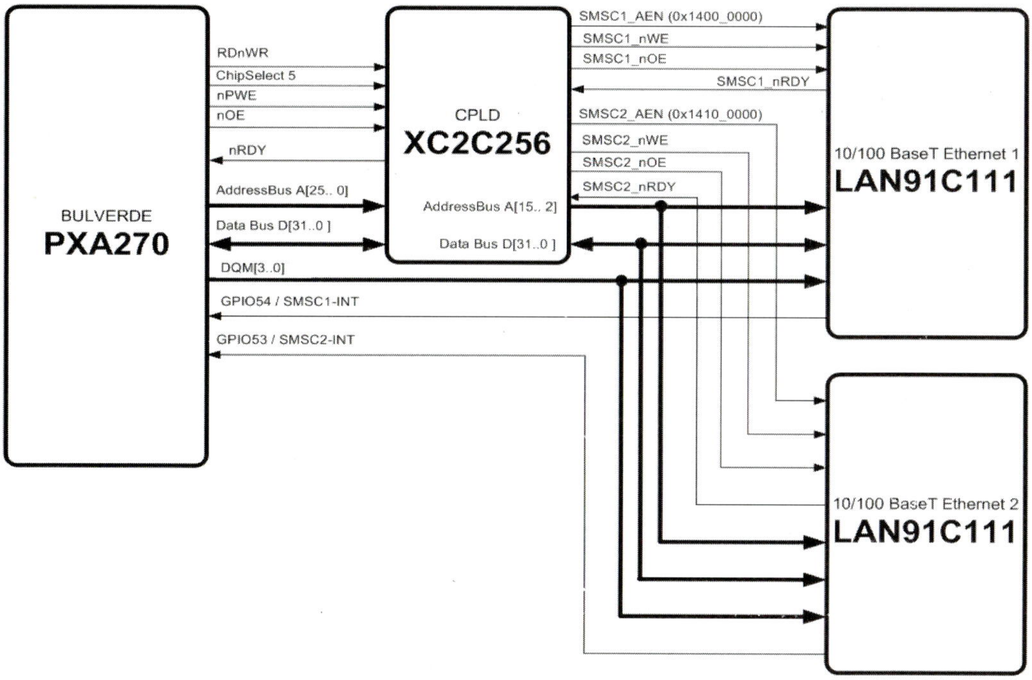

[그림 3-10] 10/100 Base - T Ethernet Controller 인터페이스

SMSC의 LAN91C111 10/100 Base-T 이더넷 제어기는 10/100의 속도를 둘 다 지원하는 non-PCI 인터페이스를 가지고 있다. 각각의 기본 어드레스는 0x1400 0000, 0x1410 0000 이며 이 주소의 디코딩은 CPLD에서 담당한다.

데이터버스는 32비트이며 각각의 물리적인 어드레스 범위는 4KB이다. 각각의 인터럽트는 GPIO53, GPIO 54를 사용하고 있다

3.3.5 64MB NAND 플래시 메모리(K9K1G08U0M)

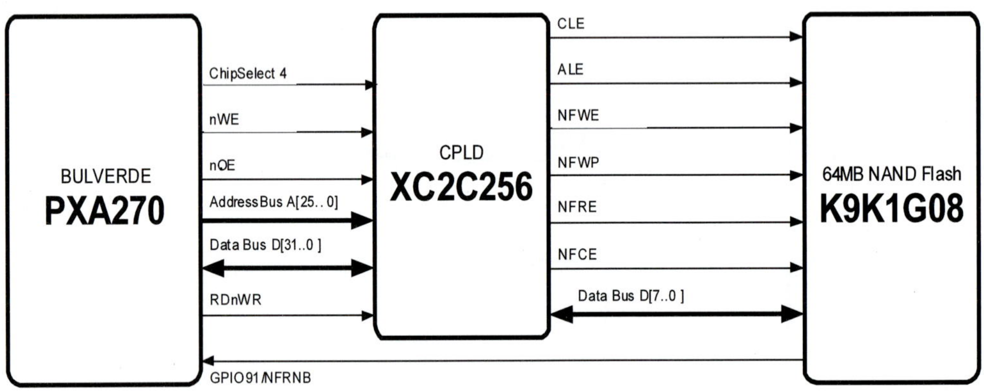

[그림 3-11] NAND 플래시 메모리 인터페이스

270-TKU에 장착되어있는 NAND 플래시 메모리는 64MB이며 CWE 어드레스는 0x1030 0000 CS의 어드레스는 0x10F0 0000이다. 다른 디바이스들과 마찬가지로 어드레스의 디코딩은 CPLD에서 처리한다. 또한 Nand 플래시의 구동에 필요한 버퍼와 게이트 구성 역시 CPLD에서 담당하고 있으므로 데이터버스에 의한 컨트롤이 가능하다.

NFCE, CLE, ALE, NFWP는 각각 데이터 버스의 0 ~ 3과 연결되어있으며 NAND 플래시 자체의 데이터 버스는 8비트이다.

3.3.6 Mini IDE 인터페이스

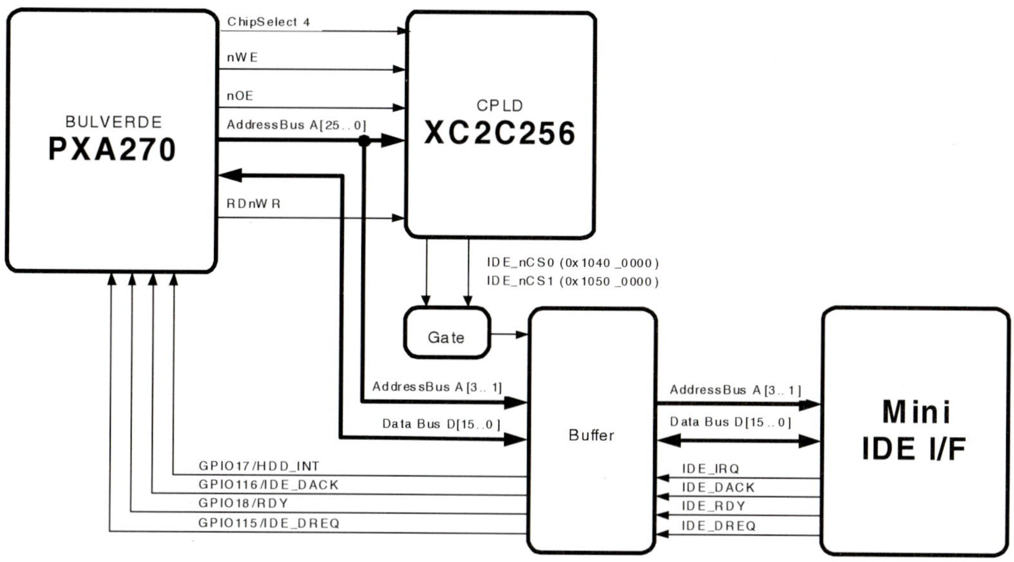

[그림 3-12] Mini IDE 인터페이스

Mini IDE 인터페이스의 칩 선택들의 기본 어드레스는 각각 0x1040 0000과 0x1050 0000이다.

Mini IDE의 경우 부착되는 IO Vcc의 레벨이 5V 이므로 데이터, 어드레스, 제어 신호등을 CPLD나 CPU에 직접 붙일 수 없으므로 IO Vcc의 레벨을 조정하기 위해 5V Tolerant의 버퍼를 사용하여 인터페이스 한다.

3.3.7 USB 2.0HOST(TD242LP)

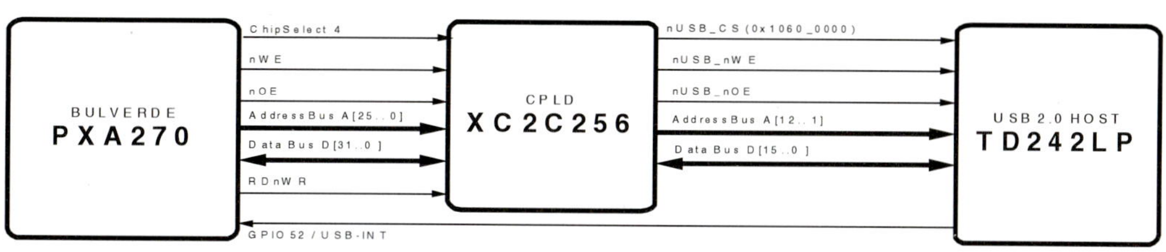

[그림 3-13] USB 2.0 호스트 인터페이스

TD242LP USB 호스트 제어기는 모바일 장비에 적합한 저전력 소형의 USB 2.0 Host Controller이다. 12Mb/s의 최대속도와 1.5Mb/s의 최저속도를 지원하며 USB 장치에 대한 인식률이 뛰어나다. 기본 어드레스는 0x1060 0000 이며 16비트 데이터 버스로 연결되어있다.

인터럽트는 GPIO 52번에 연결되어 있다.

3.3.8 4포트 최고기능 제어기(TL16C554)

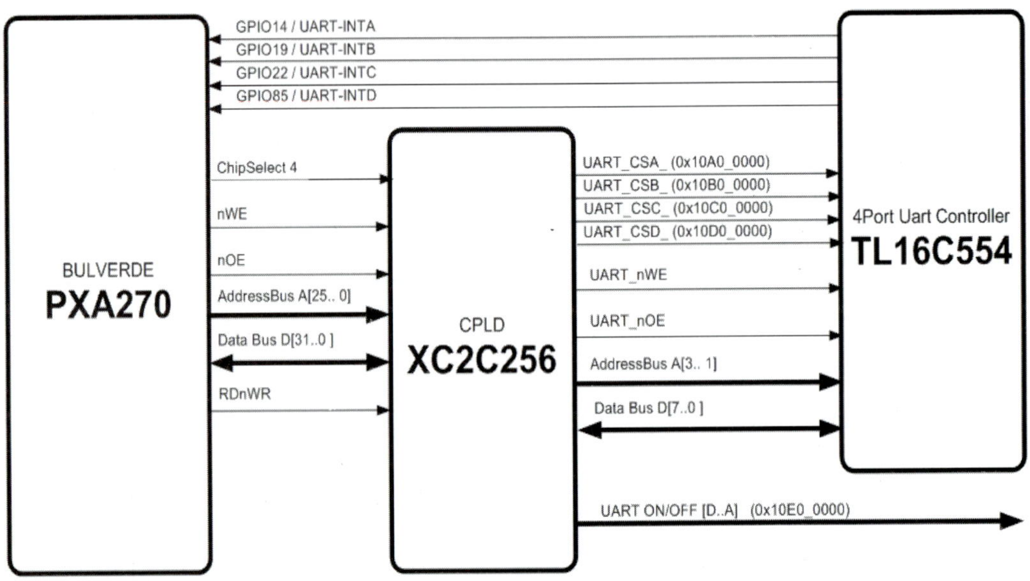

[그림 3-14] 4 포트 UART 제어기 인터페이스

TL16C554는 4포트의 최고기능 UART를 지원한다. 4개의 포트 각각은 A : 0x10A0 0000, B : 0x10B0 0000, C : 0x10C0 0000, D : 0x10D0 0000을 기본 어드레스로 가지고 있으며 포트 각각의 인터럽트는 A : GPIO 14, B : GPIO 19, C : GPIO 22, D : GPIO 85와 연결되어있다.

A, B 포트는 CON2, CON3을 통해 TTL레벨로 통신하며 C, D 포트는 최대기능 RS232 드라이버를 통하여 DSUB-9핀 커넥터인 J8, J9로 RS232레벨로 통신한다.

3.4 플래시 메모리 맵

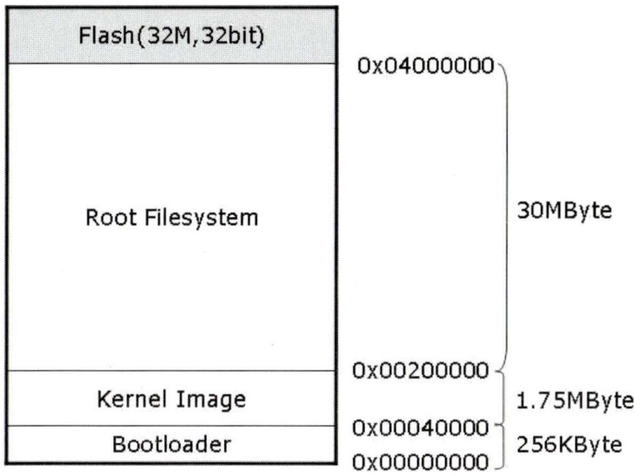

[그림 3-15] 플래시 메모리 맵

3.5 SDRAM 메모리 맵

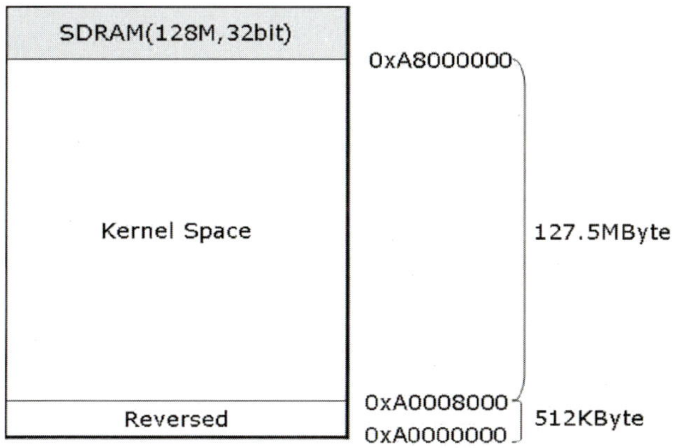

[그림 3-16] SDRAM 메모리 맵

3.6 Static 메모리 맵

■ 메인 보드

이름	어드레스	범위	설명
Flash	0x00000000	0x2000000	Intel Strata Flash 16bit 16M * 2
CS8900	0x10000000	0x100000	10 Base-T Ethernet Controller
NAND CWE	0x10300000	0x100000	Nand Command CS
IDE CS 0	0x10400000	0x100000	ATA IDE CS 0
IDE CS 1	0x10500000	0x100000	ATA IDE CS 1
USB CS	0x10600000	0x100000	USB 2.0 Host TD242LP
DEVICE PWR	0x10700000	0x100000	Deivce Power ON/OFF
EXTEND PORT 0	0x10800000	0x100000	External GPIO Port 0
EXTEND PORT 1	0x10900000	0x100000	External GPIO Port 1
16C554 CS A	0x10A00000	0x100000	Serial Controller CS A
16C554 CS B	0x10B00000	0x100000	Serial Controller CS B
16C554 CS C	0x10C00000	0x100000	Serial Controller CS C
16C554 CS D	0x10D00000	0x100000	Serial Controller CS D
UART PWR	0x10E00000	0x100000	UART Power ON/OFF
NAND CS	0x10F00000	0x100000	Nand Data CS
LAN91C111 EN 1	0x14000000	0x100000	10/100 Base-T Ethernet Controller 1
LAN91C111 EN 2	0x14100000	0x100000	10/100 Base-T Ethernet Controller 2

■ IEB 확장보드

이름	어드레스	범위	설명
FND1	0x11000000	0x100000	7-segment 1
FND2	0x11100000	0x100000	7-segment 2
FND3	0x11200000	0x100000	7-segment 3
FND4	0x11300000	0x100000	7-segment 4
FND5	0x11400000	0x100000	7-segment 5
FND6	0x11500000	0x100000	7-segment 6
FND7	0x11600000	0x100000	7-segment 7
FND8	0x11700000	0x100000	7-segment 8
DOT_1 Col	0x11800000	0x100000	Dot collumn 1
DOT_2 Col	0x11900000	0x100000	Dot collumn 2
DOT_3 Col	0x11A00000	0x100000	Dot collumn 3
DOT_4 Col	0x11B00000	0x100000	Dot collumn 4
DOT_5 Col	0x11C00000	0x100000	Dot collumn 5
KEY_W	0x11D00000	0x100000	Key Write
KEY_R	0x11E00000	0x100000	Key Read
DAC	0x11F00000	0x100000	Digital to Analog Convertor
ADC	0x12000000	0x100000	Analog to Digital Convertor
STEP Motor	0x12100000	0x100000	Step Motor controller
DC Motor	0x12200000	0x100000	DC Motor controller
Character LCD	0x12300000	0x100000	Character LCD Control
LED	0x12400000	0x100000	LED

3.7 GPIO 맵

■ Alternate value

- A - 일치된 GPIO 핀 (GPIO[x])는 일반 목적 I/O로 사용
- B - 일치된 GPIO 핀 (GPIO[x])는 alternate function 1(In)으로 사용.
- C - 일치된 GPIO 핀 (GPIO[x])는 alternate function 2(In)으로 사용.

- D – 일치된 GPIO 핀 (GPIO[x])는 alternate function 3(In)으로 사용.
- E – 일치된 GPIO 핀 (GPIO[x])는 alternate function 1(Out)으로 사용
- F – 일치된 GPIO 핀 (GPIO[x])는 alternate function 2(Out)으로 사용
- G – 일치된 GPIO 핀(GPIO[x])는 alternate function 3(Out)으로 사용

GPIO 핀	핀 이름	Alternate value	설 명
0	GPIO〈0〉	A	USBC_INT
1	GPIO〈1〉	A	No Use.
2	SYS_EN	A	Reversed.
3	GPIO〈3〉	A	No Use.
4	GPIO〈4〉	A	No Use.
5	PWR_CAP〈0〉	A	Reversed.
6	PWR_CAP〈1〉	A	Reversed.
7	PWR_CAP〈2〉	A	Reversed.
8	PWR_CAP〈3〉	A	Reversed.
9	GPIO〈9〉	A	PCMCIA_IREQ
10	GPIO〈10〉	A	ADS7843–IRQ
11	GPIO〈11〉	A	CF_IREQ
12	GPIO〈12〉	A	CF_CD
13	GPIO〈13〉	A	PCMCIA_CD
14	GPIO〈14〉	A	TL16C554_INTA
15	GPIO〈15〉	F	nCS〈1〉 (Active low chip select 1)
16	GPIO〈16〉	A	ADC_INT
17	GPIO〈17〉	A	BHDD_INT
18	GPIO〈18〉	B	RDY
19	GPIO〈19〉	A	TL16C554_INTB
20	GPIO〈20〉	E	nSDCS2
21	GPIO〈21〉	E	nSDCS3
22	GPIO〈22〉	A	TL16C554_INTC
23	GPIO〈23〉	E	CIF_MCLK
24	GPIO〈24〉	B	CIF_FV

GPIO 핀	핀 이름	Alternate value	설 명
25	GPIO〈25〉	B	CIF_LV
26	GPIO〈26〉	C	CIF_PCLK
27	GPIO〈27〉	A	CS8900-INT
28	GPIO〈28〉	B	AC97_BITCLK (CS4299 ABITCLK)
29	GPIO〈29〉	B	AC97_SDATA_IN_0 (CS4299 ASDOUT)
30	GPIO〈30〉	F	AC97_SDATA_OUT (CS4299 ASDIN)
31	GPIO〈31〉	F	AC97_SYNC(CS4299 ASUNC)
32	GPIO〈32〉	F	MMCLK
33	GPIO〈33〉	F	nCS〈5〉 (Active low chip select 5)
34	GPIO〈34〉	B	FFRXD (FFUART Receive Data)
35	GPIO〈35〉	B	FFCTS (FFUART Clear to send)
36	GPIO〈36〉	B	FFDCD (FFUART Data carrier detect)
37	GPIO〈37〉	B	FFDSR (FFUART Data set ready)
38	GPIO〈38〉	A	RADIO_SI/TX2
39	GPIO〈39〉	B	FFTXD (FFUART Transmit Data)
40	GPIO〈40〉	A	RADIO_SO/RX2
41	GPIO〈41〉	B	FFRTS (FFUART Request to send)
42	GPIO〈42〉	B	BTRXD (BTUART Receive Data)
43	GPIO〈43〉	B	BTTXD (BTUART Transmit Data)
44	GPIO〈44〉	B	BTCTS (BTUART clear to send)
45	GPIO〈45〉	A	BTRTS (BTUART Request to send)
46	GPIO〈46〉	C	STRXD (STUART Receive Data)
47	GPIO〈47〉	E	STTXD (STUART Transmit Data)
48	GPIO〈48〉	F	nPOE
49	GPIO〈49〉	F	nPWE
50	GPIO〈50〉	F	nPLOIR
51	GPIO〈51〉	F	nPLOIW
53	GPIO〈53〉	A	nSMSC_INT2
54	GPIO〈54〉	A	nSMSC_INT1
55	GPIO〈55〉	F	nPREG
56	GPIO〈56〉	B	nPWAIT
57	GPIO〈57〉	B	nIOIS16
58	GPIO〈58〉	F	LDD〈0〉 (LCD data pin 0)

GPIO 핀	핀 이름	Alternate value	설 명
59	GPIO〈59〉	F	LDD〈1〉 (LCD data pin 1)
60	GPIO〈60〉	F	LDD〈2〉 (LCD data pin 2)
61	GPIO〈61〉	F	LDD〈3〉 (LCD data pin 3)
63	GPIO〈63〉	F	LDD〈5〉 (LCD data pin 5)
64	GPIO〈64〉	F	LDD〈6〉 (LCD data pin 6)
65	GPIO〈65〉	F	LDD〈7〉 (LCD data pin 7)
66	GPIO〈66〉	F	LDD〈8〉 (LCD data pin 8)
67	GPIO〈67〉	F	LDD〈9〉 (LCD data pin 9)
68	GPIO〈68〉	F	LDD〈10〉 (LCD data pin 10)
69	GPIO〈69〉	F	LDD〈11〉 (LCD data pin 11)
70	GPIO〈70〉	F	LDD〈12〉 (LCD data pin 12)
71	GPIO〈71〉	F	LDD〈13〉 (LCD data pin 13)
72	GPIO〈72〉	F	LDD〈14〉 (LCD data pin 14)
73	GPIO〈73〉	F	LDD〈15〉 (LCD data pin 15)
74	GPIO〈74〉	F	L_FCLK_RD (LCD Frame clock)
75	GPIO〈75〉	F	L_LCLK_A0 (LCD line clock)
76	GPIO〈76〉	F	L_PCLK_WR (LCD Pixel clock)
77	GPIO〈77〉	F	L_BIAS (LCD AC Bias)
78	GPIO〈78〉	E	nPCE2
79	GPIO〈79〉	E	PSKTSEL
80	GPIO〈80〉		nCS〈4〉 (Active low chip select 4)
81	GPIO〈81〉	E	SSPTXD3
82	GPIO〈82〉	E	SSPRXD3
83	GPIO〈83〉	A	SSPSFRM3
84	GPIO〈84〉	A	SSPSCLK3
85	GPIO〈85〉	A	TL16C554_INTD
86	GPIO〈86〉	A	LDD〈16〉 (LCD data pin 16)
87	GPIO〈87〉	A	LDD〈17〉 (LCD data pin 17)
88	GPIO〈88〉	A	No Use.
89	GPIO〈89〉	A	ARDIO_PKT_INT
90	GPIO〈90〉	A	SD_WP
91	GPIO〈91〉	A	NFRNB
92	GPIO〈92〉	F	MSBS

GPIO 핀	핀 이름	Alternate value	설 명
93	GPIO〈93〉	B	CIF_DD6
94	GPIO〈94〉	B	CIF_DD5
95	GPIO〈95〉	B	CIF_DD4
96	GPIO〈96〉	A	RTC-SDA
97	GPIO〈97〉	A	SD_CD
98	GPIO〈98〉	B	CIF_DD0
99	GPIO〈99〉	A	RADIO_SFD
100	GPIO〈100〉	A	RADIO_SCLK
101	GPIO〈101〉	A	No Use.
102	GPIO〈102〉	E	nPCE1
103	GPIO〈103〉	B	CIF_DD3
104	GPIO〈104〉	B	CIF_DD2
105	GPIO〈105〉	B	CIF_DD1
106	GPIO〈106〉	B	CIF_DD9
107	GPIO〈107〉	B	CIF_DD8
108	GPIO〈108〉	B	CIF_DD7
109	GPIO〈109〉	F	MSSDIO
110	GPIO〈110〉	E	MMCCS0
111	GPIO〈111〉	E	MMCCS1
112	GPIO〈112〉	E	MMCMD
113	GPIO〈113〉	F	AC97_RESET_n (CS4299 ARST#)
114	GPIO〈114〉	A	USBC_INT
115	GPIO〈115〉	A	IDE_DREQ
116	GPIO〈116〉	A	IDE_DACK
117	GPIO〈117〉	E	SCL
118	GPIO〈118〉	B	SDA
119	GPIO〈119〉	A	No Use.
120	GPIO〈120〉	A	No Use.

3.8 X-Hyper270-TKU 커넥터

X-Hyper270-TKU의 메모리, TFT LCD 및 CPU 등의 소형 칩셋은 작은 충격에도 손상될 우려가 있기 때문에 항상 조심히 다루어야 하고 전원이 인가 된 후에는 LCD 및 케이블 등에 항상 유의하기 바란다.

X-Hyper270-TKU 연결 및 설치는 아래 순서대로 작업하면 된다.

① JTAG 케이블을 연결한다. X-Hyper270-TKU의 6핀짜리 컨넥터와 호스트 PC의 패러럴 포트를 JTAG 케이블로 연결하면 된다.

[그림 3-17] JTAG Cable 연결

② 시리얼 케이블을 연결한다. X-Hyper270-TKU에는 [그림 3-18]과 같이 시리얼 케이블로 보드의 DEBUG1이라고 쓰여져 있는 시리얼 커넥터와 호스트 PC의 Com1(or com2 선택가능)에 연결해주면 된다.

[그림 3-18] 시리얼 케이블 연결

③ 이더넷 크로스 케이블(Ethernet cross cable)을 연결한다. X-Hyper270-TKU의 이더넷 포트(Ethernet port) (LAN)와 Host PC의 RJ45(이더넷 카드)를 제공한 크로스(Cross) LAN 케이블로 연결한다(X- Hyper270-TKU를 이더넷 허브에 직접 연결하려면 일반 Direct LAN cable을 연결하면 된다).

[그림 3-19] 이더넷 크로스 케이블 연결

④ 전원선을 연결한다.

[그림 3-20] 전원선 연결

3.9 PXA27X 프로세서

3.9.1 PXA27X 프로세서 개요

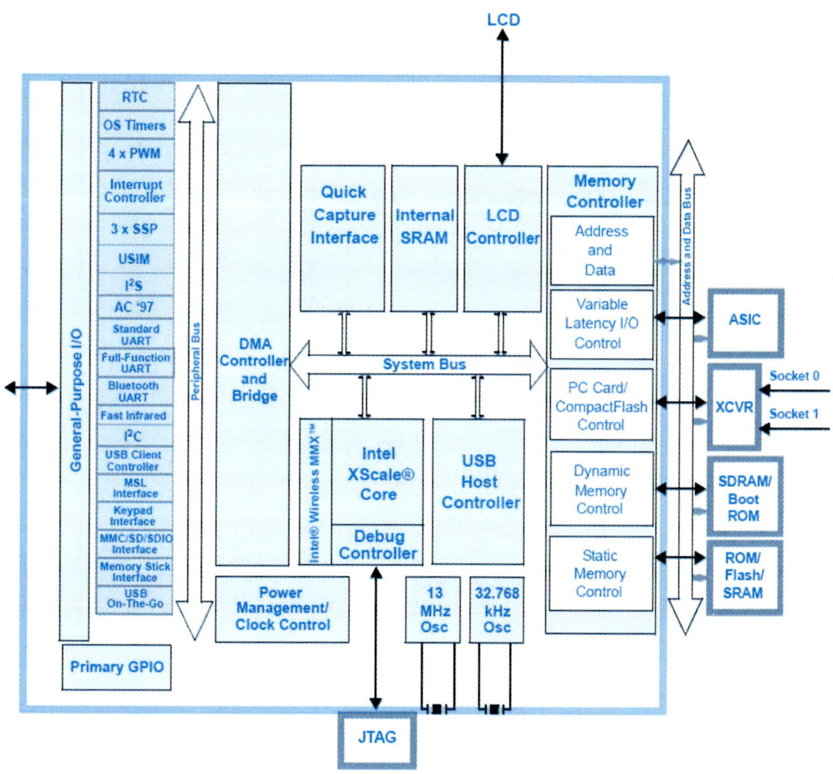

[그림 3-21] PXA27X 블록도

PXA27X프로세서는 휴대용 핸드헬드 및 범용 기기에 사용하기에 적합한 소형의 저전력, 고성능의 프로세서이며 다양한 주변기기가 통합된 Intel® Xscale™ 마이크로 구조의 SoC(System on-Chip) 마이크로프로세서이다.

PXA27X 프로세서는32비트 메모리 데이터 버스와 주변기기들이 통합된 23 * 23 mm 크기의 360핀 PBGA 패키지로 되어있다.

프로세서의 메모리 인터페이스는 다양한 형태의 메모리를 지원하며 800 * 600 픽셀의 1, 2, 4, 8-비트 그레이 스케일과 8,16,18비트의 컬러 픽셀 디스플레이를 지원 한다.

[그림 3-22] PXA270프로세서

3.9.2 인텔® Xscale™ 마이크로 구조의 특징

- ARM* 구조 버전 5TE ISA 기반
- ARM* Thumb 명령어 제공
- ARM* DSP 향상된 명령어
- 저전력 고성능
- Intel® 무선 MMXTM 기술
- 고성능 멀티미디어, 3-D 게임과 향상된 비디오를 위한 설계
- 인텔® 멀티미디어 처리 기술
- 확장 16-비트 곱셈기
- 40- 비트 어큐뮬레이터
- 32-K 바이트 명령어 캐쉬
- 32-K 바이트 데이터 캐쉬
- 2-KByte 미니 데이터 캐쉬
- 2-KByte 미니 명령어 캐쉬
- 명령어와 데이터 메모리 관리기능(MMU)
- 브랜치 타깃버퍼(Branch Target Buffer)
- Jtag 포트를 통한 디버거 기능

인텔 XScale 마이크로 구조는 타깃에 맞는 다양한 주변기기들을 지원 한다. 예를 들어 RISC 코어는 소형의 저전력, 멀티미디어 응용 성능의 향상을 위해 LCD 제어기, 멀티미디어 제어기, 외부 메모리 인터페이스 등과 통합 가능하다.

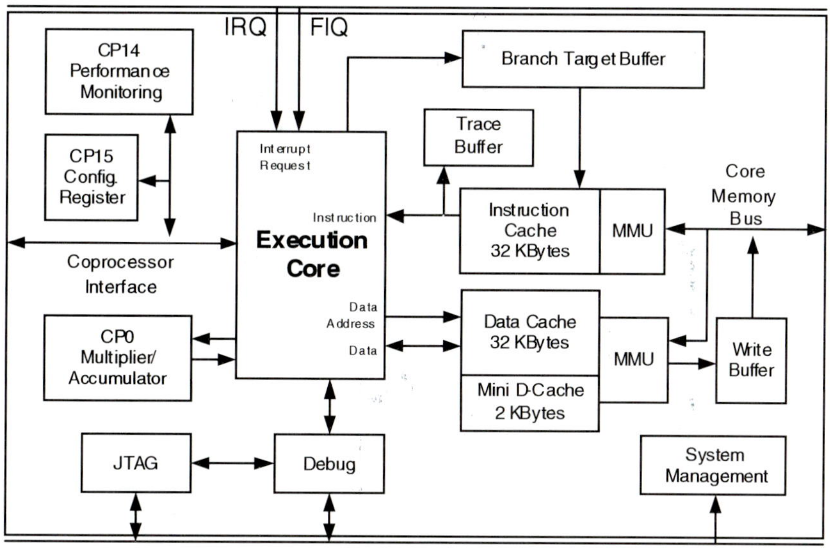

[그림 3-23] Xscale 마이크로 구조

3.9.3 PXA27X의 부분별 특징

1. 메모리 제어기

메모리 제어기(memory controller)는 다양한 타입의 메모리 구성을 지원한다. 메모리 제어기는 4개의 SDRAM 파티션과, SRAM, SSRAM, Flash, ROM, SROM 등을 위해 6개의 static 칩선택을 가지고 있으며 2개의 PCMCIA 혹은 Compact flash slot을 지원한다.

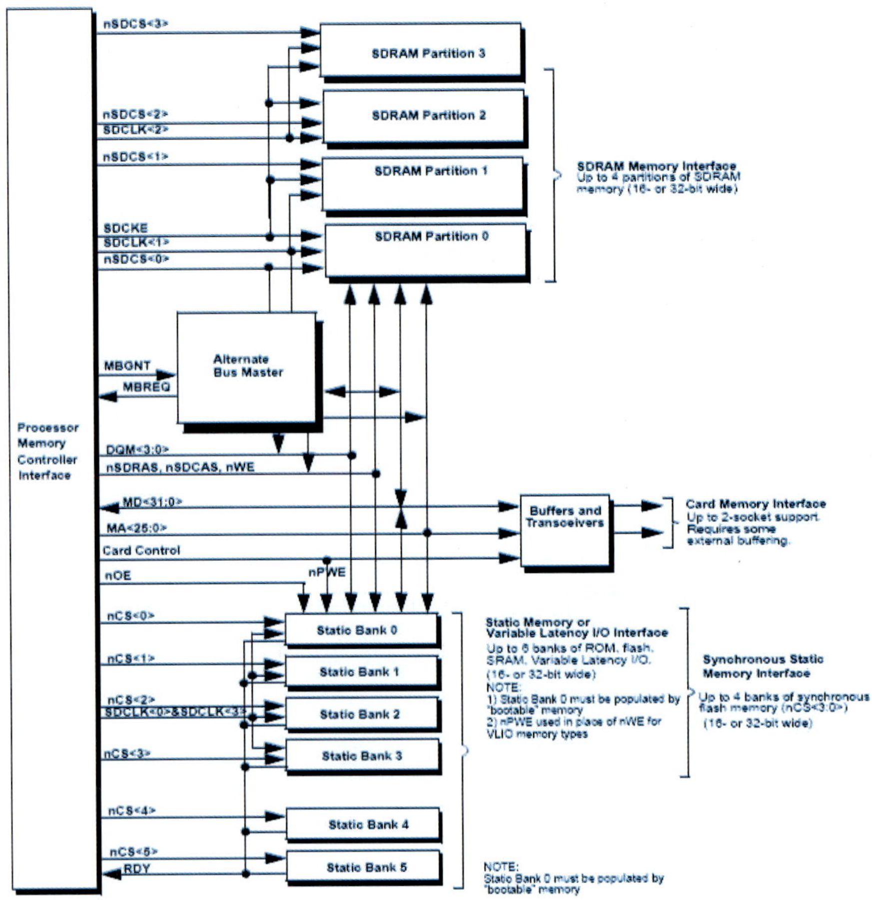

[그림 3-24] 일반적인 메모리 인터페이스 구조

2. 클록 전원 제어기

프로세서는 13MHz와 32.768KHz 크리스털의 클럭으로 구동된다. 그 중 13MHz 크리스털은 Core PLL(Phase Locked Loop)와 주변기기 PLL을 구동시키며 PLL들은 특정 기능 블록들을 구동하기 위해 선택된 주파수의 클럭을 생성한다. 32.768KHz 크리스털은 RTC(Real Time Clock), 전원 관리제거기 그리고 인터럽트 제어기를 구동시킨다.

32.768KHz 크리스털은 프로세서가 슬립 모드 동안 클록을 공급하기 위해서 분리된 전원을 사용한다.

전원관리제어는 turn/run, idle, sleep 모드를 컨트롤 한다.

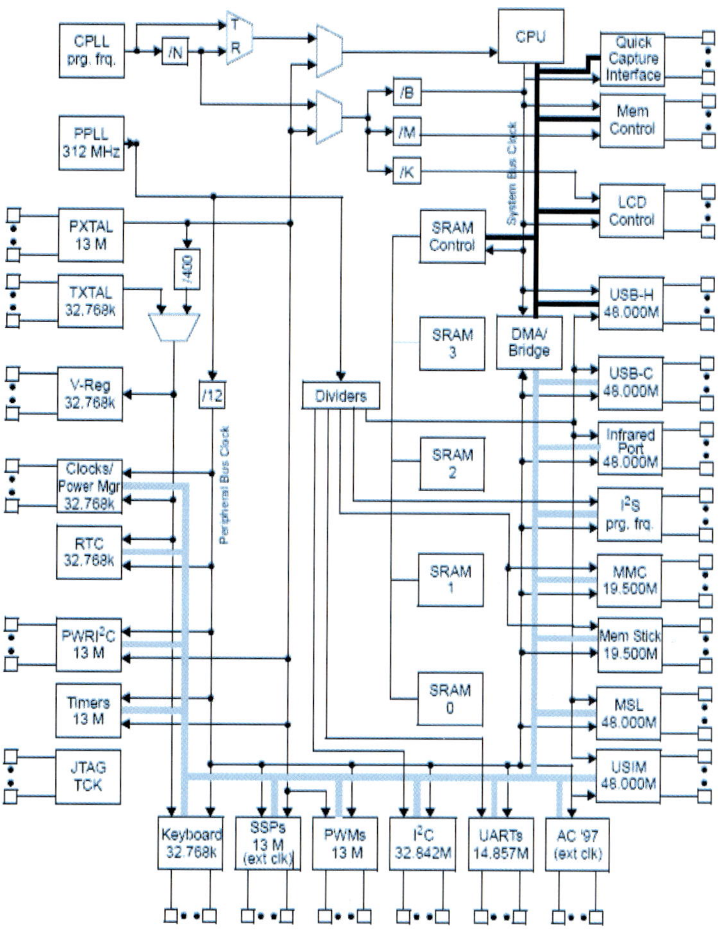

[그림 3-25] 클록 관리 블록도

3. USB(Universal Serial Bus) 클라이언트

USB 클라이언트 모듈은 USB(Universal Serial Bus) 사양, 버전1.1을 지원한다.

최대 16개의 endpoint를 지원하며 CPU내부에서 48MHz의 클럭을 생성한다. USB 디바이스 제어기는 DMA에서 메모리로 혹은 메모리에서 DMA로 액세스하는 FIFO를 제공한다.

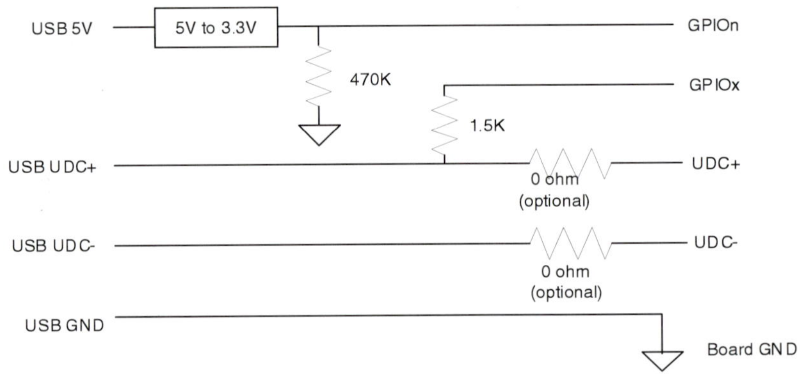

[그림 3-26] 자체 전원 디바이스

4. DMA 제어기(DMAC)

DMAC는 내부 주변기기들로부터 서비스 전송 요청을 위한 16개의 우선순위를 가지는 채널을 지원하며 외부의 칩으로부터 최대 2개의 데이터 전송요청을 지원한다. DMAC는 주변기기들과 워드, 하프-워드, 바이트 크기의 데이터의 전송을 지원한다.

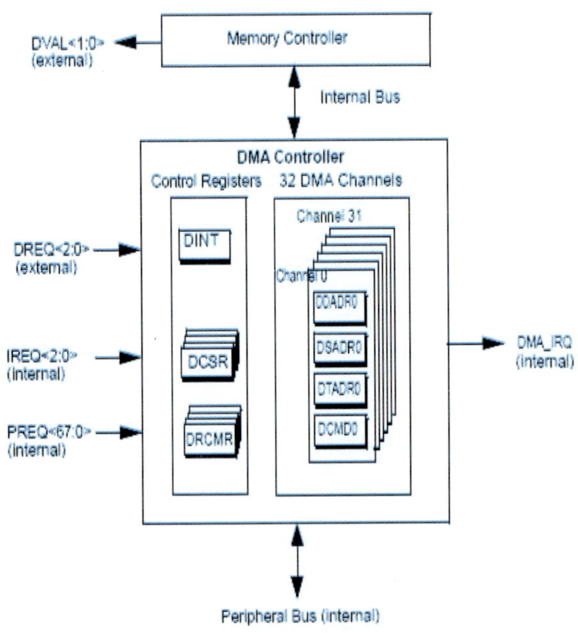

[그림 3-27] DMA 제어기

5. LCD 제어기

- Display 모드
- 단일과 듀얼 스캔 디스플레이 모듈 제공
- 수동형 모노크롬 모드(monochrome mode)는 256 그레이-스케일 레벨(8비트) 제공
- 능동형 컬러모드는 16777216 컬러(24비트)제공
- 수동형 컬러모드는 전체16777216 컬러(24비트) 제공
- 내부 프레임 버퍼를 가진 LCD패널 제공
- 8-bit(each) passive dual-scan color displays 제공
- 내부 프레임 버퍼없이 18-bit 당 pixel single-scan color displays 제공
- 내부 프레임버퍼를 가진 24-bit 당 pixel single-scan color displays 제공
- display sizes from 1x1 to 800 x 600 pixels 제공
- 52.0 MHz부터 25.4 kHz까지 프러그램 픽셀 클록
- RGB 포맷에서 2, 4, 8, 16, 18과 24 비트 당 pixel(bpp)의 픽셀 깊이를 제공
- 오버레이는 RGBT 포맷에서16, 19, 24과 25bpp 픽셀 깊이를 제공

6. AC97 제어기

AC97 제어기는 AC97Rev2.0 CODEC을 지원하며 CODEC는 48KHz의 샘플 비율로 동작할 수 있다. 제어기는 16채널의 스테레오 PCM In과 스테레오 PCM out, Modem In, Modem Out으로 독립적으로 동작한다. 각 채널은 메모리로 DMA 액세스를 지원하는 FIFO를 포함하고 있다.

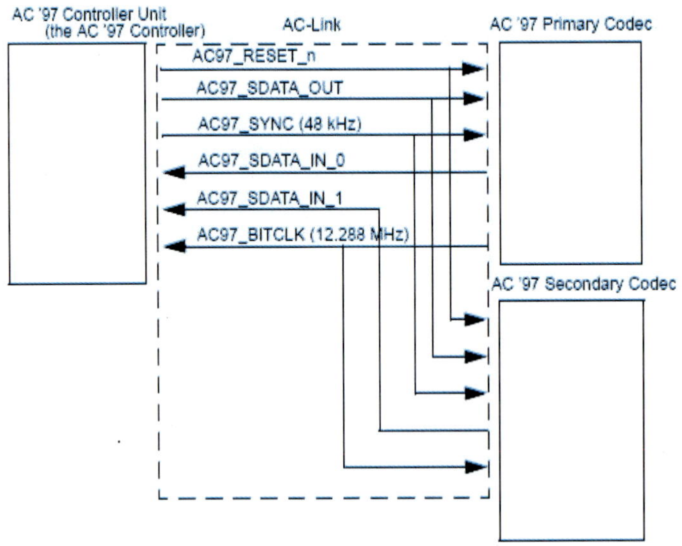

[그림 3-28] AC97 연결구성도

7. I2S(Inter-IC Sound) 제어기

I2C 제어기는 디지털 스테레오 사운드를 위한 표준 I2C 코덱을 지원하며, 표준-I2C와 MSB-Justified I2C format을 지원하며, I2C CODEC과 연결을 위한 4개의 신호를 지원한다. I2C 제어 신호는 AC97 제어기 핀과 multiplex한다. 제어기는 메모리로 DMA 액세스를 지원하는 FIFO를 포함한다.

8. MMC(Multimedia Card)/SD/SDIO 제어기

MMC/SD/SDIO 제어기는 표준 메모리 카드와의 시리얼 인터페이스를 제공한다. 제어기는 MMC나 SPI 모드로 최대 2개의 카드를 지원한다. MMC 제어기는 메모리로부터 DMA 액세스를 지원하는 FIFO를 포함한다.

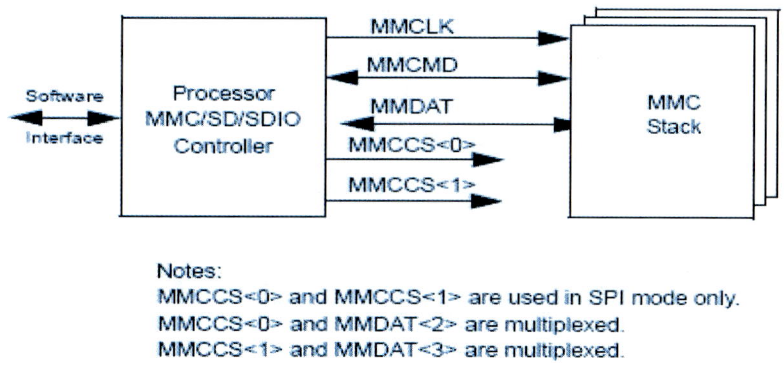

[그림 3-29] MMC 시스템 연결

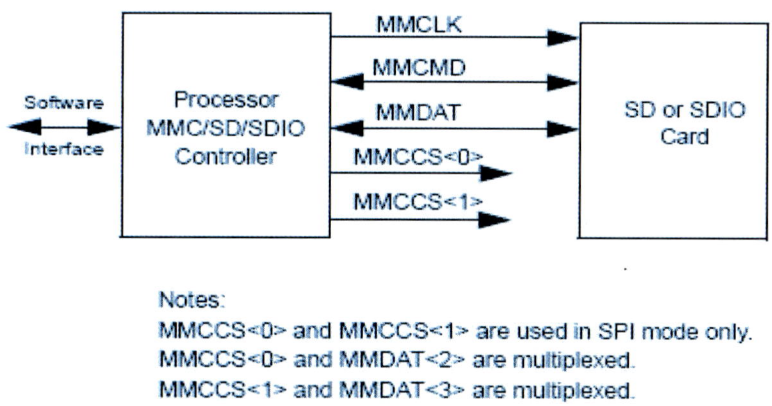

[그림 3-30] SD/SDIO 시스템 연결

9. FIR(Fast Infrared) 통신 포트

FIR 통신 포트는 4Mbps의 IrDA(Infrared Data Association)스팩에 기반을 둔다. 반이중(Half-duplex) 통신으로 동작하며, 메모리로 DMA 액세스하는 FIFO를 가지고 있다. FIR 포트는 STUART의 tx, rx핀을 사용하며 IRDA LED와 직접 연결된다.

10. SSPC(Synchronous Serial Protocol)

동기시리얼 통신규약 제어기 포트는 7.2KHz에서 1.84MHz의 속도의 전이중방식(full-duplex)의 동기 시리얼 인터페이스이다. SSPC는 메모리로 DMA 액세스하는 FIFO를 가지고 있다.

11. I2C(Inter-Integrated Circuit) 버스 인터페이스 유니트

I2C 버스 인터페이스는 범용의 2-핀 시리얼 통신포트이다. 핀은 각각 어드레스/데이터 그리고 클록에 사용된다.

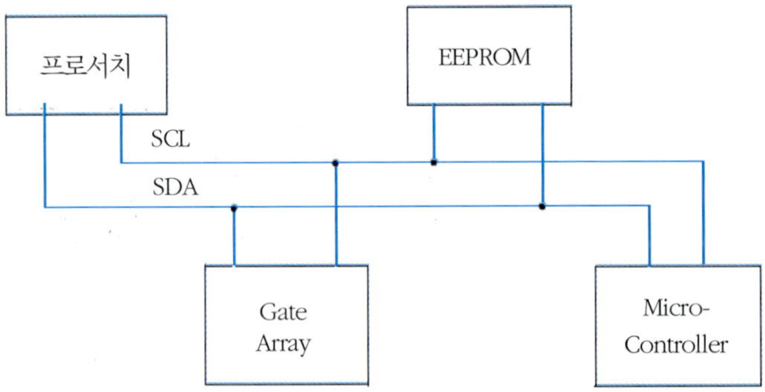

[그림 3-31] I2C 버스 구성예제

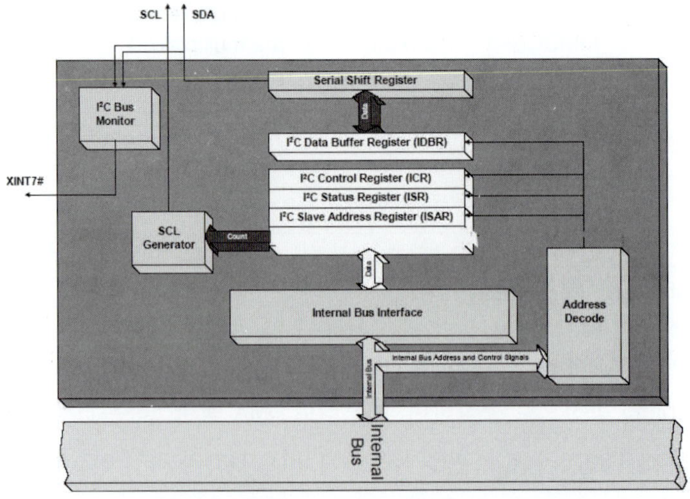

[그림 3-32] I2C 버스 인터페이스 유니트 블록도

12. GPIO

각 GPIO핀은 각각 출력 혹은 입력 핀으로 선택될 수 있으며 입력은 상승 엣지 혹은 하강 엣지의 인터럽트로 사용될 수 있다. 첫번째 GPIO 핀은 주변기기와 공유되지 않는 반면 두번째 GPIO핀들은 주변기기들과 맵핑되는 교차기능을 가지고 있다.

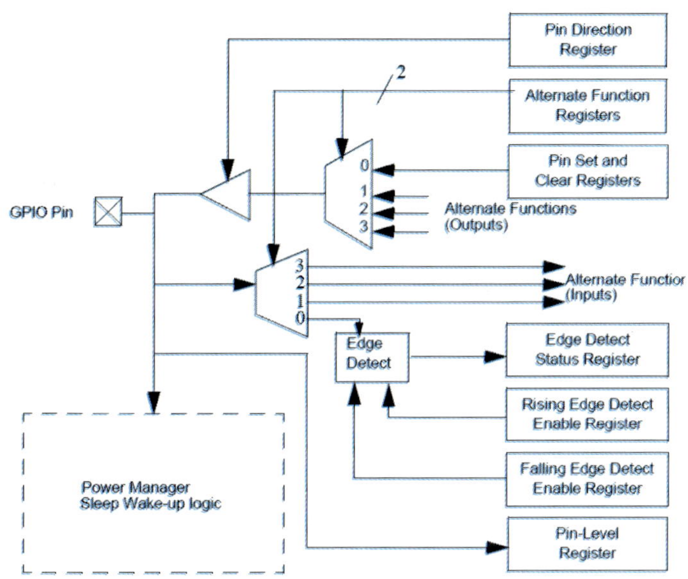

[그림 3-33] GPIO 블록도

13. UARTs

1) 최대기능 UART(FFUART)

FFUART는 최대 230Kpbs의 보오드 비율을 지원하며 완전한 모뎀 제어핀 : nCTS, nRTS, nDSR, nSTR, nRI, nDCD를 제공한다. 메모리로 혹은 메모리에서 DMA로 액세스하는 FIFO를 가지고 있다.

2) 블루투스 UART(BTUART)

BTUART는 최대 921Kbps의 보오드 비율을 지원하며 부분적인 모뎀 제어핀 : nCTS, nRTS을 제공한다. 다른 모뎀 제어핀들은 GPIO핀을 사용할 수 있다. 메모리로 혹은 메모리에서 DMA로의 액세스하는 FIFO를 가지고 있다.

3) 표준 UART(STUART)

STUART는 최대의 230Kbps의 보오드 비율을 지원하며 모뎀 제어핀을 가지고 있지 않으며 GPIO 핀을 사용한다. 메모리로 혹은 메모리에서 DMA로의 액세스하는 FIFO를 가지고 있다. STUART의 전송과 수신핀은 IRDA 포트를 혼합(mux)하여 사용한다.

14. RTC(Real-Time Clock)

리얼 타임 클록은 크리스털로부터 클록을 공급 받을 수 있다. 이것으로 시스템은 13MHz만 사용하는 시스템에 비해 슬립동안 32.768KHz 크리스털을 사용하여 전력 소비를 줄인다. 이 32.768kh의 크리스털은 비용절감을 위해 제거가 가능하다. RTC는 programmable alarm register로 출력 설정되며 이 alarm register는 프로세서를 슬립 모드로부터 벗어나는데도 사용될 수 있다.

15. OS 타이머

OS 타이머는 4개의 match register로 3.25-MHz 리퍼런스 카운터(reference counter)로 사용될 수 있다. 이들 레지스터는 리퍼런스 카운터와 같을 때 인터럽트를 발생시킬 수 있다. 하나의 래치 레지스터는 와치독 리셋으로 사용될 수 있다.

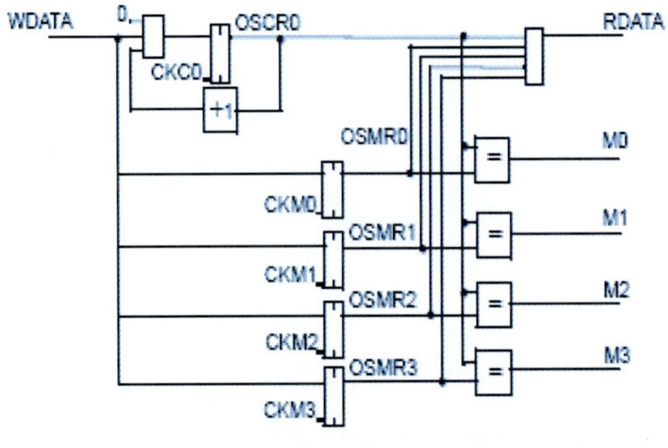

[그림 3-34] OS 타이머 블록도

16. PWM(Pulse-Width Modulator)

PWM는 4개의 독립된 출력을 가지고 있다. 주파수와 듀티-사이클은 독립적으로 설정된다. 예를 들어 한 PWM은 LCD 명암을 다른 하나는 LCD 밝기를 컨트롤 하는데 사용할 수 있다.

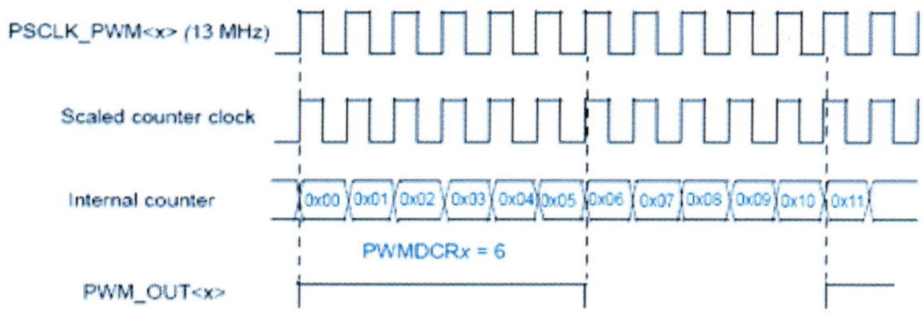

[그림 3-35] PWM 타이밍도

17. 인터럽트 제어기

인터럽트 제어기는 코아의 IRQ와 FIQ 인터럽트 입력을 제어한다. 마스크 레지스터(Mask Register) 인터럽트 각각을 활성화 혹은 비활성화한다.

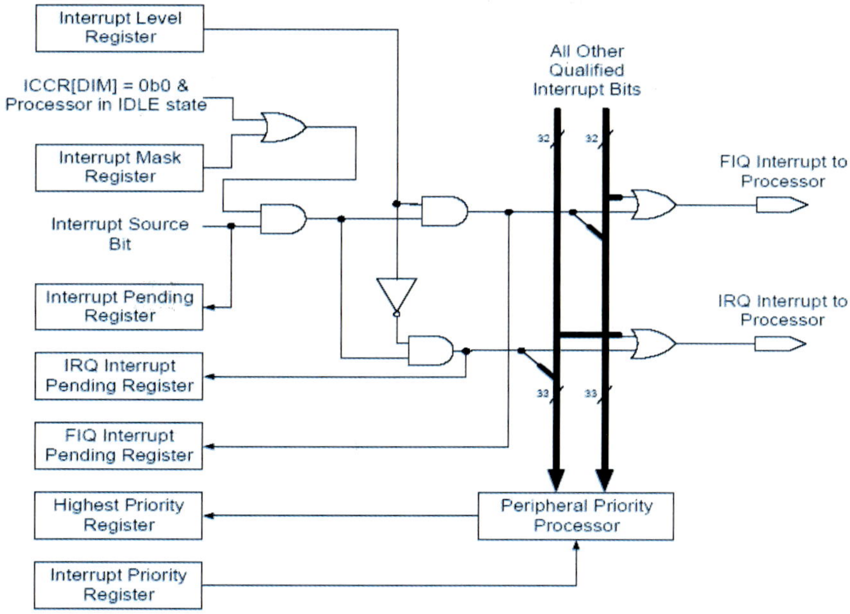

[그림 3-36] 인터럽트 제어 블록도

18. USB 호스트 제어기

PXA27X 프로세서는 호스트 컴퓨터와 주변기기간의 시리얼 데이터 통신을 위한 USB 호스트를 지원한다.

- USB Rev 1.1 호환
- 저속과 최대속도 USB 디바이스 지원
- OHCI Rev 1.0a 호환

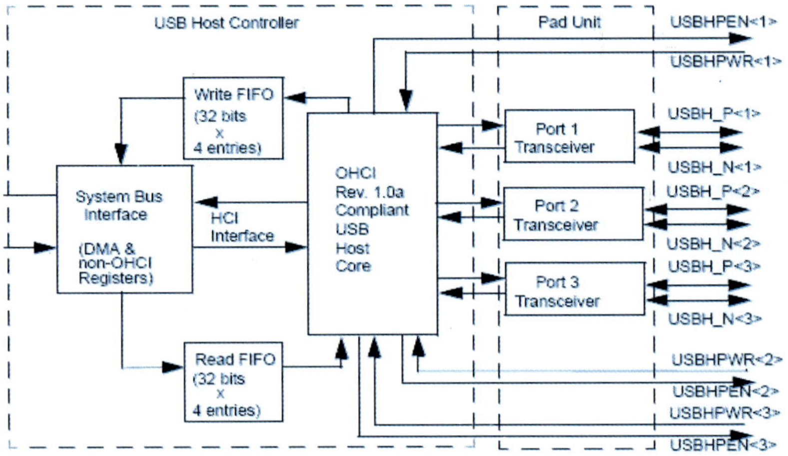

[그림 3-37] USB 호스트 제어 블록도

3.10 임베디드 시스템 보드 벤치마킹

3.10.1 네트워크 디바이스 벤치마킹 검사

검사 방법1 : PING을 사용하여 네트워크 연결의 잠복기(latency)를 측정

검사 방법2 : FTP를 사용하여 5MB 다운로드 속도 측정
(PCMCIA 메모리 공간)

〈표 3-7〉 네트워크 디바이스 측정 사양

CPU	XScale PXA255	Bulverde PXA270
디바이스	Ethernet-10/100 (16bit I/F)	Ethernet-10/100 (32bit I/F)
	Filesystem : EXT2 BMT TOOL : PING, FTP Test Position : Local Network Test (on Target Board) BMT I/O file unit : 5 Mbyte per one process(user)	

■ 네트워크 디바이스 검사 결과

① **검사방법 1 :** PING을 사용하여 네트워크 연결의 잠복기(latency)를 측정
검사 장비 : XScale PXA255 와 Bulverde PXA270

다음은 PING에 의해 수집한 summary statistics를 보여준다.

~~~ ping statistics ~~~

100 packets 전송, 100 packets 수신, 0% packet 손실.

[msec]

Xscale-PXA255 : round-trip min/avg/max = 0.5/0.5/1.1 ms

Bulverde-PXA270 : round-trip min/avg/max = 0.3/0.4/0.6 ms
~~~

② **검사방법 2 :** FTP를 사용하여 5MB 다운로드 속도 측정

〈표 3-8〉 네트워크 디바이스 출력 [Kbytes/sec]

Xscale PXA255	1.10E+03
Bulverde PXA270	3E+03

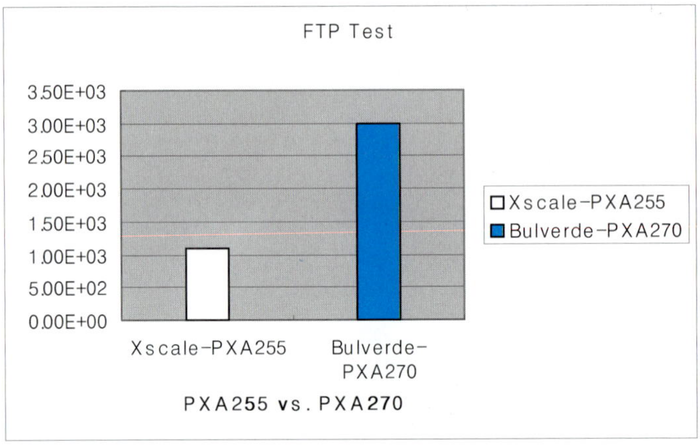

[그림 3-38] 네트워크 디바이스 검사 결과 비교

3.10.2 블록 디바이스 벤치 마킹 검사

검사 방법 : 각 디바이스상의 Iozone Program을 사용하여 5MB 읽기/쓰기 시간을 검사한다.

〈표 3-9〉 블록 디바이스 검사 사양

항목	Xscale PXA255	Bulverde PXA270
커널	Linux 2.4	Linux 2.6
	DISK : 64M PCMCIA-IDE, 64M CF-IDE, 8M USB-Storage, 128M MMC Card Chunk Size : 4 Kbyte Filesystem : EXT2 BMT TOOL : Iozone version 3.257 Iozone Test Position : Local I/O Test (on Target Board) Iozone I/O file unit : PCMCIA - 50 Mbyte per one process(user) CF - 50 Mbyte per one process(user) USB - 5 Mbyte per one process(user) MMC - 100 Mbyte per one process(user)	

① PCMCIA 검사 결과

- 검사방법 : 각 디바이스상의 Iozone Program을 사용하여 5MB 읽기/쓰기 시간을 검사한다.
- 검사장비 : SANDISK 64MB

〈표 3-10〉 PCMCIA 테스트 결과 [Kbytes/sec]

PCMCIA 64M	Kernel Version	Write	Read
XScale	2.4.x	560.81	1292.59
Bulverde	2.6.11	20027.8	68623.61

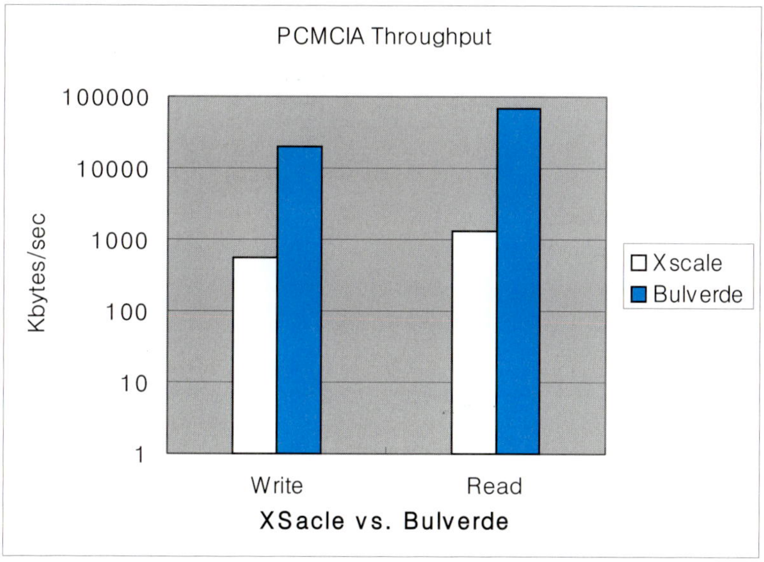

[그림 3-39] PCMCIA 검사결과 비교

② CF 검사 결과

- 검사방법 : 각 디바이스상의 Iozone Program을 사용하여 5MB 읽기/쓰기 시간을 검사한다.
- 검사장비 : SANDISK 64MB

〈표 3-11〉 CF 테스트 결과 [Kbytes/sec]

CF 64M	Kernel Version	Write	Read
XScale	2.4.x	484.13	1216.53
Bulverde	2.6.11	19727.04	64990.61

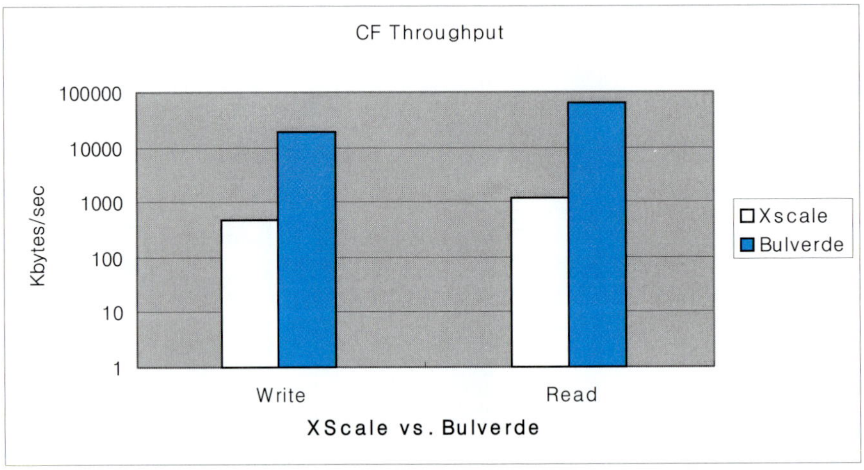

[그림 3-40] CF 검사결과 비교

③ USB-Storage 검사결과

- 검사방법 : 각 디바이스상의 Iozone Program을 사용하여 5MB 읽기/쓰기 시간을 검사한다.
- 검사장비 : USB Mass Storage 8MB

〈표 3-12〉 USB 저장장치 테스트 결과 [Kbytes/sec]

USB 8M	Kernel Version	Write	Read
XScale	2.4.x	1025.24	5675.38
Bulverde	2.6.11	2004.69	66453.8

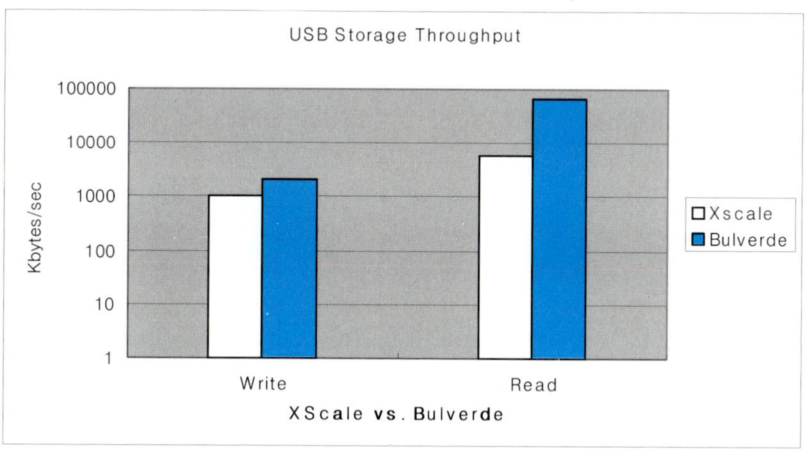

[그림 3-41] USB 저장장치 검사결과 비교

④ MMC 검사 결과

- 검사방법 : Check 100MB read/write time using Iozone Program on each device
- 검사장비 : MMC Card 128MB

〈표 3-13〉 MMC 테스트 결과 [Kbytes/sec]

MMC 128M	Kernel Version	Write	Read
XScale	2.4.x	333.18	694.33
Bulverde	2.6.11	399.76	1488.63

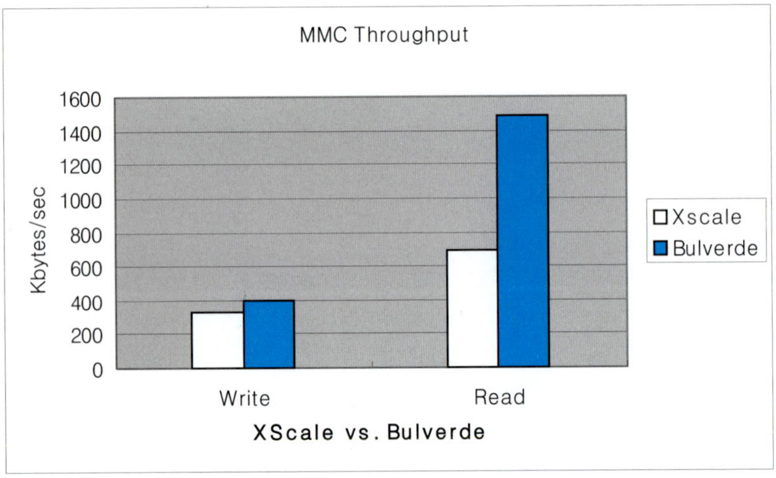

[그림 3-42] MMC 검사결과 비교

3.10.3 CPU와 메모리 벤치마킹 검사

XScale과 Bulverde을 사용하는 각 시스템에서 BYTE mark 프로그램을 사용하여 각 시스템의 CPU와 메모리 시스템의 능력을 검사한다.

벤치마크 비교 기준 시스템(index = 1)은 AMD K6 233MHz에 512KB L2 파이프라인 버스트 캐시와 리눅스 2.0.32에서 동작하는 32MB IBM-PC 호환 머신이다.

비교 기준 결과는 GNU-C 라이브러리 버전 5.4.38을 사용한 GNU C-컴파일러 버전 2.7.2.3 이용하여 얻은 것이다.

〈표 3-14〉 CPU와 메모리 시스템 검사

CPU	XScale PXA255	Bulverde PXA270
Kernel	Linux 2.4.19	Linux 2.6.11
	C compiler : arm-linux-gcc libc : static BMT TOOL : nbench-byte-2.2.2 BYTEmark Test Position : Local CPU/Memory Test (on Target Board)	

■ CPU와 메모리 검사 결과

• MEMORY와 INTEGER 항목은 메모리 효율과 정수연산능력을 측정한 것이다.

	MEMORY INDEX	INTEGER INDEX
Xscale	0.854	0.773
Bulverde	1.161	1.815

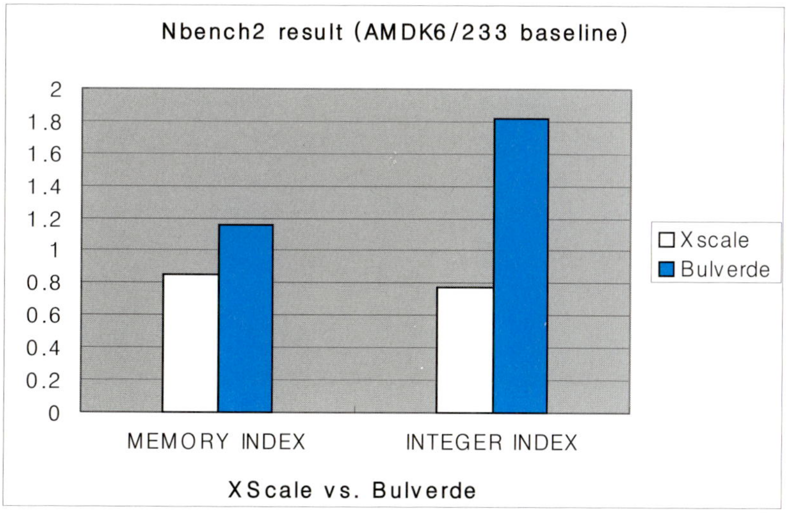

[그림 3-43] CPU와 메모리 검사 결과 비교

제4장
임베디드 리눅스 시스템 개발환경 구축

이장은 리눅스 배포판(redhat)이 설치된 호스트 PC에 타깃보드를 위한 개발환경을 구축하기 위하여 툴체인, JTAG, 부트로더, 미니컴 BOOTP/TFTP 및 리눅스 이미지 다운로드 등의 임베디드 개발환경을 구축한다.

4.1 툴체인 환경 구축

4.1.1 툴체인(Toolchain)이란

임베디드 시스템(Embedded System)을 개발하기 위해서는 호스트 시스템이란 개발 환경이 필요하다.

임베디드 시스템을 개발하는 데는 그 특성상 대용량의 저장장치(예 : 하드디스크)를 장착할 수 없으므로 타깃보드(X-Hyper270-TKU)에서 개발 프로그램의 컴파일이 불가능하다. 따라서 타깃 보드상에서 동작하는 프로그램을 호스트 PC에서 작성하여 타깃보드에서 구동 가능한 형태로 컴파일하기 위하여 툴 체인을 호스트 PC에 구축한다.

X-Hyper270-TKU는 PXA27X MPU를 사용하기 때문에, 일반 desktop의 x86계열과는 다른 컴파일러(compiler) (ARM cross compiler)를 사용하게 되므로 리눅스 시스템에서 사용하는 기본 컴파일러는 gcc로써 레드핫 9.0 배포된 리눅스는 X86계열의 gcc 컴파일러가 설치되어 있다. 그런데 실습에 사용되는 타깃보드(X-Hyper270-TKU)는 CPU가 인텔 PXA270으로써 ARM9 코아로 사용함으로써 호스트 PC의 X86 계열과는 다른 컴파일러를 사용함으로써 ARM용 gcc 컴파일러를 호스트 PC에 설치하여 서로

다른 프로세서 환경에 맞도록 컴파일을 할 수 있는 교차개발환경을 구축한다(Cross- Compiler).

이 교차개발 개발환경을 이동하여 바이너리 인 부트로더, 커널, 응용 등을 생성한 후 타깃보드(X-HYPER270-TKU)로 다운로드 한다. 다운로드는 시리얼 혹은 이더넷으로 사용한다.

사용할 컴파일러는 [그림 4-1]과 같이 GNU 툴을 사용한다.

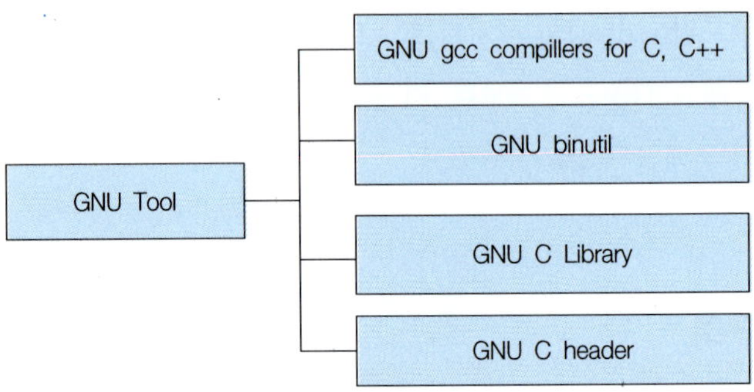

[그림 4-1] GNU에서 제공하는 툴 체인

위의 GNU 툴은 일반 GNU 툴과는(x86계열) 다른 컴파일러(ARM cross compiler)를 사용하기 때문에 컴파일을 하게 되면 ARM에서 실행 가능한 바이너리가 생성된다.

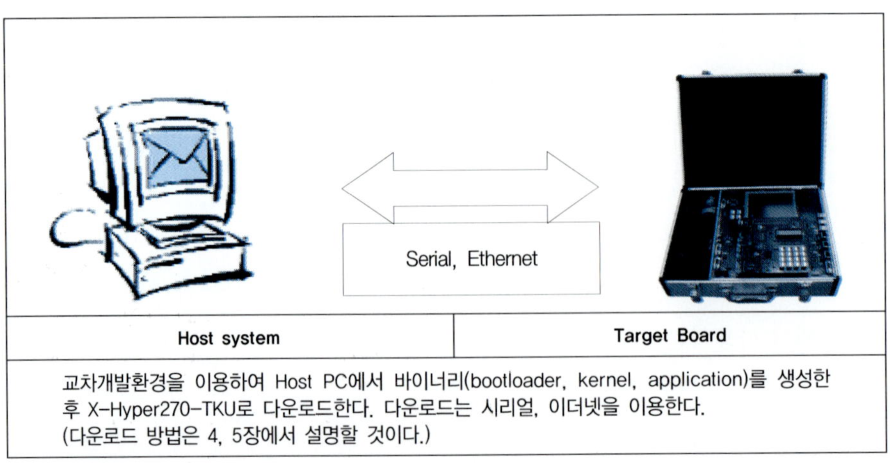

[그림 4-2] 호스트 개발환경

4.1.2 툴체인 구축

X-Hyper270-TKU는 레드핫 9이 설치된 호스트 PC 환경에서 개발되었다.

X-Hyper270-TKU에서 사용하는 툴체인은 소스를 직접 컴파일하여 생성된 디렉토리를 압축한 것이다.

사용한 소스는 다음과 같다.

- binutils-2.15.tar.gz
- gcc-3.4.3.tar.gz
- glibc-2.3.2.tar.gz
- glibc-linuxthreads-2.3.2.tar.gz

개발 환경 구축을 위한 리소스들은 제공되는 CD에 포함되어 있다. 그전에 Host PC에 루트 계정으로 로그 인되어 있어야 한다.

Host PC의 CD-ROM에 CD를 넣고 마운트 한다. 마운트 명령어는 다음과 같다(마운트는 리눅스에서 CD 등의 매체를 인식시킬 때 사용하는 명령이다. 요즘은 CD를 넣으면 리눅스에서 자동으로 마운트하기도 한다. 이 경우에는 마운트 과정을 생략해도 된다).

```
☞ mount /dev/cdrom /mnt/cdrom/↵
```

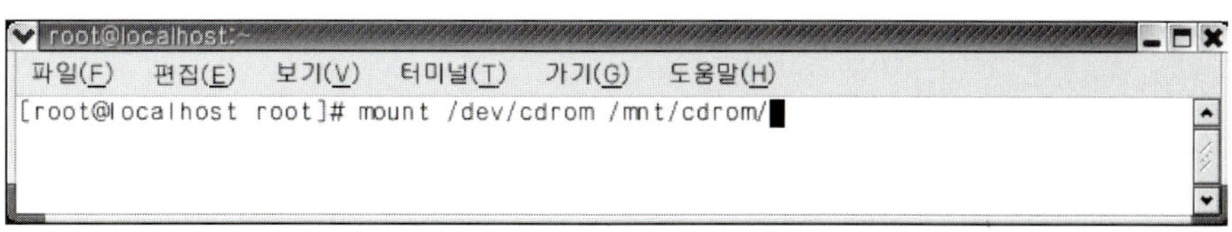

CD의 내용들을 전부 호스트 PC 디렉토리에 복사를 하여 사용할 것이다. /XHYPER270-TKU이란 이름의 디렉토리를 호스트 PC에 만든다.

(필자가 작업하는 현재 위치는 리눅스의 최상위이다. 위치는 여러분이 원하는 작업위치에서 진행해도 된다. 그리고 필자는 디렉토리를 XHYPER270-TKU으로 만들었는데 원하는 디렉토리 이름으로 만들어도 된다.)

여기서는 최상위에 /XHYPER270-TKU 디렉토리를 생성한다.

CD-ROM이 마운트된 위치인 /mnt/cdrom의 모든 파일을 cp 명령으로 /XHYPER 270-TKU 디렉토리로 모두 복사한다.

최상위 /XHYPER270-TKU로 이동하여 복사가 잘 되었는지 확인한다.

> **주의사항** : 혹시 제공한 CD의 디렉토리 이름과 정확이 맞지 않을 수가 있지만 동작하는 데는 문제가 없으니 참고하시기 바란다.

/XHYPER270-TKU의 툴체인 디렉토리로 이동한다. ls 명령으로 확인하면 iwmmxt-1.0.0.tar.gz 파일을 볼 수 있다.

iwmmxt-1.0.0.tar.gz 파일은 toolchain이 들어 있는 파일이다. 아래 그림의 명령과 같이 cp 명령으로 최상위의 /opt로 iwmmxt-1.0.0.tar.gz 디렉터리를 복사하고,/opt 디렉토리로 이동한 다음 압축을 풀어준다.

(반드시 /opt 디렉토리에 복사해야 한다.)

```
☞ cd / mnt / cdrom↵
☞ ls↵
☞ mkdir / XHYRER270-TKU↵
☞ cp a  *  / XHYRER270-TKU /↵
☞ cd / XHYRER270-TKU↵
☞ ls↵
☞ cd toolchain↵
☞ ls↵
☞ cp iwmmxt-1.0.0tgz    /opt /↵
☞ cd /opt↵
☞ tar xvfz iwmmxt-1.0.0.tgz↵
```

```
root@localhost:/opt
파일(F) 편집(E) 보기(V) 터미널(T) 가기(G) 도움말(H)
[root@localhost root]# cd /mnt/cdrom/
[root@localhost cdrom]# ls
ChangeLog    datasheet   filesystem    images     kernel    toolchain
bootloader   documents   fpga_device   jflashmm   rpms
[root@localhost cdrom]# mkdir /XHYPER270-TKU
[root@localhost cdrom]# cp -a * /XHYPER270-TKU/
[root@localhost cdrom]# cd /XHYPER270-TKU/
[root@localhost XHYPER270-TKU]# ls
ChangeLog    datasheet   filesystem    images     kernel    toolchain
bootloader   documents   fpga_device   jflashmm   rpms
[root@localhost XHYPER270-TKU]# cd toolchain/
[root@localhost toolchain]# ls
iwmmxt-1.0.0.tgz
[root@localhost toolchain]# cp iwmmxt-1.0.0.tgz /opt/
[root@localhost toolchain]# cd /opt/
[root@localhost opt]# tar xvfz iwmmxt-1.0.0.tgz
```

cd 명령으로 iwmmxt-1.0.0 디렉터리로 이동하면 여러 디렉터리가 나온다.

이중에서 bin 디렉터리로 이동하여 ls 명령을 하면 아래 그림과 같은 파일들을 볼 수 있다.

컴파일에 필요한 파일들이다. 추 후에 크로스 컴파일 시 아래와 같은 파일들을 사용하여 컴파일을 수행하게 된다.

> ☞ cd iwmmxt-1.0.0 / bin /↵
> ☞ pwd↵

```
root@localhost:/opt/iwmmxt-1.0.0/bin
파일(F) 편집(E) 보기(V) 터미널(T) 가기(G) 도움말(H)
iwmmxt-1.0.0/arm-linux/bin/sprof
iwmmxt-1.0.0/arm-linux/etc/
iwmmxt-1.0.0/arm-linux/etc/rpc
iwmmxt-1.0.0/arm-linux/libexec/
iwmmxt-1.0.0/arm-linux/libexec/pt_chown
iwmmxt-1.0.0/arm-linux/sbin/
iwmmxt-1.0.0/arm-linux/sbin/zdump
iwmmxt-1.0.0/arm-linux/sbin/zic
iwmmxt-1.0.0/arm-linux/sbin/ldconfig
iwmmxt-1.0.0/arm-linux/sbin/rpcinfo
iwmmxt-1.0.0/arm-linux/sbin/iconvconfig
iwmmxt-1.0.0/arm-linux/sbin/nscd
iwmmxt-1.0.0/arm-linux/sbin/sln
iwmmxt-1.0.0/arm-linux/sbin/nscd_nischeck
[root@localhost opt]# cd iwmmxt-1.0.0/bin/
[root@localhost bin]# ls
arm-linux-addr2line  arm-linux-cpp        arm-linux-gcov      arm-linux-ranlib
arm-linux-ar         arm-linux-g++        arm-linux-ld        arm-linux-readelf
arm-linux-as         arm-linux-gcc        arm-linux-nm        arm-linux-size
arm-linux-c++        arm-linux-gcc-3.4.3  arm-linux-objcopy   arm-linux-strings
arm-linux-c++filt    arm-linux-gccbug     arm-linux-objdump   arm-linux-strip
[root@localhost bin]# pwd
/opt/iwmmxt-1.0.0/bin
[root@localhost bin]#
```

4.1.3 툴체인 검사(Toolchain Test)

이제 설치된 툴체인을 검사해본다.

X86 계열에서 사용하는 리눅스의 gcc와 다른 점은 생성되는 코드가 ARM용으로 생성이 된다는 점이다.

컴파일(compile)을 하는 과정이나, 옵션은 다른 문서를 참고하기 바란다.

여기서는 간단한 프로그램을 테스트를 한다.

- 아래와 같이 간단한 프로그램을 작성하여 gcc와 arm-linux-gcc로 컴파일 한다. 먼저 아래 그림처럼 vi 에디터를 통해 test.c 파일을 작성한다.
- 간단하게 Hello World 란 메시지가 출력되는 프로그램을 작성한다.

```
☞ vi test.c↵
```

- 작성이 완료되면 저장 한 후 빠져 나온다. (vi 에디터에 대한 사용법은 다른 문서를 참조하고 여기서는 작성하지 않는다.)

다음 아래 그림처럼 gcc -o hello test.c 명령어로 컴파일을 수행하고 arm-linux-gcc -o hello-arm test.c 명령어로 컴파일을 수행한다

그리고 ls 명령어를 통해 파일을 확인한다.

아래 그림처럼 hello-arm, hello 란 실행파일이 생성이 된 것을 볼 수 있다.

```
# gcc -o hello test.c          //X86용으로 컴파일
# /opt/iwmmxt-1.0.0/bin/arm-linux-gcc -o hello-arm test.c  //arm용으로 컴파일
# file hello                   // 바이너리 파일 확인
# file hello-arm               // 바이너리 파일 확인
```

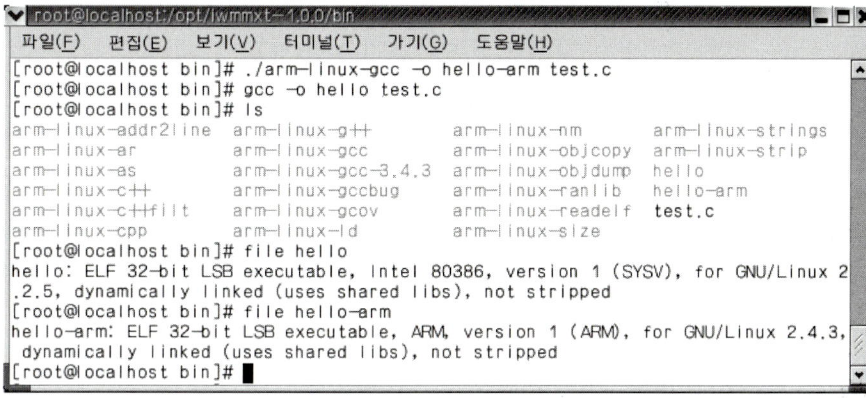

file이란 명령어로 생성된 바이너리 파일 (hello, hello-arm)를 확인한다.

위의 그림을 보면 hello는 Intel 80386이고 hello-arm은 ARM으로 되어 있는 것을 볼 수 있다. 여기서 ./hello 라고 실행하고 ./hello-arm 을 실행해 보자.

(리눅스에서 실행파일을 실행하는 방법은 shell 상에서 ./hello 라고 앞에 ./ 을 해 주어야 한다.)

그러면 hello는 실행되지만 hello-arm은 실행되지 않는다. 이것은 hello-arm은 arm 컴파일러로 컴파일되었기 때문에 Host PC상에서는 실행이 안된다. 그러므로 hello-arm은 Xscale 타깃보드에서 실행해야 한다.

(Xscale도 arm core로 되어 있기 때문에 arm용 컴파일러를 사용한다.)

- 생성된 바이너리(hello-arm)를 X-Hyper270-TKU으로 다운로드 하여 실행하면 Hello World가 출력되는 것을 볼 수 있다.

다운로드 방법은 미니컴(minicom)의 자체 시리얼 다운로드 기능을 이용하면 된다.

미니컴 프로그램에 대한 설명은 4, 5장에서 설정에 대한 설명이 나온다. 이 설정이 완료되고 타깃보드의 동작 모습이 미니컴을 통해서 확인되면 미니컴 창에서 Ctrl+A, Z, S를 누른 후 zmodem을 선택하여 hello-arm 파일이 있는 해당경로를 찾아 갈 수 있다 (스페이스 바 두 번 클릭).

다음 hello-arm 파일을 선택(스페이스 바 한번 클릭)한 다음 엔터를 치면 다운로드 된다. 자세한 사항은 미니컴 help를 참조하고 뒷장에서 실습을 한 이후에 이 hello-arm에 대한 실행을 해보는 것이 좋겠다.)

4.2 JTAG 환경 구축

4.2.1 JTAG 개요

X-Hyper270-TKU에서 JTAG을 사용하는 용도는 보드 디버깅 외에 부트로더를 플래시 퓨징 하는 역할을 가지고 있다. 플래시 퓨징이 주요로 사용되는 기능이다. 그래서 여기서는 간단한 JTAG의 개요와 기능에 대해서만 설명하고 사용 방법에 대해서 설명한다. 구체적인 JTAG의 원리 및 내부 구조 등에 대한 설명은 다른 문서를 참고하기 바란다.

4.2.2 JTAG이란

70년대 중반에는 "bed-of-nails"라는 테크닉을 사용하여 직접 PCBs(print circuit boards)에 접촉하는 방식으로 보드를 테스트하였다(현재에도 지그라는 테스트 장비를 사용). 그런데 모드 단자 사이의 거리가 좁아짐에 따라 테스트가 매우 어렵게 되었고 결정적으로 다층기판이 나타남에 따라 위의 방법은 불가능하게 되었으며 테스트 하다가 하드웨어에 손상을 가져다 줄 수 있고 고가의 비용 등 여러 가지 문제점들이 발생하게 되었다. 이런 문제점을 해결하기 위해 80년대 중반에 Joint European Test Access Group이란 단체가 결성되었으며 그들은 a serial shift register around the boundary of the device라는 개념을 발전시켰다.

일반적으로 JTAG란 말보다는 Boundary-Scan이란 말을 더 많이 사용하는데 JTAG은 칩 내부에 Boundary Cell이란 것을 두어 외부의 핀과 일대 일로 연결시켜 프로세서가 할 수 있는 동작을 중간에 Cell을 통해 모든 동작을 인위적으로 수행할 수 있어 여러 가지 하드웨어 테스트나 연결 상태 등을 체크할 수 있다.

4.2.3 JTAG 기능

JTAG가 제공하는 기능을 먼저 살펴보면 프로세서(CPU)의 상태와는 상관 없이 디바이스의 모든 외부 핀을 구동시키거나 값을 읽어 들일 수 있는 기능을 제공한다.

JTAG의 주요 기능은 다음과 같다.

- 디바이스 내에서 모든 외부와의 연결점을 가로챈다.
  (즉 외부로 나가는 각각의 핀들과 일대 일로 연결)
- 각각의 sell은 시리얼 쉬프트 레지스터(boundary scan register)형성하기 위해서 서로 연결되어 있다.
- 전체적인 인터페이스는 5개의 핀에 의해서 제어된다.
  (TDI, TMS, TCK, nTRST, TDO)
- 회로의 배선과 소자의 전기적 연결상태 테스트 한다.
- 디바이스간의 연결상태 테스트 한다.
- 플래시 메모리에 퓨징하는 기능을 한다.

4.2.4 JTAG 빌딩(Building)

JTAG 소스가 있는 디렉토리로 이동한다.

(전장에서 장비 구입시 제공한 CD를 복사한 디렉토리에 가면 jflashmm란 디렉토리가 있다. 여기가 JTAG 소스가 있는 디렉토리이다.)

Makefile이 작성되어 있으므로 make 명령을 사용하면 JTAG 소스가 컴파일 된다.
(Make clean을 통해 기존의 컴파일된 파일들을 clean하고 make을 실행하면 된다.)

컴파일이 성공하면 Jflashmm란 바이너리 파일이 생성된다.

아래 그림의 디렉토리 이름이 jflashmm으로 되어 있다.

☞ cd / XHYPER270-TKU / jflashmm↵
☞ ls↵
☞ cd jflashmm-5.01.007-h2↵
☞ make↵
☞ ls↵

```
root@localhost:/XHYPER270-TKU/jflashmm/jflashmm-5.01.007-h2
파일(F)  편집(E)  보기(V)  터미널(T)  가기(G)  도움말(H)
[root@localhost bin]# cd /XHYPER270-TKU/jflashmm/
[root@localhost jflashmm]# ls
jflashmm-5.01.007-h2  jflashmm-5.01.007-h2.tar.gz
[root@localhost jflashmm]# cd jflashmm-5.01.007-h2
[root@localhost jflashmm-5.01.007-h2]# make
  LD jflashmm
[root@localhost jflashmm-5.01.007-h2]# ls
Compile_switches.h   Flash_880E_2_32.dat  Global_Variables.h    jflashmm.mak
Flash_16_2_32.dat    Flash_880F_1_16.dat  INSTALL               jflashmm.ncb
Flash_18_1_16.dat    Flash_880f_2_32.dat  Jflash.cpp            jflashmm25x16
Flash_18_2_32.dat    Flash_8810_1_16.dat  Jflash.h              jflashmm25x32
Flash_8802_1_16.dat  Flash_8810_2_32.dat  Jflash.o              jflashmm27x16
Flash_8802_2_32.dat  Flash_8811_2_32.dat  Makefile              jflashmm27x32
Flash_8803_2_32.dat  Flash_8812_1_16.dat  RelNote_JFlashmm.htm  jtag.h
Flash_8806_2_32.dat  Flash_8812_2_32.dat  SWLicense.pdf         mssccprj.scc
Flash_8807_2_32.dat  Flash_8813_2_32.dat  giveio.inf            pxa25x16.dat
Flash_880B_2_32.dat  Flash_8814_2_32.dat  giveio.ini            pxa25x32.dat
Flash_880C_1_16.dat  Flash_8815_1_16.dat  giveio.sys            pxa27x16.dat
Flash_880C_2_32.dat  Flash_8815_2_32.dat  jflashmm              pxa27x32.dat
Flash_880D_1_16.dat  Flash_8816_2_32.dat  jflashmm.dsp          testfile.bin
Flash_880D_2_32.dat  Giveio.zip           jflashmm.dsw
[root@localhost jflashmm-5.01.007-h2]#
```

JTAG의 주요 기능 중의 하나는 부트로더(Bootloader)를 플래시 메모리(Flash Memory)에 퓨징(Fusing)하는 기능이라 했다.

다음 과정의 부트로더(Bootloader) 컴파일 부분을 수행하면 부트(boot)라는 부트로더 이미지가 생성된다. 이 부트로더를 /XHYPER270-TKU/images/ 내에 이미 만들어 놓았다.

JTAG 관련 파일을 images 디렉토리내에 이미 복사되어있기 때문에 부트로더(bootloader)를 퓨징(fusing) 해본다.

☞ cd /XHYPER270-TKU / images /↵
☞ ls↵
☞ ./ jflashmm pxa27x32.dat boot↵

```
root@localhost:/XHYPER270-TKU/images
파일(F)  편집(E)  보기(V)  터미널(T)  가기(G)  도움말(H)

[root@localhost jflashmm-5.01.007-h2]# cd /XHYPER270-TKU/images/
[root@localhost images]# ls
Flash_18_2_32.dat  jflashmm       pxa27x32.dat  zImage
boot               jflashmm27x32  rootfs.img
[root@localhost images]# ./jflashmm pxa27x32.dat boot

JFLASH Version 5.01.007
COPYRIGHT (C) 2000 - 2003 Intel Corporation

PLATFORM SELECTION:
 Processor=              PXA27x
 Development System=     pxa27x32
 Data Version=           1.00.001

PXA27x revision C0
Found flash type: 28F128J3A

Erasing block at address 0
Starting programming
Using BUFFER programming mode...
Programming done
Starting Verify
Verification successful!
[root@localhost images]#
```

위 그림과 같이 명령을 실행한다. 그럼, 위 그림과 같이 타깃보드에 퓨징이 된다. Verification successful! 이라는 메시지가 나오면 정상적으로 퓨징이 된 것이다. 그 이외의 메시지가 나온다면 타깃보드의 전원 ON 상태와 JTAG 케이블의 연결 상태를 체크해 보기 바란다. 그 후 다시 시도해 보기 바란다.

4.3 부트로더 환경 구축

4.3.1 부트로더 빌딩(Bootloader Building)

일반적으로 임베디드 시스템(Embedded System)에서는 일반 PC와는 달리 CMOS와 같이 여러 가지 용도로 사용되는 BIOS가 쓰이지 않는다. 대신에 부트로더가 이 기능을 대신한다.

부트로더가 H/W(MPU, SDRAM, FLASH, UART, GPIO) 등을 초기화 한다.

4.3.2 부트로더 기능

부트로더의 주요기능에 대해 설명한다.

- 하드웨어 초기화

  CPU 클록, 메모리 타이밍, 인터럽트, UART, GPIO 등을 초기화.
- 리눅스 부팅

  부트로더의 가장 중요한 기능이다.

  커널 이미지를 SDRAM에 저장한 후 커널 이미지의 주소로 점프하는 기능.

  부트로더의 기능은 여기까지이다.
- 이미지 다운로드

  커널 이미지와 파일시스템을 SDRAM에 다운로드하는 기능.

  다운로드는 이더넷을 통해서만 가능하다.

  Ethernet tftp, bootp
- 플래시 제어

  플래시 쓰기, 삭제 기능

  플래시 lock, unlock 기능

4.3.3 부트로더 컴파일

- 부트로더를 컴파일 하기 위해서는 타깃보드용 툴체인이 설치되어 있어야 한다(이미 4.1장에서 설치하였다).
- /XHYPER270-TKU/ 디렉터리로 이동한다. 그곳에서 cd 명령으로 XHYPER 270-TKU/bootloader/bboot-1.0.1 디렉터리로 이동한다. 여기에 부트로더 소스 파일을 볼 수 있다
- make 명령으로 컴파일을 수행하면 부트로더 이미지인 boot가 생성된다.

☞ cd / XHYPER270-TKU / bootloader↵
☞ ls↵
☞ cd bboot-1.0.1↵
☞ make clean↵
☞ make↵

```
root@localhost:/XHYPER270-TKU/bootloader/bboot-1.0.1
파일(F)  편집(E)  보기(V)  터미널(T)  가기(G)  도움말(H)
[root@localhost root]# cd /XHYPER270-TKU/bootloader/
[root@localhost bootloader]# ls
bboot-1.0.1  bboot-1.0.1.tar.gz
[root@localhost bootloader]# cd bboot-1.0.1
[root@localhost bboot-1.0.1]# make clean
[root@localhost bboot-1.0.1]# make
compile start.S
compile memsetup.S
compile setup.c
compile memcpy.S
compile fixgpio.S
compile partition.c
compile main.c
compile time.c
compile string.c
compile command.c
compile stdio.c
compile vsprintf.c
compile ctype.c
compile cmddebug.c
compile gpio.c
compile ieb.c
compile network.c
compile bootp.c
compile tftp.c
compile cs8900.c
compile flash.c
compile serial.c
compile xmodem.c
compile linux.c
compile pxafb.c
create boot
[root@localhost bboot-1.0.1]#
```

컴파일(Compile)이 완료되면, 부트란 부트로더 이미지가 생성이 된다.

부트가 부트로더 이미지이다.

이를 4.2장에서 했던 것처럼 jflashmm을 이용하여 타깃보드 플래시 메모리에 퓨징하면 된다.

그리고 이미 보드에 부트로더가 올라가 있으면 새로 컴파일 된 부트로더를 JFlash를 통해 올리지 않고 부트로더의 기능으로 다시 올릴 수 있다. 이 방법은 추후에 소개하기로 한다.

4.3.4 타깃보드에 부트로더 올리기

위에서 컴파일한 부트로더를 역시 위에서 컴파일한 jflashmm를 이용하여 플레시 메모리에 퓨징한다.

jflashmm프로그램은 보드의 JTAG 커넥터와 연결된 호스트 PC의 프린터포트를 제어하여 타깃보드용 부트로더를 퓨징할 수 있다.

부트로더 디렉토리 안에 있는 ./jflashmm pxa27x32.dat boot 명령으로 타깃보드에 부트로더를 퓨징할 수 있다.

```
☞ jflashmm pxa27x32.dat boot↵
```

```
root@localhost:/XHYPER270-TKU/bootloader/bboot-1.0.1
파일(F)  편집(E)  보기(V)  터미널(T)  가기(G)  도움말(H)
[root@localhost bboot-1.0.1]# ./jflashmm pxa27x32.dat boot

JFLASH Version 5.01.007
COPYRIGHT (C) 2000 - 2003 Intel Corporation

PLATFORM SELECTION:
 Processor=               PXA27x
 Development System=      pxa27x32
 Data Version=            1.00.001

PXA27x revision C0
Found flash type: 28F128J3A

Erasing block at address 0
Starting programming
Using BUFFER programming mode...
Programming done
Starting Verify
Verification successful!

[root@localhost bboot-1.0.1]#
```

위의 ./jflashmm pxa27x32.dat boot 명령으로 성공적으로 부트로더가 타깃보드에 퓨징되었다.

이제 타깃보드를 리셋시키면 부트로더 프롬프트 상에서 여러가지 명령어들을 사용할 수 있게 된다.

4.4 미니컴 환경 구축

4.4.1 미니컴 설정

주어진 보드에는 이미 O/S가 적재 되어져 있다. 확인 작업은 윈도우나 리눅스 양쪽 모두 가능하다. 윈도우에서는 하이퍼 터미널 프로그램을 통해 볼 수 있고 리눅스에서는 미니컴이라는 프로그램을 통해 확인할 수 있다. 먼저 리눅스에서의 확인 작업을 설명한다.

리눅스에서 확인하려면 미니컴을 실행을 해야 한다. 이 미니컴 프로그램은 시리얼에 연결 되어 있기 때문에 시리얼에 맞는 설정을 해 주어야만 한다.

① 미니컴 설정 창을 띄운다. 아래 그림과 같이 리눅스 터미널 창에서 입력을 한 다음에 엔터 키를 친다.

☞ minicom -s↵

[그림 4-3] 미니컴 설정 옵션

② -s 옵션을 주면 configuration을 할 수 있다. 위에서 설명 한 바와 같이 엔터 키를 입력하면 아래와 같이 configuration 창이 나온다.

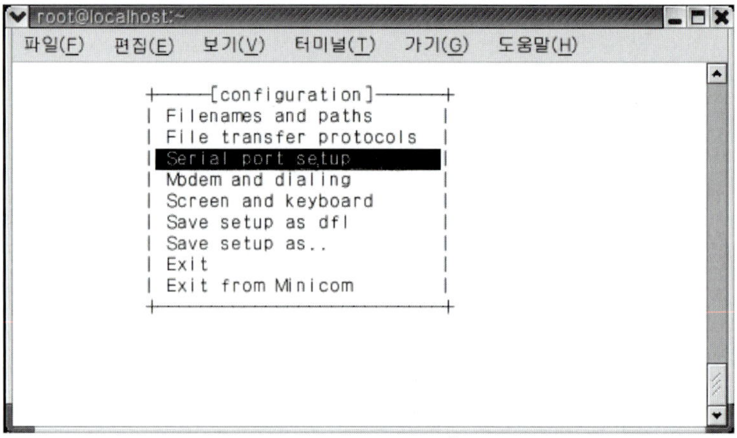

[그림 4-4] minicom 설정 창

③ 위 메뉴 중에서 하이라이트 된 부분 Serial port setup으로 들어 가면 아래와 같은 setup 창이 뜬다.

[그림 4-5] minicom serial setup

다음 설명과 같이 시리얼에 관한 설정을 해 주면 된다.

- [그림 4-5]와 같은 설정창이 뜬 후 "a" 버튼을 누르면 커서가 /dev/ttyS1 뒤에 위치 할 것이다. 시리얼 케이블이 com port 1에 연결이 되어 있으면 Serial Device를 /dev/ttyS0로 설정하고 com port 2에 시리얼 케이블이 연결되어 있으면 /dev/ttyS1로 설정한 후 엔터키를 친다.
- "e" 버튼을 누른 후 [그림 4-6]과 같은 창이 뜨면 스피드, 데이터 비트, 패리티 비트, 그리고 스톱 비트를 설정한다. X-Hyper270-TKU는 스피드-115200, 데이터 비트-8, 패릿트 비트-No, 스톱 비트-1 로 설정을 했으니 여기에 맞추어 주어야만 한다. 그래서 동시에 설정할 수 있는 버튼 "I" 를 누르면 된다.

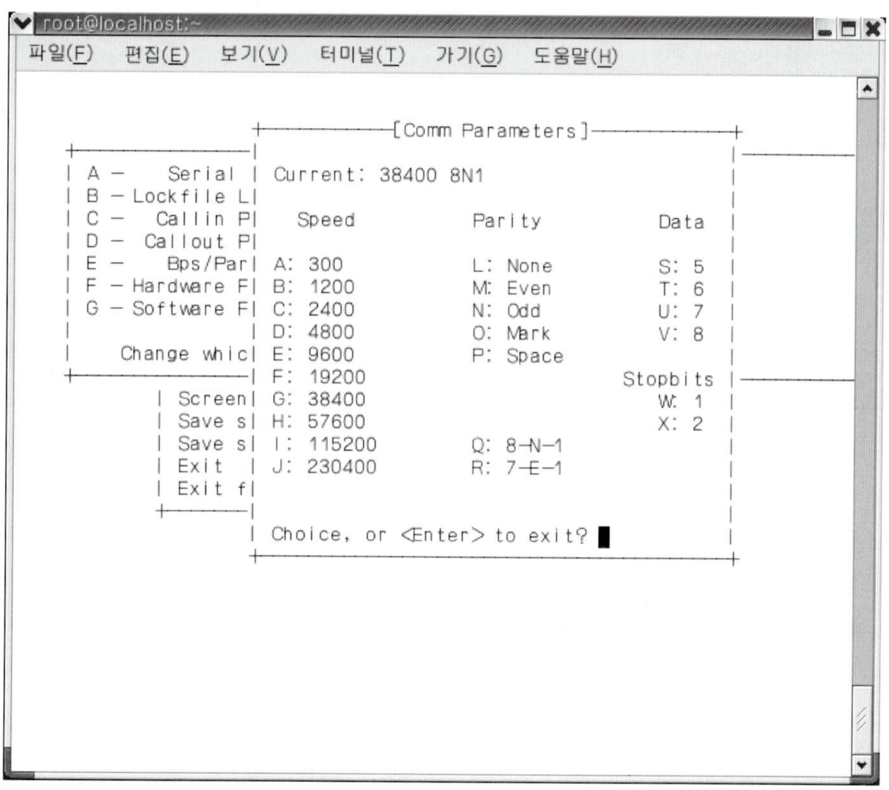

[그림 4-6] minicom comm. 파라미더

- "f" 버튼을 눌러서 Hardware Flow Control을 Yes를 No로 바꾼다. 시리얼 설정이 끝난 후의 모습은 [그림 4-7]과 같다.

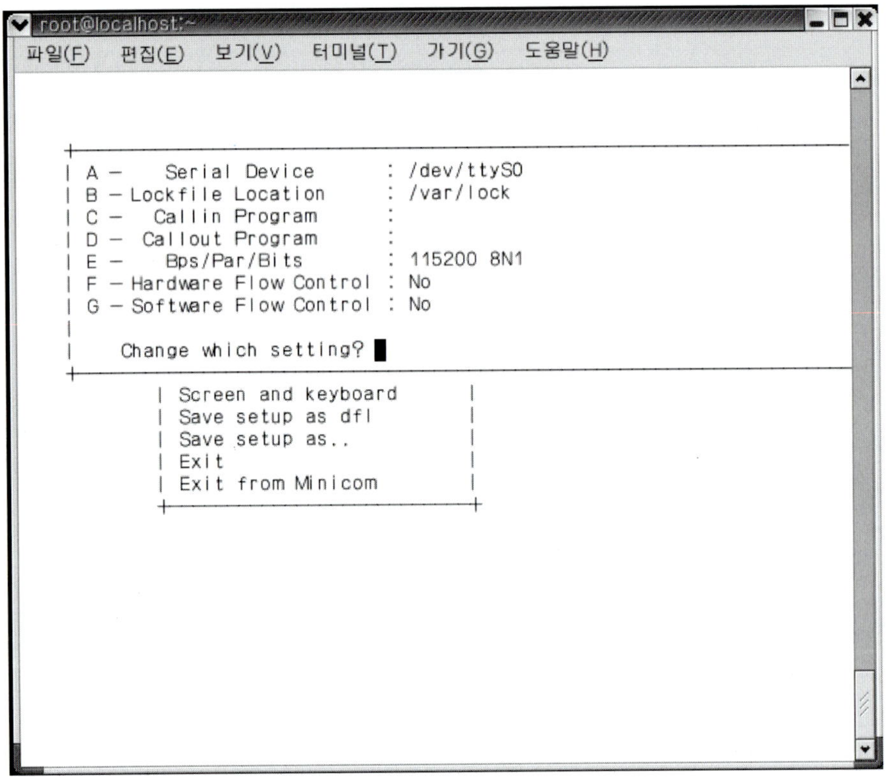

[그림 4-7] minicom 설정 완료

- 설정이 완료된 후 Esc Key로 빠져나오면 [그림 4-4]와 같은 화면을 볼 수 있다. 여기서 지금까지 설정한 값을 저장하려면 Save setup as dfl을 해주면 된다. 저장 후 Esc Key로 빠져 나온다. 그럼 미니컴의 다음 화면으로 나온다.

④ 미니컴 창이 뜬 후에 X-Hyper270-TKU를 reset 시키면 아래와 같이 미니컴 상에서 메시지가 나오는 것을 볼 수 있다. 만약에 메시지가 나오지 않을 경우 미니컴 설정 및 케이블 연결 체크 등을 다시 한번 확인하기 바란다(reset s/w는 LCD의 왼쪽에 4개의 버튼 위에 RSTCPU라고 표시되어 있다).

⑤ 자동부팅(Autobooting)이 되기 전에 3초간의 시간이 주는 데 이 때 아무키나 눌러서 키보드 입력이 되는 것을 확인해 본다. 키가 입력이 된 후에는 콘솔에서 hybus〉라는 프롬프트를 볼 수가 있을 것이다. 이 프롬프트가 보이면 미니컴 시리얼 에뮬레이터와 X-Hyper270-TKU는 아무 이상 없이 잘 작동하는 것이다.

⑥ 3초간의 시간이 지나가면 자동부팅이 된다.

```
hybus : bootloader for xhyper board
 Copyright (C) 2002-2004 Hybus Co,. ltd.
 support : http://www.hybus.net
 flash : base=0x00000000, size=0x02000000
 cs8900a chip is at 0x10000300
 autoboot in progress, press any key to stop...
 autoboot started.
 loading kernel image from flash...
starting kernel ...
Uncompressing Linux.....................................................
Linux version 2.6.11 (root@HostPC) (gcc version 3.4.3) #5 Wed Nov 2 22:305
CPU: XScale-PXA270 [69054117] revision 7 (ARMv5TE)
CPU0: D VIVT undefined 5 cache
CPU0: I cache: 32768 bytes, associativity 32, 32 byte lines, 32 sets
CPU0: D cache: 32768 bytes, associativity 32, 32 byte lines, 32 sets
Machine: Hybus PXA270 Development Platform - Type TKU
Memory policy: ECC disabled, Data cache writeback
Run Mode clock: 208.00MHz (*16)
Turbo Mode clock: 520.00MHz (*2.5, active)
Memory clock: 104.00MHz (/2)
System bus clock: 104.00MHz
Built 1 zonelists
Kernel command line: console=ttyS0,115200 console=tty0 mem=128M root=1F02w
PID hash table entries: 1024 (order: 10, 16384 bytes)
Console: colour dummy device 80x30
Dentry cache hash table entries: 32768 (order: 5, 131072 bytes)
Inode-cache hash table entries: 16384 (order: 4, 65536 bytes)
```

```
Memory: 128MB = 128MB total
Memory: 126464KB available (2666K code, 446K data, 140K init)
Mount-cache hash table entries: 512 (order: 0, 4096 bytes)
CPU: Testing write buffer coherency: ok
NET: Registered protocol family 16
Today is : 2165. 85. 85.  45:85:80
SCSI subsystem initialized
Linux Kernel Card Services
options:  none
usbcore: registered new driver hub
NET: Registered protocol family 23
NetWinder Floating Point Emulator V0.97 (double precision)
NTFS driver 2.1.22 [Flags: R/O].
JFFS2 version 2.2. (C) 2001-2003 Red Hat, Inc.
yaffs Nov  2 2005 21:46:26 Installing.
Initializing Cryptographic API
Console: switching to colour frame buffer device 80x30
ads7843 touch screen driver initialized
ttyS0 at MMIO 0x40100000 (irq = 22) is a FFUART
ttyS1 at MMIO 0x40200000 (irq = 21) is a BTUART
ttyS2 at MMIO 0x3ca00000 (irq = 46) is a EXT UART 0
ttyS3 at MMIO 0x3cb00000 (irq = 51) is a EXT UART 1
ttyS4 at MMIO 0x3cc00000 (irq = 54) is a EXT UART 2
ttyS5 at MMIO 0x3cd00000 (irq = 117) is a EXT UART 3
ttyS6 at MMIO 0x40700000 (irq = 20) is a STUART
io scheduler noop registered
io scheduler anticipatory registered
io scheduler deadline registered
io scheduler cfq registered
PP_addr=0x1303
eth0: cs8900 rev K found at 0xf0000300 no EEPROM
cs89x0: No EEPROM, relying on command line....
```

```
cs89x0 media RJ-45, IRQ 59, programmed I/O, MAC 00:0b:f4:2f:9b:e5
smc91x_1.c: v1.1, sep 22 2004 by Nicolas Pitre <nico@cam.org>
eth1: SMC91C11xFD (rev 1) at 0xc8852300 IRQ 86 [nowait]
eth1: Ethernet addr: 00:cf:52:49:c3:01
smc91x_2.c: v1.1, sep 22 2004 by Nicolas Pitre <nico@cam.org>
eth2: SMC91C11xFD (rev 1) at 0xc8854300 IRQ 85 [nowait]
eth2: Ethernet addr: 00:cf:52:49:c3:02
pxa_ir: irda driver inited
Linux video capture interface: v1.00
Uniform Multi-Platform E-IDE driver Revision: 7.00alpha2
ide: Assuming 50MHz system bus speed for PIO modes; override with idebus=x
Probing flash0 at physical address 0x00000000 (32-bit bankwidth)
flash0: Found 2 x16 devices at 0x0 in 32-bit bank
 Intel/Sharp Extended Query Table at 0x0031
Using buffer write method
cfi_cmdset_0001: Erase suspend on write enabled
Using static partitions on flash0
Creating 3 MTD partitions on "flash0":
0x00000000-0x00040000 : "boot"
0x00040000-0x00200000 : "kernel"
0x00200000-0x02000000 : "rootfs"
Initialising XHyper255 NAND0,1 MTD devices.
NAND device: Manufacturer ID: 0xec, Chip ID: 0x76 (Samsung NAND 64MiB 3,3)
Scanning device for bad blocks
Creating 1 MTD partitions on "NAND 64MiB 3,3V 8-bit":
0x00000000-0x04000000 : "xhyper255_Nand_Flash_A_64K"
Initialising of First XHyper255 NAND MTD was successful.
pxa2xx_pcmcia_driver init
XHYPER PCMCIA INIT
pxa27x-ohci pxa27x-ohci: new USB bus registered, assigned bus number 1
hub 1-0:1.0: USB hub found
hub 1-0:1.0: 2 ports detected
```

```
Initializing USB Mass Storage driver...
usbcore: registered new driver usb-storage
USB Mass Storage support registered.
usbcore: registered new driver usbhid
drivers/usb/input/hid-core.c: v2.0:USB HID core driver
usbcore: registered new driver ov511
drivers/usb/media/ov511.c: v1.64 for Linux 2.5 : ov511 USB Camera Driver
pxa27x_udc: version 23-Sep-2004
usb0: Ethernet Gadget, version: St Patrick's Day 2004
usb0: using pxa27x_udc, OUT Bulk-out-2 IN Bulk-in-1
usb0: MAC 22:1c:1b:10:5f:b8
mice: PS/2 mouse device common for all mice
ac97_codec: AC97 Audio codec, id: CRY52 (Cirrus Logic CS4299 rev D)
NET: Registered protocol family 2
IP: routing cache hash table of 1024 buckets, 8Kbytes
TCP established hash table entries: 8192 (order: 4, 65536 bytes)
TCP bind hash table entries: 8192 (order: 3, 32768 bytes)
TCP: Hash tables configured (established 8192 bind 8192)
NET: Registered protocol family 1
VFS: Mounted root (jffs2 filesystem).
Freeing init memory: 140K
yaffs: dev is 32505859 name is "(unavailable)"
yaffs: Attempting MTD mount on 31.3, "(unavailable)"
yaffs: yaffs_GutsInitialise()
yaffs: yaffs_GutsInitialise() done.

eth0: 10Base-T (RJ-45) has no cable
eth1: link down
eth2: link down

BusyBox v1.00 (2005.08.09-09:00+0000) Built-in shell (ash)
Enter 'help' for a list of built-in commands.
```

```
[root@xhyper ~]# Could not init font path element /usr/X11R6/lib/X11/font!
Fontconfig warning: line 245: invalid edit binding "same"
Fontconfig warning: line 245: invalid edit binding "same"
Fontconfig warning: line 257: invalid edit binding "same"
Fontconfig warning: line 257: invalid edit binding "same"
Fontconfig warning: line 245: invalid edit binding "same"
Fontconfig warning: line 257: invalid edit binding "same"
matchbox-desktop: loading /usr/lib/matchbox/desktop/tasks.so with args ( )
matchbox-desktop: loading /usr/lib/matchbox/desktop/dotdesktop.so with ar)
user_overides is (nil)
Fontconfig warning: line 245: invalid edit binding "same"
Fontconfig warning: line 257: invalid edit binding "same"
mb-desktop-dotdesktop: failed to open /usr/local/share/applications
mb-desktop-dotdesktop: failed to open /root/.applications
mb-applet-menu-launcher: failed to open /usr/local/share/applications
mb-applet-menu-launcher: failed to open /root/.applications
Fontconfig warning: line 245: invalid edit binding "same"
Fontconfig warning: line 257: invalid edit binding "same"
mb-applet-menu-launcher: failed to open /usr/local/share/applications
mb-applet-menu-launcher: failed to open /root/.applications
[root@xhyper ~]#
```

⑦ 부팅이 끝나면 LCD에는 X가 뜬다.

- LCD에 X가 뜨는데, 미니컴으로 메시지가 나오지 않을 때는 다시 한번 보드와 호스트 PC간의 케이블 연결 상태를 확인하기 바란다.
- 위의 절차를 거쳤는데도, 보드에 아무런 메시지가 나오지 않으면, 구입처로 연락하기 바란다.
- 부팅 후에 LCD에 나타나는 화면은 다음 그림과 같다. 이 그림이 뜨지 않는 것은 부팅에 실패한 경우이다(실제화면은 버전에 따라 틀릴 수 있음).

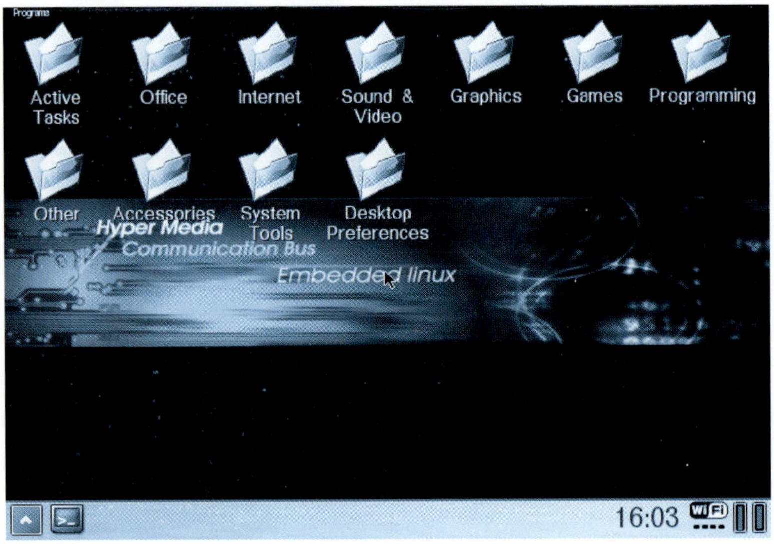

4.5 BOOTP-TFTP 환경 구축

4.5.1 Bootp 설정

1. bootp란?

- Bootp는 tcp/ip상에서 자동 부팅을 위한 최초의 표준으로, 디스크 장치가 없는 클라이언트를 구동시키기 위한 프로토콜로 개발되었다.
- 하위 프로토콜로 udp와 ip 프로토콜을 사용한다.
- 개발보드에서는 Tftp와 함께, 부트로더에서 커널과 파일시스템 이미지를 호스트 PC에서 타깃으로 다운로드하기 위해 사용한다. Bootp는 타깃 보드가 Tftp를 통한 파일 전송을 위해서 타깃 보드의 IP와 호스트에 대한 정보를 호스트 PC에서 가져오기 위해 사용한다.
- Bootp를 사용하기 위해서는 bootpd와 xinetd가 먼저 설치되어야 한다.
- 하이버스 회사 모델인 X-Hyper270-TKU에서는 boot loader에서 set이라는 명령어로 host PC와 target board의 ip를 맞추어주면 굳이 bootp를 설정할 필요가 없고, tftp만을 설정해서 ethernet을 사용하여 down load할 수 있다.

2. bootpd 설치

bootpd를 사용하기 위해서는 먼저 xinetd가 설치되어 있어야 한다.

xinetd rpm이 설치었는지는 다음의 명령어로 확인할 수 있다.

☞ rpm -qa lgrep xinetd shift + ₩↲

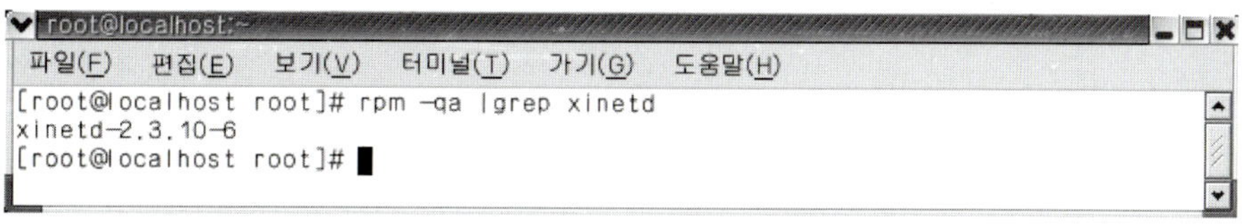

rpm의 -qa 옵션은 현재 설치된 rpm의 list를 출력한다(q:question, a:all).

이것을 pipe(shift + ₩)를 이용하여 grep을 실행하라는 명령인데, xinetd라는 문자가 포함된 line을 보여 준다(자세한 내용은 man rpm을 참조하라).

1) xinetd 설치

xinetd가 설치되어 있지 않다면 xinetd를 설치한다.

(리눅스 배포판 설치시 xinetd는 기본으로 설치가 된다. 그러므로 xinetd가 설치되어 있다면 바로 100 (다음 page) page의 bootp rpm 설치 장으로 넘어 가면 된다.)

① xinetd rpm설치는 rpm Uvh xinetd-2.1.8.9pre15-2.i386.rpm이라는 간단한 명령어로 설치할 수 있다(xinetd-2.1.8.9pre15-2.i386.rpm은 리눅스 배포판 CD에서 얻을 수 있다. 리눅스 배포판 CD에서 xinetd 관련 rpm을 검색하기 바란다).

☞ rpm -Uvh xinetd-2.1.8.9pre 15-2.i386.rpm↲

② 설치가 완료되면/etc/rc.d/init.d/xinetd라는 스크립트 파일이 존재하는지 확인해야 한다.

☞ ls etc/rc.d/init.d/xinetd↵

③ xinetd를 /etc/rc.d/init.d/xinetd 스크립트에 restart라는 옵션을 주어 실행시킨다.

☞ /etc/rc.d/init xinetd restart↵

④ 다음의 명령어로 xinetd가 실행되는지 확인할 수 있다.

☞ ps -xf | grep xinetd↵

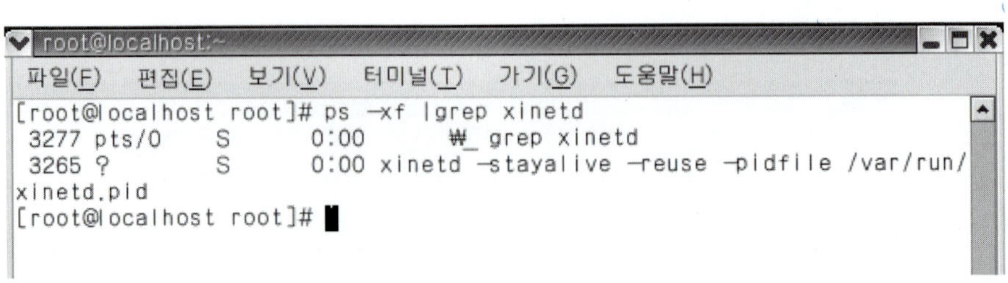

xinetd가 설치되어 있는 것이 확인되었다면, bootpd를 설치한다.

2) bootp rpm 설치

xinetd와 마찬가지로 bootpd가 설치되어 있는지 먼저 확인한다.

bootpd rpm이 설치되었는지는 다음의 명령어로 확인할 수 있다.

> ☞ rm -qa | grep bootp↵

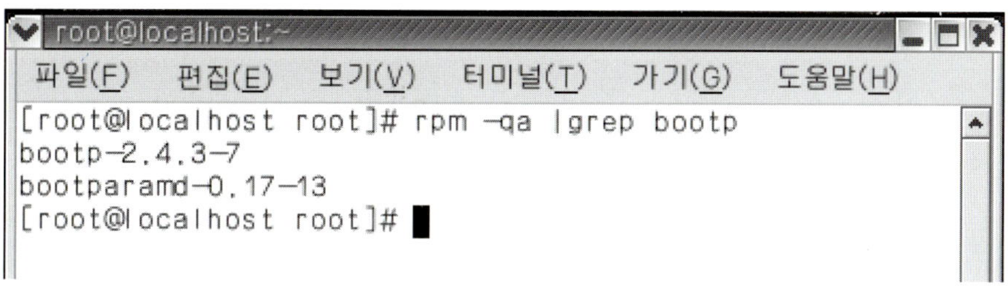

이미 Host PC에 위의 bootp가 설치되어 있으면, 다시 설치를 하지 않아도 된다.

설치되어 있지 않으면 리눅스 배포판 CD에서 bootp rpm을 찾는다. 아니면 장비 구입시 제공하는 CD이 RPM 디렉토리에도 있다.

> ☞ rpm -ivh bootp-2.4.3-7.i386.rpm↵

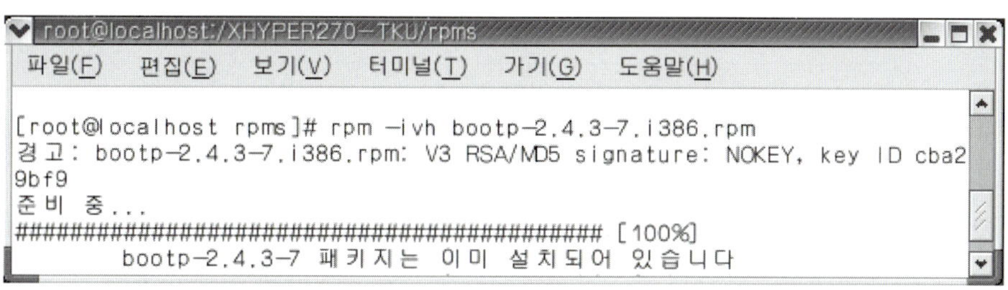

rpm의 옵션 -ivh에서 i는 install, h는 hash를 뜻한다. 설치하면서 진행과정을 "#"으로 표시하라는 옵션이다. 이때 xinetd가 설치되어 있지 않으면, xinetd가 필요하다는 에러가 출력되는데, 그때에는 필요한 rpm을 먼저 설치하면 된다.

이미 설치된 bootpd의 Upgrade를 하시려면 -U 옵션을 사용한다(U:upgrade).

참고로 설치된 rpm을 제거하는 옵션은 e이다(e:erase).

-e 옵션 뒤에 붙는 이름은 설치된 rpm의 이름이다.

rpm -qa를 실행하시면 이름을 확인하실 수 있다.

이 이름은 일반적으로 program 이름과 버전번호로 구성되어 있다.

bootp rpm이 설치가 되면 /usr/sbin/bootpd 파일이 생성된다

☞ ls/usr/sbin/bootpd↵

위에 생성된 bootpd파일은 xinetd 프로그램에 의해 실행된다.

Xinetd 프로그램에 의해 bootpd가 실행될 수 있도록 /etc/xinetd.d/bootp파일을 새로 만들어야 한다.

☞ cd /etc/xinetd.d/↵
☞ vi bootp↵

/etc/xinetd.d/bootp파일을 아래의 설정과 똑같이 만들어야 한다.

```
root@localhost:/etc/xinetd.d
파일(F) 편집(E) 보기(V) 터미널(T) 가기(G) 도움말(H)
service bootps
{
        disable         = no
        socket_type     = dgram
        protocol        = udp
        wait            = yes
        user            = root
        server          = /usr/sbin/bootpd
}

                                        10,0-1        모두
```

위와 같이 동일하게 만든 다음 저장하고 빠져 나온다.
다시 말하면 bootp 파일을 새로 만들어야 하는 것이다.

3) bootptab 파일 설정

타깃보드의 bootp요청이 있을 때 Host PC에 설치 한 bootp서버(bootpd)는 /etc/bootptab에 정의된 client 정보를 기반으로 bootp reply packet을 만들어 응답한다.

그래서 bootp를 사용하기 위해서는 이 /etc/bootptab에 client의 Mac 어드레스와 할당할 IP 등의 정보가 입력되어 있어야 한다.

bootptab 파일은 bootpd(the Internet Bootstrap Protocol Server)를 위한 환경설정 데이터베이스 파일이다. host의 매개변수로, 대소문자를 구분하는 두 개의 문자로 된 tag symbols를 사용한다.

```
hostname:tg=value:tg=value:tg=value:
```

hostname에는 bootp client(or a "dummy entry")의 실제 이름이 들어가고, tg는 두 개의 문자로 구성된 tag symbol이다. 각각의 symbol에 해당하는 값은 value에 들어간다. 더 많은 내용은 bootptab로 확인할 수 있다.

- bootptab 파일 생성

  /etc/bootptab 파일을 아래와 같은 설정으로 만든다.

☞ vi/etc/bootptab↵

xhyper270은 hostname이고

ht(Hardware Type)는 10Mb Ethernet을 사용하므로 1(=Ethernet),

ha(Hardware Address)는 Bootp Request를 보낼 Target(Bootp Client)의 Mac Address, (Mac Address는 부트로더가 실행될 때마다 틀릴 수가 있다.)

그렇기에 bootp를 사용하여 현재의 Mac Address를 확인해야 한다.

ip는 Target에 할당할 IP Address,

sm (subnet mask)는 Host (Bootp Server)와 동일하게 적어주면 된다.

주의할 점은 Host PC의 ip 대역과 board에 줄 ip 대역이 같아야 한다.

(ex Host PC IP: 192.168.10.100, Board IP : 192.168.10.50)

호스트 PC의 ip를 61.74.246.214로 바꾸어주어야 한다.

호스트 PC에서 다름 명령을 실행한다.

```
ifconfig eth0 61.74.246.214 up
```

참고로 부트로더가 실행중인 상태에서 bootp를 실행하시면, 타깃보드의 Mac 어드레스를 알 수 있다.

4) 부트로더에서 bootp 명령 실행하기

- xined 데몬 재시작

  Host PC의 xinetd 데몬을 재시작한다.

(/etc/rc.d/rc.sysinit/xinetd restart)

부트로더에서 bootp 명령을 하면 아래 그림과 같이 Host PC로부터 타깃보드의 IP를 얻을 수 있다(IP를 못 얻어오면 전 과정을 다시 한번 확인하기 바란다).

타깃 보드 "hybus〉"에서 set을 실행했을 때 myhaddr(Mac Address)이 bootptab에 적어준 ha와 다른 경우 bootptab의 ha를 myhaddr과 똑같이 변경해주고 "/etc/rc.d/rc.sysinit/xinetd restart" 명령으로 재시작해 주어야 한다.

또한 호스트 PC의 ip는 61.74.246.214, 타깃보드(장비)의 ip는 61.74.246.2로 변경해 주어야 한다.

즉, 타깃보드를 기준으로 하는 것이므로 myipaddr을 61.74.246.2, destipaddr을 61.74.246.214로 변경해 준다.

☞ set↵
☞ set myipaddr 61.74.246.2↵
☞ set↵
☞ bootp↵

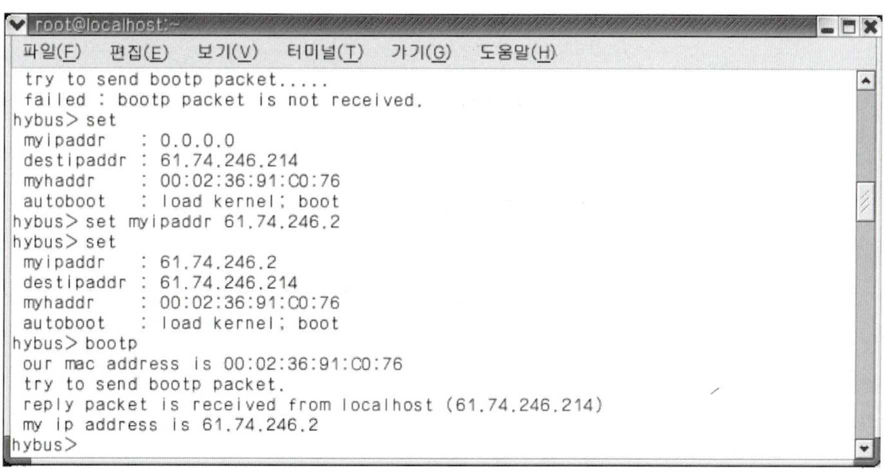

이제 타깃보드에 61.74.264.2이란 ip를 받았다.

다음 장에서 tftp를 통해서 파일을 다운로드하면 된다.

bootp 설정을 생략하는 방법은

```
hybus> setmyipaddr 192.168.1.3
hybus> setdestipaddr 192.168.1.216
```

이런 식으로 bootp를 생략하고 바로 tftp를 실행해도 된다.

4.5.2 tftp 설정

1. tftp란?

- TFTP (Trivial File Transfer Protocol) 은 ftp와 같은 파일 전송 프로토콜이다.
- 하위 프로토콜로 ip, udp 프로토콜을 사용한다.
- 개발보드에서는 부트로더에서 커널과 파일시스템 이미지를 호스트에서 타깃으로 이더넷을 통하여 고속으로 다운로드하기 위해 사용한다.

2. tftp rpm 설치

tftp rpm을 구한다. tftp rpm은 클라이언트와 서버가 분리되어 있는데, tftp-server로 시작하는 rpm을 설치하여야 한다. 프로그램은 장비 구입 시 제공하는 CD에서 포함되어 있다.

이미 Host PC에 위의 RPM이 설치가 되어있으면, 다시 설치하지 않아도 무방하다. 다음의 명령어로 tftp가 설치되었는지는 확인할 수 있다.

```
☞ rpm -qa | grep tftp↵
```

tftp rpm에 설치되지 않았다면 tftp서버 rpm을 설치한다.

rpm -i tftp-server-0.17-9.i386.rpm 명령으로 설치를 한 후

rpm qa l grep tftp명령으로 설치 된 것을 확인 한다.

☞ cd/XHYPER270-TKU/rpms/↵

☞ ls

☞ rpm -ivh tftp-server-0.17-9.i386.rpm

☞ rpm qa l grep tftp↵

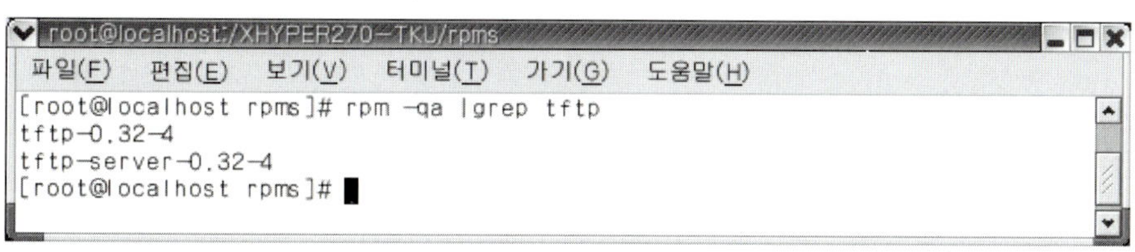

3. /etc/xinet.d/tftp 파일 생성

tftp rpm이 설치되면 /etc/xinetd.d/tftp 파일이 생성된다.

bootp와 같이 tftp 프로그램 파일은 xinetd 프로그램에 의해 실행된다.

Xinetd 프로그램에 의해 tftp가 실행될 수 있도록 /etc/xinetd.d/tftp파일을 아래와 같이 수정하여야 한다.

(만약 /etc/xinetd.d/tftp 파일이 없다면 새로 생성하여 아래의 설정과 같이 작성해야 한다.)

☞ vi /etc/xinetd.d/tftp↵

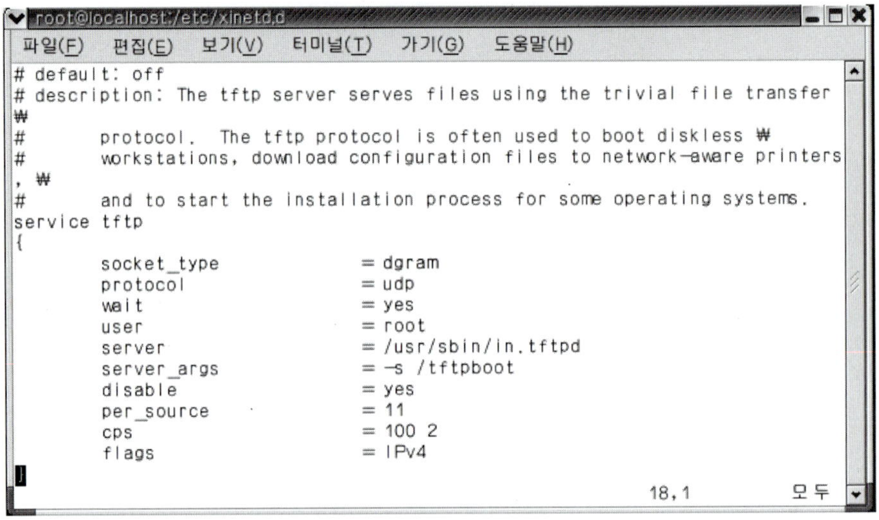

server_args를 /tftpboot로 설정하면 부트로더에서 파일을 받을 때는 호스트 PC의 /tftpboot 안에 있는 파일만 전송이 가능하다.

/tftpboot은 tftp server daemon의 root 디렉토리로 tftp 요청시 필요한 파일을 이곳을 기준으로 찾는다. 이 디렉토리와 서브디렉토리에서만 찾는다. tftp로 다운로드 하고자 하는 커널과 파일시스템 이미지는 이곳에 있어야 한다.

사용자가 원한다면 디렉토리 이름을 다르게 사용하여도 된다.

위의 스크립트에서 정한 /tftpboot 디렉토리가 Host PC상에 존재해야 한다.

디렉토리가 없다면 만들어야 한다.

위의 /etc/xinetd.d/tftp파일에서 정한 디렉토리에(/tftpboot) 아래와 같이 zImage와 파일시스템을 복사한다.

☞ cd/XHYPER270-TKU/images/↵
☞ ls↵
☞ cp zImage rootfs.img/tftpboot↵
☞ cd/tftpboot↵
☞ ls↵

```
root@localhost:/tftpboot
파일(F)  편집(E)  보기(V)  터미널(T)  가기(G)  도움말(H)
[root@localhost root]# cd /XHYPER270-TKU/images/
[root@localhost images]# ls
Flash_18_2_32.dat  jflashmm        pxa27x32.dat  zImage
boot               jflashmm27x32   rootfs.img
[root@localhost images]# cp zImage rootfs.img /tftpboot/
[root@localhost images]# cd /tftpboot/
[root@localhost tftpboot]# ls
rootfs.img  zImage
[root@localhost tftpboot]#
```

커널과 파일시스템이 존재하지 않으면 장비 구입시 제공한 CD의 Image 디렉토리에 가면 zImage(커널 이미지)와 root(파일시스템) 파일이 있다. 이것을 /tftpboot 디렉토리에 복사하면 된다.

4. 부트로더에서 tftp 명령으로 이미지 전송하기

지금까지 호스트 PC에서 bootpd와 tftpd를 구축하였다.

아래 명령으로 bootpd, tftpd항목이 나온다면 정상동작중인 것을 확인할 수 있다.

```
☞ netstat -au↵
```

```
root@localhost:~
파일(F)  편집(E)  보기(V)  터미널(T)  가기(G)  도움말(H)
[root@localhost root]# netstat -au
Active Internet connections (servers and established)
Proto Recv-Q Send-Q Local Address           Foreign Address         State
udp        0      0 *:32769                 *:*
udp        0      0 *:bootps                *:*
udp        0      0 *:bootps                *:*
udp        0      0 *:tftp                  *:*
udp        0      0 *:sunrpc                *:*
udp        0      0 *:631                   *:*
udp        0      0 *:1019                  *:*
[root@localhost root]#
```

부트로더의 tftp 명령을 통해 zImage와 filesystem을 다운로드 할 수 있다.

타깃보드에 tftp명령으로 다운로드할 zImage와 root는 물론 Host PC의 /tftpboot디렉토리에 존재하여야 한다.

부트로더에서 tftp명령어로 zImage를 커널 영역에 다운로드 한다.

이젠 tftp명령을 이용하여 호스트 PC의 파일을 타깃보드에 고속으로 전송할 수 있게 되었다.

4.5.3 리눅스 이미지 다운로딩

1. 리눅스 커널 이미지 다운로딩

위에서 bootp, tftp명령의 정상 동작이 확인되면 커널이미지를 다운로드 한다.

호스트로부터 커널이미지(zImage)를 SDRAM의 커널 영역(0xA0008000)에 다운받는다.

```
☞ bootp↵
☞ tftp zImage kernel↵
```

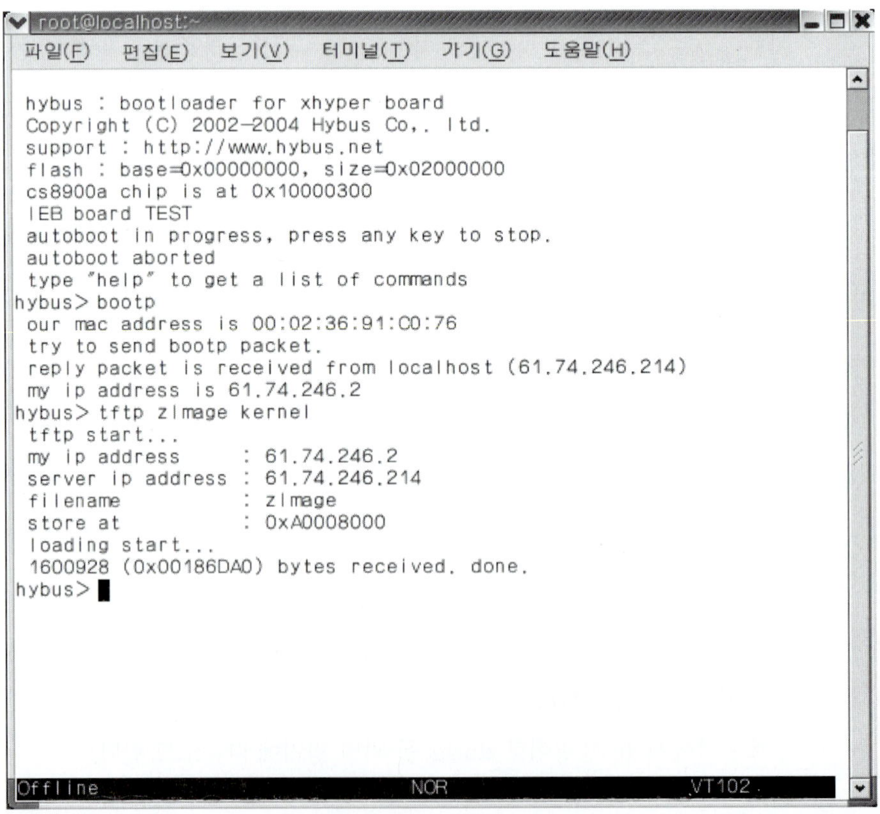

```
hybus> tftp zImage kernel          // SDRAM에 다운로드
hybus> flash kernel                // kernel 영역에 쓰기
```

타깃보드의 SDRAM에 다운받은 커널이미지를 아래의 명령어로 플레시 메모리영역에 라이트한다.

(SDRAM은 휘발성 메모리로 전원이 오프되면 모든 데이터가 사라진다. 그러므로 SDRAM의 커널 이미지 영역을 플래시 메모리의 커널 이미지 영역에 저장하여 타깃 보드가 전원이 오프 되어도 커널 이미지를 저장할 수 있게 한다.)

☞ flash kernel↵

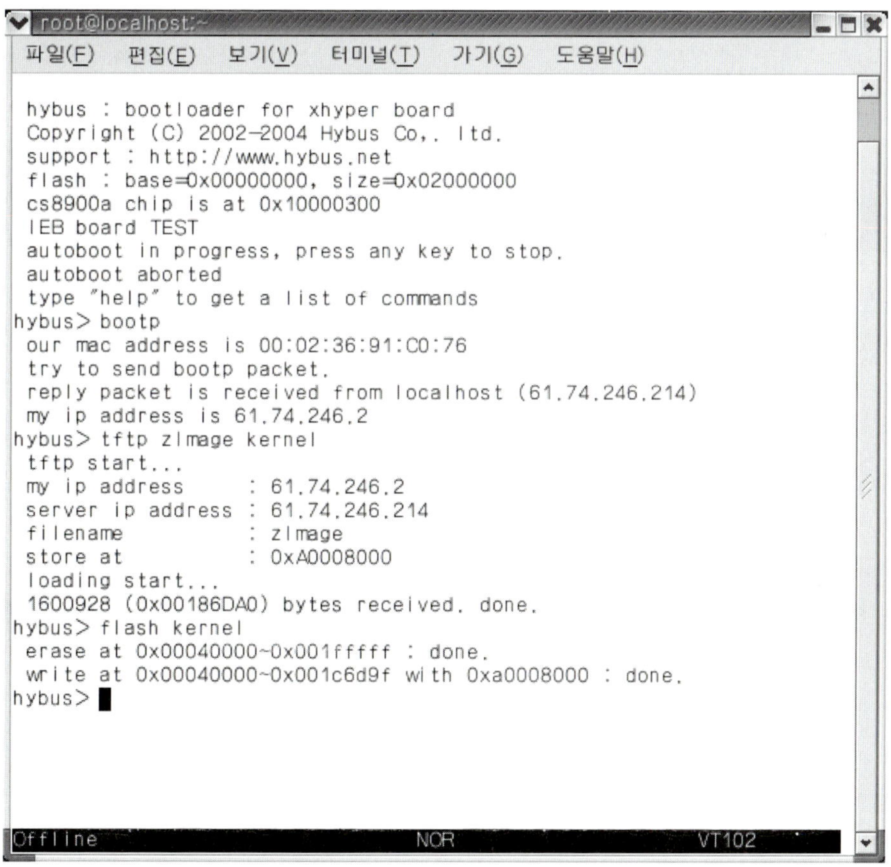

2. 파일 시스템 다운로딩

rootfs.img라는 이름의 파일 시스템 이미지를 tftp명령으로 타깃보드에 다운로드 한다.

☞ tftp rootfs.img root↵
☞ flash root↵

```
root@localhost:~
파일(F)  편집(E)  보기(V)  터미널(T)  가기(G)  도움말(H)

 hybus : bootloader for xhyper board
 Copyright (C) 2002-2004 Hybus Co,. ltd.
 support : http://www.hybus.net
 flash : base=0x00000000, size=0x02000000
 cs8900a chip is at 0x10000300
 IEB board TEST
 autoboot in progress, press any key to stop.
 autoboot aborted
 type "help" to get a list of commands
hybus> tftp rootfs.img root
 tftp start...
 my ip address      : 61.74.246.2
 server ip address  : 61.74.246.214
 filename           : rootfs.img
 store at           : 0xA0000000
 loading start...
 25690112 (0x01880000) bytes received. done.
hybus> flash root
 erase at 0x00200000~0x01ffffff : done.
 write at 0x00200000~0x01a7ffff with 0xa0000000 : done.
hybus> 

Offline                    NOR                    VT102
```

타깃보드의 SDRAM에 다운받은 파일 시스템 이미지를 아래의 명령어로 플래시 메모리 영역에 라이트한다

```
hybus> tftp rootfs.img root          // SDRAM에 다운로드
hybus> flash root                    // root 영역에 쓰기
```

3. 타깃 보드 커널 부팅하기

커널이미지와 파일시스템 이미지를 다운로드하고 플래시 메모리에 라이트를 한 후 부트로더의 boot 명령을 내리거나 보드의 전원을 껐다가 키면 리눅스 커널이 부팅되는 것을 확인할 수 있다.

```
hybus : bootloader for xhyper board
 Copyright (C) 2002-2004 Hybus Co,. ltd.
 support : http://www.hybus.net
 flash : base=0x00000000, size=0x02000000
 cs8900a chip is at 0x10000300
 autoboot in progress, press any key to stop...
 autoboot started.
 loading kernel image from flash...
starting kernel ...
Uncompressing Linux.....................................................
Linux version 2.6.11 (root@HostPC) (gcc version 3.4.3) #5 Wed Nov 2 22:305
CPU: XScale-PXA270 [69054117] revision 7 (ARMv5TE)
CPU0: D VIVT undefined 5 cache
CPU0: I cache: 32768 bytes, associativity 32, 32 byte lines, 32 sets
CPU0: D cache: 32768 bytes, associativity 32, 32 byte lines, 32 sets
Machine: Hybus PXA270 Development Platform - Type TKU
Memory policy: ECC disabled, Data cache writeback
Run Mode clock: 208.00MHz (*16)
Turbo Mode clock: 520.00MHz (*2.5, active)
Memory clock: 104.00MHz (/2)
System bus clock: 104.00MHz
```

```
Built 1 zonelists
Kernel command line: console=ttyS0,115200 console=tty0 mem=128M root=1F02w
PID hash table entries: 1024 (order: 10, 16384 bytes)
Console: colour dummy device 80x30
Dentry cache hash table entries: 32768 (order: 5, 131072 bytes)
Inode-cache hash table entries: 16384 (order: 4, 65536 bytes)
Memory: 128MB = 128MB total
Memory: 126464KB available (2666K code, 446K data, 140K init)
Mount-cache hash table entries: 512 (order: 0, 4096 bytes)
CPU: Testing write buffer coherency: ok
NET: Registered protocol family 16
Today is : 2165. 85. 85.  45:85:80
SCSI subsystem initialized
Linux Kernel Card Services
options:  none
usbcore: registered new driver hub
NET: Registered protocol family 23
NetWinder Floating Point Emulator V0.97 (double precision)
NTFS driver 2.1.22 [Flags: R/O].
JFFS2 version 2.2. (C) 2001-2003 Red Hat, Inc.
yaffs Nov  2 2005 21:46:26 Installing.
Initializing Cryptographic API
Console: switching to colour frame buffer device 80x30
ads7843 touch screen driver initialized
ttyS0 at MMIO 0x40100000 (irq = 22) is a FFUART
ttyS1 at MMIO 0x40200000 (irq = 21) is a BTUART
ttyS2 at MMIO 0x3ca00000 (irq = 46) is a EXT UART 0
ttyS3 at MMIO 0x3cb00000 (irq = 51) is a EXT UART 1
ttyS4 at MMIO 0x3cc00000 (irq = 54) is a EXT UART 2
ttyS5 at MMIO 0x3cd00000 (irq = 117) is a EXT UART 3
ttyS6 at MMIO 0x40700000 (irq = 20) is a STUART
io scheduler noop registered
```

```
io scheduler anticipatory registered
io scheduler deadline registered
io scheduler cfq registered
PP_addr=0x1303
eth0: cs8900 rev K found at 0xf0000300 no EEPROM
cs89x0: No EEPROM, relying on command line....
cs89x0 media RJ-45, IRQ 59, programmed I/O, MAC 00:0b:f4:2f:9b:e5
smc91x_1.c: v1.1, sep 22 2004 by Nicolas Pitre <nico@cam.org>
eth1: SMC91C11xFD (rev 1) at 0xc8852300 IRQ 86 [nowait]
eth1: Ethernet addr: 00:cf:52:49:c3:01
smc91x_2.c: v1.1, sep 22 2004 by Nicolas Pitre <nico@cam.org>
eth2: SMC91C11xFD (rev 1) at 0xc8854300 IRQ 85 [nowait]
eth2: Ethernet addr: 00:cf:52:49:c3:02
pxa_ir: irda driver inited
Linux video capture interface: v1.00
Uniform Multi-Platform E-IDE driver Revision: 7.00alpha2
ide: Assuming 50MHz system bus speed for PIO modes; override with idebus=x
Probing flash0 at physical address 0x00000000 (32-bit bankwidth)
flash0: Found 2 x16 devices at 0x0 in 32-bit bank
 Intel/Sharp Extended Query Table at 0x0031
Using buffer write method
cfi_cmdset_0001: Erase suspend on write enabled
Using static partitions on flash0
Creating 3 MTD partitions on "flash0":
0x00000000-0x00040000 : "boot"
0x00040000-0x00200000 : "kernel"
0x00200000-0x02000000 : "rootfs"
Initialising XHyper255 NAND0,1 MTD devices.
NAND device: Manufacturer ID: 0xec, Chip ID: 0x76 (Samsung NAND 64MiB 3,3)
Scanning device for bad blocks
Creating 1 MTD partitions on "NAND 64MiB 3,3V 8-bit":
0x00000000-0x04000000 : "xhyper255_Nand_Flash_A_64K"
```

```
Initialising of First XHyper255 NAND MTD was successful.
pxa2xx_pcmcia_driver init
XHYPER PCMCIA INIT
pxa27x-ohci pxa27x-ohci: new USB bus registered, assigned bus number 1
hub 1-0:1.0: USB hub found
hub 1-0:1.0: 2 ports detected
Initializing USB Mass Storage driver...
usbcore: registered new driver usb-storage
USB Mass Storage support registered.
usbcore: registered new driver usbhid
drivers/usb/input/hid-core.c: v2.0:USB HID core driver
usbcore: registered new driver ov511
drivers/usb/media/ov511.c: v1.64 for Linux 2.5 : ov511 USB Camera Driver
pxa27x_udc: version 23-Sep-2004
usb0: Ethernet Gadget, version: St Patrick's Day 2004
usb0: using pxa27x_udc, OUT Bulk-out-2 IN Bulk-in-1
usb0: MAC 22:1c:1b:10:5f:b8
mice: PS/2 mouse device common for all mice
ac97_codec: AC97 Audio codec, id: CRY52 (Cirrus Logic CS4299 rev D)
NET: Registered protocol family 2
IP: routing cache hash table of 1024 buckets, 8Kbytes
TCP established hash table entries: 8192 (order: 4, 65536 bytes)
TCP bind hash table entries: 8192 (order: 3, 32768 bytes)
TCP: Hash tables configured (established 8192 bind 8192)
NET: Registered protocol family 1
VFS: Mounted root (jffs2 filesystem).
Freeing init memory: 140K
yaffs: dev is 32505859 name is "(unavailable)"
yaffs: Attempting MTD mount on 31.3, "(unavailable)"
yaffs: yaffs_GutsInitialise()
yaffs: yaffs_GutsInitialise() done.

eth0: 10Base-T (RJ-45) has no cable
```

```
eth1: link down
eth2: link down
BusyBox v1.00 (2005.08.09-09:00+0000) Built-in shell (ash)
Enter 'help' for a list of built-in commands.
[root@xhyper ~]# Could not init font path element /usr/X11R6/lib/X11/font!
Fontconfig warning: line 245: invalid edit binding "same"
Fontconfig warning: line 245: invalid edit binding "same"
Fontconfig warning: line 257: invalid edit binding "same"
Fontconfig warning: line 257: invalid edit binding "same"
Fontconfig warning: line 245: invalid edit binding "same"
Fontconfig warning: line 257: invalid edit binding "same"
matchbox-desktop: loading /usr/lib/matchbox/desktop/tasks.so with args ( )
matchbox-desktop: loading /usr/lib/matchbox/desktop/dotdesktop.so with ar)
user_overides is (nil)
Fontconfig warning: line 245: invalid edit binding "same"
Fontconfig warning: line 257: invalid edit binding "same"
mb-desktop-dotdesktop: failed to open /usr/local/share/applications
mb-desktop-dotdesktop: failed to open /root/.applications
mb-applet-menu-launcher: failed to open /usr/local/share/applications
mb-applet-menu-launcher: failed to open /root/.applications
Fontconfig warning: line 245: invalid edit binding "same"
Fontconfig warning: line 257: invalid edit binding "same"
mb-applet-menu-launcher: failed to open /usr/local/share/applications
mb-applet-menu-launcher: failed to open /root/.applications
[root@xhyper ~]#
```

여기까지 수행한 작업은 제공되는 커널 이미지와 파일시스템 이미지를 타깃보드에 그대로 다운로드 하여 플래시에 라이트하여 타깃보드의 리눅스 부팅을 확인 하는 것까지 하였다.

이 작업을 통하여 Host PC에 개발 환경 구축 작업이 완료되었다.

앞으로 해야 할 것은 커널이미지와 파일시스템 이미지를 원하는 대로 수정하는 것이다.

제5장 임베디드 리눅스 시스템 포팅

5.1 부트로더

이 절에서는 부트로더(Bootloader)에 대한 자세한 설명을 기술한다.

부트 로더란 시스템의 전원을 켜는 순간 하드웨어에서 가장 먼저 실행되는 프로그램이며 우리가 일반적으로 사용하는 PC의 CMOS와 유사하다고 볼 수 있다. 부트 로더가 하는 역활은 커널이 부팅할 때 하드웨어의 정보를 제공한다. 즉 프로세서의 동작 속도와 메모리 정보, 그리고 프로세서 레지스터 값들과 기본 하드웨어를 초기화 작업을 수행한다.

부트 로더의 주요기능은 다음과 같다.

하드웨어 초기화(CPU 클록, 메모리 타이밍, 인터럽트, UART, GPIO 등)

- 리눅스 부팅 : 커널 이미지를 SDRAM에 저장한 후 커널 이미지의 주소로 점프 기능을 수행
- 이미지 다운로드 : 커널 이미지와 파일 시스템을 SDRAM에 이더넷(tftp, bootp)을 통해 다운로드
- 플래시 제어 : 플래시 삭제, 쓰기, lock, unlock 기능 등 플래시 Rom에 부트 로더를 넣기 위하여 JTAG 케이블을 사용한다.

부트 로더의 흐름은 [그림 5-1]처럼 실행하고 start.S로 시작하는 하드웨어의 기본적인 초기화를 하는 시작단계는 플래시 메모리의 0x00번지로부터 실행하고 CPU, 메모리 등 기본적인 하드웨어를 초기화하고 모두 어셈블러 코드로 되어 있고

trampoline.s의 시작점인 플래시 메모리의 0x400에서 위치하고 실질적인 부트 로더 기능은 담당하는 rest단계는 SDRAM으로 복사(copy)된 후 실행되고 대부분 C언어로 구성되어 있다.

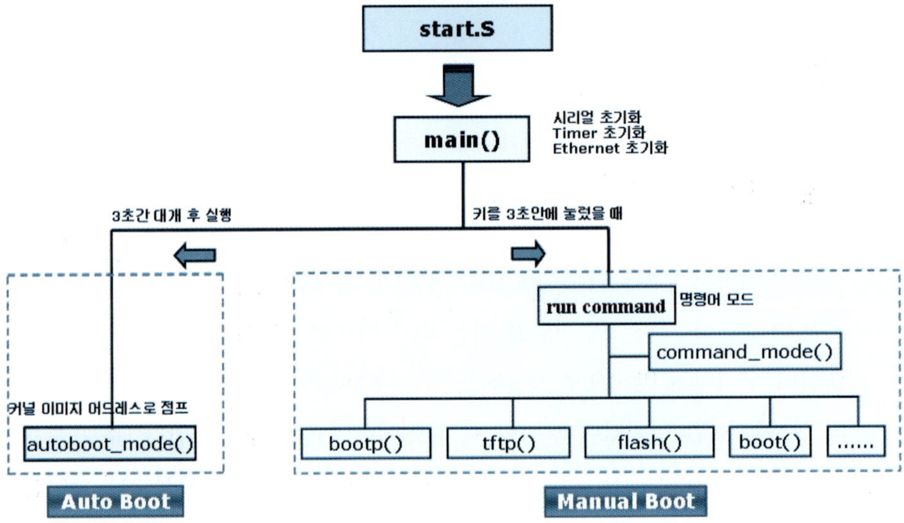

[그림 5-1] 부트로더의 흐름도

5.1.1 부트로더 명령어

부트로더에는 여러가지 명령어가 있다. 여기에서는 부트로더에 사용할 수 있는 명령어들에 대해 자세한 설명을 하겠다.

■ help

〈표 5-1〉 부트로더 명령어 (help)

Usage	Help
설 명	각 명령어에 대한 간단한 설명을 보여줍니다.
Arguments	None
예 제	hybus〉 Help

■ load

〈표 5-2〉 부트로더 명령어 (load)

Usage	load [kernel/ramdisk]
설 명	플래시 기록되어 있는 이미지를 SDRAM으로 복사합니다. Autoboot시 커널이미지를 SDRAM으로 복사하기 위해 자동으로 실행된다.
Arguments	Kernel　플래시의 커널이미지를 SDRAM 으로 복사 ramdisk　플래시의 램디스크를 SDRAM으로 복사
예 제	hybus〉 load kernel

■ bootp

〈표 5-3〉 부트로더 명령어 (bootp)

Usage	Bootp
설 명	bootp를 실행하여 bootpd가 설치된 Host에서 ip와 tftp packet을 보낼 Host 등의 정보들을 가져온다.
Arguments	None
예 제	hybus〉 bootp

■ tftp

〈표 5-4〉 부트로더 명령어 (tftp)

Usage	tftp [destip] filename {address/loader/kernel/root/ramdisk}
설 명	Ethernet을 통해 호스트의 데이터를 SDRAM 영역으로 다운로드한다.
Arguments	file　Host 에서 전송 받을 file 이름. loader　전송 받은 파일을 loader 영역인 SDRAM에 저장한다. kernel　전송 받은 파일을 kernel 영역인 SDRAM에 저장한다. root　전송 받은 파일을 root 영역인 SDRAM 영역에 저장한다. Ramdisk　전송 받은 파일을 ramdisk 영역인 SDRAM에 저장한다. Addr　전송 받은 파일을 기록할 SDRAM 상의 주소
예 제	hybus〉 tftp zImage kernel

flash

〈표 5-5〉 부트로더 명령어 (flash)

Usage	flash {loader/kernel/root/ramdisk}
설 명	SDRAM상의데이터를 플래시의 해당 주소에 기록한다..
Arguments	loader SDRAM의 loader 영역에서 flash의 로더영역에 저장한다. Kernel SDRAM의 Kernel 영역에서 flash의kernel 영역에 저장한다. root SDRAM의 root 영역에서 flash의 root 영역에 저장한다. ramdisk -SDRAM의 ramdisk 영역에서 flash의ramdisk 영역에 저장한다.
예 제	hybus〉 flash kernel

erase

〈표 5-6〉 부트로더 명령어 (erase)

Usage	erase {loader/kernel/ramdisk/root}
설 명	해당 Flash block을 삭제한다.
Arguments	loader flash의 loader 영역을 삭제한다. kernel flash의 kernel 영역을 삭제한다. root flash의 root 영역을 삭제한다. ramdisk flash의 ramdisk 영역을 삭제한다.
예 제	hybus〉 erase kernel

boot

〈표 5-7〉 부트로더 명령어 (boot)

Usage	Boot boot [addr]
설 명	SDRAM상에 위치한 kernel을 구동한다. 해당 arguments를 통해서 구동하거나 해당주소의 커널을 구동할 수가 있다.
Arguments	addr 커널 이미지 어드레스
예 제	hybus〉 boot

■ set

〈표 5-8〉 부트로더 명령어 (set)

Usage	set [name] [value]
설 명	Flash에 기본 저장된 ip, mac address, autoboot 등을 셋업
Arguments	Name [myipaddr] [destipaddr] [myhaddr] [autoboot] value 채울 값[ip] [ip] [mac address] [load kernel; boot]
예 제	hybus〉 set //set 정보출력 hybus〉 set myipaddr 192.168.100.X //보드 ip 변경 hybus〉 set destipaddr 192.168.100.XX //Host pc ip 변경 hybus〉 set myhaddr 00:0E:6F:CE:59:21 //보드 mac 변경 hybus〉 set autoboot load kernel; boot //커널로드 후 부팅

■ ping

〈표 5-9〉 부트로더 명령어 (ping)

Usage	ping
설 명	Ping 명령을 통해 Host PC와 통신을 체크 한다.
Arguments	Ping host pc ip address
예 제	ping 192.168.100.xx

■ reboot

〈표 5-10〉 부트로더 명령어 (reboot)

Usage	reboot
설 명	Soft reset
Arguments	None
예 제	reboot

5.1.2 부트로더 컴파일(Bootloader compile)

① 부트로더를 컴파일 하기 위해서는 4.1장의 툴체인(Toolchain)이 설치되어 있어야 한다.

② /XHYPER270-TKU/ 디렉터리로 이동한다. 그곳에서 cd 명령으로 XHYPER270-TKU/bootloader/bboot-1.0.1 디렉터리로 이동한다. 여기에 부트로더 소스 파일을 볼 수 있다.

③ make 명령으로 컴파일을 수행하면 부트로더 이미지인 boot가 생성된다. boot가 부트로더 이미지가 된다.

이를 jflashmm을 이용하거나, 이미 올라간 부트로더를 이용해서 타깃보드에 퓨징하면 된다. (참고 4.2장)

☞ cd/XHYPER270- TKU/bootloader/bboot-1.0.1↵
☞ ls
☞make clean
☞ make

```
root@localhost:/XHYPER270-TKU/bootloader/bboot-1.0.1
파일(F)  편집(E)  보기(V)  터미널(T)  가기(G)  도움말(H)
[root@localhost root]# cd /XHYPER270-TKU/bootloader/bboot-1.0.1
[root@localhost bboot-1.0.1]# ls
Flash_18_2_32.dat  README  config   jflashmm        pxa27x32.dat  utils
Makefile           boot    include  jflashmm27x32   src
[root@localhost bboot-1.0.1]# make clean
[root@localhost bboot-1.0.1]# make
compile start.S
compile memsetup.S
compile setup.c
compile memcpy.S
compile fixgpio.S
compile partition.c
compile main.c
compile time.c
compile string.c
compile command.c
compile stdio.c
compile vsprintf.c
compile ctype.c
compile cmddebug.c
compile gpio.c
compile ieb.c
compile network.c
compile bootp.c
compile tftp.c
compile cs8900.c
compile flash.c
compile serial.c
compile xmodem.c
compile linux.c
compile pxafb.c
create boot
[root@localhost bboot-1.0.1]#
```

5.2 커널 컴파일(Kernel Compile)

커널이란 운영체제의 핵심을 이루는 요소로서 컴퓨터내의 자원을 사용자 프로그램이 사용할 수 있도록 관리하는 프로그램이다. 이런 커널의 역할은 사용자가 작동시키는 응용프로그램과 하드웨어간의 조정자 역할을 맡는다. 동시에 수행되는 여러 응용프로그램들(즉, 프로세스들와 스레드들)을 위해 메모리 관리를 해 주며 컴퓨터 자원을 배분하는 역할을 해 준다.

컴파일이란 컴파일러를 이용하여 프로그램 소스로부터 수행 가능한 바이너리 코드를 만드는 과정을 말한다. 리눅스 소스는 거의 대부분 C 언어로 작성되었으며 약간의 어셈블리 코딩을 가지고 있다. 다음 과정은 이 커널을 X-Hyper270-TKU 타깃보드에 맞게 5.2.2절의 X-HYPER270-TKU 커널 환경 설정하고 컴파일 하는 것을 설명한다.

이 장에서는 제공된 CD에 있는 X-Hyper270-TKU 커널소스를 통해서 커널 컴파일 하는 과정을 설명한다.

5.2.1 X-Hyper270-TKU 커널 컴파일

CD에 제공된 X-Hyper270-TKU 커널인 linux-2.6.11-h270-tku_v1.1로 이동하여 zImage를 생성하는 과정을 설명한다.

처음 사용 시에는 먼저 아래와 같이 X-Hyper270-TKU 설정을 한 후에 menuconfig 화면으로 이동한다.

```
/Kernel]# cd linux-2.6.11-h270-tku_v1.1 ↵
/linux-2.6.11-h270-tku_v1.1]# make xhyper270tku_defconfig ↵
/linux-2.6.11-h270-tku_v1.1]# make menuconfig ↵
```

1) # make xhyper270tku_defconfig은 처음 커널을 컴파일 할 때 필요한 옵션을 기본적으로 X-Hyper270-TKU에 맞추어 주는 것이다. 이는 한번만 실행하면 된다.

☞ cd/X-HYPER270-TKu/kernel↵
☞ ls
☞ cd linux2.6.11-h270-tku_v1.1
☞ make xyper270tku_defconfig

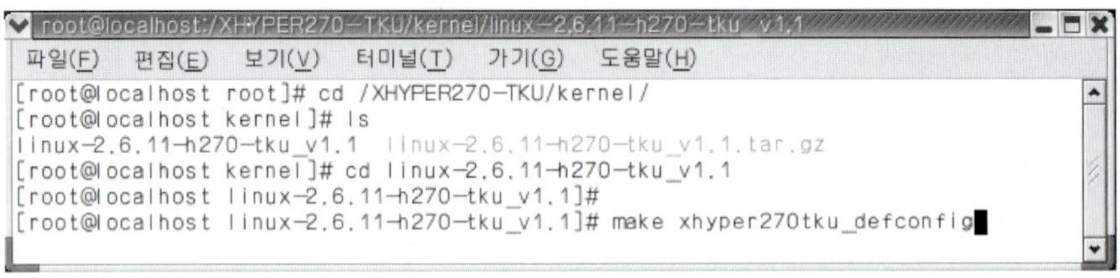

make menuconfig 명령으로 kernel configuration 창으로 들어간다. 그러면 아래와 같은 화면이 나온다.

여기서 커널을 built-in(*)을 할 것인지 Module(M) 형태로 할 것인지 등을 선택하고 컴파일 하는 과정이다. 또한 메뉴를 새로 추가 할 수도 있다. 이 과정에서는 처음으로 이미지를 만들기 위해서 메인 화면으로 이동 후 바로 빠져 나와 이미 기본 값으로 지정되어 있는 값들로 저장을 한다. 그러면, 기본으로 제공되는 모든 기능들이 모두 선택된 상태에서 컴파일되어 이미지를 만들 수 있다.

2) [root@hybus linux-2.6.11-h270-tku_v1.1] make menuconfig ↵

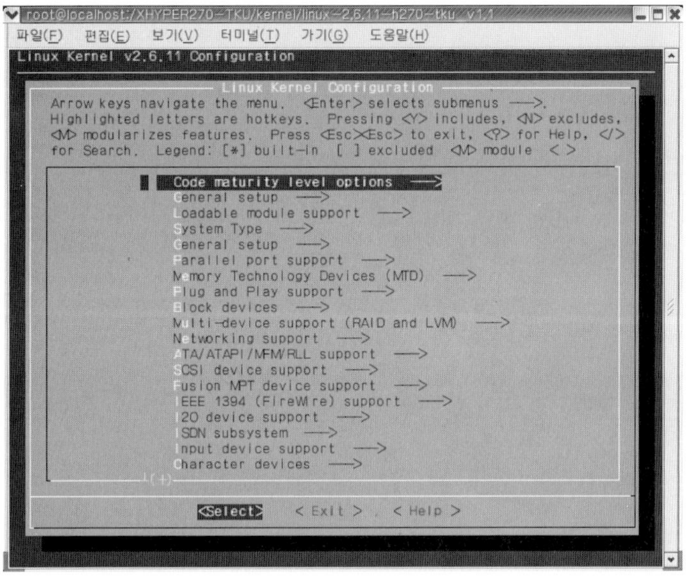

이미 기본적인 설정은 미리 되어있다.

그러므로 어떻게 되었는지 확인만 하고, Exit로 저장만 하고 빠져나오면 된다.

원래 여기서 커널에 필요한 설정들을 하면 된다.

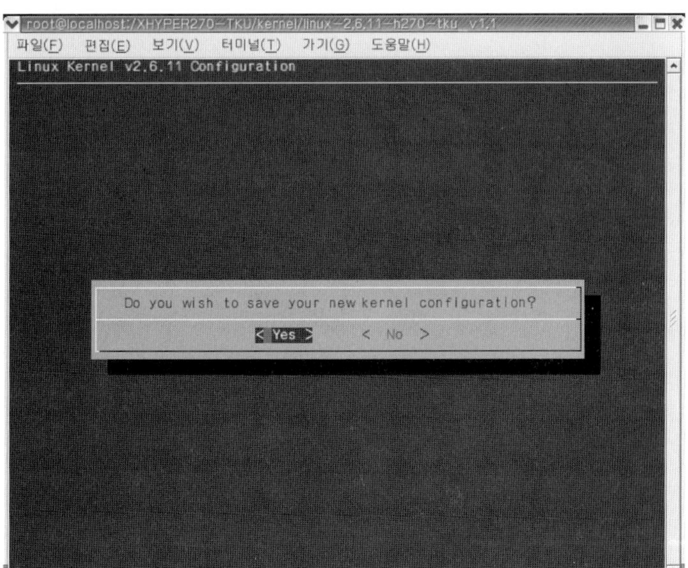

3) # make zImage로 Kernel image를 생성한다.

```
☞ [root@hybus linux-2.6.11-h270-tku_v1.1]# make zImage↵
```

위와 같은 명령을 실행 하면 컴파일이 진행되며, 컴파일이 완료되면 아래와 같은 그림처럼 컴파일이 완료된다. 컴퓨터 성능에 따라 10~20분에서 그 이상이 소요된다.

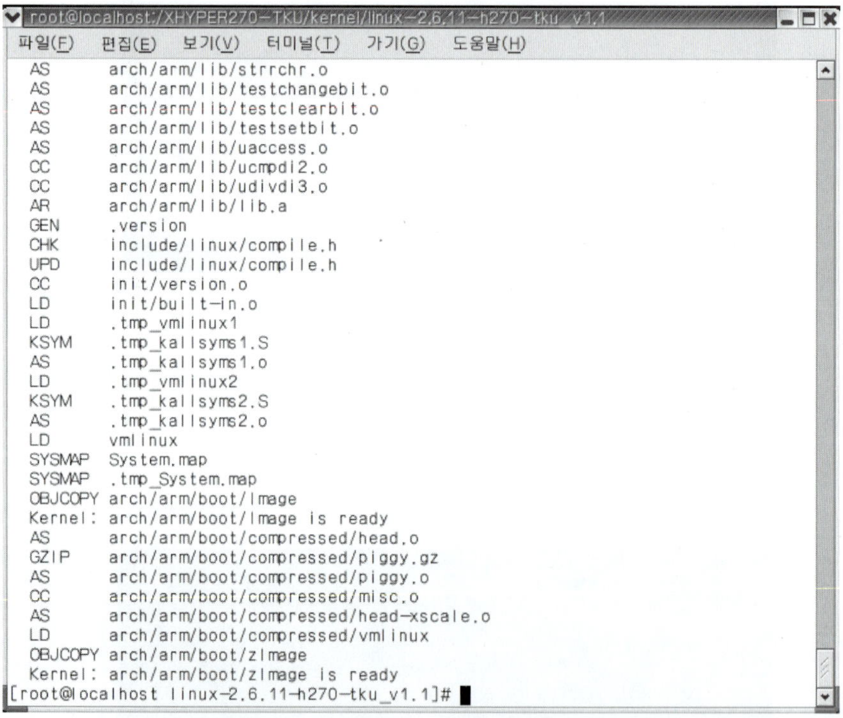

오류 없이 컴파일이 되면 arch/arm/boot에 zImage가 생성이 된다. 이 zImage가 커널 이미지이다. 생성된 zImage를 타깃보드에 올려주면 된다.

위의 과정에서 tftp를 통해 올리는 방법을 이미 4.5장에서 설명됨으로써 참고하여 그 방법대로 구현해 보자.

5.2.2 X-Hyper270-TKU 커널 구성

위의 5.2.1장에서는 이미 커널 환경 설정이 되어 있는 것을 컴파일만 한 것이다.

이 절에서는 이미 되어 있는 환경 설정을 왜 했는지 설명할 것이다.

X-Hyper270-TKU의 컴파일환경 설정은 menuconfig를 이용한다.

커널 컴파일 하는 3가지 설정 방법 중 가장 많이 쓰이는 방법이다. ① 메뉴식 환경 설정, 즉 menuconfig ② config는 행 단위 설정 ③ xconfig는 엑스 윈도우 환경에서 사용할 수 있다.

※ make menuconfig로 커널의 옵션을 설정한다.

```
☞ pwd↵
☞ make menuconfig↵
```

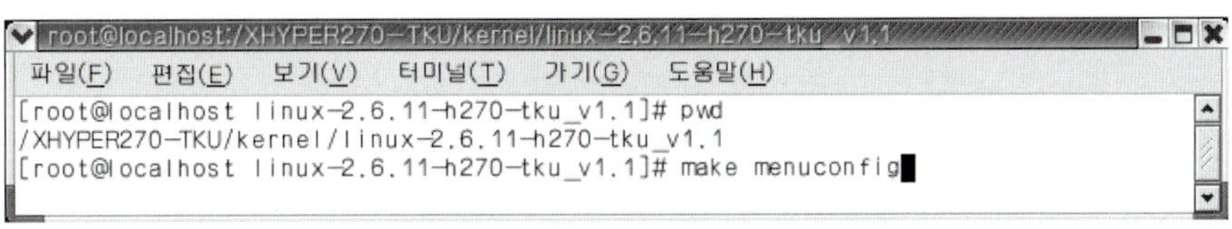

아래에 나오는 것이 menuconfig의 최상위 옵션이다.

메뉴방식의 화면에서 단축 글쇠(황색 글자)와 방향키로 메뉴 사이를 옮겨 다닐 수 있다.

- "---〉" 표시가 있는 곳에서 엔터키를 누르면 하위 메뉴가 열린다.
- 〈ESC〉를 두 번 누르거나 〈Exit〉를 선택하면 상위 메뉴로 올라간다.
- "h" 키를 누르거나 아래의 〈Help〉를 선택 하게 되면 도움말을 볼 수 있다.
- 〈Tab〉 키를 누르면 컨트롤 사이를 옮겨 다닌다.
- 질문에 대해 Y는 커널에 포함, N은 제외, M은 모듈을 뜻한다.
- 설정 상태는 [ ] 또는〈 〉 안에 " * "(선택), " M " (모듈), 빈칸(제외)로 표시된다.
- 모듈기능(M)은 "〈 〉"으로 표시된 질문에만 쓸 수 있다.

가장 최상위 화면이다. 다양한 커널 메뉴가 있다.

1) Code maturity level options ↲

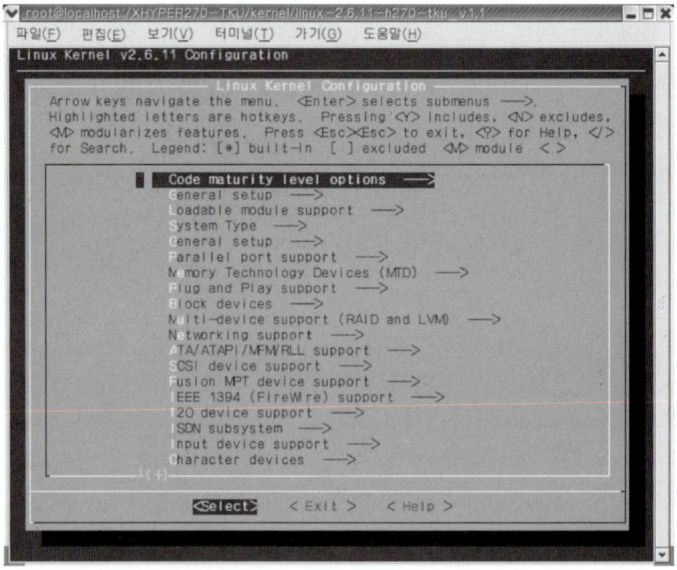

[*] Promprt for development and/or incomplete Code/drivers

커널 코드의 성숙도를 선택하는 부분으로 개발버전 수준의 소스를 사용하게 선택해 주는 것이다.

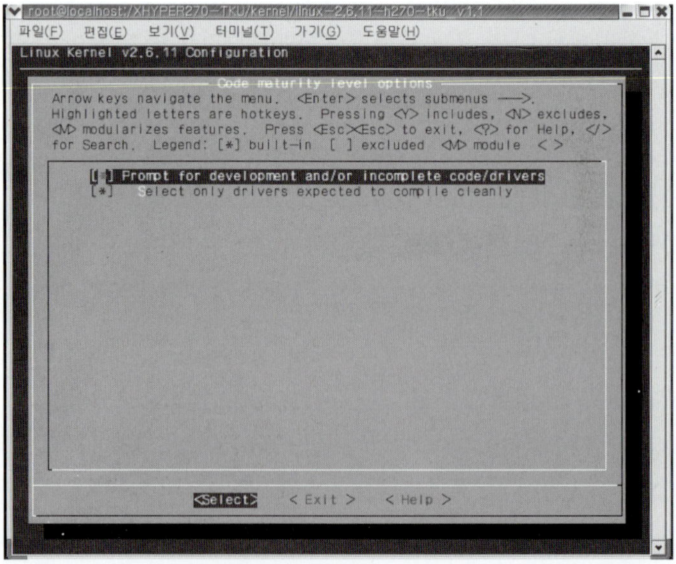

2) General setup ---> ↵

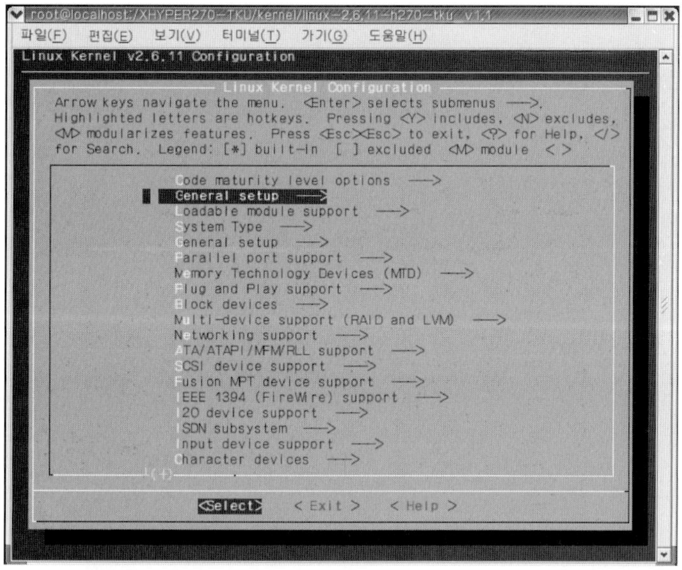

① 버스 프로토콜, 절전기능 등 시스템에 전반적으로 영향을 주는 설정

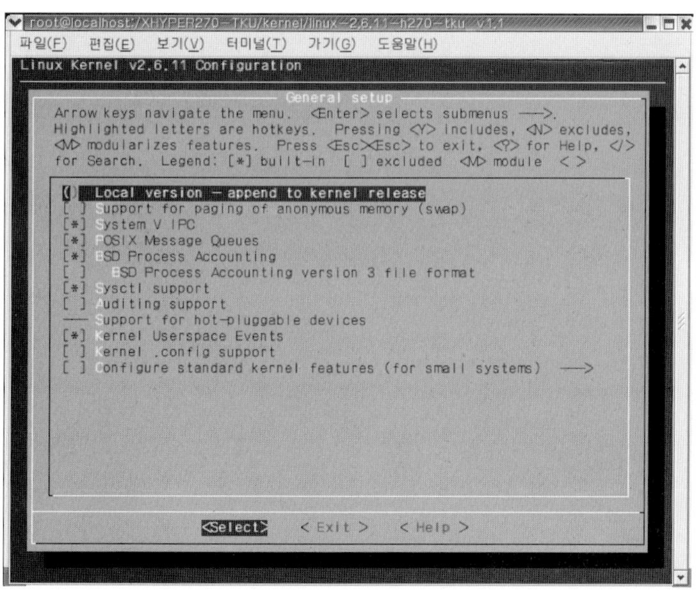

3) Loadable module support ---⟩↵

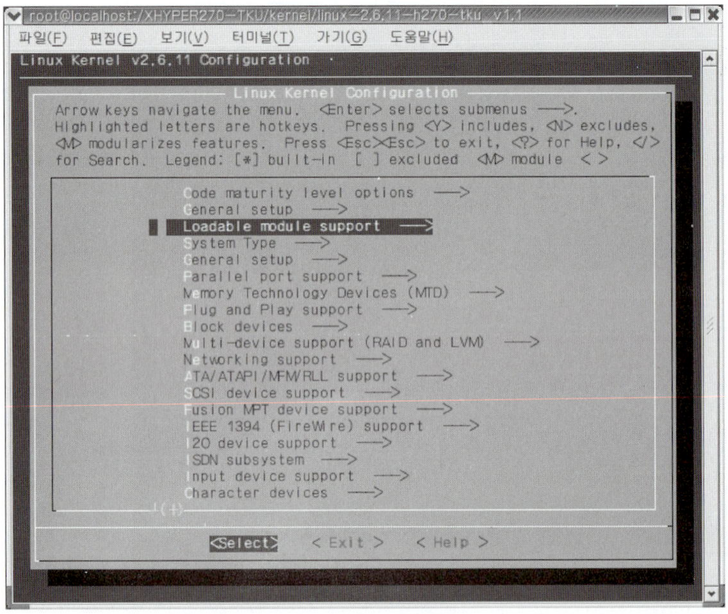

① [*] Enable Loadable module Support↵

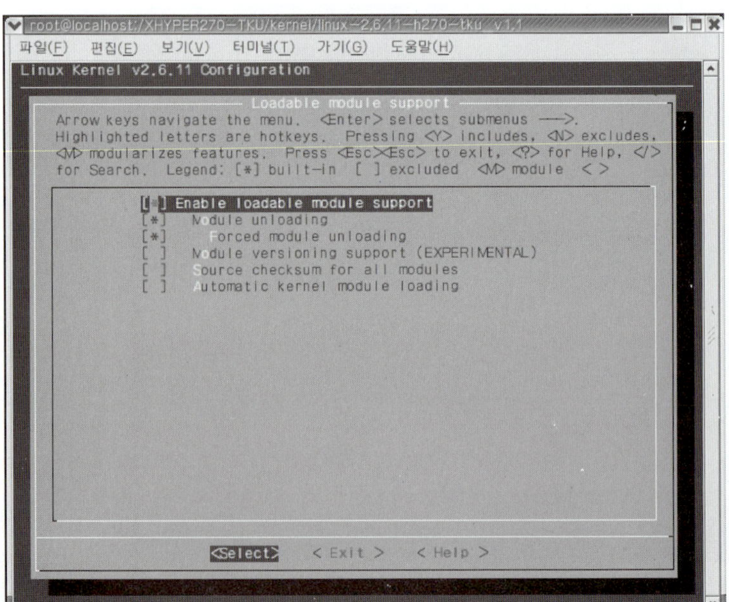

버전 1.2 이후부터 리눅스 커널은 모듈 기능을 이용한다.

모듈을 이용하면 자주 쓰이지 않는 장치 드라이버나 기능들을 커널 바깥에 모듈로 만들어 두었다가 필요할 때에만 동적으로 메모리에 적재하여 사용한다. 작업이 끝나면 메모리에서 다시 제거하므로 메모리를 효율적으로 사용할 수 있고, 커널 크기가 감소한다.

또한, 모듈은 스스로가 컴파일 되어 독자적인 기능을 가지므로 모듈로 설정한 기능에 변화가 있더라도 전체 커널에는 손대지 않을 수도 있다. 파일시스템, 장치 드라이버, 바이너리 포맷 등 많은 기능이 모듈을 지원합니다. 반드시 [*]를 선택한다.

② [*] Module unloading

③ [*] Forced module unloading

4) System Type

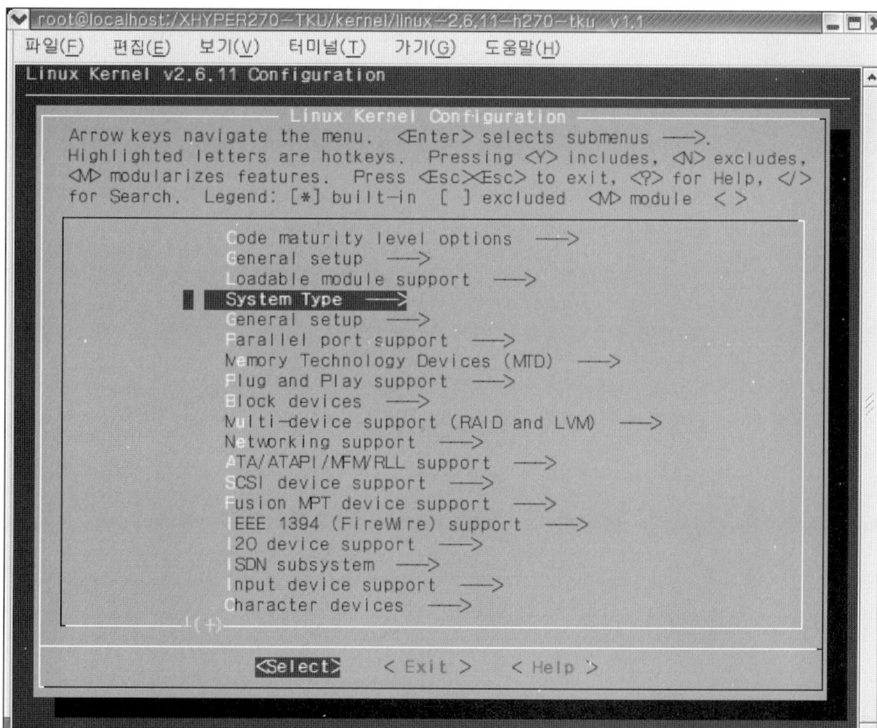

① System Type ---〉↵

ARM system type (PXA2xx-based) ---〉↵

시스템 Type 중 X-HYPER PXA의 CPU 타입을 설정하는 창이다. PXA2xx-based를 선택하여 그 안의 PXA2xx-based가 기본적으로 설정되어 있는 것을 확인한다.

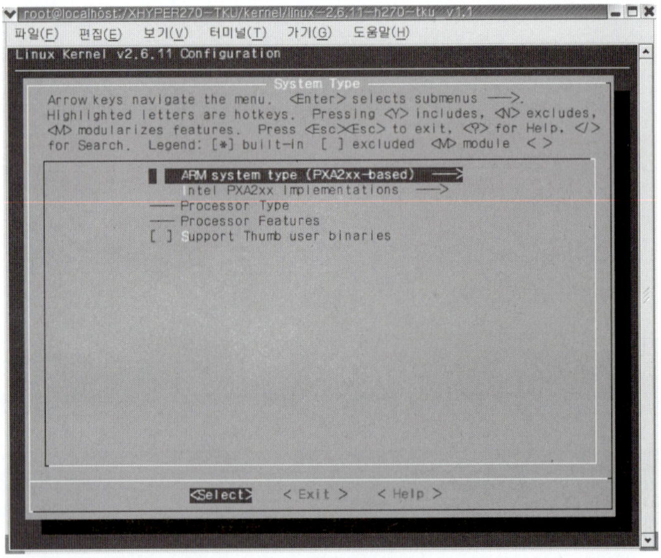

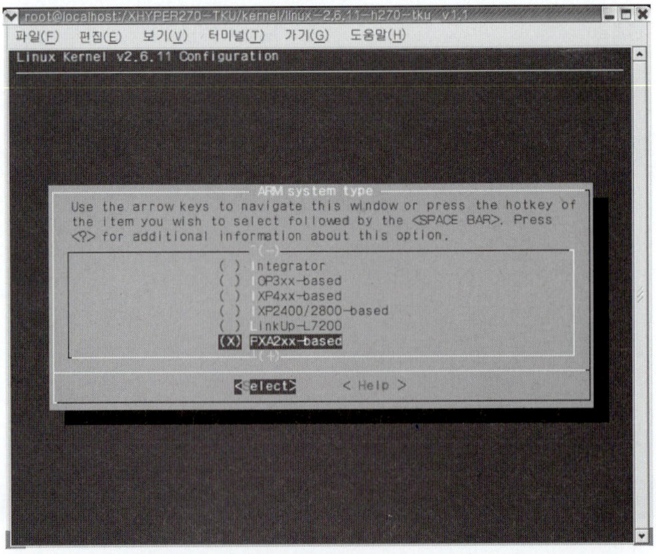

② System Type ---〉↲

Intel PXA2xx Implementations --- 〉↲

하위 창으로 이동하면 아래와 같이 Hybus Xhyper270 Development Platform Type TKU가 선택되어 있는 것을 볼 수 있다.

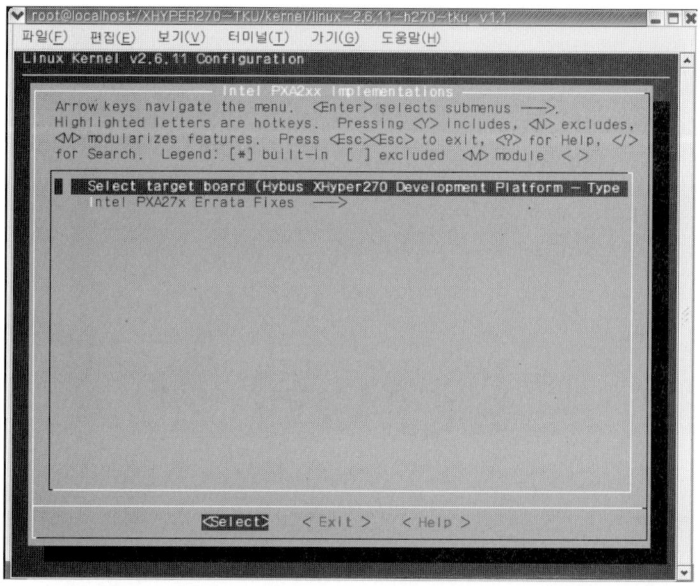

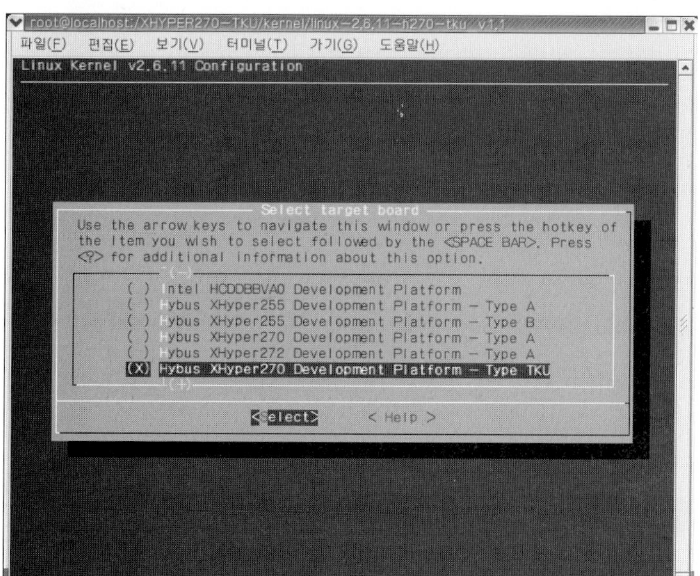

5) General setup --->↲

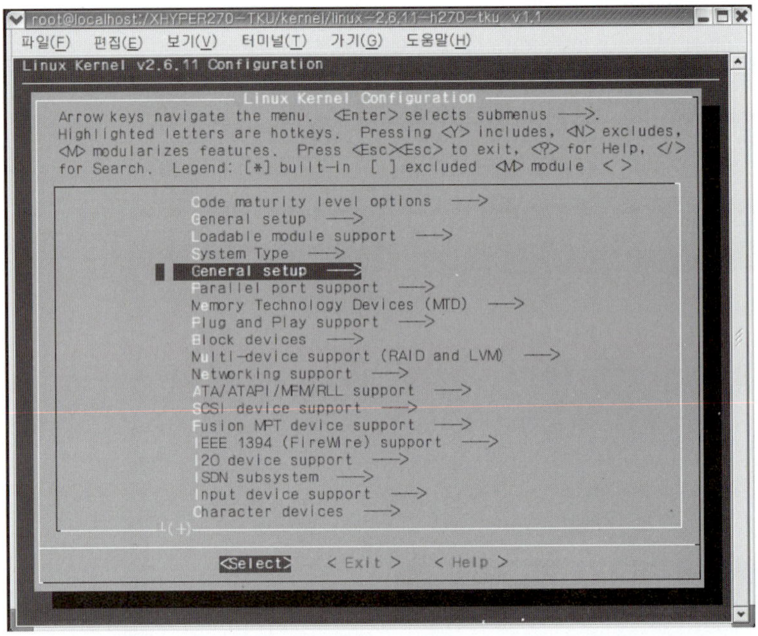

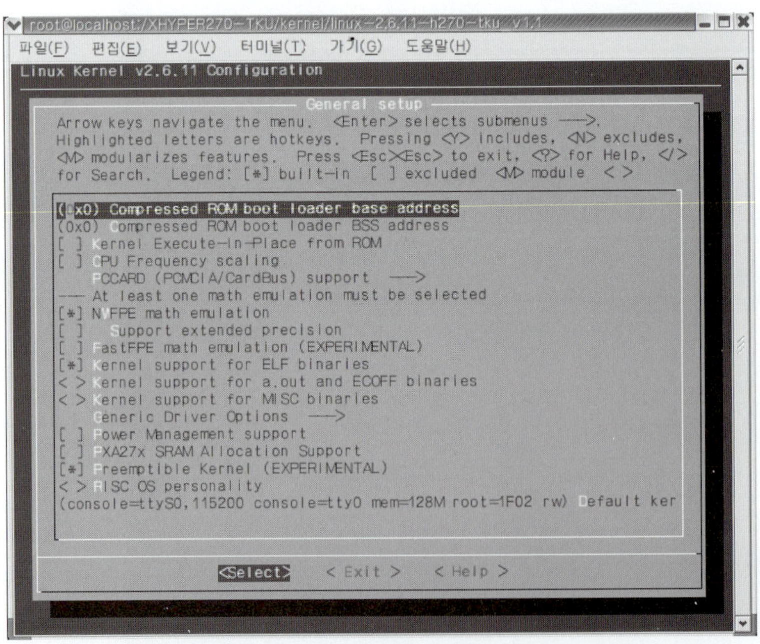

① General setup ---〉↵

PCCARD (PCMCIA/CardBus) support ---〉↵

PCMCIA Interface를 사용할 것인지 선택.

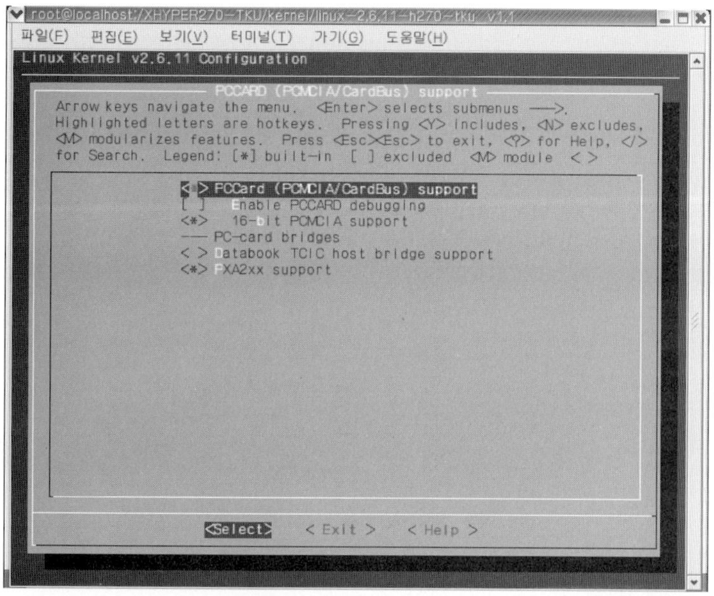

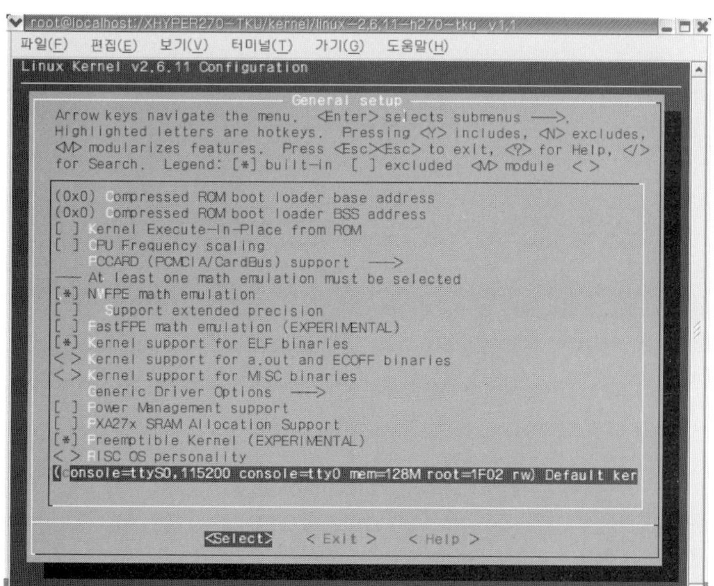

(console=ttyS0,115200 console=tty0 mem=128M root=1F02 rw) Default kernel command string)

Kernel로 넘겨지는 기본 인자들. Console 세팅, 메모리 사이즈, Root filesystem의 종류 등을 세팅한다.

6) Memory Technology Devices(MTD) ---->↵

임베디드 디바이스에서 파일시스템을 구성하는데 사용하는 플래시 메모리, RAM, 그리고 그 비슷한 다른 칩셋 등 메모리 장치를 세팅한다.

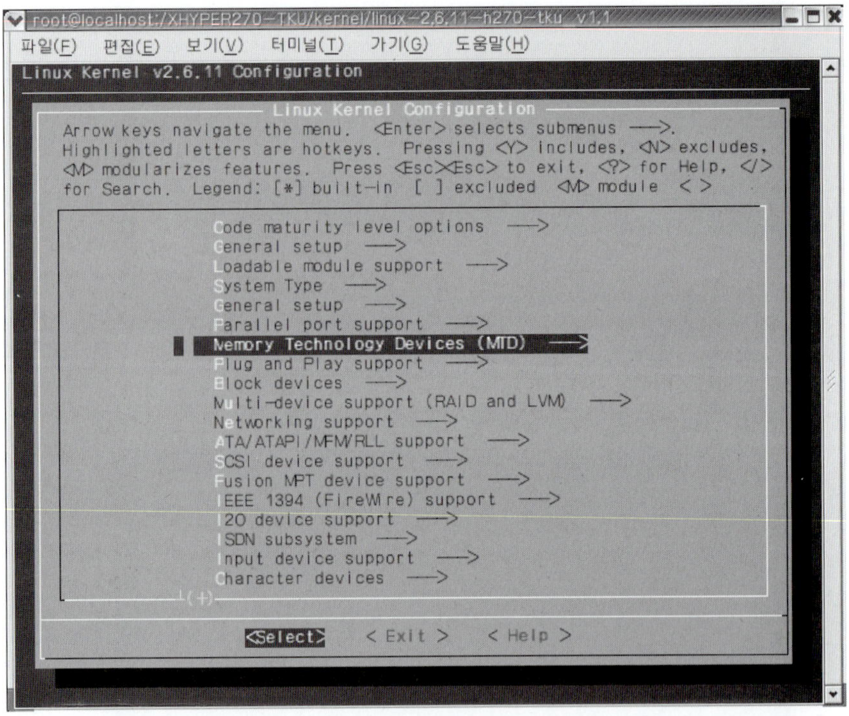

① Memory Technology Devices (MTD) --->↵

RAM/ROM/Flash chip drivers --->↵

32-bit buswitch, 2-chip, Intel/Sharp flash chipss 선택

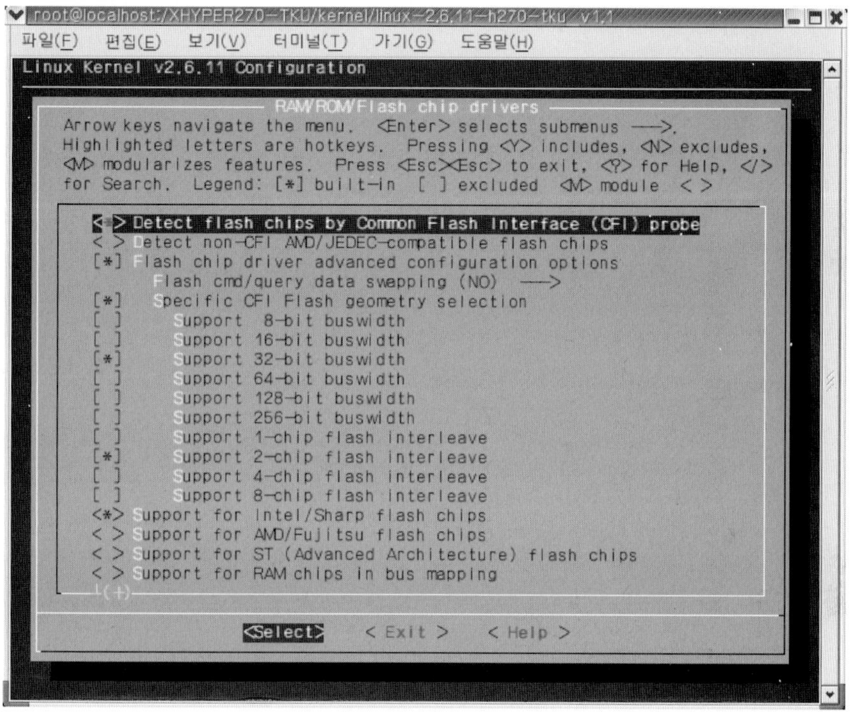

② Memory Technology Devices(MTD) ---〉↵

Mapping drivers for chip access ---〉↵

XHyper2xx Xscale eval board를 선택

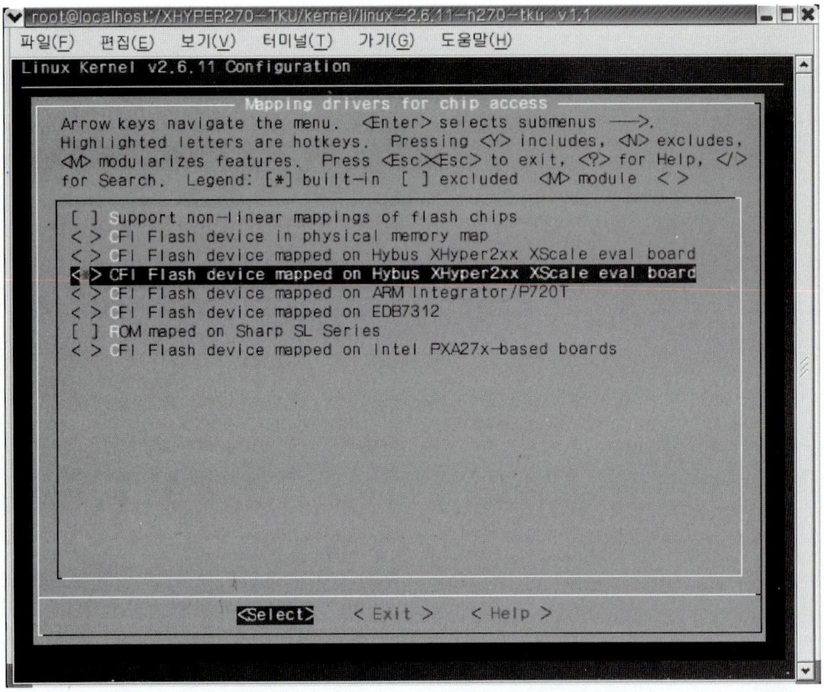

7) Networking support ---〉↵

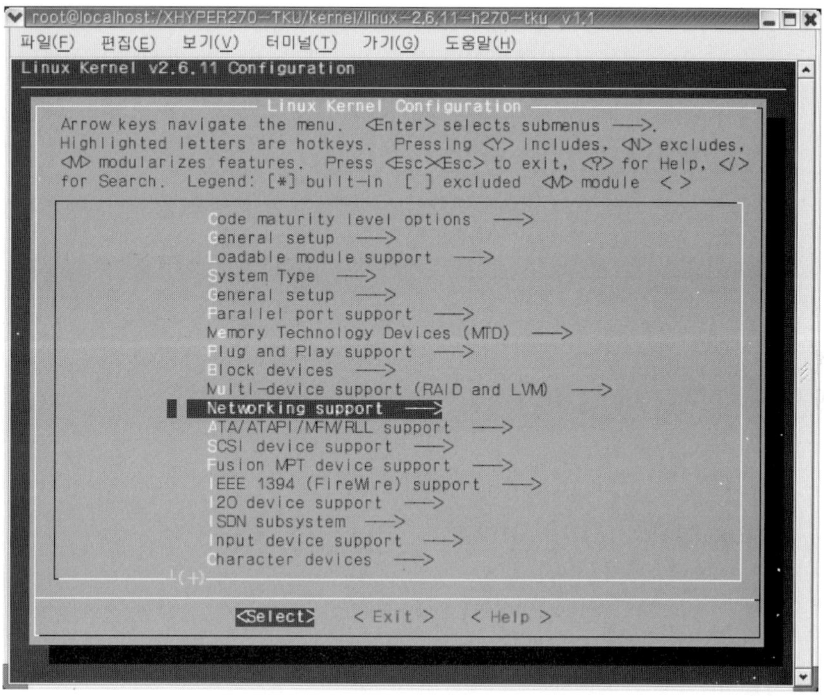

-〉 Network 장치들의 속성이나 기능 장치를 선택

① Network device support --->↲

Ⓐ [*] Network device support

자신의 컴퓨터가 네트워크에 연결되어 있거나 SLIP이나 PPP를 사용하려면 선택.

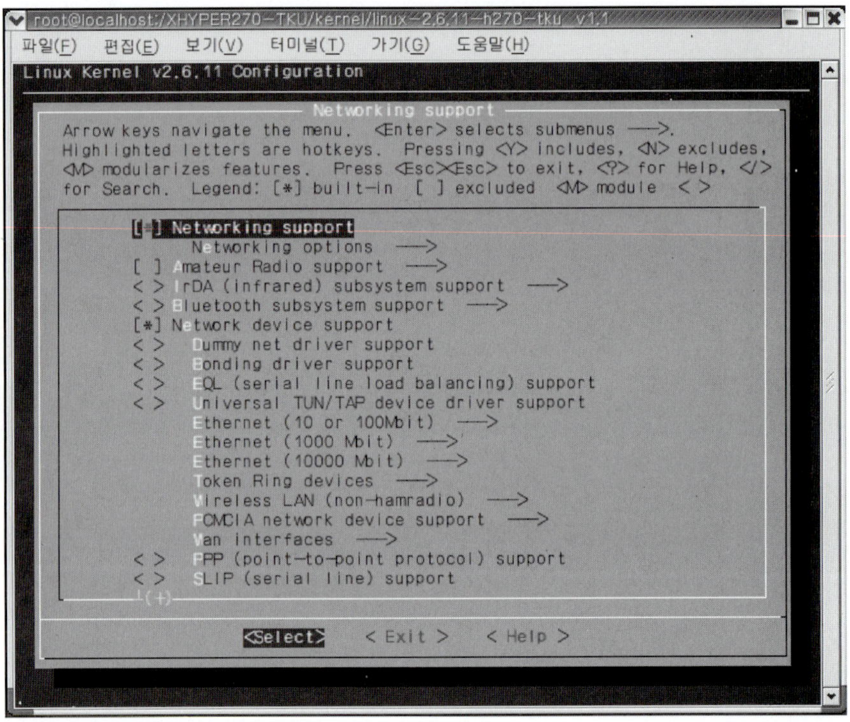

② Network device support ---〉↵

Networking options ---〉↵

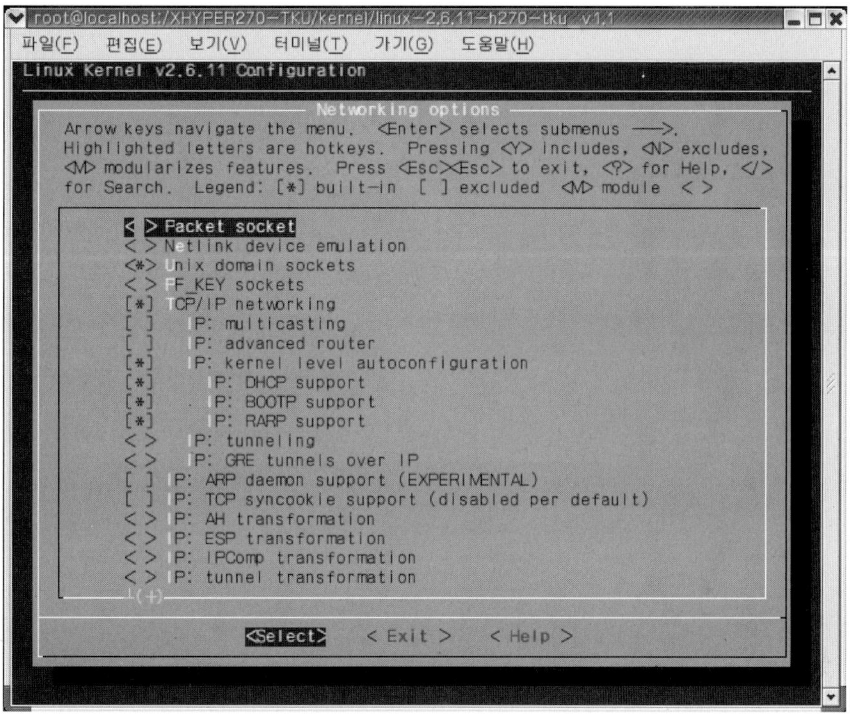

Ⓐ 〈*〉 Unix domain sockets

Ⓑ [*] TCP/IP networking

리눅스 시스템이 TCP/IP 네트워크가 되게 지원해주는 기능이다. TCP/IP 는 지역 네트워크 및 인터넷 표준 프로토콜이며, 인터넷을 통하지 않는 Standalone 컴퓨터라 할지라도, TCP/IP 는 필요하다. term과 XWindow 같은 프로그램은 TCP/IP 프로토콜을 사용하기 때문이다.

Ⓒ [*] IP: kerneL LeveL autoconfiguration:

Ⓓ [*] IP: DHCP Support

Ⓔ [*] IP: BOOTP Support

Ⓕ [*] IP: RARP Support

클라이언트 시스템이 부팅할 때 DHCP나 BOOTP 서버로부터 네트워크 설정 정보를 가져오는 기능이다. 디스크가 없이 부트하는 시스템에 쓰이며, "NFS를 통한 루트 파일시스템" 항목도 역시 [Y]를 선택해야 한다.

③ Network device support ---〉↵

Ethernet (10 or 100Mbit) ---〉↵

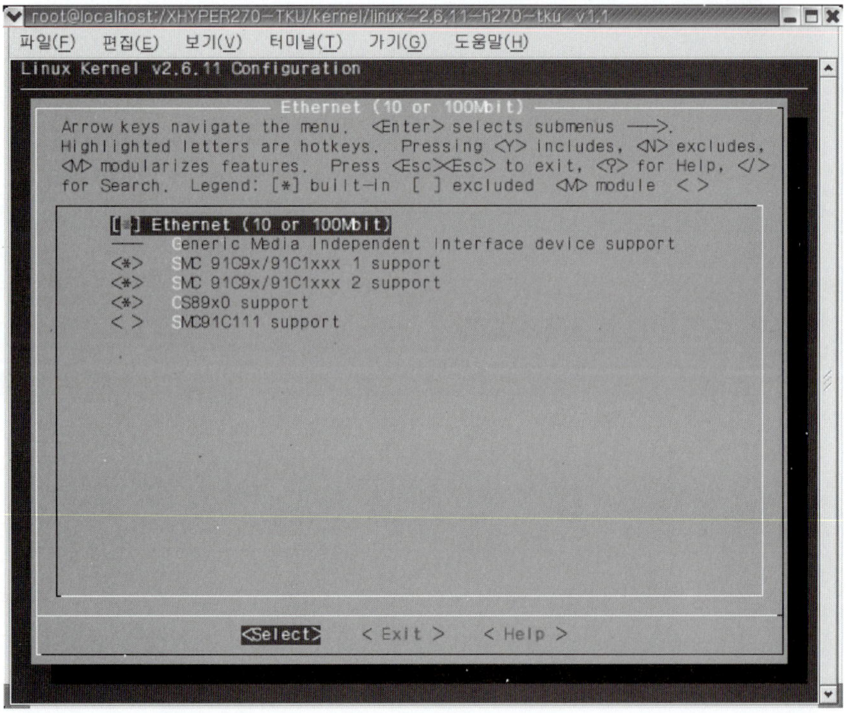

Ethernet (10 or 100Mbit) ---〉↵

Ⓐ [*] Ethernet (10 or 100Mbit)

Ⓑ 〈*〉 SMC 91C9x/91C1xxx 1 support

X-HYPER270-TKU Ethernet 카드 중 10/100 Base-T인 SMC91C111을 지원.

Ⓒ 〈*〉 SMC 91C9x/91C1xxx 2 support

X-HYPER270-TKU Ethernet 카드 중 10/100 Base-T인 SMC91C111을 지원.

Ⓓ 〈*〉 CS89x0 support

X-HYPER270-TKU Ethernet 카드 중 10 Base-T인 CS8900을 지원.

8) ATA/ATAPI/MFM/RLL support ---〉↲

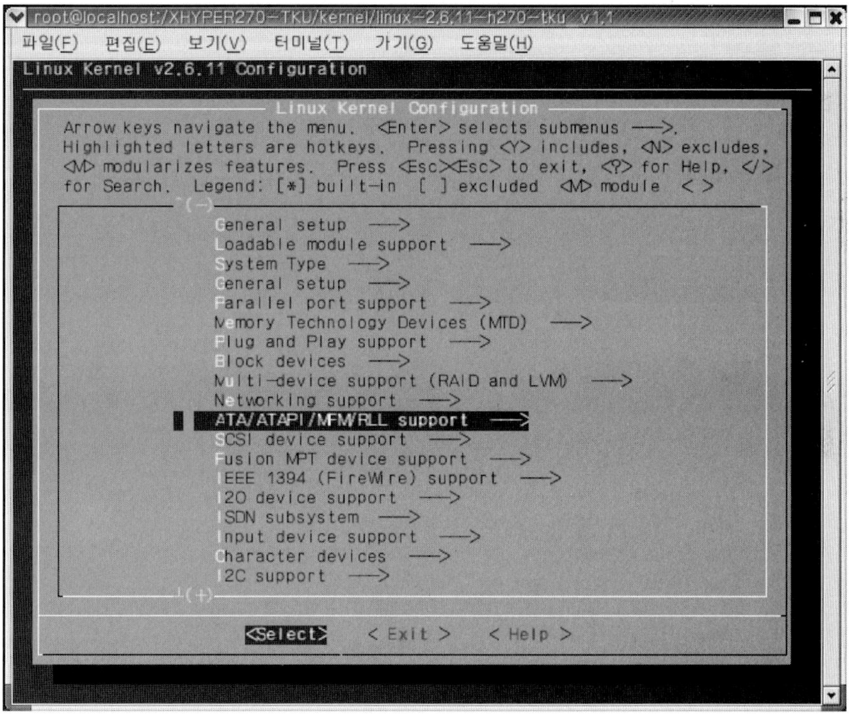

① -〉 ATA/(E)IDE and ATAPI units에 대한 설정

〈*〉 X-Hyper27X IDE daughter board support

② -〉 X-Hyper-TKU의 IDE Interface를 선택

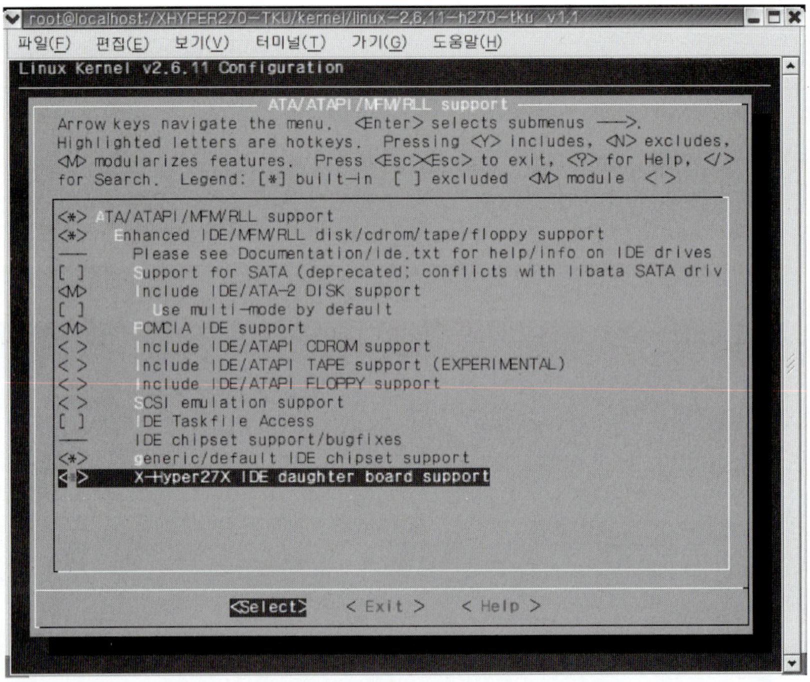

9) Character devices ---⟩↲

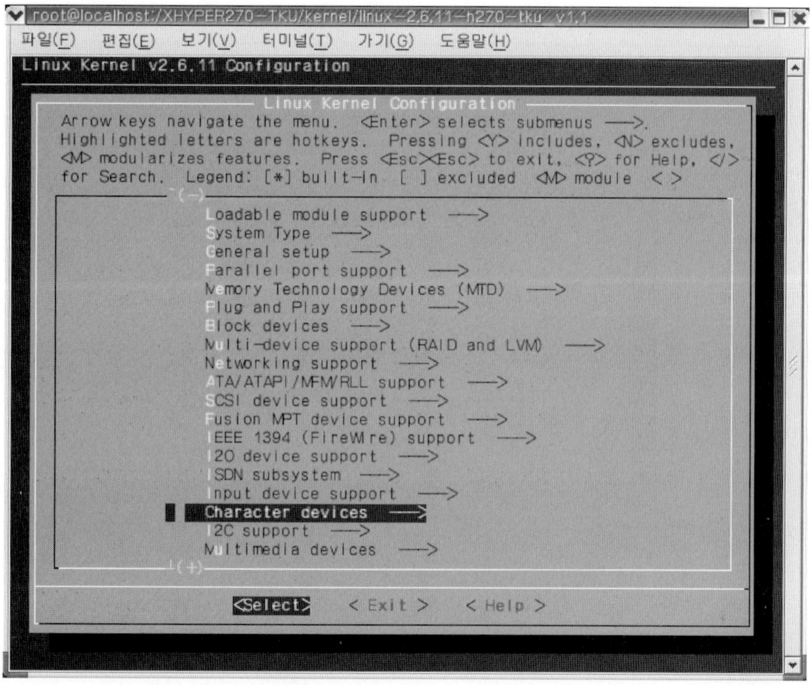

터미널, 비디오 어뎁터, 마우스, 프린터 등 문자 단위로 데이터를 다루는 다양한 장치들을 지원.

① Non-standard serial port support

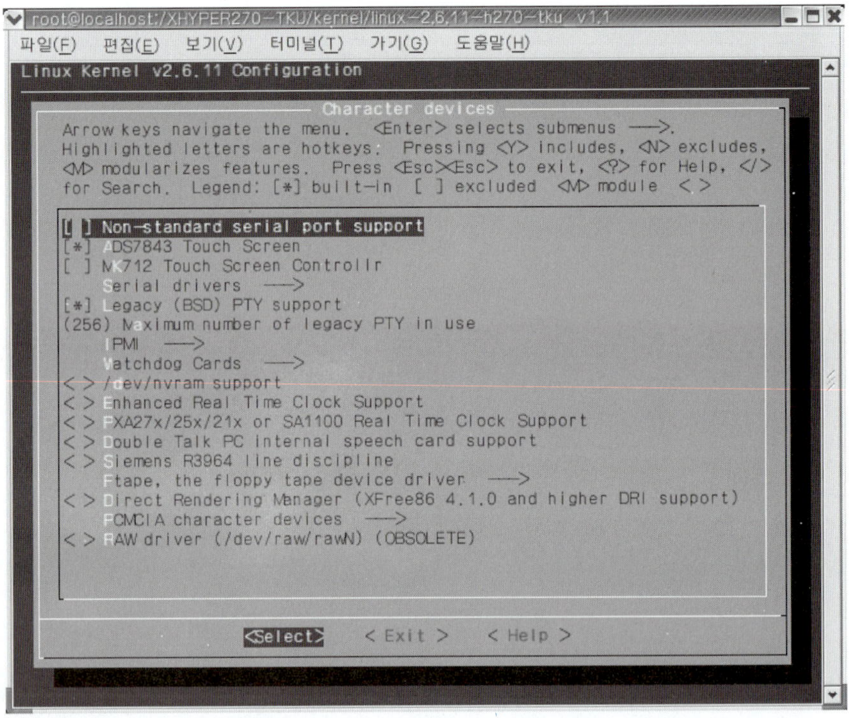

Ⓐ [*] ADS7843 Touch Screen

Ads7843 터치스크린 장치 추가

Ⓑ [*] Standard/generic (dumb) SeriaLSupport

모뎀과 시리얼 마우스, 시리얼 디바이스를 사용.

② Character devices ——>↵

Serial drivers --- 〉↵

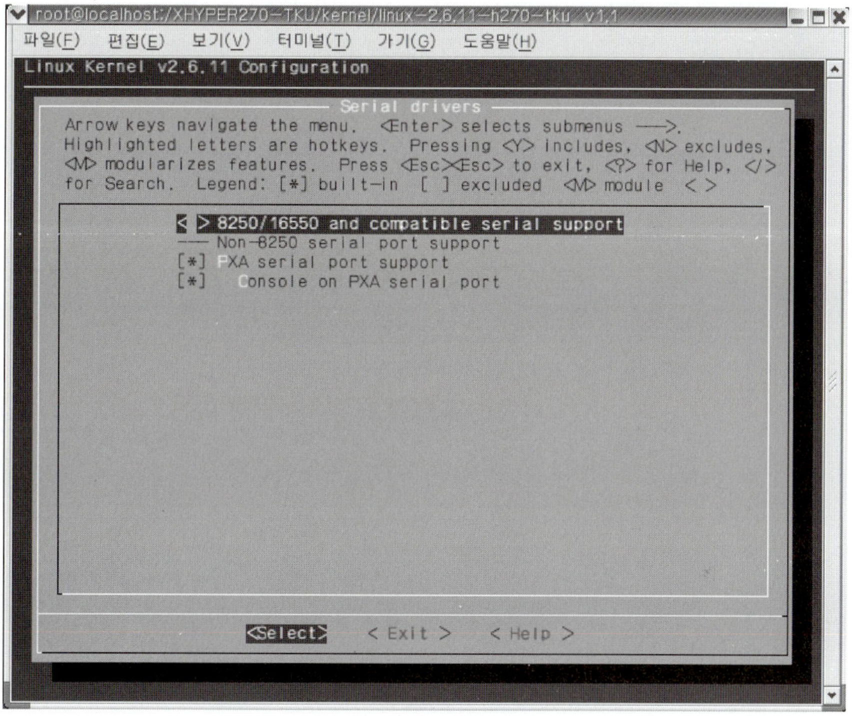

Ⓐ [*] PXA serial port support

Ⓑ [*] Console on PXA serial port

직렬 포트를 시스템 콘솔로 쓸 수 있는 옵션이다(시스템 콘솔은 커널 메세지와 경고들을 받아 뿌려주고 싱글 유저 모드로 로긴할 수 있게 해주는 디바이스이다). 가령 직렬 포트 프린터 등으로 여러 메시지들을 기록할 수도 있다. 여기서 [Y]를 설정해도 커널 패러미터를 조정하지 않으면 /dev/tty0가 시스템 콘솔로 그대로 잡혀 있다. 예를 들어 두 번째 시리얼 포트를 시스템 콘솔을 바꾸려면 커널 명령 라인에 "console=ttyS1" 명령을 쓴다. "man bootparam"이나 부트 로더용 문서들을 보면 부트 로더(lilo나 loadlin)가 부팅할 때 어떤 옵션을 넣어야 하는지 알 수 있다.

이 옵션을 이용하면 VGA 카드가 없는 리눅스 시스템도 운영할 수 있는데, 커널이 자동으로 시스템 콘솔을 /dev/ttyS0로 잡는다. 리눅스 박스에 직접 연결된 모니터와 비디오 카드, 키보드 등이 없어도 시리얼 라인으로 연결된 다른 터미널에서 시스템을 제어할 수 있다. 이는 리눅스를 이용한 라우터, 공유기 등 네트워크 장비에서 많이 사용한다.

10) File systems --->↲

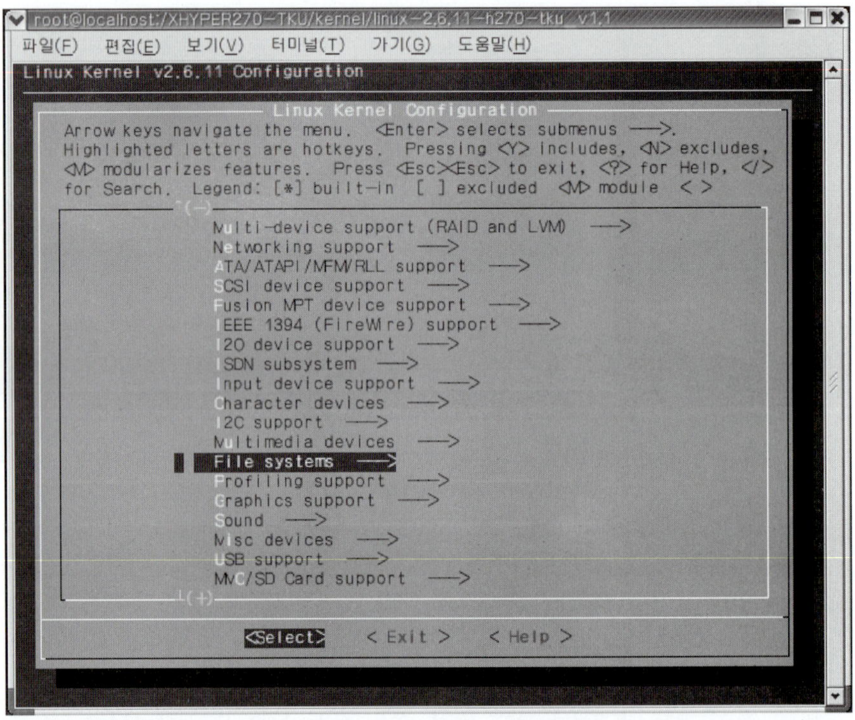

리눅스에서 접근할 수 있는 다양한 파일시스템에 대한 설정. 모든 운영체제는 고유한 파일시스템 형식을 가지고 있다. 일반적으로 다른 운영체제의 파일시스템으로부터 읽거나 쓰는 작업을 위해서는 특별한 응용프로그램들을 설치해야 한다. 그러나 리눅스에서는 커널 모듈을 통해서 이런 일들이 가능하다.

① File systems ---〉↵

YFFS support ---〉↵

-〉 NAND Filesystem으로 가장 많이 사용하는 YAFFS를 선택

참고 : http://www.aleph1.co.uk/yaffs/

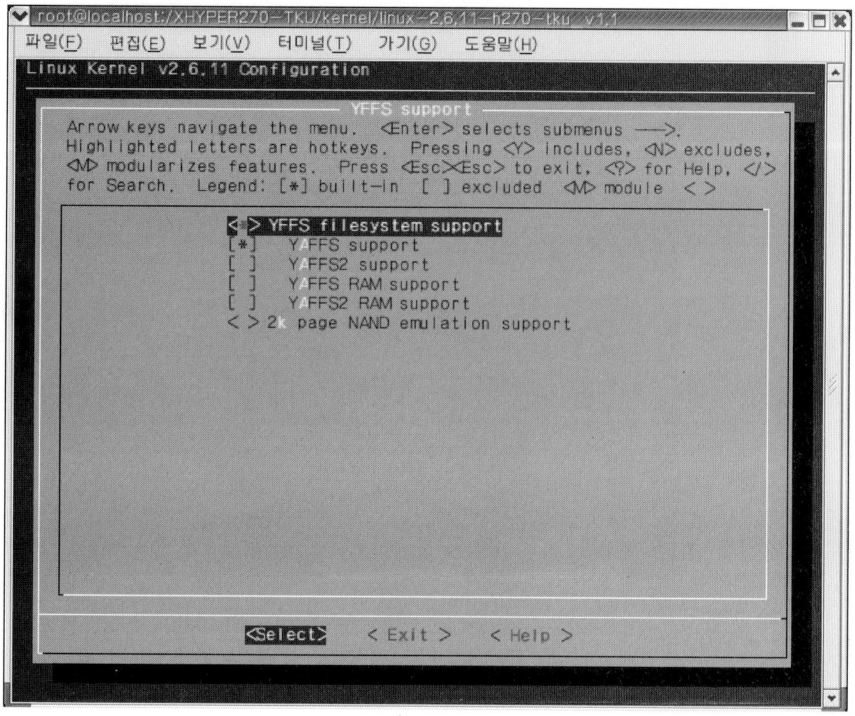

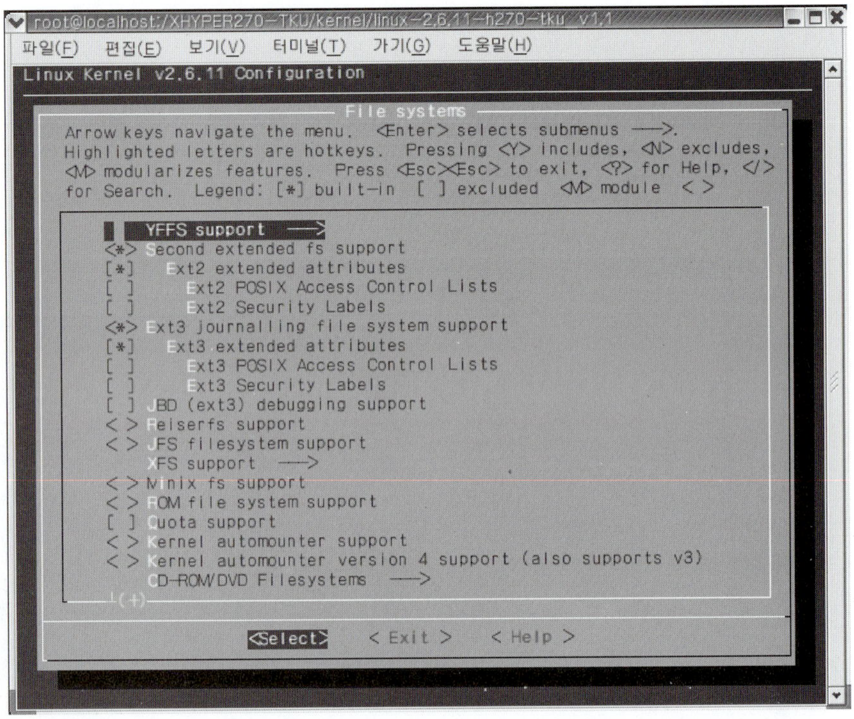

〈*〉 Second extended fs support

[*] Ext2 extended attributes

〈*〉 Ext3 journalling file system support

[*] Ext3 extended attributes

-〉 Linux에서 가장 많이 사용하는 Ext2와 저널링 기능이 추가된 Ext3를 사용.

② File systems ---〉↵

DOS/FAT/NT Filesystems --- 〉↵

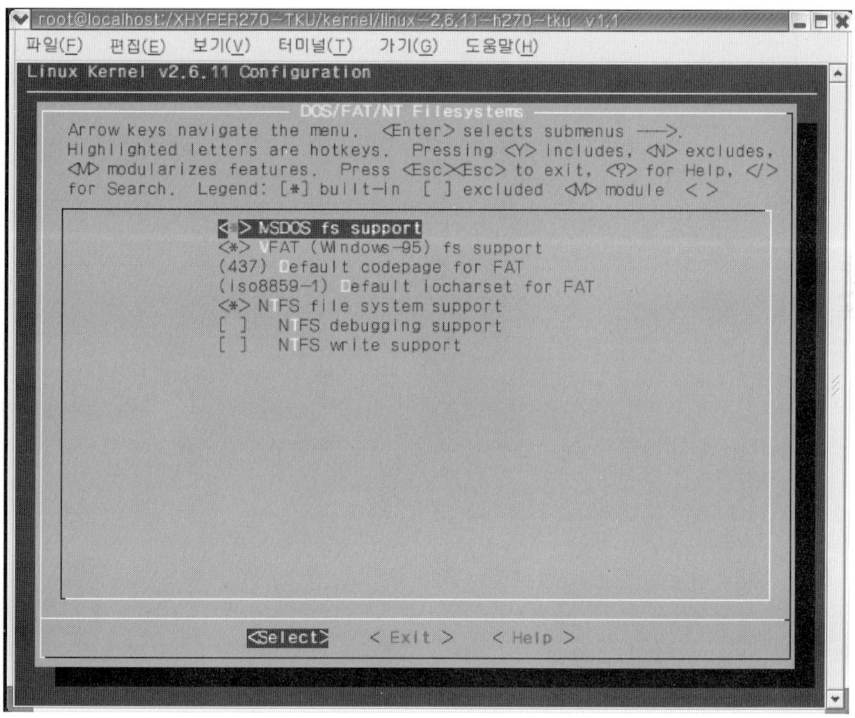

〈*〉 MSDOS fs support

〈*〉 VFAT (Windows-95) fs support

〈*〉 NTFS file system support

③ File systems ---〉↵

Network File Systems ---〉↵

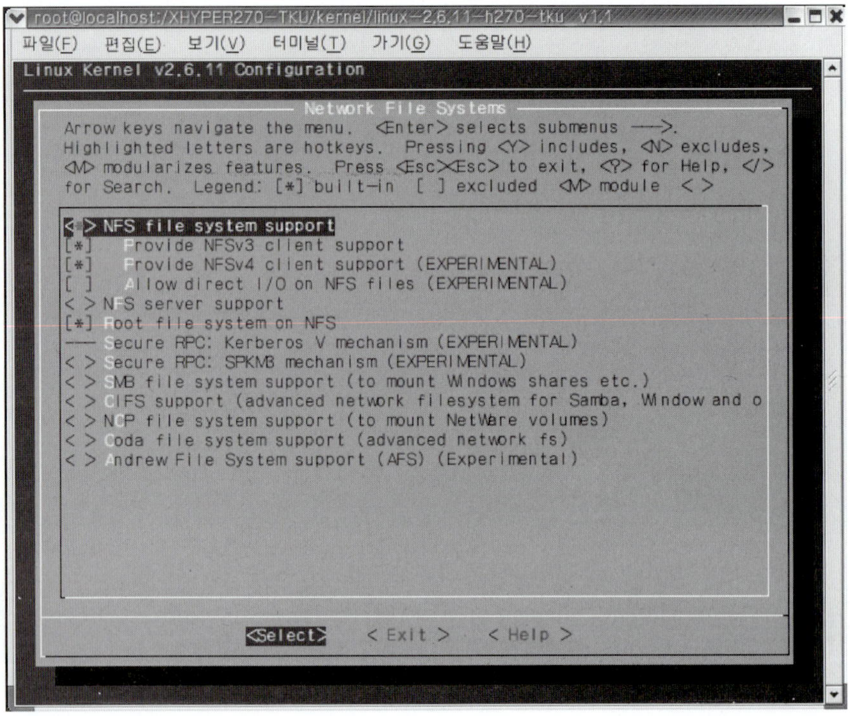

〈*〉 NFS file system support

만약(SLIP, PLIP, PPP 또는 이더넷을 이용하여) 어떤 다른 (보통 로컬) 유닉스 컴퓨터에 연결되었거나 Network File Sharing protocol 을 사용하여 NFS server에 들어있는 파일들을 마운트(mount)할 때 사용.

[*] Provide NFSv4 client support

[*] Root fileSystem on NFS

"IP: kernel level autoconfiguration"과 함께 쓰여 네트워크 위의 다른 컴퓨터를 마운트하여 루트 파일시스템으로 사용. 하드 디스크가 없는 터미널 등에서 사용.

11) Graphics support --- 〉↵

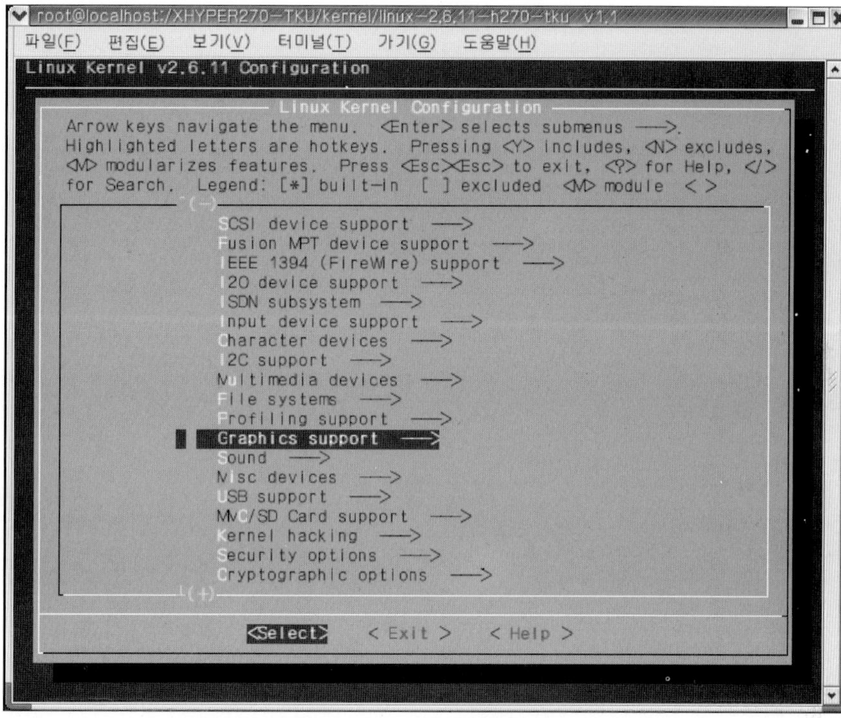

-〉 Linux에서 사용하는 그래픽 장치의 설정 및 로고 등을 선택

① Graphics support --- 〉↵

support for frame buffer devices↵

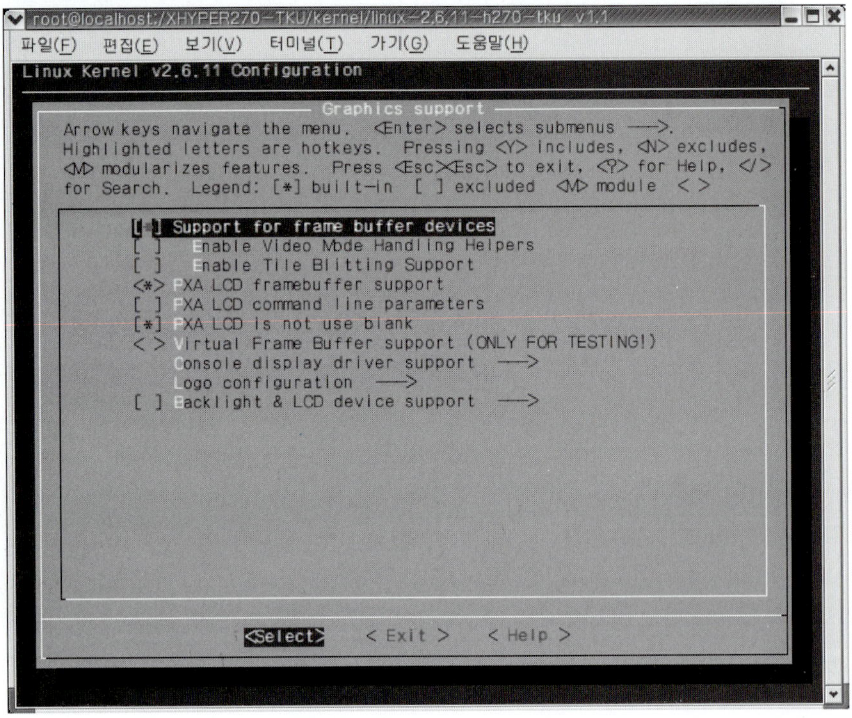

[*] Support for frame buffer devices

〈*〉 PXA LCD framebuffer support

[*] PXA LCD is not use blank

② Graphics support --- 〉↵

Console display driver support ---〉↵

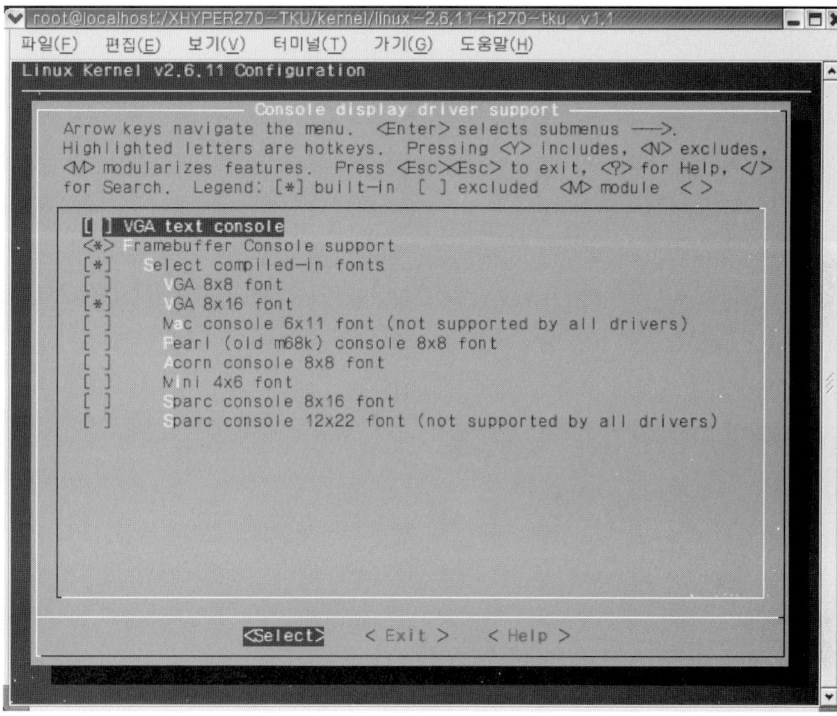

〈*〉 Framebuffer Console support

③ Graphics support --- 〉↵

Logo configuration --- 〉↵

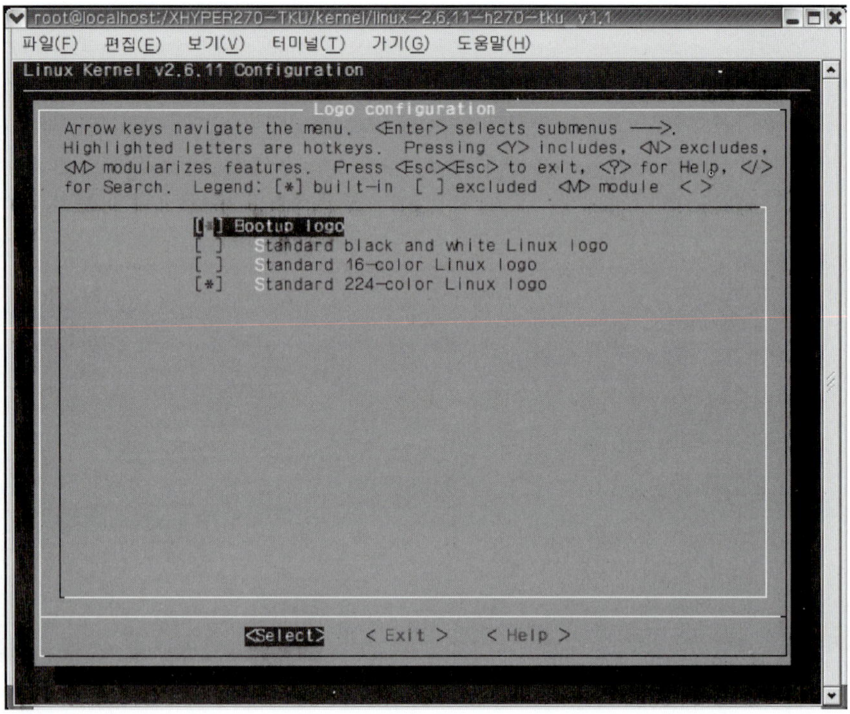

[*] Bootup logo

[*] Standard 224-color Linux logo

12) Sound ---〉↵

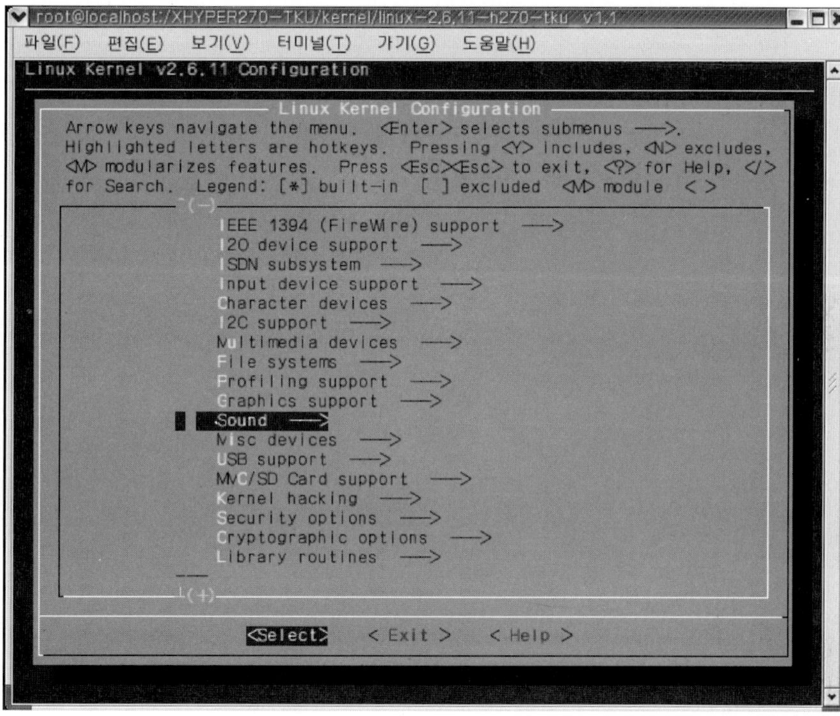

사운드 장치들을 지원한다.

① Sound card support

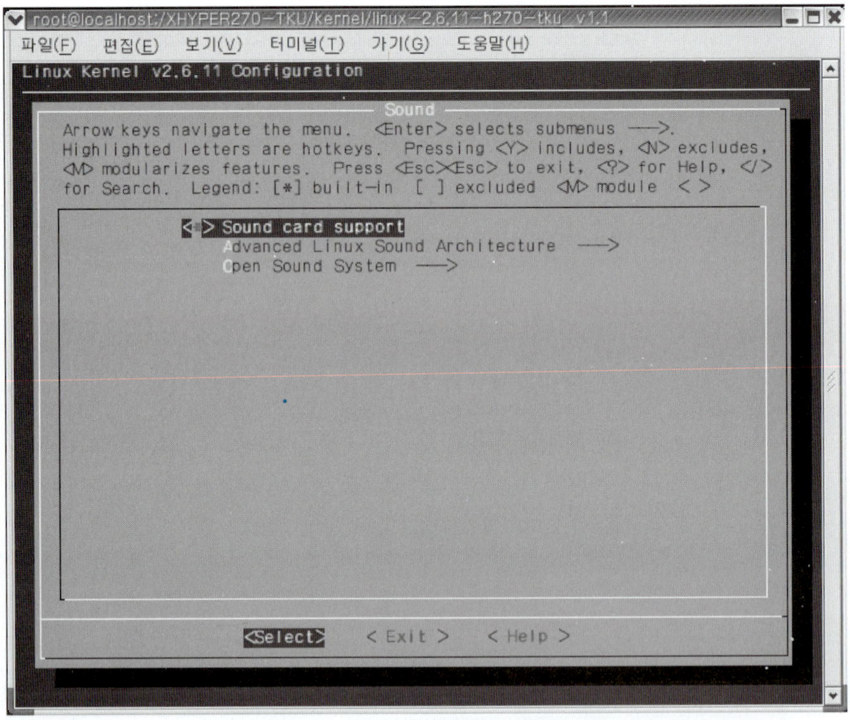

〈*〉 Sound card support

② Sound ---›↵

Open Sound System --- 〉↵

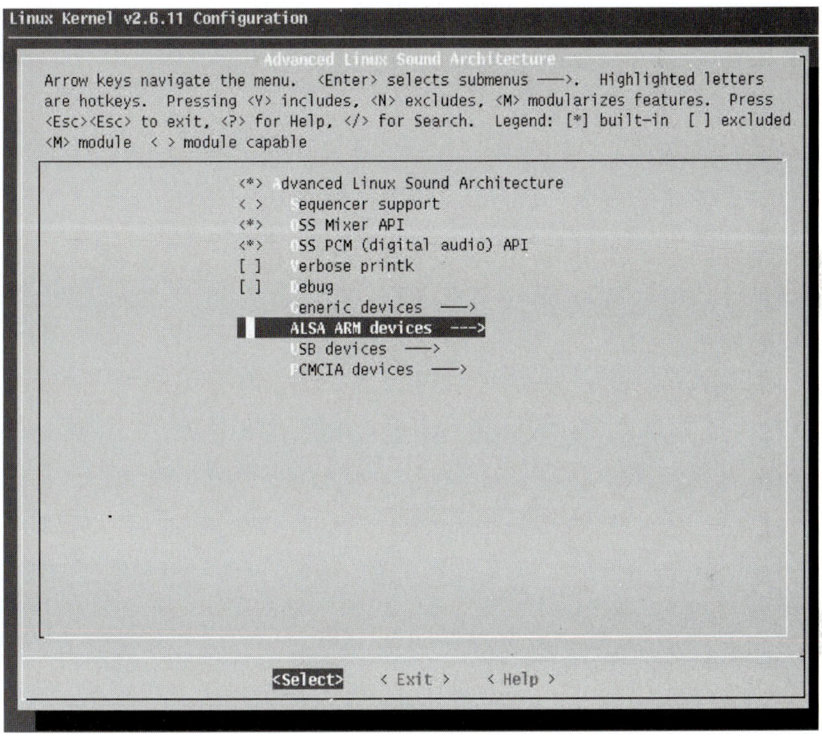

〈*〉 PXA Audio

〈*〉 PXA AC97 audio support

Intel에서 제공되는 PXA27x용의 AC97를 지원한다.

13) USB support --->↵

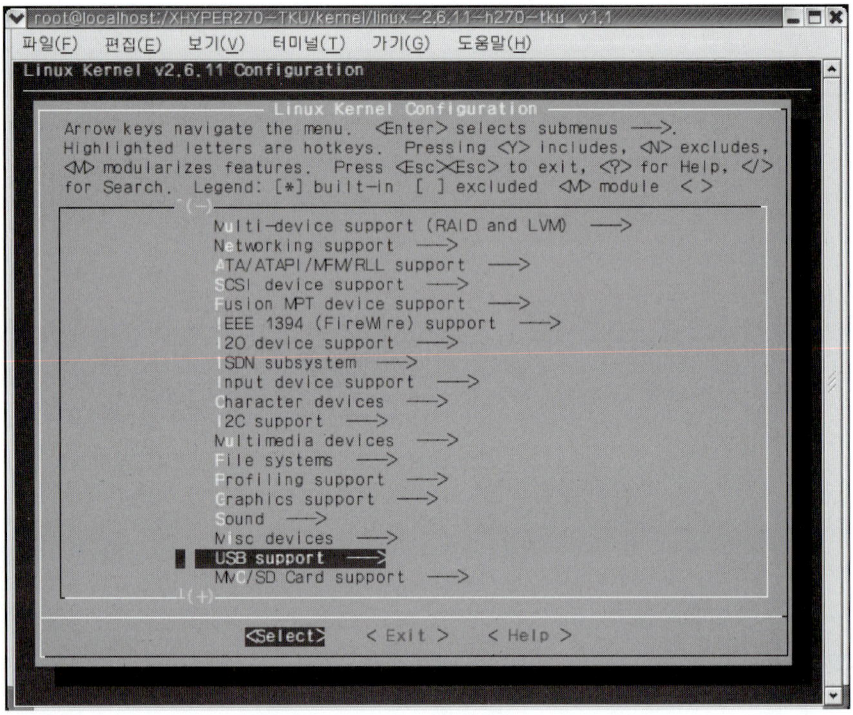

-> USB 장치들을 설정(Host, Class Driver, Slave Driver)

① Support for Host-side USB

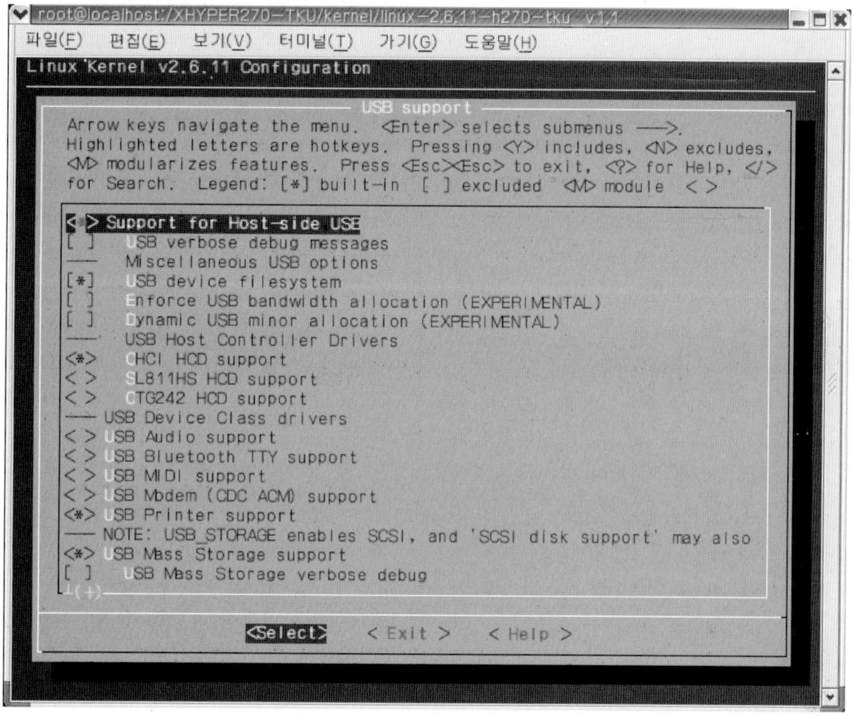

〈*〉 Support for Host-side USB

[*] USB device filesystem

〈*〉 OHCI HCD support

〈*〉 USB Mass Storage support

② USB support --- 〉↲

USB Gadget Support --- 〉↲

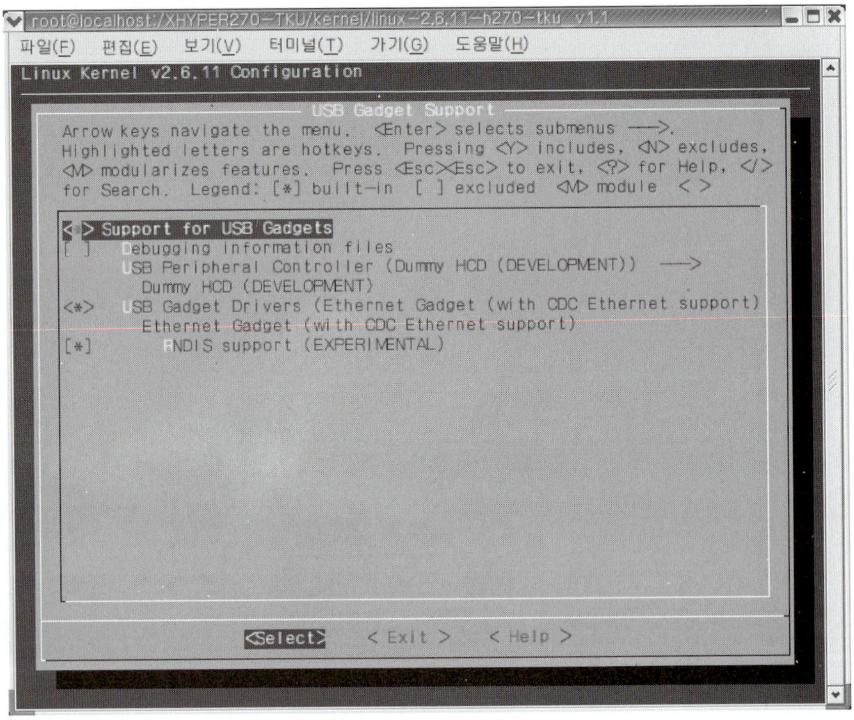

-〉 PXA270 Internal USB Slave 장치를 Ethernet으로 Emulation 해주는 설정

14) MMC/SD Card support ---〉↵

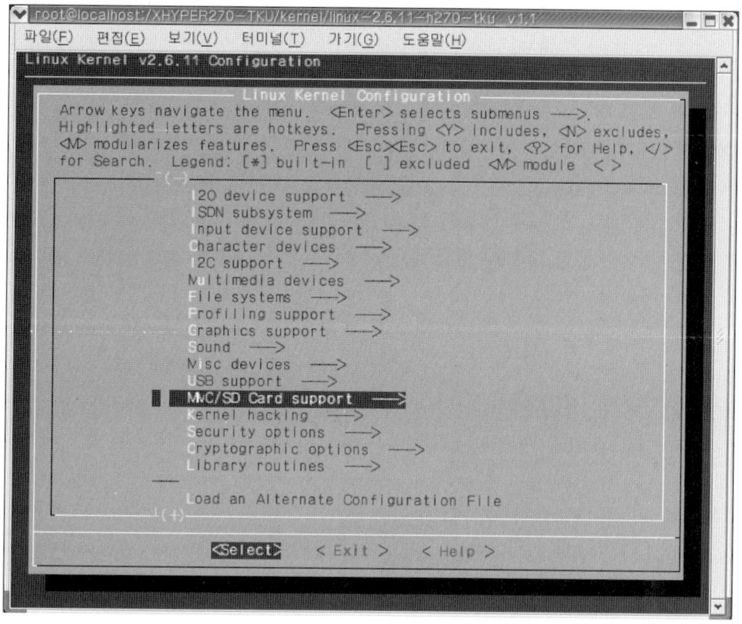

-〉 MMC, SD 장치를 설정

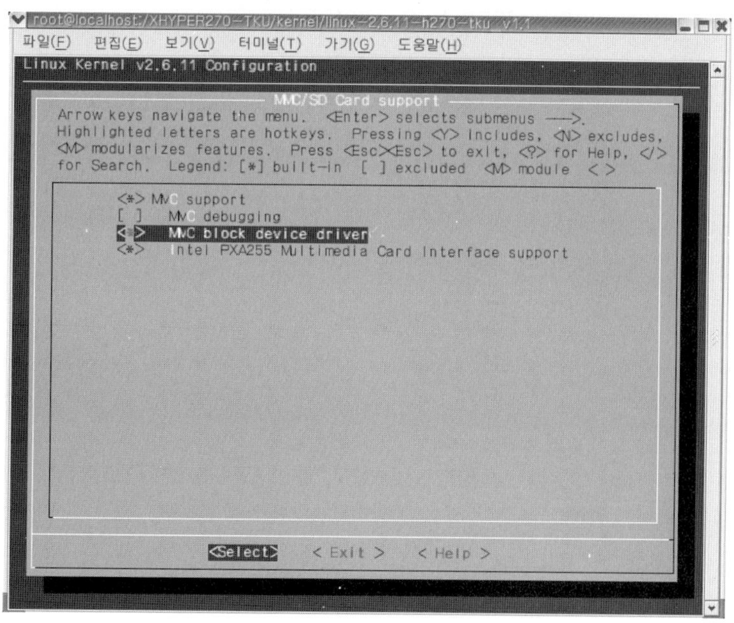

-〉 PXA270 Internal MMC/SD 장치를 설정

5.3 파일 시스템(File System)

타깃보드의 파일시스템은 사양에 맞게 여러 가지를 선택적으로 사용할 수 있다.
Ramdisk, Jffs, Jffs2, Cramfs, Ramfs 등을 파일시스템으로 사용한다.
각각의 장단점이 있으니 개발자의 사양에 맞게 사용을 하면 된다.
(Root filesystem)("/")에는 커널이 동작하기 위한 공간과 library, util 등이 포함된다.

루트 파일시스템으로 JFFS2파일시스템을 사용하면, x image등의 크기가 큰파일들을 플래시메모리에 저장하여 SDRAM의 여분을 늘리고, 플래시 메모리를 마운트(mount)할 때는 jffs2를 사용한다.
루트 파일시스템의 크기가 작고 시스템의 빠른 접근이 필요할 때는 램디스크(Ramdisk) 파일시스템을 사용한다. 파일시스템은 개발할 시스템에 알맞게 구현한다. 것이다.

5.3.1 JFFS2(Journalling Flash File System)

1. JFFS2 개요

JFFS2 파일시스템은 MTD드라이버에 의해 플래시 메모리에서 구현되는 파일시스템이다.
JFFS2는 파일을 압축하여, 용량의 극대화를 이룰 수 있다.

2. Kernel Configuration

File systems ---〉↵

Miscellaneous filesystems ---〉↵

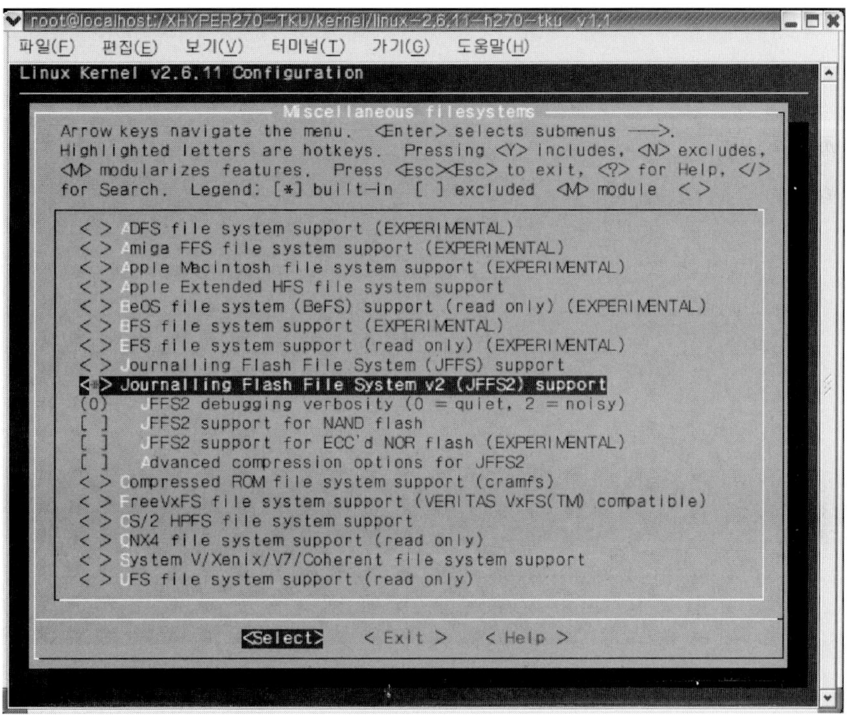

General Setup항목의 Default kernel command string을 "console=ttyS0,115200 console=tty0 mem=128M root=1F02 rw"으로 하였다.

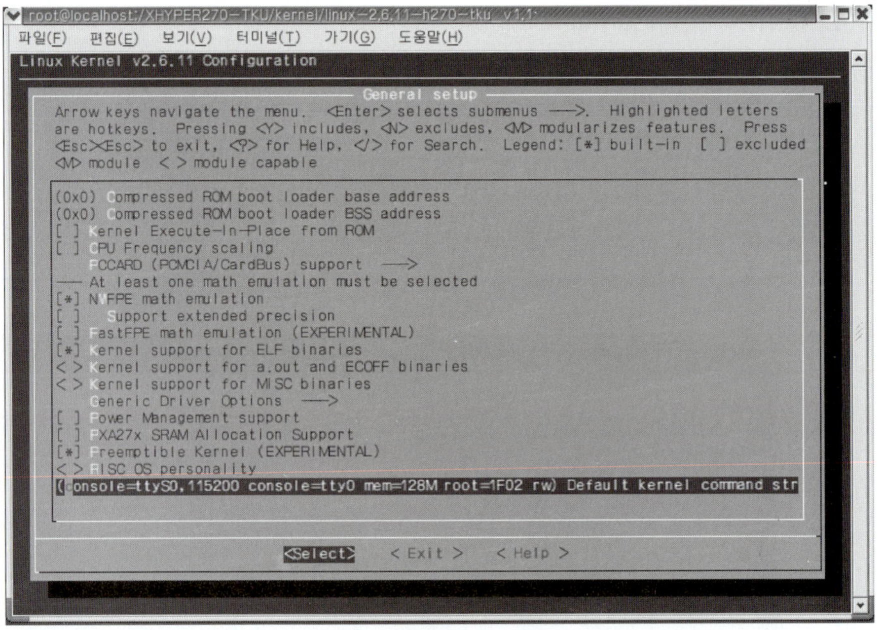

루트파일시스템("/")은 주번호 1f(31), 부번호 02(3번째)의 장치파일이고 "console= ttyS0,115200"는 사용할 시리얼 장치와 속도를 알려준다.

2) JFFS2를 사용하기 위해서는 먼저 MTD Driver를 활성화해주어야 한다.

① 최상위 Main Menu에서 Memory Technology Devices (MTD) --> ↵

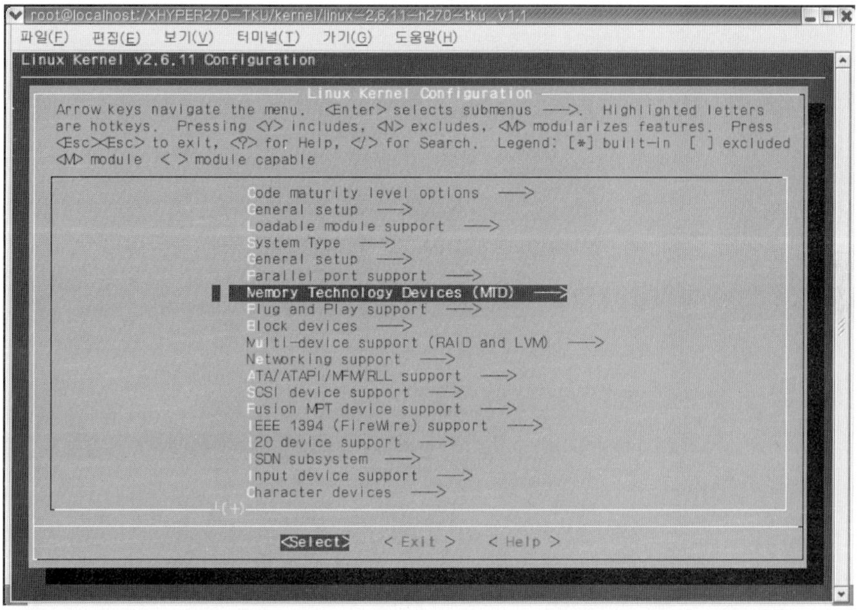

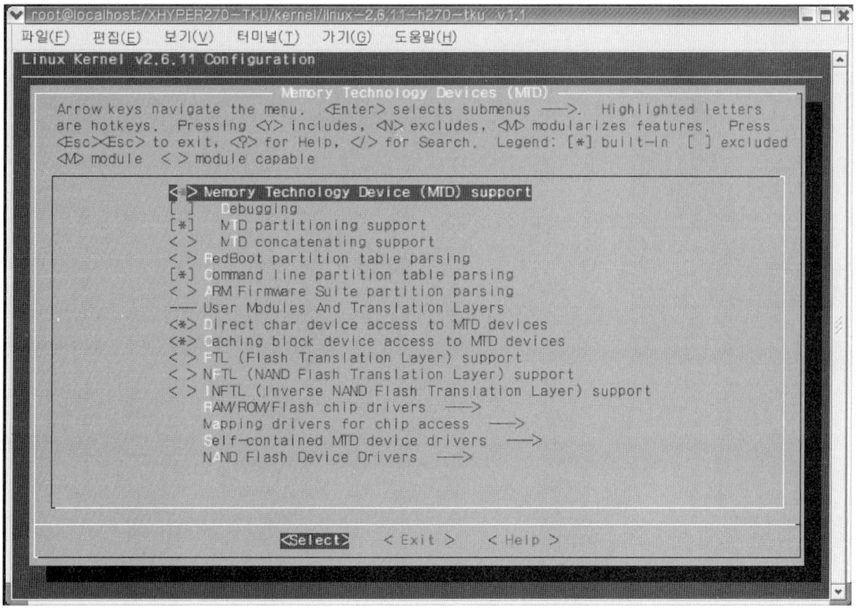

Memory Technology Device (MTD) support

−MTD디바이스 드라이버를 사용하는 옵션이다.

MTD partitioning support

−이것을 선택해야 파티션을 만들 수 있다.

Direct char device access to MTD devices

−mtd장치를 캐릭터 형 장치 파일로 접근할 수 있다.

Caching block device access to MTD device

−mtd장치를 블록형 장치 파일로 접근할 수 있다.

② Memory Technology Devices (MTD) --〉↵

RAM/ROM/Flash chip drivers ---〉↵

RAM/ROM/Flash chip drivers를 선택한 하위 항목이다. 사용하는 타깃보드의 플래시 메모리에 알맞게 설정하면 된다.

32-bit buswitch, 2-chip, Untel/Sharp flash chips 선택.

③ Memory Technology Devices (MTD) ↲

Mapping drivers for chip access ---> ↲

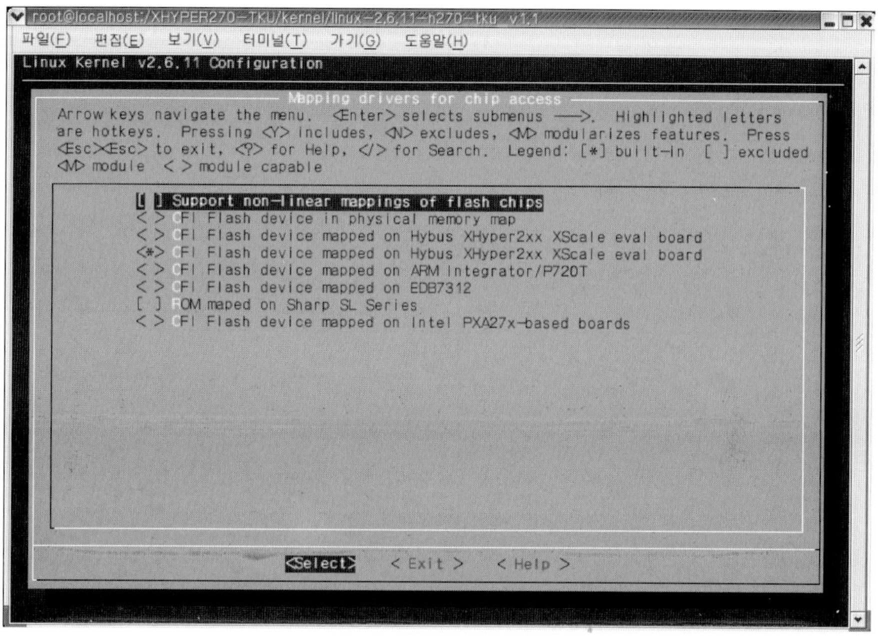

CFI Flash device mapped on Hybus XHyper2xx Xscale eval board를 선택하였다. 플래시 메모리의 공간을 사용하는 타깃보드의 설정으로 사용한다.

위의 선택으로 drivers/mtd/maps/xhyper270tku.c파일이 컴파일된다.

drivers/mtd/maps/xhyper270.c파일이다.

```
root@localhost:~
파일(F)  편집(E)  보기(V)  터미널(T)  가기(G)  도움말(H)
static struct map_info maps = {
        .name           = "flash0",
        .size           = 0x04000000,
        .phys           = 0x00000000,
        .bankwidth      = 4,
        .inval_cache = map_inval_cache,
};

static struct mtd_partition partitions[] = {
        {
                .name   = "boot",
                .size   = 0x00040000,
                .offset = 0,
                .mask_flags = MTD_WRITEABLE  /* force read-only */
        }, {
                .name   = "kernel",
                .size   = 0x001C0000,
                .offset = MTDPART_OFS_APPEND,
#ifdef CONFIG_BLK_DEV_INITRD
        }, {
                .name   = "initrd",
                .size   = 0x00300000,
                .offset = MTDPART_OFS_APPEND,
        }, {
                .name   = "user",
                .size   = MTDPART_SIZ_FULL,
                .offset = MTDPART_OFS_APPEND
#else
        }, {
                .name   = "rootfs",
                .size   = MTDPART_SIZ_FULL,
                .offset = MTDPART_OFS_APPEND
                                                        53,30-44      23%
```

위와 같이 타깃보드의 플래시 메모리에 알맞은 접근방식과 플래시 메모리를 얼마만큼의 공간으로 분할할지를 정한다.

menuconfig에서 mtd디바이스가 선택되면 JFFS2 파일시스템을 선택할 수 있게 된다.

3. JFFS2 Image 생성

```
☞ cd/XHYPER270-TKU↵
☞ cd filesystem↵
☞ ls↵
☞ cd rootfs↵
```

```
☞ ls↵
☞ cd . . ↵
☞ ls↵
```

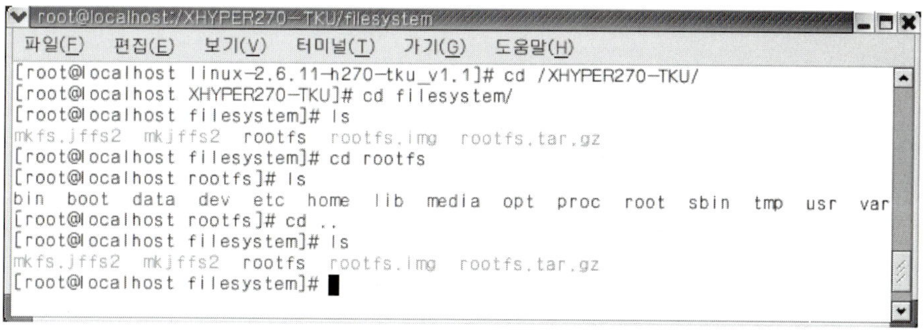


```
# rm -rf rootfs.img        // 이미 생성되어 있는 이미지를 지운다.
# ./mkjffs2               // mkjffs2 스크립트 실행으로 rootfs.img 생성
```

위 그림과 같이 mkjffs2 스크립트를 실행하면 rootfs.img라는 이름의 jffs2이미지가 생성된다.

스크립트의 내용은 다음과 같다.

```
#!/bin/sh

srcpath=${1:-"rootfs"}
imgname=${2:-"rootfs.img"}

test ! -x ./mkfs.jffs2 && { echo "mkfs.jffs2 is not exists."; exit 1; }
test ! -d $srcpath && { echo "$srcpath is not exists."; exit 1; }
./mkfs.jffs2 -e 0x40000 -d $srcpath -p -o $imgname
exit 0
```

생성된 rootfs.img 이미지를 부트로더를 이용해서 다운로드한 후, 플래시 메모리에 쓰기를 하면 된다. rootfs.img 이미지는 RAM에서 실행되는 것이 아니라, 플래시 메모리에서 실행되는 것이기 때문에 필히 플래시 메모리에 쓰기를 해야 한다.

제6장 임베디드 리눅스 커널 내부구조의 이해

이 장에서는 다음과 같은 리눅스 및 임베디드 리눅스 커널의 핵심적 내부 구조에 대해 기술한다. 각 주제의 리눅스 커널 내부에 관한 설명은 리눅스 2.6을 기준으로 하였다.

- 프로세스와 스레드
- 시스템 호출, 문맥 교환, 인터럽트 처리
- 프로세서 스케줄링
- 메모리 관리
- 인터럽트 처리
- 파일 시스템
- 리눅스의 부팅 과정
- 시그널 처리
- 커널 동기화

6.1 프로세스, 스레드의 개념 및 관련 커널 내부구조

리눅스 시스템의 모든 프로세스(process)란 일반적으로 현재 실행 중인 프로그램을 말하며, task_struct 구조체로 관리한다. 실행 중인 프로그램을 의미하는 프로세스는 구현방식에 따라 유닉스의 전통적인 데이터 영역을 별도로 가지는 프로세스와 그 이후에 등장한 데이터 영역 공유의 스레드(thread)로 구분되며, 리눅스 커널 안에서 이들은 모두 자원을 차지하기 위해 서로 경쟁하는 프로세스로 관리된다.

즉, 프로세스와 스레드는 메모리 영역 할당이나 생성 및 실행 관리 API에 차이가 있지만 모두 현재 수행되고 있는 프로그램이라 할 수 있다.

1. 프로세스

- 프로세스는 실행 중인 프로그램으로 생성에서 종료까지 자원 할당에 따라 여러 상태로 변이한다.
- 프로세스의 필요 자원 중 CPU는 스케줄러에 의해 할당되며, CPU의 할당을 위해 경쟁한다.
- 프로세스는 일반적으로 독자적인 메모리 영역(text, data, stack 등)을 가진다.
- 프로세스는 다른 프로세스에 의해 fork 시스템 호출에 의해 생성되며, 생성자와 피생성자는 부모 자식의 관계를 가진다. 부모와 자식 프로세스들은 이전 자원을 공유한다.
- 커널은 프로세스들을 태스크 리스트라는 연결 리스트에 저장한다.
- 태스크 리스트의 각 요소들은 〈linux/sched.h.〉에 정의되어 있는 구조체 task_struct라는 자료형을 갖는 프로세스 서술자이다.
- 프로세스 서술자는 각 프로세스에 대한 모든 정보를 가지고 있다.

```
struct task_struct {
    struct files_struct* files;        //파일 디스크립터
    struct signal_struct* sig;         //시그널 핸들러
    struct mm_struct* mm;              //메모리 메니지먼트 모듈
    long stat                          //프로세스 상태
    struct list_head runlist;          //RUN큐 접속용
    long  priority;                    //베이스 priority
    long  counter;                     //변동 priority
    char comm[];                       //명령어명
    struct thread_struct tss;          //Context Save단계
    . . .
}
```

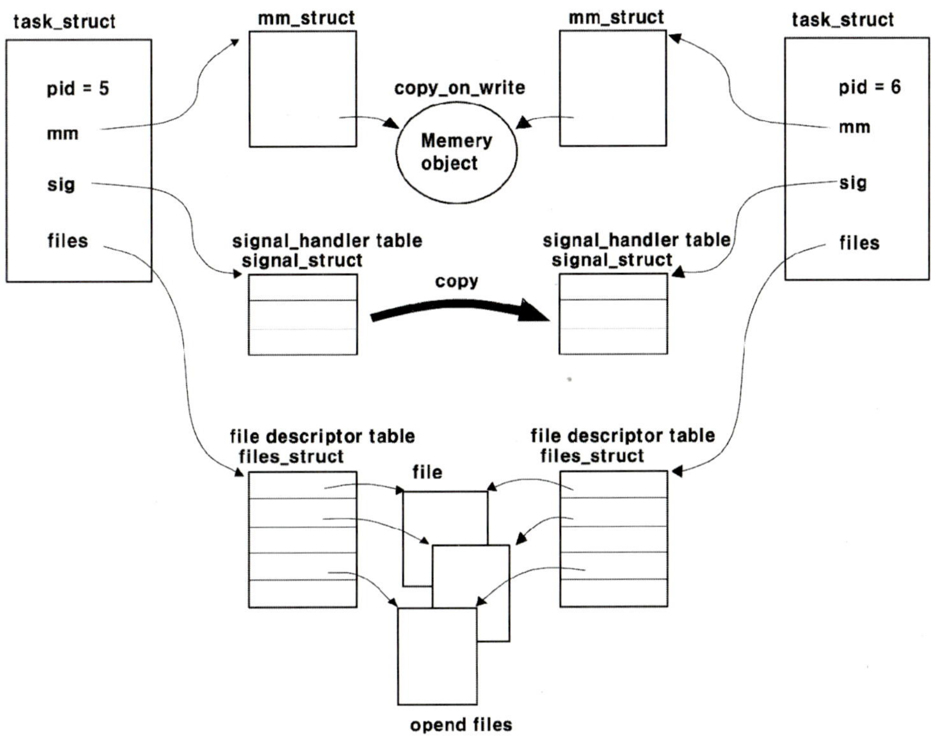

[그림 6-1] 프로세스를 구성하는 자원

2. 스레드

- 하나의 프로세스 안에 복수 개가 존재할 수 있으며, 프로세스와 마찬가지로 자원 할당을 위해 경쟁한다.
- 스레드는 모체인 프로세스가 존재하는 동안 실행되며, 각 스레드는 독립적(병행적)인 실행 흐름을 가진다.
- 각 스레드는 프로세스의 대부분의 자원을 공유한다.
- 프로세스 내부의 스레드는 텍스트와 자료 영역을 공유하며, 별도의 실행 스트림을 가지므로 스택은 별도로 가진다.
- 스레드는 자신의 요구에 의해 종료되거나 프로세스가 종료될 때 같이 종료된다.

- 스레드도 프로세스와 마찬가지로 실행중인 프로그램으로 생성에서 종료까지 자원 할당에 따라 여러 상태로 변이한다.
- 스레드의 필요 자원 중 CPU는 스케줄러에 의해 할당되며 CPU의 할당을 위해 경쟁한다.
- 스레드에는 여러 종류가 있지만 리눅스에서는 일반적으로 Pthread 라이브러리를 사용한다.

따라서 일반적으로 리눅스 기반의 시스템을 사용하고 있을 때에는 프로세스나 스레드들이 실행되고 있는 상태이다. 범용 운영체제와는 달리 다른 소형 임베디드 시스템 RTOS에서는 프로세스보다는 태스크라는 이름으로 스레드 실행환경만을 제공하는 경우가 많다.

스레드에 관한 설명을 간소화하기 위해 프로세스와 스레드를 앞으로는 모두 프로세스로 통칭하기로 한다. 따라서 앞으로의 일반적인 내용은 프로세스 및 스레드에 모두 적용되는 내용이다.

프로세스에는 커널이 시스템의 관리를 위해 생성한 시스템 프로세스와 사용자가 생성한 사용자 프로세스가 있다. 프로세스는 실행되는 동안 커널이 가진 자원(CPU, memory, devices, files)을 독자적으로 차지해야 할 경우가 많다. 따라서 프로세스는 항상 커널의 자원을 차지하기 위해 경쟁하고, 커널은 이들에게 효율적으로 자원을 할당하고 회수하는 역할을 한다. 따라서 동작 중인 컴퓨터 시스템은 커널과 프로세스간의 관계에 의해 모든 것이 결정되는 것이라 볼 수 있다.

프로세스는 자원 할당 및 대기, 입출력의 실행 여부에 따라 여러 가지 상태 변화를 갖게 된다.

6.1.1 프로세스(스레드)의 상태

운영체제에 따라 상세한 프로세스의 상태는 약간씩 달라질 수 있지만, 개념적으로 태스크 상태는 다음과 같이 분류된다.

- 실행 중(running) : 프로세스에 CPU가 할당되어 실행 중인 상태로 사용자 모드 실행(user-mode running)과 시스템 모드 실행(system-mode running 또는 kernel-mode running)의 두 가지 모드가 있다.

- **준비상태**(ready) : 프로세스가 스케줄러에 의한 CPU의 할당을 기다리고 있는 상태이다.
- **대기 중**(waiting, blocked) : 프로세스가 입출력의 완료 또는 어떤 이벤트(자원의 할당, 메시지의 수신 등)를 기다리고 있는 상태이다. 이 상태에서는 CPU가 필요 없기 때문에 대기 중에는 CPU에 의한 연산은 정지된다.

1. 프로세스의 상태 전이

프로세스는 초기 생성되면 준비상태로 CPU 스케줄을 대기한다. 일반적인 단일 CPU의 경우 실행 상태의 프로세스는 하나뿐이므로 준비상태의 프로세스는 여러 개로 구성되고, 이들 중 스케줄러에 의해 선택되는 프로세스가 실행 상태가 된다.

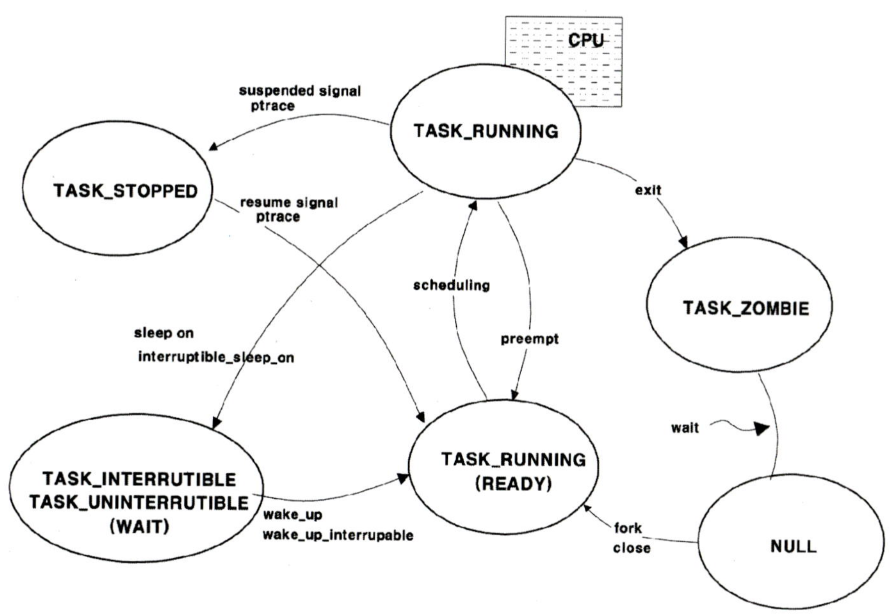

[그림 6-2] 프로세스의 상태 전이

리눅스의 경우 프로세스에 관한 커널의 모든 정보는 프로세스 정보 구조체인 task_struct에 저장되는데, 실행 상태와 준비 상태의 프로세스는 모두 TASK_ RUNNING으로 표시되고, 이 두 상태의 프로세스의 정보 구조체들은 모두 run_list (run_queue)에 연결 리스트 형태로 저장된다. 다만 리눅스 커널에서 현재 실행 중인 프로세스 정보는 커런트(current)라는 커널의 변수가 가리키도록 유지한다.

커널은 CPU를 차지하여 실행중인 프로세스의 CPU 독점을 방지하기 위해 일반적으로 타임 슬라이스(time slice)에 의한 시분할 시스템의 개념을 도입하고, 이것은 리눅스도 마찬가지이다. 타임 슬라이스란 프로세스의 매 CPU 차지시마다 CPU 사용의 한계를 주는 것으로, 커널은 타임 슬라이스를 다 사용한 프로세스에게서 일단 CPU를 회수하고 다른 프로세스의 CPU 사용이 순서적으로 이루어진 후에 다시 CPU를 할당한다.

실행 상태의 프로세스가 CPU를 회수당하거나 반납하는 경우에는 크게 두 가지 형태가 있다.

- 첫째는 주어진 타임 슬라이스가 다 소진되었거나 그렇지 않다 하더라도 더욱 높은 우선순위의 프로세스가 있어 중앙처리기를 회수 당하는 경우
- 둘째는 실행 중에 입출력이나 동기화(이벤트 대기)에 관계된 시스템 호출을 하여 중앙처리기를 커널 내부에서 스스로 반납하는 경우

첫째의 경우는 준비상태로 전이하고, 둘째의 경우는 대기상태로 진입한다. 입출력 요구를 하여 중앙처리기를 자진 반납하고 대기상태로 진입하는 경우에는 입출력이 완료될 때까지 중앙처리기가 필요 없어 CPU에 의한 연산 실행은 정지된 상태이나 입출력장치 등은 해당 프로세스를 위해 작동하고 있을 수 있다.

커널은 이 기간 중에 CPU를 다른 프로세스에 할당하여 자원 사용의 효율성을 높인다. 프로세스 대기 중에 그 task_struct는 대기 이벤트별로 형성되는 특정한 대기큐(queue)에 소속되는 것이 보통이다.

입출력이 완료되거나 기다리던 이벤트가 발생하면 대기상태의 프로세스는 다시 TASK_RUNNING(ready) 상태가 되어 그 task_struct는 run_list에 소속된다.

리눅스 운영체제의 경우 대기상태는 실질적으로 두 가지로 구분되는데, 첫째는

TASK_INTERRUPTIBLE 상태이고, 다른 하나는 TASK_UNINTERRUPTIBLE 상태이다.

- TASK_INTERRUPTIBLE 상태는 대기 중에 해당 프로세스에게 응급 사건을 알리는 시그널(signal)이 전달되어도 본래의 기다리는 사건이 발생할 때까지 대기를 계속하는 상태
- TASK_UNINTERRUPTIBLE 상태는 시그널이 수신되면 응급처리를 위해 대기를 중지하는 실행상태로 전환하는 경우

현재까지 프로세스의 세 가지 전형적인 상태에 대해 설명하였다. 그러나 리눅스 커널에서는 이러한 전형적인 상태 이외에 다음과 같은 프로세스의 상태가 존재한다.

1) 좀비(TASK_ZOMBIE) 상태

프로세스의 수행이 종료되면 모든 프로세스의 task_struct와 메모리 영역의 프로그램들은 제거되어야 한다. 그러나 리눅스 계열의 운영체제는 자신의 종료를 기다리고 있는 부모(parent) 프로세스에게 종료 프로세스에 관한 정보를 전달하여야 하기 때문에 이 정보 전달 시까지 task_struct를 유지한다. 이렇게 실행은 종료되었지만 task_struct는 유지되는 상태를 좀비 상태라 한다.

2) 중지(TASK_STOPPED) 상태

디버깅 등의 목적을 위해 프로세스가 일시 중지된 상태이다. 시그널이나 디버깅 개시 명령으로 다시 실행될 수 있다.

〈표 6-1〉 리눅스 프로세스의 상태

상 태	설 명
TASK_RUNNING	실행 가능 상태
TASK_INTERRUPTIBLE	대기 상태, 시그널 수신 가능
TASK_UNINTERRUPTIBLE	대기 상태, 시그널 수신 불가
TASK_ZOMBIE	좀비 상태, exit 후의 상태
TASK_STOPPED	중지 상태

2. 이중 모드(사용자 모드 실행과 커널 모드 실행)

운영체제에 따라 차이점이 있지만 리눅스의 경우에 프로세스의 실행 상태는 커널 모드 실행(kernel-mode running 또는 system-mode running)과 사용자 모드 실행(user-mode running) 상태의 두 가지로 세분하여 〈표 6-2〉에 설명하였다.

〈표 6-2〉 태스크 실행 모드의 세분

실행 모드 구분	실행 코드	시스템 보호 측면
사용자모드 실행 (user-mode running)	사용자 태스크의 코드가 실행된다. 라이브러리 함수의 실행도 이에 포함된다. 기존 라이브러리 함수는 프로그램이 적재될 때, 사용자 태스크의 텍스트 영역에 포함된 것이므로 사용자가 작성한 코드와 함께 사용자 모드 실행에 속한다.	중앙처리기의 상태를 나타내는 특수 레지스터에 현재 명령어의 실행 모드가 사용자 모드임이 표시되고, 실행중인 태스크가 다른 태스크나 커널의 메모리 영역을 침범하지 못하도록 메모리 보호 하드웨어가 작동된다.
커널 모드 실행 (kernel-mode running)	태스크가 실행중에 메모리에 상주하는 커널의 시스템 함수를 호출하였거나 하드웨어 인터럽트가 발생하여 커널 안의 코드가 수행될 때, 태스크는 커널 모드 실행 상태에 있다고 한다. 이 모드에서는 커널 영역을 사용하며 커널의 내부 함수만을 사용하게 된다.	중앙처리기의 상태를 나타내는 특수 레지스터에 현재 실행 모드가 커널 모드임이 표시되고 하드웨어적으로 여러 가지 특권을 가지게 된다. 즉, 커널 모드에서는 사용자 모드에서는 불가능한 입출력이나 인터럽트 및 시스템 제어에 관련된 특권 명령어(privileged instruction)들을 수행할 수 있고, 커널 안의 코드를 수행하면서 다른 태스크의 영역에도 접근할 필요가 있기 때문에 메모리 보호 하드웨어도 통과할 수 있다.

위에서 커널 모드 실행은 태스크가 커널의 API인 시스템 호출을 함으로써 이루어진다고 설명하였다. 일반적으로 사용자 모드의 실행에서 커널 모드 실행으로 가게 되는 이유에는 다음의 3가지가 있다.

1) 시스템 콜 호출

프로세스가 시스템 콜을 호출하면 S/W 트랩(trap) 발생으로 커널로 분기하여 커널 모드 실행 상태로 변환된다.

2) 외부 인터럽트

입출력장치의 입출력 완료 보고나 H/W 오류 등에 의해 발생하며, 그 처리를 위해 커널 내부의 인터럽트 핸들러(interrupt handler)로 분기되어 커널 모드 실행 상태로 변환하는 것을 H/W trap이라고 한다.

3) Fault/Exception

프로세스의 잘못으로 다른 메모리 영역을 침범하거나 divide-by-zero 등의 예외 경우 발생시에 이의 처리를 위해 커널 내부의 폴트 핸들러(fault handler)로 진입한다.

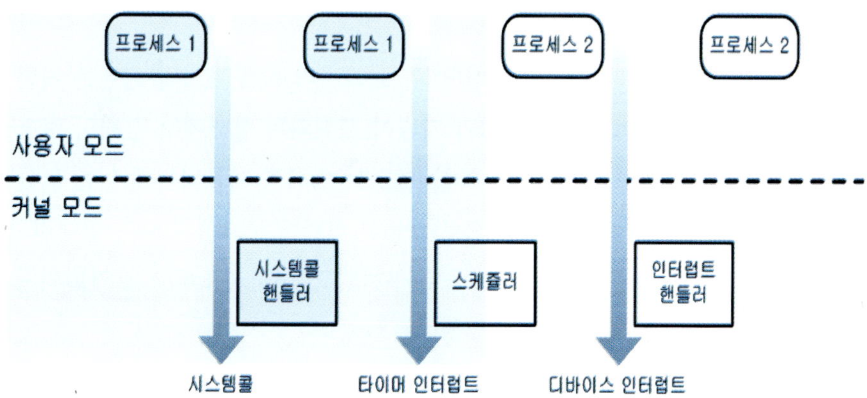

[그림 6-3] 커널 모드 실행과 사용자 모드 실행의 구분

임베디드 리눅스를 플랫폼으로 임베디드 시스템 응용을 개발할 때, 커널이 제공하는 시스템 호출이나 다른 라이브러리를 이용하여 응용 프로그램을 작성하는 경우는 사용자 모드의 프로그램을 작성하는 것이다. 반면 커널을 수정하거나, 디바이스 드라이버 등을 작성하는 것은 커널 코드를 수정 또는 삽입하는 것으로 커널 모드 프로그램을 작성하는 것이 된다.

커널 모드 프로그램은 사용자 모드에서 사용하는 시스템 호출이 아닌 커널 내부 함수들을 이용하여야 하며, 커널 프로그램을 수정하여 재컴파일하여 부팅하는 경우와 이미 컴파일된 커널에 동적으로 삽입되는 모듈 작성 형태의 프로그래밍 방법이 있다.

3. 커널 코드, 커널 스레드 및 모듈

일반 사용자가 생성한 프로세스나 스레드는 사용자 모드에서 실행이 시작되고, 시스템 호출이나 인터럽트 발생 시에는 커널 모드 실행으로 전환되어 커널 영역에서 실행됨을 설명하였다. 이와는 달리 시스템이 부팅되면 커널은 필요에 의해 자체적으로 커널 스레드를 생성하는 경우가 있는데, 가상 메모리 관리에서 스와핑(swapping)을 담당하는 kswapd의 경우를 예로 들 수 있다.

이와 같은 커널 스레드는 커널 주소 영역에서 커널 모드로만 실행되는 스레드이다. 즉 CPU에 대해서는 우선순위나 조건에 의해 사용자 프로세스와 경쟁하지만 실행 영역과 실행 모드는 커널인 것으로 커널 프로그램의 다른 방식의 구현이라 할 수 있다.

한편 새로운 주변장치를 위해 디바이스 드라이버 등을 개발할 때에는 커널 소스를 직접 수정하고 재컴파일하는 방법과 커널이 실행되는 상태에서 전체의 컴파일 없이 동적으로 디바이스 드라이버만 부착할 수 있는 방식이 제공되는데 이를 모듈이라 한다. 따라서 모듈은 탈부착이 동적으로 가능한 커널 프로그램의 다른 형태라 할 수 있으며, 많은 디바이스 드라이버는 모듈로 구현되고 있다. 〈표 6-3〉은 커널의 수정방법의 차이점을 설명한 것이다.

〈표 6-3〉 커널의 수정 방법(Kernel Programming)

구 분	커널 코드의 수정	커널 스레드	커널 모듈
수정방식	커널의 함수, 인터럽트 핸들러 등을 직접 수정한다.	커널이 필요시 스레드를 생성하도록 한다.	분리 가능한 별도의 커널 모듈을 만든다.
인스톨 방식	커널을 다시 빌드	커널을 다시 빌드	동적 인스톨(install)
실행	함수 호출이나 인터럽트	스케줄링을 받는다.	함수 호출이나 인터럽트
일반적 활용	커널의 부분수정 또는 시스템 호출 추가 시	조건 만족 시 실행되어야 하는 태스크	디바이스 드라이버

〈표 6-3〉의 모든 방식의 커널 수정 코드는 모두 커널 내부 함수를 활용하여야 한다.

〈표 6-3〉의 방법 이외에도 리눅스에서는 인터럽트와 관련된 커널 태스크 큐에 태스크를 삽입하는 방법도 제공된다.

6.1.2 프로세스의 구성요소와 문맥 및 타스크(task) 구조체

프로세스는 수행 중에 자원에 대한 할당 대기와 외부 인터럽트와 같은 급한 처리 때문에 언제라도 수행이 중지되고 그 후에 다시 속개되는 일이 반복된다. 따라서 프로세스의 중지 시점에는 프로세스의 실행에 필요한 모든 정보와 환경들이 저장되어야 하고, 속개 시에는 그 내용들이 그대로 복원되어야 한다.

이렇게 준비상태나 대기상태로의 전환에 의한 프로세스 실행 중지 시에 모두 저장되고 실행 속개 시에 모두 복원되어야 하는 프로세스의 실행정보를 프로세스의 문맥(context)이라 한다. 프로세스의 문맥은 프로세스의 구성요소 및 수행환경과 관련이 있다.

프로세스의 문맥에는 텍스트, 데이터, 스택 영역과 같이 사용자에게 보이는 부분과, 사용자에게는 보이지 않고 커널이 관리하는 부분이 있다.

다음은 커널이 관리하는 프로세스 문맥의 일반적 내용이다.

- **중앙처리기 범용 레지스터의 내용** : 일반적 계산을 위해 활용되는 레지스터들의 내용
- **중앙처리기 특수 레지스터의 내용** : 프로세스의 수행 위치를 나타내는 프로그램 계수기(program counter), 스택 포인터 레지스터, 중앙처리기 상태 레지스터 등
- 각종 자원 활용 정보(파일 · 장치 등)
- 스케줄링 정보
- 메모리 영역 정보
- IPC 정보
- 타이머(timer) 관련 정보
- 기타

커널 수준의 문맥은 대부분 하드웨어에 종속적인 중앙처리기 레지스터들로 구성되는데, 레지스터들은 중앙처리기를 차지하는 프로세스가 실행되는 동안 모두 변화되기 때문에 프로세스 중지 시에는 반드시 보존되었다가 수행 속개 시 다시 복원되어야 한다.

리눅스 커널에서는 이러한 프로세스의 문맥 및 모든 관련 정보를 각 태스크마다 커널에 할당되는 task_struct 구조체 내에 보관한다.

〈표 6-4〉 리눅스 커널의 프로세스 관리를 위한 task_struct 구조체

```
struct task_struct {
volatile long state;    /* -1 unrunnable, 0 runnable, >0 stopped , task의 상태 */
unsigned long flags;    /* process 관련 각종 상세 정보 */
int sigpending;                 /* task 실행 속개시 처리할 signal의 대기 유무 */
mm_segment_t addr_limit;        /* task 가상주소 공간
0-0xBFFFFFFF for user-thead
0-0xFFFFFFFF for kernel-thread  */
struct exec_domain exec_domain; /* UNIX emulation 관련 */
volatile long need_resched;     /* 재스케쥴링의 필요 (time slice burst 등)  */
unsigned long ptrace;           /* ptrace 관련 flags */
int lock_depth;         /* SMP에서의 kernel lock depth */
long counter;           /* 남은 time slice : clock tick의 개수 */
long nice;              /* SCHED_FIFO 태스크의 priority 재조정 요소 */
unsigned long policy;   /* 스케쥴링 정책, SCHED_RR, SCHED_FIFO, SCHED_NORMAL
*/
struct mm_struct mm;  /* 가상 메모리 관련 정보 */
int processor;          /* 현재 할당된 CPU */

/*
* cpus_runnable is ~0 if the process is not running on any
* CPU. It's (1 << cpu) if it's running on a CPU. This mask
* is updated under the runqueue lock.
*


* To determine whether a process might run on a CPU, this
* mask is AND-ed with cpus_allowed.
*/
unsigned long cpus_runnable, cpus_allowed;
```

```
struct list_head run_list;          /* running ready 상태의 프로세스 list */
unsigned long sleep_time;    /* block된 시간 */
struct task_struct *next_task, *prev_task;  /* 전체 프로세스 리스트*/
struct mm_struct active_mm;   /* 현재 사용중인 mm_struct의 포인터 */
struct list_head local_pages;   /* 프로세스별로 free page list를 관리하는 경우 */
unsigned int allocation_order, nr_local_pages;  /* 프로세스별 free page 관련 정보 */
struct linux_binfmt *binfmt;       /* 프로그램 binary  format(ELF, a.out 등)에 따른 로더
                            함수의 주소 정보 */
int exit_code, exit_signal;     /* process 종료시의 return 값과 parent에 배달될 signal */
int pdeath_signal;              /*  parent 종료시 보낼 signal  */
unsigned long personality;  /* 현재 지원되는 UNINX version */
int did_exec:1;              /* process 생성 후 execuve 등을 통해 새로운
                              프로그램을 load했는지의 여부 */
pid_t pid;                 /* process id */
pid_t pgrp;                 /* process group id */

/* terminal login session관련 정보 */
pid_t tty_old_pgrp;
pid_t session;
pid_t tgid;
int leader;      /* boolean value for session group leader */

/* pointers to (original) parent process, youngest child, younger sibling,
* older sibling, respectively.  (p->father can be replaced with
* p->p_pptr->pid)
*/
struct task_struct *p_opptr, *p_pptr, *p_cptr, *p_ysptr, *p_osptr;
struct list_head thread_group;  /* 소속 thread group lsit */


struct task_struct *pidhash_next;       /* pid hash search list */
struct task_struct **pidhash_pprev;

wait_queue_head_t wait_chldexit;        /* for wait4() child process exit 대기 */
```

```
struct completion *vfork_done;          /* for vfork() */
unsigned long rt_priority;              /* SCHED_RR, SCHED_FIFO 실시간 태스크의
                                           scheduling priority */
/* real-timer, prof_timer, virtual-timer 각각의 alarm이 될 때까지의 남은 ticks */
unsigned long it_real_value, it_prof_value, it_virt_value;
unsigned long it_real_incr, it_prof_incr, it_virt_incr; /* 각 timer 실행 후 초기화 값 */
struct timer_list real_timer;    /* 사용 중인 real-time interval timer */
struct tms times;          /* process가 user mode와 system mode에서 보낸 시간들 */
unsigned long start_time;       /* process의 실행 시작 시간 */
long per_cpu_utime[NR_CPUS], per_cpu_stime[NR_CPUS]; /CPU마다의 시간 자료 */
/* mm fault and swap info: this can arguably be seen as either mm-specific or
thread-specific */
unsigned long min_flt, maj_flt, nswap, cmin_flt, cmaj_flt, cnswap;
 int swappable:1;          /* 가상 메모리 관리시 process page의 swap 가능 여부 */
/* process credentials */
uid_t uid,euid,suid,fsuid;  /* process의 user id, 실행시의 effective user id
                     saved user id, file system 접근시의 effective user id */
gid_t gid,egid,sgid,fsgid; /* process의 guourp user id, 실행시의 effective group user id
                   saved group user id, file system 접근시의 effective group user id */
int ngroups;           /* 한 process가 동시에 여러 group에 속할 때 사용 */
gid_t   groups[NGROUPS];
/* process capability 관련 정보 */
kernel_cap_t   cap_effective, cap_inheritable, cap_permitted;
int keep_capabilities:1;
struct user_struct *user;  /* 사용자를 기준으로 한 프로세스 개수, 파일 개수 등 */
/* limits */
struct rlimit rlim[RLIM_NLIMITS];  /* porcess의 자원 사용한도
CPU time, max file size, max data size,


max stack size, max core file size, frame 개수,
process 생성 한도, max open files,
max locked memory address space */
unsigned short used_math;       /* floating point unit 관련 정보 */
```

```
char comm[16]; /* process로 실행되는 프로그램의 이름 */
/* file system info */
int link_count, total_link_count;
struct tty_struct *tty; /* NULL if no tty */
unsigned int locks; /* How many file locks are being held */
struct sem_undo *semundo; /* 프로세스 종료시 반환되어야 하는 semaphore 정보 */
struct sem_queue *semsleeping; /* semaphore 대기 큐 리스트 */
struct thread_struct thread; /* 실행에 필요한 macine register context 정보 */
struct fs_struct fs;           /* file system에 관한 정보, 함수 주소 등 */
struct files_struct files;      /* open fileemf에 관한 정보 */
spinlock_t sigmask_lock;        /* signal 관련 처리시의 mutual exclusion */
struct signal_struct *sig;      /* signal handler 주소 집합 */
sigset_t blocked;              /* 당분간 처리를 하지 않는 signal들의 집합 */
struct sigpending pending;      /* 배달되고 처리 안 된 signal들 */

unsigned long sas_ss_sp;        /* X/Open signal stack 관련 */
size_t sas_ss_size;             /* X/Open signal stack 관련 */

/* signal notification 관련 */
int (*notifier)(void *priv);
void *notifier_data;
sigset_t *notifier_mask;

u32 parent_exec_id;  /* 프로세스가 멀티 스레드로 수행될 때의
u32 self_exec_id;       Thread group tracking */
spinlock_t alloc_lock;  /* mm, files, fs, tty 관련 구조체 alloc/dealloc시의 lock */
void *journal_info;     /* journalling filesystem 정보 */
};
```

6.1.3 시스템 호출, 문맥 교환 및 인터럽트 처리 개요

이 절에서는 프로세스가 사용자 모드에서 실행 중 시스템 호출을 하여 처리 완료 후 사용자 모드로 다시 복귀하기까지의 과정을 대표적인 입출력인 디스크 파일 입력의 예로 설명한다.

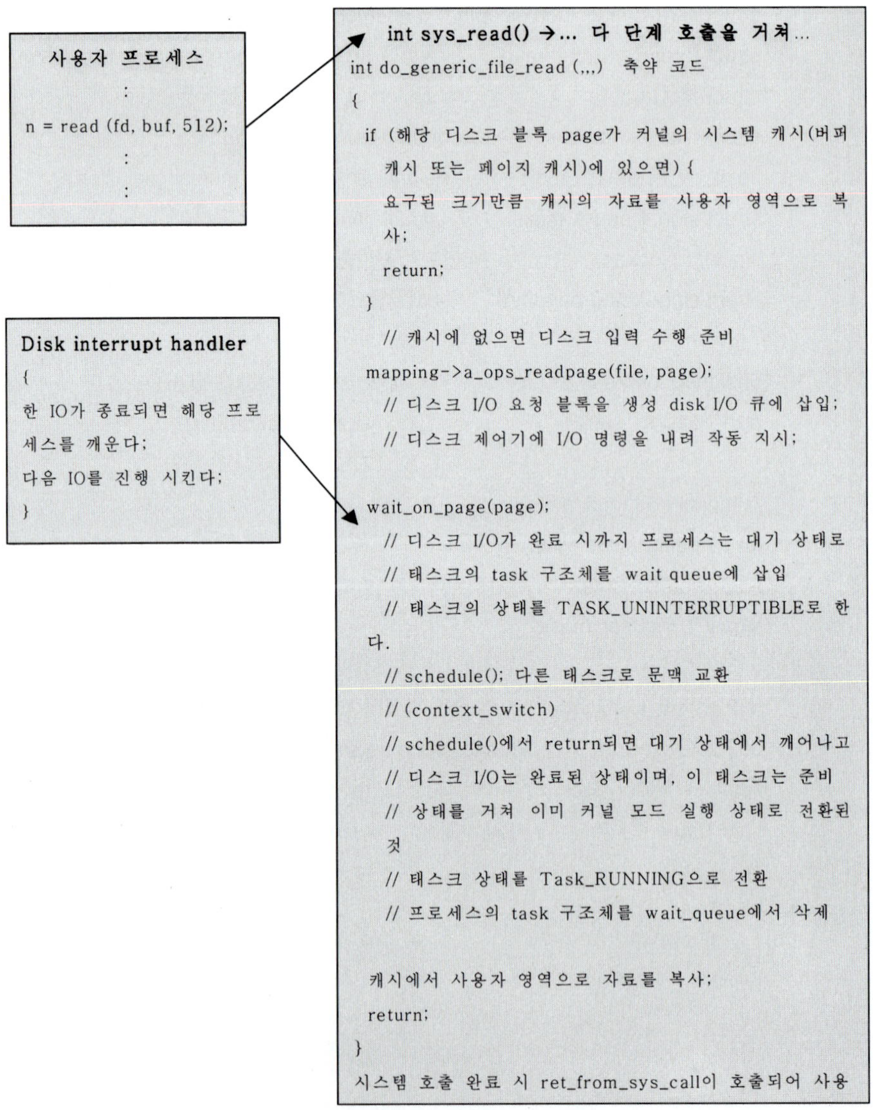

[그림 6-4] 시스템 호출과 인터럽트 처리 및 문맥 교환의 관계

사용자가 요구한 입출력이 완료되기까지는 커널 내의 관련 시스템 호출 처리 루틴뿐만 아니라 디바이스 드라이버인 인터럽트 처리 루틴이 서로 유기적인 관계를 가지고 동작된다. 이 과정에서는 물론 입출력 대기에 의한 프로세스의 대기 상태로의 전이, 문맥 교환 등이 발생하고, 또한 디스크 입출력을 최소화하기 위한 시스템의 버퍼링 기법이나 가상 메모리 관련 페이지 캐싱(page caching) 기법도 등장한다.

이러한 처리과정은 커널의 큰 두 부분인 시스템 호출과 인터럽트 처리의 관계를 이해하는 중요한 부분이 된다.

[그림 6-4]는 시스템 호출과 그 안에서의 입출력 요청에 의한 프로세스 대기(block) 및 인터럽트 핸들러의 프로세스 웨이크-업(wake-up) 관계를 설명하고 있다. 즉 입출력을 처리하는 디바이스 드라이버의 인터럽트 핸들러는 일반적으로 입출력을 종료를 기다리는 프로세스를 준비상태로 전환시켜 이를 빠른 기간 안에 스케줄 받도록 하고, 다시 큐잉된 다음 입출력을 진행하는 역할을 한다.

1. 시스템 호출

사용자 프로세스에 의해 시스템 호출이 일어나면 실행 모드가 커널 모드로 전환되고 커널 내부의 동일점으로 분기하여 시스템 콜 번호에 따른 해당 내부 루틴이 호출된다.

시스템 호출 처리가 종료되면 인터럽트의 bottom-half 핸들러와 soft-irq 처리가 일어나며, ret_from_syscall의 과정에서 필요시(need_reschedule flag) schedule() 함수가 호출되어 재스케줄링을 한다. schedule() 함수 처리 후 실행 프로세스는 사용자 모드로 돌아가기 전, 배달된 시그널이 있는지 검사하여 있으면 signal handler를 거쳐 사용자 모드로 복귀하게 된다.

2. 문맥 교환

문맥 교환(context switch)은 현재 실행중인 프로세스의 Context(CPU 상태 - 즉 레지스터 정보)를 메모리상에 저장하고, 다음에 실행하는 프로세스의 문맥을 CPU상에 로드하는 작업이다. 다시 실행 할 때는, 조금 전 메모리상에 저장 한 문맥을 CPU상에 로드하고 고치면, 중단 지점으로부터 처리를 재개할 수가 있다.

CPU를 반납하는 프로세스가 시스템 호출 내부에서 context_switch 함수를 호출하여 이루어진다. context_switch 함수의 인자로서 스케줄링 큐의 주소, 현재 수행중인 프로세스의 task_struct와 새로 CPU를 받을 프로세스의 task_struct가 주어진다.

```
context_switch(runqueue_t *rq, task_t *prev, task_t *next)
```

〈kernel/sched.c〉에 정의 된 context_switch 함수는 함수 형태로 되어 있지만 실제로는 다음과 같은 역할을 한다.

- 활성화되는 메모리 정보를 새 프로세스의 메모리 정보로 바꾸고
- 현 레지스터들의 내용을 prev에 보관한 후, next에 보관된 레지스터의 내용을 레지스터들에 새로이 적재한다.

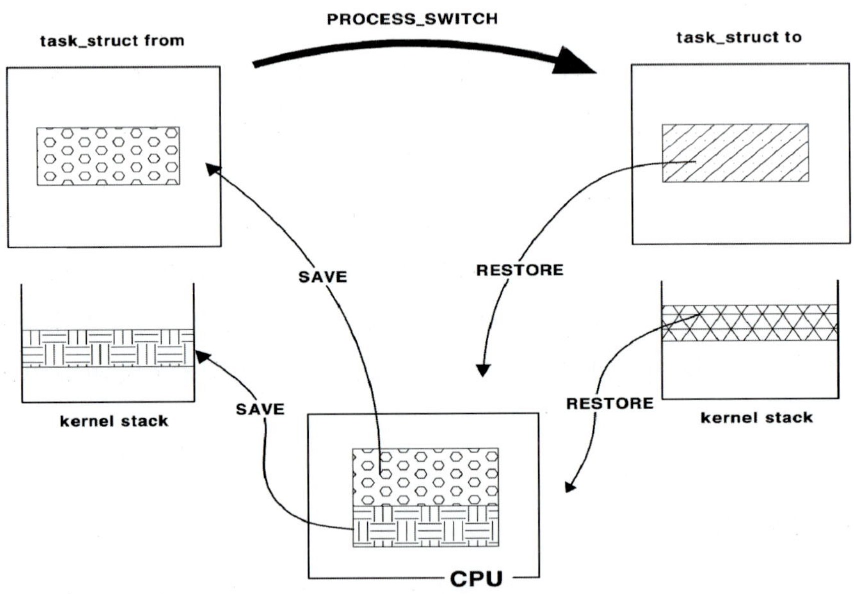

[그림 6-5] 프로세서의 문맥 교환

위에서 교환되는 레지스터 중에는 PC(Program Counter)도 있으므로, 실질적으로 이 지점에서 다른 프로세스의 중단되었던 지점으로 분기가 일어나게 된다. context_switch 호출로 이 지점에서 중단되는 프로세스는 언젠가 다른 프로세스의 context_switch 호출에 의해 이 지점으로 다시 돌아오게 된다.

따라서 이는 함수와 같이 보이지만 jump-〉 ready -〉 scheduled -〉 context_ switch의 순으로 복귀하는 과정을 거치게 된다. 그러므로 프로세스는 커널 모드에서 중단되고 다시 커널 모드에서 수행이 재개되는 것이다.

커널 내에서 이러한 문맥 교환이 일어나는 경우는 다음의 두 가지 유형으로 분류된다.

- 프로세스가 시스템 호출을 하고 커널 함수 안에서 입출력 요구 등을 하여 프로세스가 자발적으로 문맥 교환(voluntary context switch)을 하는 경우
- 인터럽트 처리와 시스템 호출의 처리 과정에서 여러 가지 이유로(타임 슬라이스의 소진, 프로세스의 대기 종료 및 생성 등) 스케줄링이 필요하다는 플래그가 설정된 경우, 인터럽트 처리 및 시스템 호출 처리 직후 사용자 모드로 복귀하기 이전에 스케줄러가 수행되며, 이때 우선순위가 현재 프로세스보다 높은 프로세스가 있으면 문맥 교환(involuntary context switch)이 일어난다. 현 프로세스의 타임 슬라이스가 다 소진된 경우도 클럭 인터럽트 처리 과정에서 이러한 사실을 알게 되고, 이때에도 인터럽트 처리를 마치고 사용자 모드로 복귀하는 과정에서 문맥 교환이 있게 된다.

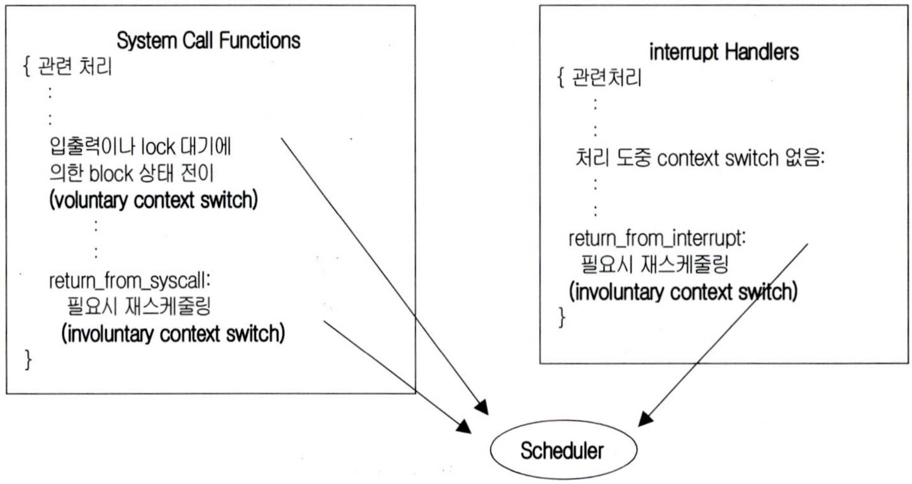

[그림 6-6] 커널 내에서 문맥 교환(스케줄링)이 일어나는 위치

위와 같은 문맥 교환에서 중요한 사실은 인터럽트 처리는 반드시 단기간에 완료하여야 하므로 인터럽트의 처리 도중에는 문맥 교환이 있을 수 없다는 사실이다. 또 한 가지 알아야 할 점은, 문맥 교환은 반드시 커널 모드 수행 시에 이루어지므로 프로세스는 반드시 커널 안에서 수행이 중지되고 커널 안에서 다시 수행이 속개된다는 점이다.

6.2 리눅스 스케줄링

리눅스 운영체제는 프로세스나 스레드(thread), 즉 태스크에 대해 선점(preemption) 스케줄링 기법을 사용한다. 선점 스케줄링이라 함은 시분할 시스템에서 한 태스크의 CPU 독점을 방지하기 위해 주어지는 타임 슬라이스(time slice)가 모두 소진되었거나, 인터럽트나 시스템 호출 종료 시 더 높은 우선순위의 태스크가 발생되었음을 알았을 때, 현 실행 태스크로부터 강제로 CPU를 회수하는 것을 말한다.

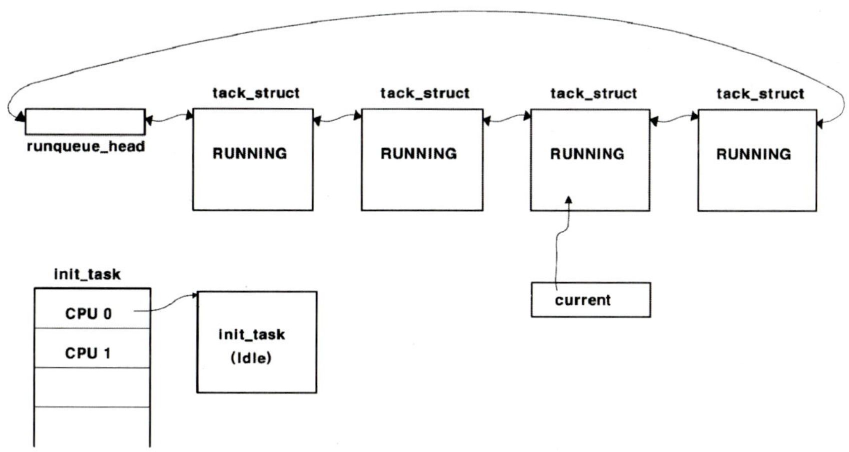

[그림 6-7] 프로세스 스케줄러의 형태

이러한 선점 스케줄링을 사용하는 대부분의 운영체제는 CPU 효율의 극대화, 프로세스에 대한 빠른 응답 및 공평성의 상반된 목적을 만족시키기 위해 여러 가지 스케줄링 정책과 동적 우선순위 기법을 보통 사용한다.

스케줄러는 프로세스와 thread를 동일하게 취급한다. 실행 가능한 프로세스(thread)는 그림의 실행(RUN) 큐에 링크되어 있다. 스케줄러는 이 실행 큐에 있는 프로세스 중 가장 높은 우선순위(priority)를 가지는 프로세스를 선택해 CPU(실행권)를 준다. 현재 실행중의 프로세스는 current라고 하는 포인터에 의해 가리켜 진다.

실행 큐는 활성(active)과 비활성(expired)인 2개의 우선순위 배열(priority array)을 갖는다. 우선순위 배열은 〈kernel/sched.c〉에 struct prio_array로 정의되어 있다. 각 우선순위 배열은 각 우선순위 레벨마다의 실행가능 프로세스 큐를 가지고 있다.

리눅스 스케줄러는 〈kernel/sched.c〉에 정의되어 있다. 스케줄러 알고리즘과 관련 코드는 커널 2.5 개발 버전부터 만들어 졌다. 그리고 리눅스 커널 2.6에 와서는 초기 커널의 스케줄러와 다른 새로운 스케줄러가 완성 되었다. 새로운 스케줄러는 다음과 같은 목표로 설계되었다.

- 완전한 O(1) 스케줄링을 구현하여 모든 알고리즘은 실행중인 프로세스의 개수에 무관하게 정해진 시간 안에 완료되어야 한다.

- 각각의 프로세서는 자신만의 락(lock)과 실행 큐(run queue)를 가져 완벽한 SMP(멀티 프로세서 시스템) 확장성을 가져야 한다.
- 시스템에 부하가 많이 걸려도 인터랙티브(interactive) 태스크에 대해 시스템이 즉각 반응을 보여 좋은 인터랙티브 성능을 보장해야 한다.
- 프로세스에 일정한 타임 슬라이스를 주어 공평성을 유지할 것이다.
- 실행가능한 프로세스가 1~2개인 경우를 위해 최적화하되, 멀티프로세스로도 확장이 가능해야 한다.

커널 2.6의 새로운 스케줄러는 위와 같은 목표를 만족한다.

6.2.1 리눅스 스케줄링

리눅스 스케줄링에서 프로세스들은 기본적으로 실시간성과 실행 형태에 따라 다음의 스케줄링 그룹으로 구분되는데 이를 스케줄링 정책이라 한다.

1. 우선순위의 배정

SCHED_FIFO와 SCHED_RR 정책의 프로세스는 앞에서 설명한 바와 같이 실시간(real-time) 프로세스 그룹으로 실행기간 동안 높은 고정 우선순위(priority)를 가지며 이 는 슈퍼 유저 프로그래머를 위한 별도의 우선순위 관리 API에 의해서 조정이 가능하다.

SCHED_NORMAL는 실시간 프로세스가 아닌 일반 프로세스로 생성 시에 기본 타임 슬라이스(quantum)를 할당 받고, 남은 타임 슬라이스는 기본 우선순위의 역할을 한다.

프로세스는 -20에서 19 사이의 기본값이 0인 nice라는 초기 우선순위를 갖고 있다. 이 값은 프로세스의 task_struct의 static_prio 멤버에 저장되어 있다. nice가 19이면 가장 낮은 우선순위를, -20이면 가장 높은 우선순위를 가지게 된다.

〈표 6-5〉 스케줄링 정책

스케줄링 정책	설 명
SCHED_OTHRERS	일반적인 사용자 태스크에 적용되는 스케줄링 정책으로 nice값 기반의 커널에 의한 동적 우선순위 시스템을 사용한다.
SCHED_FIFO	긴급한 실시간 태스크에 사용되는 정책으로 모든 SCHED_NORMAL 그룹보다 높은 고정 우선순위(사용자에 의해 지정 또는 변경 가능)를 가지며, 타임 슬라이스의 개념이 없다. 타임 슬라이스의 개념이 없다는 의미는 해당 태스크가 가장 높은 우선순위를 가지고 있을 때, 입출력 요구 등에 의해 스스로 CPU를 반환하기 이전에는 CPU를 계속 사용할 수 있다는 의미이다. 슈퍼 유저만이 생성할 수 있다.
SCHED_RR	역시 긴급한 실시간 태스크에 사용되는 정책으로 모든 SCHED_NORMAL 그룹보다 높은 고정 우선순위(사용자에 의해 지정 또는 변경 가능)를 가지며 타임 슬라이스가 주어진다. 같은 우선순위 등급에서는 타임 슬라이스에 의한 라운드 로빈(round-robin) 스케줄링 기법이 적용된다. 라운드로빈 스케줄링은 타임 슬라이스가 다 소진되었을 때 런 리스트(run-list)의 맨 마지막으로 삽입되어 같은 우선순위의 모든 다른 태스크의 스케줄링 이후에 CPU를 받게 하는 스케줄링이다. 슈퍼 유저만이 생성할 수 있다.

이 값은 사용자가 값을 지정한 후 변경되지 않기 때문에 정적 우선순위라고 불린다. 스케줄러는 prio 멤버에 저장되는 동적 우선순위를 사용하여 정책을 결정한다. 동적 우선순위는 정적 우선순위와 태스크의 인터랙티브한 정도의 함수로 계산된다.

태스크의 동적 우선순위는 effective_prio() 함수에 의해 리턴된다. 이 함수는 태스크의 nice 값으로부터 시작하여, 태스크의 인터랙티브한 정도에 따라 -5에서 +5 사이의 보너스 또는 페널티를 부과한다. 예를 들어 nice 값이 10인 인터랙티브한 태스크는 5의 동적 우선순위를 갖고, nice 값이 10인 중간정도의 인터랙티브한 태스크는 보너스도 패널티도 받지 않으므로 nice 값과 거의 같은 10의 동적 우선순위를 갖는다.

태스크의 타임 슬라이스가 다 소진된 경우 그 태스크의 동적 우선순위에 기반을 둔 새 타임 슬라이스를 task_timeslice() 함수를 이용하여 계산한다. 이 함수는 우선순위 값에 비례하여 타임 슬라이스 값의 정한다. 따라서 태스크의 우선순위가 높을수록 긴 타임 슬라이스를 할당한다. 최고 우선순위(nice = -20) 태스크에 할당하는 타임 슬라이스는 800ms이다. 가장 낮은 우선순위(nice = +19) 태스크에는 최소 타임 슬라이스(MIN_TIMESLICE로서 5ms나 타이머 틱(tick) 중 큰 값)를 할당한다. 기본 우선순위 태스크(nice = 0)에는 100ms의 타임 슬라이스를 할당한다.

스케줄러는 인터랙티브 태스크의 타임 슬라이스가 다 소진되었을 경우 비활성 배열에 넣는 대신 다시 활성 배열에 넣는다. 타임 슬라이스의 재계산은 활성과 비활성 배열을 서로 바꿈으로써 이루어진다. 일반적으로 프로세스가 타임 슬라이스를 다 소진했을 때 활성 배열에서 비활성 배열로 옮겨진다. 활성 배열에 더 이상 프로세스가 남아있지 않을 때 활성은 비활성, 비활성은 활성으로 두 배열은 서로 교환된다. 이 방법으로 O(1) 타임 슬라이스 재계산을 보장한다.

리눅스에서는 소프트 실시간 동작을 지원하는 SCHED_FIFO와 SCHED_RR의 두 가지 실시간 스케줄링 정책을 제공한다. 이 두 가지 실시간 스케줄링 정책은 정적(static) 우선순위를 구현하고 있다. 커널은 실시간 태스크들의 동적 우선순위 값을 계산하지 않는다. 이 방식은 어떤 실시간 프로세스가 있을 경우, 이보다 낮은 우선순위를 갖는 모든 프로세스가 선점되도록 보장한다.

실시간 우선순위는 1부터 MAX_RT_PRIO-1까지의 값을 갖는다. 기본적으로 MAX_RT_PRIO는 100이다. 결국 기본적인 실시간 우선순위는 1에서 99 사이의 값을 갖는다. 이러한 우선순위 범위는 SCHED_NORMAL 태스크의 우선순위 범위와 관련이 있는데, MAX_RT_PRIO에서 MAX_RT_PRIO+40의 값을 갖는다. 결국 -20에서 +19의 nice값은 100에서 139의 우선순위에 해당한다는 것을 알 수 있다.

리눅스는 스케줄러 파라미터를 조작할 수 있는 여러 가지 시스템 콜을 제공한다. 이 시스템 콜들을 사용하면 프로세스 우선순위, 스케줄링 정책, 프로세서 Affinity를 변경할 수 있으며 프로세서를 다른 태스크에게 명시적으로 양보할 수도 있다.

2. 사용자를 위한 스케줄링 관련 시스템 호출

프로세스의 우선순위나 스케줄링 정책 조정을 위한 함수들은 다음과 같다.

우선 생성된 프로세스에 대해 일반적인 time-sliced 프로세스일 경우 SCHED_NORMAL, 시간에 대해 치명적인 실시간 프로세스의 경우 SCHED_ FIFO와 SCHED_RR 정책과 함께 우선순위를 줄 수 있는 함수들은 다음과 같다.

설명에서 알 수 있듯이 이 sched_setscheduler 함수는 SCHED_ NORMAL 일 경우는 무의미하다. 따라서 이 함수는 실시간 프로세스를 지정하고 고정 우선순위를 주는 데 사용한다.

```
SETSCHEDULER(2)
#include <sched.h>

int sched_setscheduler (pid_t, pid, int policy, const struct sched_param *p)
int sched_getscheduler (pid_t, pid);

struct sched_param {
    ...
    int sched_priority;
    ...
};

   입력 값
            -pid : 해당 프로세스 id (0인 경우는 자신)
            -policy : SCHED_OTHERS, SCHED_FIFO, SCHED_RR
            -sched_param : policy에 따라 구조체 내부의 sched_priority 값을
              설정한다. SCHED_OTHERS인 경우는 0을 주어야 하며, 실시간 프로세
              스의 경우는 1~99 범위의 값을 준다. SCHED_FIFO와 SCHED_RR은
              super user만 사용할 수 있다.
            -sched_getscheduler는 policy를 return한다.

   반환 값
            -정상 : sched_setscheduler -> 0, sched_getscheduler -> policy
            -에러 : -1
```

스케줄링 정책이 정해진 실시간 프로세스에 대해 사용자 임의로 우선순위 조정을 위해 사용하는 함수들은 다음과 같다.

```
SCHED_SETPARAM(2)
#include <sched.h>

int sched_setparam(pid_t, pid, const struct sched_param *p);
int sched_getparam (pid_t pid, struct sched_param *p)

   입력 값
            -pid : 해당 프로세스 id (0인 경우는 자신)
            -sched_param : policy에 따라 구조체 내부의 sched_priority값을
              설정한다. 실시간 프로세스의 경우는 1-99 범위의 값을 준다.
              SCHED_FIFO와 SCHED_RR은 슈퍼 유저만 사용할 수 있다.
            -sched_getscheduler는 sched_param 구조체를 반환한다.

   반환 값
            -정상 : 0,
            -에러 : -1
```

기타 스케줄링 관련 함수들로는 다음과 같은 것들이 있다.

```
SCHED_YIELD(2)
#include <sched.h>

int sched_yield(void);
```

sched_yield 함수는 커널에 재스케줄링을 요구하여 호출 프로세스는 같은 우선순위 등급의 큐에서 가장 뒤로 옮겨진다. sched_yield 후에, 자신보다 높은 우선순위의 프로세스가 없으면 호출 프로세스가 다시 스케줄을 받는다.

이와 같은 함수는 어떠한 프로세스가 어떤 조건이 만족하길 기다리는 루프를 수행할 때, 조건이 만족하지 않아도 주어진 타임 슬라이스(time slice) 동안 계속 루프를 돌아 CPU 시간을 낭비하는 것을 방지하는 데 사용되는 것이 보통이다.

즉 한번의 조건 테스트로 기다리는 조건이 만족하지 않음을 알았을 때, 다른 프로세스에게 스케줄을 일단 양보하고 조건 테스트는 후에 다시 스케줄을 받았을 때 다시 하기 위한 함수이다.

사용 예는 다음과 같다.

```
while (!condition) {  // 조건은 try lock이나
// 세마포어의 try wait 등을 예로 들 수 있다.
sched_yield();
}
```

그 외 SCHED_NORMAL와 SCHED_RR 정책 프로세스의 nice값을 조정하는 함수는 다음과 같다.

```
NICE(2)
#include <unistd.h>

int nice(int inc);
```

inc값이 음수이면 우선순위가 증가하게 되는데, 이는 슈퍼 유저만이 할 수 있다. nice함수는 SCHED_NORMAL 프로세스의 nice값을 조정하고 이는 타임 슬라이스와 우선순위 조정에 영향을 미친다. 단 SCHED_RR의 실시간 프로세스인 경우는 타임 슬라이스 조정에만 영향을 주고 우선순위는 고정이므로 영향을 미치지 않는다.

위에 설명한 스케줄링 관련 함수들은 일반적으로 nice를 제외하고는 모두 SCHED_FIFO나 SCHED_RR의 실시간 프로세스를 위해 사용되는 것들이다. 즉, 이장의 내용은 실시간 시스템 응용을 작성하는 사용자를 위한 것이라고 할 수 있다.

Intel CPU를 기준으로, 시스템 호출은 int 명령을 이용해 구현되어 있다. 프로세스가 시스템 호출을 실행하면, CPU의 상태가 유저 모드로부터 커널(Kernel) 모드로 바뀌어, 아래의 system_call()함수에 접근한다. 시스템 호출 번호를 인덱스로서 sys_call_table[]테이블을 찾아, 번호에 맞는 시스템 호출을 실행한다.

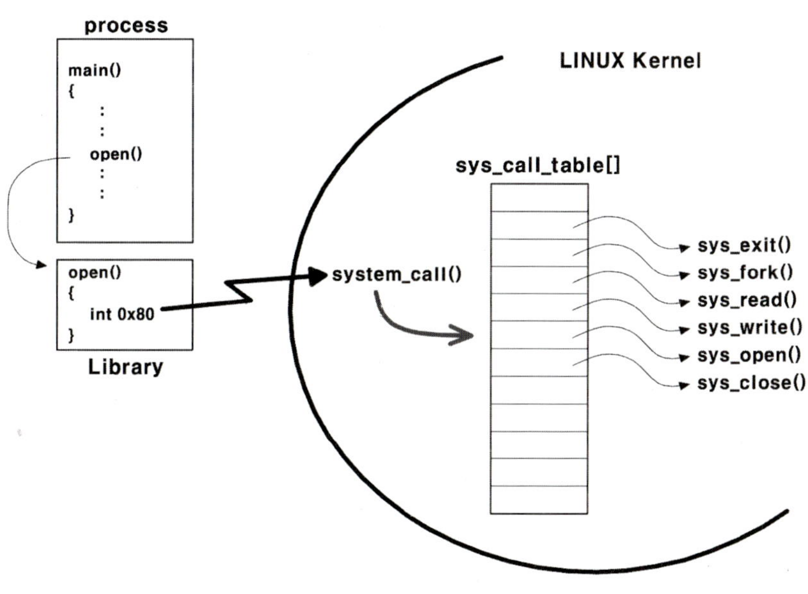

[그림 6-8] 시스템 콜

3. 커널 내부의 스케줄링 함수

스케줄링 관련 커널 내부 함수는 사용자가 응용 프로그램에서 사용하는 것은 아니다. 다만 임베디드 시스템에서 실시간 시스템 구현과 같은 특수목적으로 커널 내부를 수정하고자 하는 개발자를 위하여 커널 내부에서 사용하는 schedule() 함수를 알아보기로 한다.

```
schedule()
```

스케줄링 내부 함수로서 대표적인 함수는 schedule()로 현재 프로세스의 타임 슬라이스가 다되었거나(need_resched flag), 입출력 요청으로 대기(blocked) 상태가 될 때, 인터럽트 처리 종료 시나 시스템 호출 종료 시, 재스케줄링이 필요한 경우에 호출된다. 다만 인터럽트 종료 시나 시스템 호출 종료 시에는 인터럽트 bottom_half handler, 커널의 task queue의 작업을 마친 후 schedule()이 호출된다.

〈표 6-6〉 schedule() 함수의 실행내용

- SCHED_RR의 타임 슬라이스 소진시에는 라운드 로빈(round-robin) 방식 적용
- 대기상태로 전환하는 프로세스가 task_interruptible인 경우, 시그널 펜딩(signal pending)을 조사하여 시그널이 있으면 대기상태로 가지 않고 다시 실행상태로 만들어 시그널을 처리하도록 한다.
- 커런트(current) 프로세스를 run_list에서 제거한다.
- run_list에 있는 프로세스 중 goodness(실행 우선순위)가 가장 높은 프로세스를 선출한다.
- 위의 과정에서 모든 프로세스의 goodness가 0이면(모두 타임 슬라이스 소진) 모든 프로세스의 타임 슬라이스(우선순위)를 다시 설정한다.
- 가장 높은 우선순위의 프로세스와 문맥교환을 실행한다.

6.3 메모리 관리

리눅스 운영체제의 메모리 관리는 CPU에 MMU(Memory Management Unit)가 있는 경우 기본적으로 페이징(paging)을 기반으로 한 가상 메모리 시스템(virtual memory system)을 지원한다. 가상 메모리 시스템은 페이지 단위의 할당 및 맵핑을

위한 페이징과, 실제 메모리보다 큰 공간 제공을 위한 스와핑(swapping)으로 구성되는데 각각 다음과 같은 특징을 가진다.

- 페이지 단위로 메모리에 적재되고 가상주소가 실제주소로 맵핑되므로 프로세스의 주소공간의 메모리 배치에 연속적 할당이 필요없어 편리한 메모리 관리가 가능하다. 임베디드 시스템의 경우도 여러 개의 프로세스나 스레드가 동적으로 실행되어야 하는 경우에 편리하다(paging).
- 실제 물리적 메모리의 크기에 관계 없이 CPU의 형태에 따른 주소공간을 사용할 수 있다. 예를 들면 32비트 주소공간을 제공하는 CPU의 경우 4GB의 공간에서 커널이 가상적으로 차지하는 1GB의 공간을 제외한 3GB의 공간에 해당되는 크기의 프로그램을 실행시킬 수 있다. 다만 이 경우는 하드디스크와 같은 스왑(swap) 장치가 필요하고 속도가 느려지기 때문에 임베디드 시스템에서는 가상메모리를 사용하여도 스와핑은 사용하지 않는 것이 보통이다(swapping).

위에 설명한 바와 같이 임베디드 시스템에서 스와핑은 잘 사용하지 않으므로 이에 관한 설명은 생략하기로 한다.

명령어 수행시마다 계산되는 CPU에 의해 산출되는 가상주소는 MMU (Memory Management Unit) H/W가 커널이 각 프로세스마다 준비하는 페이지 테이블 (page table)을 바탕으로 실제 물리 메모리 주소로 변환한다. 물론 프로세스가 커널 모드 실행일 때에는 커널 영역을 위한 페이지 테이블을 사용하게 된다.

리눅스 운영체제는 프로세스나 커널이 요구하는 동적 페이지 할당을 위해 사용 가능한(free) 페이지들의 풀(pool)을 유지하는 데 커널의 물리적 free page 풀은 buddy area와 slab cache라는 공간구조에, 사용자 프로세스를 위한 가상공간의 할당영역은 힙(heap) 공간에 유지한다.

커널이 일단 부팅되면 초기 단계에 가상 메모리 시스템이 활성화되어 커널 자신도 가상 메모리 시스템 하에서 실행되는 것이 보통이다. 디폴트 설정에서는, 물리 메모리는0 xC0000000 번지에 스트레이트 맵핑(mapping) 된다.

리눅스 커널(Kernel)은 물리 메모리의 선두에 로드 되어 있기 때문에, 가상 메모리 상은0 xC0000000 번지에 있는 것처럼 보인다. 리눅스 커널(Kernel) 메모리는 다중 가상화하지 않고, 이대로의 상태로 동작한다.

프로세스의 메모리는, 0 x00000000~0 xC0000000의 사이에, 동적으로 생성된다. 메모리는 각 프로세스마다 독립한 다중 가상으로서 생성한다. 가상 메모리상에서는 유효한 페이지라 하더라도, 그 페이지에 물리 페이지를 할당할 수 있다고는 할 수 없다. 디스크상의 파일의 블럭이나 SWAP를 가리켜 있거나, 실제로 액세스가 있었을 때에 제로클리어 하고 메모리를 할당하여야 지정되는 것도 있다.

6.3.1 프로세스와 커널의 가상주소 공간과 물리적 주소 공간

이러한 가상 메모리 시스템 하에서 사용자는 실제 메모리의 레이아웃에 관계없이 연속된 프로세스의 가상주소 공간을 사용하고 접근하게 된다. 예를 들면 정수 변수 ix의 주소인 &ix를 프린트해 보면 이는 가상주소 공간에서의 값이며, 실제 프로세스의 물리적 메모리 레이아웃에 따른 변화가 없음을 알 수 있다.

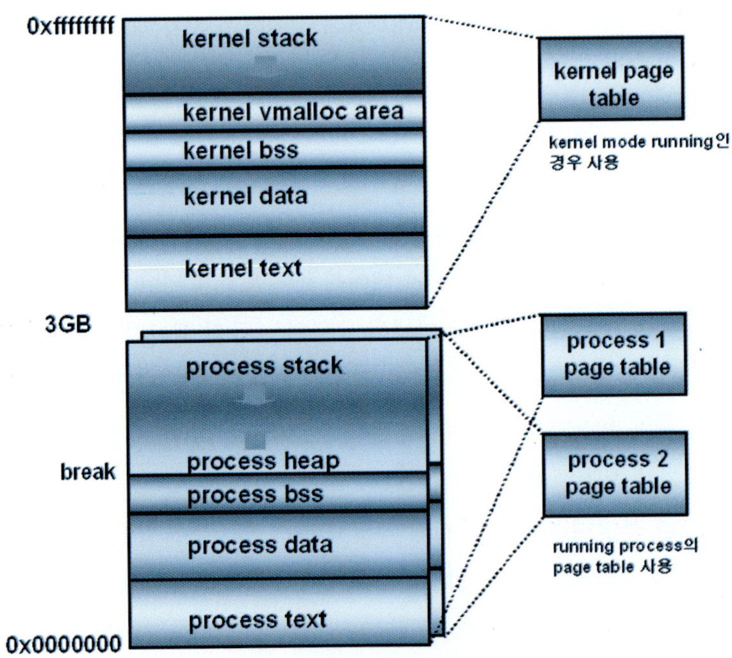

[그림 6-9] 32비트 주소인 경우 프로세스 가상공간의 구성

프로세스는 CPU에 의한 실행 중에 사용자 모드 실행과 시스템 콜 수행에 따른 커널 모드 실행을 반복하므로 가상 메모리의 주소 공간은 실행 프로세스의 영역과 커널의 영역으로 구성되어야 한다. 실제 물리적 메모리에는 여러 프로세스들 각각 다른 곳에 배치되지만 가상주소 공간에서 사용자 프로세스는 모두 동일한 주소의 영역을 사용하고, 커널은 이들이 공유함에 주의하기 바란다.

다음은 프로세스의 공간에 대한 설명이다.

① 텍스트 영역(Text Area)

CPU가 실행하는 프로세스의 프로그램 명령어로 구성되는 영역으로 읽기 전용으로만 접근이 허용되므로 프로세스의 실행 중 변화가 없다.

② 데이터 영역(Data Area)

프로그램의 전역 변수공간으로 초기화된 데이터 영역(data)과 초기화되지 않은 데이터 영역(bss)으로 구분된다.

③ 힙 영역(Heap Area)

프로세스 실행중에 malloc, new 등의 동적 메모리 할당 요구를 수용하는 데이터 영역 공간이다. break값에 의해 그 끝을 나타내며, CPU에 따라 다르지만 일반적으로 공간 부족시 주소가 커지는 방향으로 확장된다.

④ 스텍 영역(Stack Area)

함수 내에서 할당되는 automatic 변수들이나 함수 호출시에 run-time stack frame(함수가 호출될 때의 반환 주소, 환경정보 등) 등으로 할당되는 공간이다. CPU에 따라 다르지만 일반적으로 주소가 작아지는 방향으로 확장된다.

[그림 6-9]에서 두 개의 프로세스는 같은 가상공간을 사용하지만 실제 물리적 공간은 다른 곳으로 맵핑된다. 그 외에도 프로세스를 위한 가상주소 공간은 memory mapped file, shared memory, shared library 공간 등 여러 형태가 있다. 위와 같은 특성별 프로세스 주소공간은 논리적 관리를 위한 세그먼트(segment), 리전(region) 등

으로 부르기도 한다.

6.3.2 페이징 하에서의 가상 주소의 물리 주소 맵핑

CPU에 따라 가상주소의 실질 주소 맵핑은 세그멘테이션(segmentation)과 페이징(paging)을 혼용하거나 페이징만을 사용하기도 한다.

① 페이지(Page)

가상공간을 동일한 크기의 공간 셀(cell)로 분할하여 이 단위로 메모리에 분산 배치하기 위한 단위이다.

② 세그먼트(Segment)

텍스트, 데이터, 스택이나 함수 등과 같은 논리적인 단위로 가상 공간을 분할하는 단위로 가변 크기를 가진다. 단 세그먼트는 16비트 구조의 CPU가 사용되던 시절, 실제 메모리 공간이 가상공간보다 큰 문제가 발생하였고, 이런 경우 물리적 공간을 많이 크게 활용하기 위하여, 프로그램의 논리적 세그먼트(16비트 주소 공간)들을 실제공간에 여러 개 배치하여 사용하던 기법에서 기인하는 방식이다. 그러나 가상주소 공간이 물리적 공간보다 커짐에 따라 세그멘테이션은 실질적으로 그 의미가 약해졌으며 실제로 x86 계열은 세그멘테이션을 사용하지만 각 세그먼트가 가상공간 전체를 공유 사용(overlapping)하는 형태로 되어 있어 실질적으로는 페이징만을 사용하는 것과 마찬가지이다. 따라서 이 책에서는 페이징만을 설명하기로 한다.

가상공간의 페이지는 물리적 메모리에 페이지 단위로 분산 배치되므로 반드시 가상주소의 실질주소로의 맵핑이 필요하다. 이를 위한 커널 자료 구조가 프로세스마다 주어지는 페이지 테이블(page table)이다. 즉 MMU는 CPU가 계산한 명령어나 데이터의 주소를 실행중인 프로세스의 페이지 테이블을 맵핑하여 메모리로 보내게 된다. 페이지 테이블의 각 페이지마다의 자료를 pte(page table entry)라 하며, pte는 해당 페이지의 메모리 적재 여부(valid bit), 실질 메모리 주소(frame 주소) 등을 가진다.

CPU가 생성하는 가상주소를 32비트라 가정하고 페이지의 크기를 4KB라 하면, 32

비트 가상주소의 하위 12비트는 페이지 내부에서의 오프셋이 되고, 그 상위 부분은 페이지의 번호(가상주소 공간에서의 순번)가 된다. MMU는 가상주소의 상위 20비트 페이지 번호를 현재 실행중인 페이지 테이블의 실질 메모리의 프레임 주소로 변환한다. 이 과정에서 오프셋은 불변이다.

맵핑 과정에서 MMU가 페이지 테이블을 이용하려면 맵핑의 기준이 되는 페이지 테이블 자체의 주소는 가상주소가 아닌 실질주소를 알아야 한다. 그러나 CPU 들이 주소공간이 커짐에 따라, 모든 프로세스들의 페이지 테이블들은 그 자체로도 크기가 커져 커널이 페이지 테이블들을 물리적 공간에 동적으로 직접 할당하는 것에는 어려움이 발생하게 되었다.

이에 따라 페이지 테이블을 가상공간에 할당하기 위하여 2단계 또는 3단계 페이지 테이블 맵핑이 등장하였다. 즉, 2단계 맵핑에서는 각 페이지 테이블 페이지의 물리적 주소를 가지는 page directory table이(물리적 공간에 배치) 사용되고, 64비트 주소기계의 경우에는 3단계 맵핑, 즉 page global directory table, pmd(page middle directory) table, page table을 사용하게 되었다.

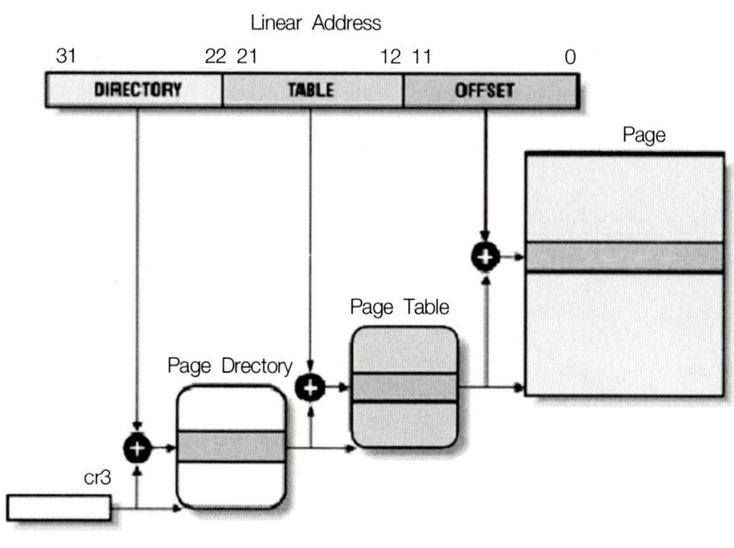

[그림 6-10] 2단계 페이지 테이블 매핑(32비트 주소체계)

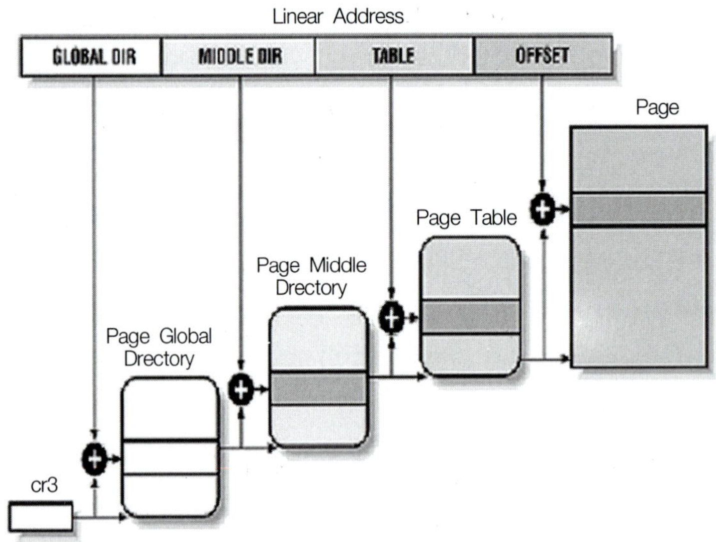

[그림 6-11] 3단계 페이지 테이블 매핑(64비트 주소체계)

커널과 하나의 프로세스로 구성된 가상주소 공간은 타겟 시스템의 메모리 레이아웃에 따라 각각 다른 모양으로 적재(맵핑)된다. [그림 6-12]는 i386 경우의 물리적 공간 맵핑에 관한 그림이다.

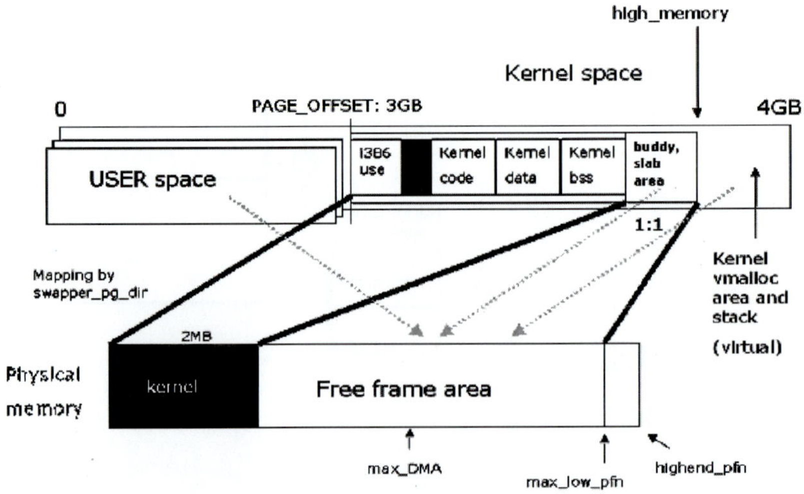

[그림 6-12] i386 경우의 가상주소 공간과 실질 주소 공간의 맵핑

[그림 6-12]에서 X86 계열의 메모리 배치는 3GB의 주소에서 시작한 커널 가상공간은 부팅 시에 실제 메모리의 첫 부분 2MB에 연속적으로 배치됨을 알 수 있다. 그 이외의 실제 메모리 공간은 사용자 프로세스의 공간, 커널의 free page 공간(연속 할당), 커널의 vmalloc을 위한 할당공간(불연속 할당) 및 커널 스택(stack) 등으로 맵핑됨을 보여주고 있다.

6.3.3 리눅스 커널의 가상 메모리 관리 구조

리눅스 커널의 가상 메모리 관리 시스템은 커널의 구성요소 중에서도 프로세스 로딩, 파일 시스템 및 맵핑 등과 관련되어 가장 복잡한 구조를 가진다. 가상 메모리 관리 시스템은 그 역할별로 다음과 같이 구분할 수 있다.

- 가상공간 관리
- 물리적 공간 관리 및 demand paging, swapping 관리
- 맵핑(HAT : H/W Address Translation layer) 관리(이전 절에서 설명하였으므로 생략함)

1. 가상공간 관리

프로세스의 가상공간 내의 영역을 관리한다. 즉, 텍스트(text), 데이터(data), 스택(stack), 힙(heap) 등의 기본 영역에 관한 가상공간에서의 위치, 크기, 속성, 관련된 파일 등에 관한 정보를 종합 관리한다.

관련된 주요 커널 자료구조는 mm_struct와 vm_area_struct로 mm_struct는 전체 프로세스 영역에 대한 자료를, vm_area_struct는 텍스트, 데이터, 힙, 스택 등과 같은 각 영역에 대한 자료를 저장한다.

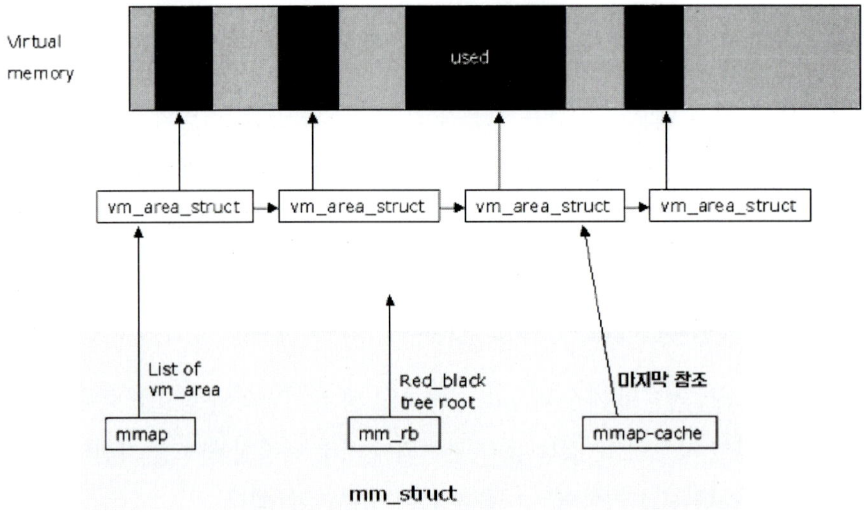

[그림 6-13] 사용자 프로세스의 가상공간 관리구조

〈표 6-7〉과 〈표 6-8〉의 내용들은 mm_struct와 vm_area_struct 구조체들의 내용에 관한 설명이다.

〈표 6-7〉 프로세스의 가상공간 관리 구조체 mm_struct

```
                    /* 프로세스의 가상공간 descriptor */
struct mm_struct {
struct vm_area_struct * mmap;  // list of VMAs
rb_root_t mm_rb;               // red back tree; GNU AVL tree 대용
                               // vm area가 많은 경우 빨리 search하기 위해
struct vm_area_struct * mmap_cache;   // last find_vma result
pgd_t * pgd;                          // page directory table
atomic_t mm_users;             // How many users with user space?
atomic_t mm_count;             // How many references to "struct mm_struct"
int map_count;                 // number of VMAs
struct rw_semaphore mmap_sem;         // for locking
spinlock_t page_table_lock;    // Protects task page tables and mm->rss
```

```
struct list_head mmlist;          // List of all active mm's. These are globally strung
// together off init_mm.mmlist, and are protected by mmlist_lock
unsigned long start_code, end_code, start_data, end_data;
unsigned long start_brk, brk, start_stack;
unsigned long arg_start, arg_end, env_start, env_end;
unsigned long rss, total_vm, locked_vm; // rss : 할당된 frames,
// locked_vm : lock되어 swapout될 수 없는 page의 수
unsigned long def_flags;
unsigned long cpu_vm_mask;
unsigned long swap_address;
unsigned dumpable:1;

/* Architecture-specific MM context */
mm_context_t context;                 // i386  segmemt info. Not used
 };
```

〈표 6-8〉 프로세스의 가상공간 영역별 관리 구조체 vm_area_struct

```
                    /* 프로세스의 가상공간 영역별 descriptor */
struct vm_area_struct {
        struct mm_struct * vm_mm;     // The address space we belong to.
        unsigned long vm_start;       // Our start address within vm_mm.
        unsigned long vm_end; // The first byte after our end address  within vm_mm.
        struct vm_area_struct *vm_next; // linked list of VM areas per task, sorted by
                                        address
        pgprot_t vm_page_prot;        // Access permissions of this VMA.
read/write/execute
        unsigned long vm_flags;       // Flags, listed below.
        rb_node_t vm_rb;              // left & right of red_balck tree

/*
 * For areas with an address space and backing store,
```

```
* one of the address_space->i_mmap{,shared} lists,
* for shm areas, the list of attaches, otherwise unused.
*/
        struct vm_area_struct *vm_next_share;  // 같은 inode에 속하는 vm_area의 list
        struct vm_area_struct **vm_pprev_share;
        /* Function pointers to deal with this struct. */
        struct vm_operations_struct * vm_ops;   // swap 또는 fs의 각종 op
        /* Information about our backing store: */
        unsigned long vm_pgoff;            // Offset (within vm_file) in PAGE_SIZE
                                   units, *not* PAGE_CACHE_SIZE
                                 // file 또는 swap에서의 offset? (page 구조를 찾는 key도 됨)
        struct file * vm_file;   // File we map to (can be NULL).  text, 초기 data
        unsigned long vm_raend;            // XXX: put full readahead info here.
        void * vm_private_data;            // was vm_pte (shared mem)
};
```

2. 물리적 공간 관리

리눅스 커널은 프로세스 페이지의 배치, 요구 페이징(demand paging), 스와핑(swapping) 등을 위해 실질 메모리의 각 프레임(frame)에 대한 자료를 struct page에 저장 관리한다. stuct page는 공간의 사용 여부, 스와핑시의 LRU(Least Recently Used) 적용을 위한 최근 사용 여부, 관련된 process/file page 정보, free area 관리정보 등을 포함한다.

〈표 6-9〉 물리적 페이지(frame) 관리를 위한 자료 구조체 페이지(page)

```
                    /* 메모리 물리적 frame의 descriptor */
typedef struct page {
        struct list_head list; // prev and next free area map(buddy)

                             // struct address_space *mapping;
                             // The inode (or ...) we belong to.
```

```
                                        // 1) file map(inode),
                                        // 2) swapmap(swap_space)
                                        // 3) not mapped : NULL
        unsigned long index; // Our offset within mapping. (in file or swap)
        struct page *next_hash; // Next page sharing our hash bucket in
                                   the page cache or swap cache hash table.
        atomic_t count;         // sharing
                                // # of ptes + cache pointers
                     // 기본이 1이고 cache에 있으면 ++, shared이면 ++

        unsigned long flags;
                    // atomic flags, some possibly updated asynchronously
                    // DMA. Kernel-reserved, dirty, ref, locked....
                    // dirty, ref bit은 필요시, pte로부터 copy 된다.
        struct list_head lru;   // Pageout list, eg. active_list or inactive_list;
                                        //  protected by pagemap_lru_lock !!
        struct page **pprev_hash; // Complement to *next_hash.
                                   // page cache or swap cache
        struct buffer_head * buffers; // Buffer maps us to a disk block.
                                     // (buffer cache page)
#if defined(CONFIG_HIGHMEM) || defined(WANT_PAGE_VIRTUAL)
        void *virtual; // Kernel virtual address
                // (NULL if  not mapped, ie. highmem)
#endif /* CONFIG_HIGMEM || WANT_PAGE_VIRTUAL */
} mem_map_t;
```

[그림 6-14]는 지금까지 설명된 리눅스 커널 메모리 관리 부분을 기능적으로 분류한 그림이다.

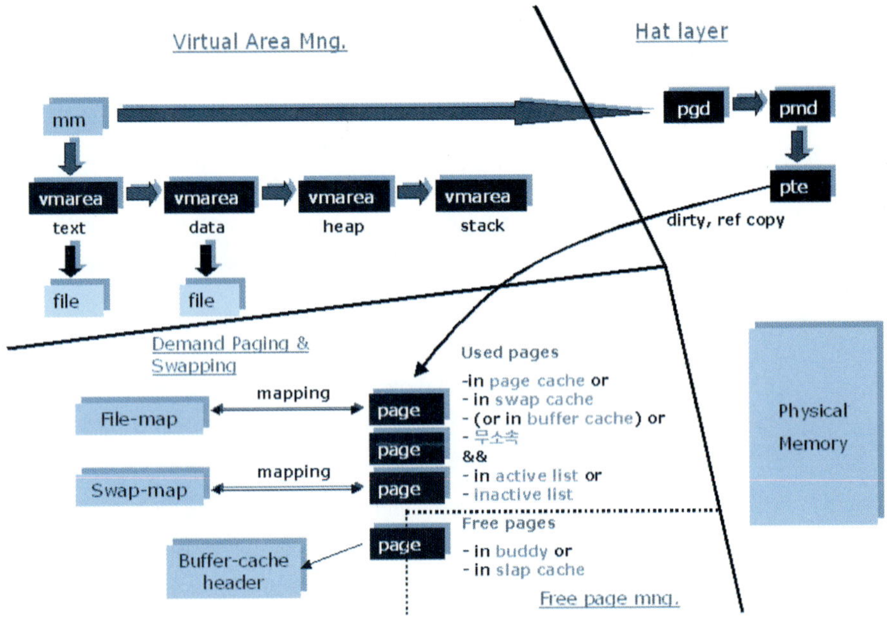

[그림 6-14] 리눅스 커널의 가상 메모리 및 물리적 메모리 관리체계

6.3.4 커널의 동적 메모리 할당

커널은 사용자 프로세스 영역 및 관련자료 구조(task_struct, page table 등)들을 위해 커널 내부에서 사용을 위한 공간할당을 동적으로 수행한다. 커널 내부에서의 사용을 위한 공간 할당은 DMA 등 입출력을 위한 공간할당, 각종 buffer나 소프트웨어적 cache를 위한 할당 등으로 구성된다.

이러한 커널의 동적 메모리 할당은 기본적으로 원하는 크기만큼의 공간을 물리적으로 연속된 공간에 할당하는 방식과 커널 가상공간에 할당하는 불연속 공간 할당으로 구성된다. 임베디드 시스템에서 커널 내부의 프로그램을 작성할 때에는 이러한 내부 함수들을 사용하여야 한다.

1. 커널 내부의 연속공간 할당

연속공간 할당은 물리적으로 연속되어야 효율성이 증가하는 경우(hw cache 배려)나, DMA 입출력 공간과 같은 연속성을 필요로 하는 경우에 사용된다. 연속적 공간 할당에 사용되는 커널 내부 함수에는 get_free_pages, kmalloc, kfree, kmem_cache_alloc 등이 있다.

커널은 이러한 함수들을 통한 물리적 메모리 연속할당을 위해 두 개의 free page 관리 시스템을 관리하는데, 이들은 Buddy system과 Slab cache system이다.

① Buddy system

사용 가능한 물리적 공간을 연속공간의 크기별로 유지하는 메모리 공간 자료구조로, 커널이 요구한 페이지를 할당하거나 이들이 반납될 때, 분할과 통합을 통해 최대 연속된 공간으로 관리하는 커널 최하위의 free 영역관리 시스템이다.

② Slab cache system

kmalloc 등으로 할당되는 객체(구조체)들이 반납될 때 이를 Buddy 시스템에 반납하지 않고, 객체별로 유지되는 캐시로 반납하여 다음의 동일 객체유형 요구시 빠르게 이를 재활용하기 위한 시스템이다.

이들 내부 함수와 free area 관리 시스템 사이의 관계는 [그림 6-15]와 같다.

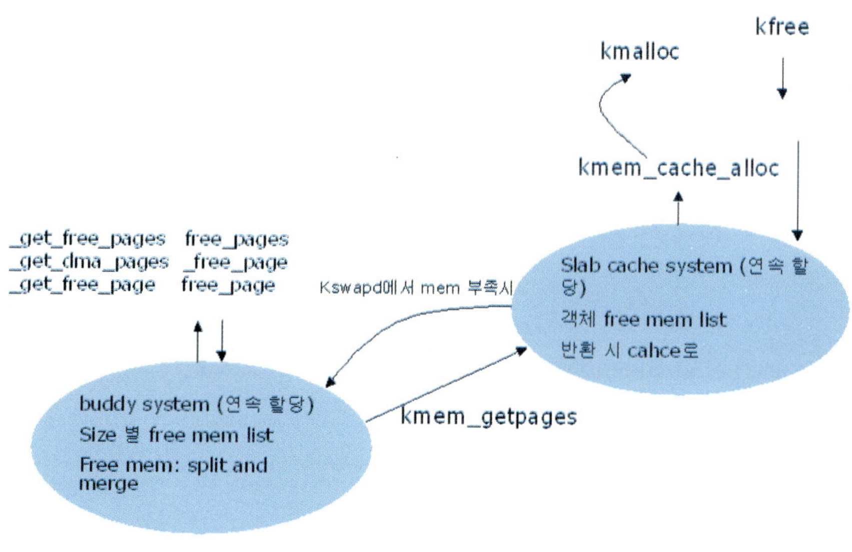

[그림 6-15] 연속공간의 동적 할당을 위한 내부 함수와 캐시 시스템의 관계

2. 커널 내부의 불연속공간 할당

각 프로세스의 pte, pmd나 프로세스 관련 자료구조들을 커널 내부에서 할당할 때에는 커널의 가상공간에서 연속적인 공간을 할당한다. 단 이 공간은 가상공간에서 연속적이므로 실제 메모리에서는 불연속공간이 될 수 있다. 관련 내부 함수들로는 vmalloc, vfree, vmalloc_area_pages 등이 있다.

커널 가상주소 공간의 VMALLOC_START에서 시작하는 여유공간에서 각기 할당된 가상공간은 vm_struct 구조에 의해 관리된다.

관련 자료 구조인 vm_struct의 내용은 다음과 같다.

```
struct vm_struct {
        unsigned long flags;
        void * addr;                    // virtual address
        unsigned long size;             // 실제 크기 + 4096
        struct vm_struct *next;
};
struct vm_struct * vmlist; : vm_struct list of used virtual areas(sorted by addr.),,,
```

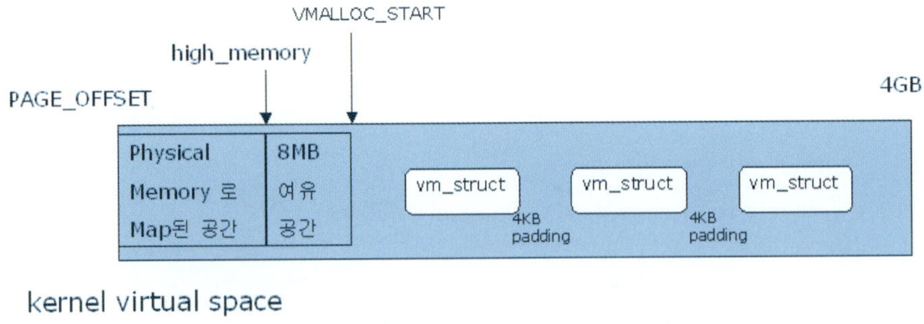

[그림 6-16] 커널 내부의 불연속공간 할당

6.4 파일 시스템

6.4.1 개 요

파일 시스템은 디스크나 입출력장치 또는 RAM 디스크 등에 정보를 저장하거나 입출력 및 검색 등을 하기 위한 운영체제의 구성요소를 말한다. 파일 시스템은 주변장치의 입출력이나 저장형태 등 장치에 의존적인 복잡한 부분을 감추고, 사용자에게 논리적이면서 장치에 독립적인 쉬운 사용자 인터페이스를 제공하기 위해 존재한다. 또한 Sun사의 NFS와 같은 경우는 원격 호스트의 파일에 대해 통일된 디렉토리 구조를 제공하여 일반 로컬 파일에 접근할 수 있도록 한다.

이와 같은 파일 시스템의 일반적 기능은 다음과 같다.

- 논리적 입출력 접근방법의 제공
- 파일 또는 입출력장치의 보호
- 계층 구조적 디렉토리 구조의 제공
- 파일 시스템 형태에 독립적인 인터페이스의 제공
  VFS(Virtual File System or Virtual File Switch)에서는, 파일 시스템의 논리적 이미지만을 조작해, VFS 아래의 각 파일 시스템 모듈로, 논리 이미지와 물리 이미지의 변환 작업을 맡는다.
- 버퍼링(S/W caching)에 의한 빠른 접근

각 파일 시스템 모듈아래에는, 디바이스 드라이버가 존재한다. 인터페이스는 추상화 되어 있어 어떤 하드웨어의 드라이버도 같은 인터페이스를 이용해 제어 할 수 있다. 반대로 드라이버에서는, 상위의 파일 시스템을 의식하지 않고 순수하게 I/O작업만을 한다.

VFS에 의해서 지원되는 파일 시스템은 주요한 3가지 클래스로 그룹 지어진다.

① 디스크 기반의 파일시스템

이 파일 시스템은 지역(local) 디스크 파티션 내에 이용 가능한 메모리 공간을 다룬다. 공식적인 리눅스 디스크 기반 파일 시스템은 Ext2이다. VFS에 의해서 지원되는 다른 잘 알려진 디스크 기반의 파일시스템은 다음과 같다.

–시스템 V와 BSD와 같은 유닉스 이종형을 위한 파일 시스템

–MS-DOS, VFAT, 그리고 NTFS(윈도우 NT)와 같은 파일 시스템

–ISO9660 CD-ROM 파일 시스템(이전에는 높은 연산 파일 시스템이다)

–HPFS(IBM의 OS/2), HFS(애플의 매킨토시), FFS(아미가의 빠른 파일시스템), 그리고 ADFS(Acorn's 장치)와 같은 다른 소유 파일시스템

② 네트워크 파일시스템

다른 네트워크 컴퓨터가 소유하는 파일시스템내의 파일을 쉽게 접근할 수 있게 해준다. VFS에 의해 지원되는 일부 잘 알려진 네트워크 파일 시스템들은 NFS, Coda, AFS(Andrew's filesystem), SMB(마이크로 소프트와 IBM의 OS/2 LAN Manager) 그리고 NCP(Novell's NetWare Core Protocol)

③ 가상 파일 시스템

가상 파일 시스템은 디스크 공간을 다루지 않는다. 리눅스의 /proc 파일 시스템은 일부 커널의 데이터 구조들의 내용을 사용자가 접근할 수 있게 해주는 단순한

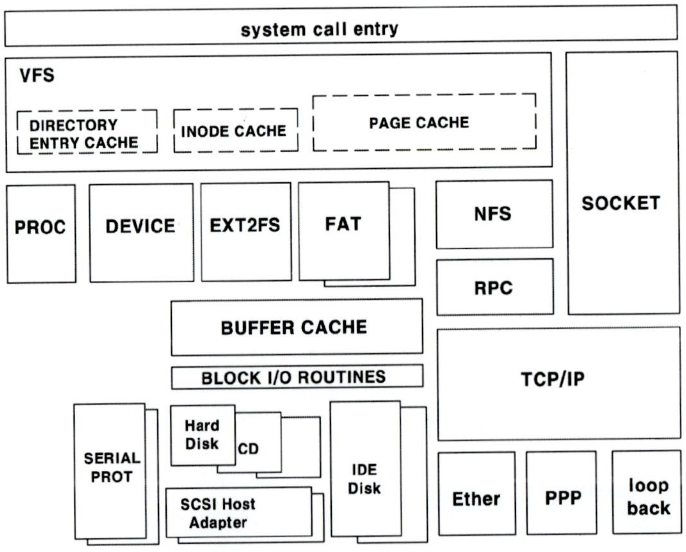

[그림 6-17] 파일 시스템 구조

인터페이스를 제공한다. /dev/pts 파일시스템은 오픈 그룹 유닉스98 표준에서 설명된 가상 터미널 지원을 위해서 사용된다.
리눅스에서 제공되는 파일의 형태에는 다음과 같은 것들이 있다.

① 정규 파일(regular file)

텍스트나 이진 파일 등 커널에서는 구분이 없다.

② 디렉토리 파일(directory file)

어떤 디렉토리에 속한 파일의 이름과 정보를 갖는 파일(실제 디렉토리는 영역이 아닌 디렉토리에 속한 파일들의 정보 수록 파일이다).

③ 문자 특수 파일(character special file)

문자단위로 입출력하는 장비에 접근하기 위한 특수 파일로 일반 파일과 같은 논리적 접근방법을 제공하기 위한 것이다.

④ 블록 특수 파일(block special file)

블록 단위로 입출력하는 장비에 접근하기 위한 특수 파일로 일반 파일과 같은 논리적 접근방법을 제공하기 위한 것이다.

⑤ FIFO 파일

프로세스들 사이에서 파이프(pipe) 통신을 하는 데 사용되는 파일. 언네임드 파이프(unnamed pipe)와 네임드 파이프(named pipe)가 있다.

⑥ 간접 링크 파일(symbolic link 또는 soft link file)

다른 파일로의 포인터를 갖는 파일

리눅스 파일 시스템은 위와 같은 파일 종류에 대해 EXT2(일반적인 리눅스 파일 시스템 형태), EXT3(EXT2를 개선한 저널링 파일 시스템), NFS(Network File System) 등 여러 종류의 파일 시스템을 VFS를 통해 동일한 인터페이스로 제공한다.

6.4.2 파일 시스템 inode

정규 파일(regular file)을 포함한 리눅스의 모든 파일은 그 파일에 관한 모든 필요 정보를 수록하는 일종의 파일 헤더인 inode를 가진다. 리눅스 운영체제는 실질적으로 이 inode 정보에 의해 모든 파일에 대한 접근을 해결한다. 이러한 inode들에는 일련번호가 주어지고, inode는 디스크 파일 시스템일 경우 특정 위치에 배열(array) 형태로 존재하므로, inode의 번호만 알면 파일에 접근하기 위한 모든 정보를 얻을 수 있다. 기본적인 구조는 전통적인 UNIX와 거의 같다. inode는 물리적인 디스크 상에 배치된 inode의 캐쉬(cache)로서 이용되는 메모리상의 inode이다.

리눅스의 Inode는 최근의 UNIX에서 v노드(virtual node)로 불리는 것과 같다. 여러가지 종류의 파일 시스템을 취급할 필요가 있기 때문에, inode를 가상화한 것이다. inode에 대한 조작은 그 파일이 존재하는 파일 시스템마다 달라 각각의 inode의 i_op, i_fop에 등록되어 있다. 또, inode 구조체 중에 밑 부분에 union으로 되어 있어 파일 시스템(예 : ext2.vfat…) 고유의 데이터가 저장 가능하다.

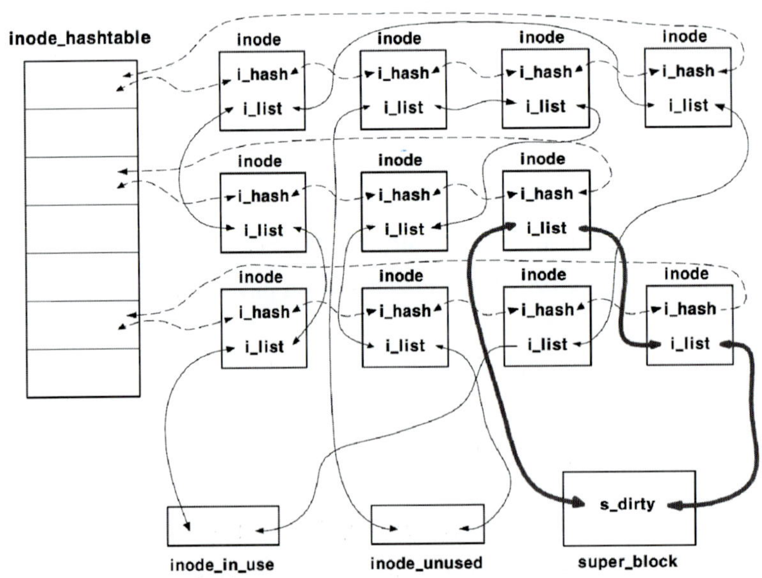

[그림 6-18] inode cache

파일의 구조는 파일 시스템마다 달라, 이 파일 구조 정보는 inode union 영역에 존재한다. ext2파일 시스템에서는 이 영역에 파일을 구성한다. 디스크 블럭의 배치 정보를 보관 유지하고 있다.

한 번 이용한 inode는, 재이용될 가능성이 높기 때문에 해쉬 구조로 캐쉬(cache)하고 있다. 또, inode는 빈번하게 갱신되지만, 매회 디스크로 쓰면 성능적으로 불리하기 때문에, 일반적으로 지연 쓰기로 구현 되어 있다. 갱신은 되었지만, 아직 디스크상까지 반영되어 있지 않은 inode는 Dirty 플래그를 켠 다음 슈퍼 블럭의 dirty 리스트에 링크 되어 적당한 타이밍에 디스크에 쓰여진다(kupdate demon, sync/umount 처리 등).

디스크상의 값과 일치한 값을 가지는 inode는, inode_in_use 리스트에 링크 되어 있다. 이용되어 있지 않은 inode는 inode_unused에 연결되어 있다.

inode의 확보는, 전통적 UNIX와 같은 iget이라고 하는 함수로 구현되어 있다. iget는 지정된 inode 번호에 대응하는 inode를 확보해 반환한다. inode단계의 초기화는 각 파일 시스템이 한다.

이용이 끝난 inode의 해제는 아래와 같이 iput()함수에서 구현되어 있다. inode의 해제이라고 해도, 메모리상으로부터 사라지는 것은 아니고, inode의 참조 계수를 하나 줄이는 것으로 되어 있다. 참조 계수가 0인 것은 inode_unused로 연결하게 되는 것이다.

〈표 6-10〉 파일관리를 위한 inode의 내부정보

inode 번호 : 파일 생성자 정보 (owner, group user id) : 파일 시간 정보(생성, 수정, 접근 시간) 입출력장치 정보 : 파일 크기 정보 : 파일 lock 정보 : 파일 type : 파일 위치 정보 : 기타 :

사용자에게는 디렉토리, 서브 디렉토리 및 파일 이름에 의한 계층 구조적 파일 체계가 제공되지만 커널 내부에서는 수평적 구조인 inode 배열(array)을 사용하는 것이

다. 이러한 inode 정보는 파일 시스템 유형(ext2, ext3, ufs, sysv, nfs 등)에 따라 약간씩 차이가 나는데 〈표 6-10〉 일반적인 inode 내의 주요 정보를 요약한 것이다.

6.4.3 디렉토리

리눅스에서 모든 파일에 접근하려면 먼저 그 파일의 inode 번호를 알아야 한다. 디렉토리는 그 디렉토리에 속한 파일의 이름과 inode 번호를 가지는 실질적인 하나의 파일이다. 따라서 하나의 파일이 오픈되면 커널은 해당 디렉토리에서 그 파일의 inode 번호를 찾고 inode 영역에서 해당 inode를 메모리로 적재하여 빠른 접근에 대비하는 일련의 작업을 수행한다. 리눅스에서는 dentry라고 하는 구조체에, 파일의 경로명을 메모리상에 저장하고 있다. 경로 검색의 고속화가 목적이다. 한 번 디렉토리나 파일에 액세스 하면, 하나의 dentry가 확보되어 캐쉬(cache) 된다.

[그림 6-19]는 루트 디렉토리로부터의 이러한 inode 탐색과정을 나타낸 것이다.

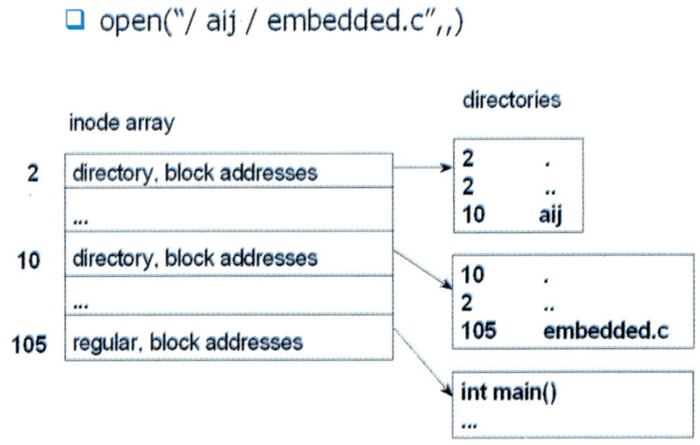

[그림 6-19] 디렉토리를 이용한 파일 inode의 발견

커널은 이러한 루트로부터의 긴 탐색과정을 피하기 위해 자주 사용된 파일 이름과 inode 번호를 저장하는 name cache와 자주 사용된 inode를 저장하는 inode cache를 활용하고 있다.

6.4.4 루트 파일 시스템

리눅스 루트 파일 시스템(root file system)은 커널의 수행 및 시스템 관리에 필요한 자료 파일 및 실행 파일을 포함한다. 데스크탑의 경우에는 하드디스크에 존재하며, 임베디드 시스템의 경우에는 플래시 메모리에 압축 저장되고, 부팅되면 RAM으로 로드되어 RAM 디스크의 형태로 존재한다. 루트 파일 시스템은 리눅스 커널의 부팅 및 작동에 꼭 필요한 파일 시스템이다.

/ 디렉토리는 다음과 같은 부 디텍토리를 포함한다.

① /bin과 /sbin

init, ifconfig, mount, mkdir 등 shell 및 커널에서 사용하는 각종 실행 프로그램을 포함한다.

② /lib

libc 등 각종 라이브러리 및 리눅스 동적 로더 등을 포함한다.

③ /etc

커널 및 시스템 구성(configuration) 관련 파일과 스크립트를 포함한다.

④ /dev

각종 IO 장치를 스페셜 디바이스(special device) 파일의 형태로 포함한다.

⑤ /proc

커널이 동적으로 메모리에 생성하여 시스템 정보를 저장한다.

⑥ /usr

추가의 실행 프로그램이나 라이브러리를 포함한다.

⑦ /var

시스템 실행중 생성되는 lock이나 log 파일들을 포함한다.

일반적으로 루트 파일 시스템은 시스템 부팅과 동작 중에 반드시 있어야 하는데 리눅스 배포판에 따라 그 크기는 몇 십 MB에서 몇 백 MB에 이른다. 일반적으로 임베디드 시스템은 몇 또는 몇 십 MB 정도의 공간을 가지기 때문에 임베디드 리눅스의 루트 파일 시스템은 커널 부팅 과정의 루틴인 start-kernel부터 shell(bash)이 수행되기까지의 과정을 검토하여 필요한 부분만 취사선택되어야 한다.

커널이 부팅되면 첫 사용자 프로세스로서 다른 모든 프로세스를 생성시키는 init 프로그램이 실행되는데 init이 실행되기 위해서는 특정 파일과 라이브러리들을 필요로 한다. init이 필요로 하는 라이브러리를 알기 위해서는

```
$ ldd /sbin/init
```

명령을 입력한다. 그 외 /etc/inittab은 init 실행시의 여러 지시사항들을 포함하는데 이들은 네트워크 및 각종 시스템 서비스들로 구성된다. 임베디드 타겟 시스템에서 이 부분들은 서버와 데스크탑에 비해 필요한 것들로만 축소 구성되어야 한다.

타겟 시스템용 루트 파일 시스템은 일반적으로 각 임베디드 리눅스에서 적합한 형태로 제공된다.

6.4.5 RAM 디스크

임베디드 시스템의 경우 하드디스크를 갖지 않는 것이 보통이고, 플래시 메모리도 읽기는 빠르지만 쓰기가 느린 저장장치이므로 일반적으로 시스템의 이미지를 압축 저장하는 용도로 사용된다.

커널이 부팅되고 실행되기 시작하면 최소한 루트 파일 시스템이 필요한데 램 디스크(ramdisk) 파일 시스템은 RAM의 일부를 디스크 파일 시스템처럼 사용하게 하여 커널에 읽고 쓸 수 있는 빠른 파일 시스템을 제공한다. 타겟 보드에 탑재될 이미지

중 커널을 제외한 루트 파일 시스템, 사용자 응용 프로그램 등은 램 디스크 이미지로 구성되어 타겟 보드의 플래시 메모리에 저장되고 부팅 후에는 메모리로 이동되어 파일 시스템의 역할을 하게 된다.

램 디스크 이미지는 일반적으로 임베디드 리눅스 공급자에 의해 구성된 것이 제공되고, 사용자는 일반적으로 개발한 응용 프로그램을 램 디스크 이미지에 추가하는 방식을 사용한다.

6.4.6 파일 시스템과 마운트

디스크 파일 시스템의 경우, 일반적으로 고정된 크기로 나누어진 저장매체의 파티션(partition)은 하나의 독립된 파일 시스템을 구성한다. 이러한 파일 시스템 부팅의 과정에서 계층 구조적 디렉토리 구조 상에서 한 디렉토리에 마운트(mount)될 수 있다. 즉 어떤 디스크 파티션의 루트 디렉토리는 부팅 시, 루트 파일 시스템의 /usr 디렉토리에 연결될 수 있는데 이는 mount 명령을 통해 가능하다.

따라서 mount는 독립적인 파일 시스템을 하나의 계층 구조로 연결하는 데 사용되는 커널 함수이다. 그러나 부팅 시에 기본적으로 커널 이미지를 저장하고 있는 루트 파일 시스템은 제공되어야 한다.

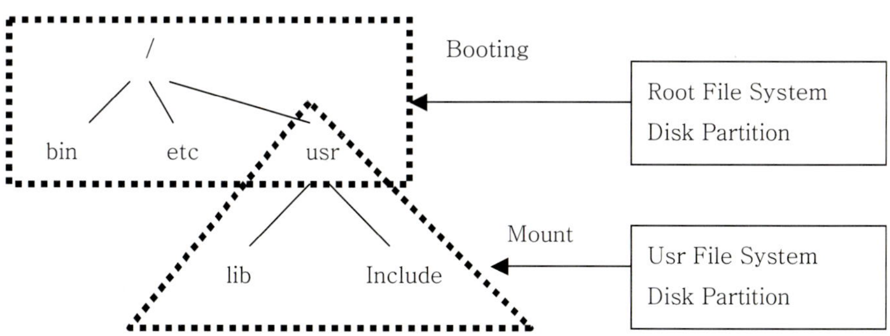

[그림 6-20] 파일 시스템과 마운트의 개념

6.4.7 파일 입출력을 위한 내부구조

파일에 대한 입출력은 스탠더드 I/O 라이브러리나 파일 시스템 호출 인터페이스에 의해 가능하다. 이 책의 목적은 리눅스 커널을 이해하는 데에 더 중점을 두므로, 스탠더드 I/O 라이브러리나 스트림(stream) I/O의 기능은 생략하고, 이들의 기반이 되는 파일 디스크립터(file descriptor) I/O에 대해서만 설명하기로 한다.

모든 파일에 대한 입출력은

- 파일 생성 또는 open
- 파일 입출력(read/write)
- 파일 close

의 과정을 거쳐야 한다. 파일 입출력 이전에 반드시 파일을 open해야 하는 이유를 이해하기 위해 open의 기능을 살펴본다.

1. open의 기능

파일 open 함수는 다음과 같은 작업을 수행한다.

- 파일의 존재 여부 또는 파일에 대한 올바른 접근권한이 있는지 검사한다.
- 파일 접근 시에 항상 필요한 inode를 매 접근시마다 디스크에서 참조하면 큰 오버헤드이므로 inode를 번호를 알아 inode를 메모리에 가져오고 파일의 사용 기간 중 메모리에 유지한다.

2. 자료구조

이와 같이 파일을 open하게 되면 inode가 메모리에 적재되고, 이를 프로세스와 연결하기 위한 커널 자료구조의 링크가 형성되는데, 이들은 프로세스 구조체(task_struct) 내의 files 포인터에 의한 files_struct(per process open file table) 정보와, 이 테이블의 각 open file table 주소 배열에 의한 file 구조체(system-wide open files) 정보 및 이 file 구조체가 포인트하는 incore inode 정보(system-wide)로 구성된다([그림 6-21] 참조).

이들 중 주요 자료구조의 의미는 다음과 같다.

1) fs_struct

① close_on_exec

일반적으로 exec 계열의 시스템 호출을 하면 새로 적재되는 프로그램은 open된 파일들을 그대로 유지한다. 그러나 이 플래그가 세트되어 있으면 exec 실행시 모든 파일을 close한다.

② fd[i]

0부터 시작되는 file descriptor table이다. 0, 1, 2의 경우는 fork의 상속에 의해 stdin, stdout, stderr 파일로 이미 open되어 있는 것이 보통이다.

2) files 구조체

① f_pos

파일 접근을 위한 논리적 read/write offset

② f_count

여러 프로세스가 파일을 공유할 때의 reference count

③ f_inode

inode pointer

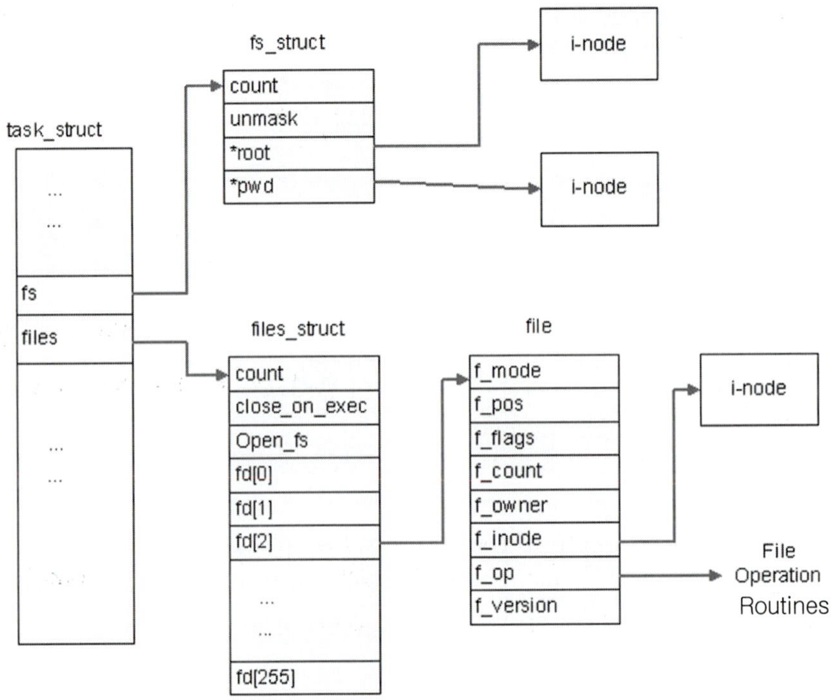

[그림 6-21] 파일 open시의 관련 커널 자료구조

fork에 의한 프로세스 생성시, 자식 프로세스는 부모 프로세스의 open된 파일을 files_struct를 복사하는 방식으로 상속한다.

6.5 인터럽트 처리

사용자 프로세스에 의한 시스템 콜 함수 호출 이외에 커널 내부로의 진입방법의 하나인 인터럽트(interrupt)는 일반적으로 외부장치가 응급처리를 요구하는 신호를 CPU에 보내어 발생하며, 인터럽트가 발생하면 현재 실행중인 프로세스는 그 지점에서 중단되고 커널 내부의 인터럽트 핸들러가 자동으로 호출된다. 인터럽트는 타이머의 시작을 제외하고는 드라이버의 제어에 이용된다. 멀티 프로세서의 경우는 프로세서간 통신에도 이용된다. Linux에서는 CPU에 발생한 인터럽트 요구의 종류마다, 시작하는 인터럽트 처리를 등록할 수가 있다.

입출력장치의 입출력 완료 인터럽트인 경우의 처리는, 입출력을 의뢰한 프로세스의 wake-up(run_list에 삽입)과 다음 입출력의 진행 지시가 주된 역할이 된다.

인터럽트 처리가 종료되면 soft-irq와 bottom-half handler 처리 후, ret_from_intr을 통해 ret_from_syscall이 호출되고, 여기에서는 필요시 schedule()이 호출된다. 인터럽트는 power fail, clock, 각종 입출력장치 등에서 발생한다.

인터럽트는 프로세스, 커널 자체 또는 다른 인터럽트 핸들러와 같은 다른 실행코드를 중단시키기 때문에 신속하게 처리되어야 하는 경우와 해야 할 일이 많은 경우가 있을 수 있다. 인터럽트는 다음과 같이 크게 두 부류로 분류된다.

① 고속 인터럽트

인터럽트 처리가 간단하여 인터럽트 처리 과정에서 다른 모든 인터럽트를 비활성화 시키고 처리해도 되는 경우로, 키보드 인터럽트가 그 대표적인 예이다.

② 저속 인터럽트

클럭(clock) 인터럽트와 같이 해야 할 일이 많아 인터럽트 처리 중 다른 인터럽트를 모두 비활성화 시키면 문제가 발생하는 경우이다. 이러한 경우는 응급처리 부분만을 인터럽트 disable 모드로 하는 인터럽트(IRQ) 핸들러와 그 처리 이후에 다른 인터럽트를 활성화 시키고 처리하는 bottom_half 핸들러로 분리되어 처리된다. 대표적인 인터럽트로 timer (clock) interrupt handler가 있다.

6.5.1 IRQ 핸들러, bottom_half 핸들러

IRQ 핸들러는 다른 인터럽트를 비활성화 시키고 실행되는 응급 인터럽트 처리를 위한 핸들러이다. do_irq() 함수에 의해 각 인터럽트마다 핸들러가 호출된다. 저속 인터럽트인 경우의 bottom-half 핸들러는 IRQ 핸들러의 플래그 세트에 의해 IRQ 처리가 종료되거나 시스템 호출이 종료될 때 실행된다. TIMER_BH, TQUEUE_BH, SERIAL_BH 등 32개까지 정의가 가능하며, init_bh(), remove_bh(), mark_bh()에 의해 각각 등록・삭제・실행을 할 수 있다.

6.5.2 Soft IRQ

Bottom half 핸들러는 아니지만 인터럽트 종료 후나 시스템 호출 종료 후 바로 일어나야 하는 작업이 필요할 때, 커널 내부적으로 soft IRQ flag를 통해 이를 구동시킨다. 대표적인 예로는 네트워크 프로토콜의 각 계층간의 구동방식이 이를 사용한다.

IP 계층은 패킷(packet) 처리 후, 이를 TCP 계층과 공유하는 버퍼에 삽입하고 TCP 계층의 실행을 위한 해당 soft irq flag를 등록하여 TCP 계층을 구동시킨다. 이러한 soft IRQ의 구동방식은 interrupt bottom half handler와 개념적으로 동일하기 때문에 실질적으로는 do_irq() 종료시 호출되는 do_softirq() 함수에 의해 같이 구동된다.

6.5.3 인터럽트 처리의 시작

인터럽트 핸들러는 아래 [그림 6-22]와 같이 행해진다. 인터럽트 진입 함수인 do_IRQ()함수로부터 시작한다. 인터럽트 제어 콘트롤러에 의해, 발생한 인터럽트 레벨에 대한 마스크 (인터럽트 처리 중에 같은 IRQ 레벨의 인터럽트가 발생하지 않게 한다)와 인터럽트에 대한 ACK를 돌려준다(인터럽트를 받아들인 것을 알려주어 다음의 인터럽트가 발생하도록 한다). 처리 방식은, 각 인터럽트 제어 콘트롤러(IOAPIC나8259등) 마다 각각 고유의 방법으로 제어 한다. 그 후, handle_IRQ_event() 함수에 의해, 발생한 인터럽트 레벨에 맞는 드라이버의 인터럽트 처리가 실제로 시작된다. 모든 드라이버에 대한 인터럽트 처리 실행 종료후, 인터럽트 제어 콘트롤러에 대하여 발생한 인터럽트 레벨의 마스크 해제를 요구한다. 인터럽트 처리기와 경쟁상태에 있는 자원을 조작할 때는, CPU의 인터럽트를 금지로 해둘 필요가 있다. 리눅스에서는 인터럽트 금지/허용을 위한 함수, cli(), sti()가 준비되어 있다. Intel CPU에서는, eflags 레지스터의 인터럽트 금지 비트를 조작하는 것으로써 구현되어 있다.(싱글 프로세서의 경우) 또, 현재의 인터럽트 금지 상태를 임시로 바꿀 수 있는 함수 save_flags(), 임시로 바꾼 플래그 비트를 다시 되돌리는 함수, restore_flags()도 준비되어 있다. CPU에 있어서 인터럽트 제어와는 별도로, 인터럽트 콘트롤러 레벨에서도 인터럽트의 금지/허용을 제어할 수가 있다. 함수 disable_irq()를 호출하면 PIC에서 지정된 irq에 대한 마스크를 갱신한다. 인터럽트 스택을 따로 마련하지 않은 것과 최악의 상황에서는, 인터럽트는 디바이스의 수만큼 접근을 허락하기 때문에 인터럽트 처리기에 어떻게 발생하느냐에 따라서는 커널 스택이 가득 찰 가능성이 있다.

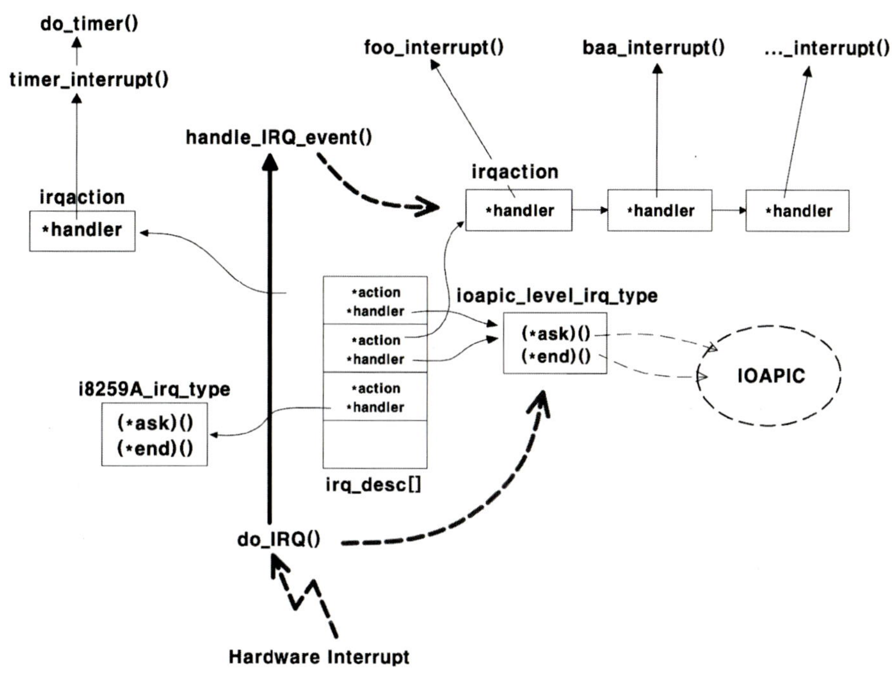

[그림 6-22] 인터럽트 처리

■ 인터럽트에 의한 커널 진입

인터럽트가 발생하면 CPU는 자동적으로 커널 모드로 전환 해, 인터럽트 엔트리의 맨 앞으로 옮긴다. 그 후 IRQ에 맞는 인터럽트 처리를 호출한다(do_IRQ 함수). 인터럽트 처리의 실행에 의해, 지연 처리 요구를 하거나 인터럽트된 프로세스의 상태에 따라 맞는 처리를 한다.

① 소프트 인터럽트 요구가 있다면, 소프트 인터럽트 실행(do_softirq()함수).

② 인터럽트로부터의 복귀 하는 곳이 유저 모드로 되어 있고, 이 프로세스에 대해 재

스케줄링(preempt요구)이 발생하고 있으면, CPU를 양보한다(schedule()함수).

③ 인터럽트로부터의 복귀 하는 곳이 유저 모드로 되어 있고, 이 프로세스가 시그널을 받고 있는 경우, 시그널 처리 준비를 한다(do_signal()함수). current 프로세스에 대해, 재스케줄링 요구나 시그널이 발생 하더라도, 인터럽트 복귀하는 곳이 커널 모드, 스템 콜 처리 중, 인터럽트 중 임계 영역에 있는 경우는, 처리를 피한다. 이 이벤트는 프로세스가 유저 모드로 복귀하는 시점에서 처리된다. (이 타이밍으로는 처리를 하면, 커널 데이터에 모순이 생긴다)

6.6 시그널 처리

6.6.1 개 요

리눅스에서 시그널은 프로세스의 메모리 침범 등의 오류적 수행이나 외부 인터럽트, 다른 프로세스의 응급신호 전송 등이 발생했을 때, 커널이나 타 프로세스에서 수신 프로세스로 전송되는 비동기적(asynchronous) 신호이다. 일단 커널이나 프로세스로부터 어떤 프로세스에게 시그널이 보내지면 시그널을 수신하는 프로세스는 그 시점에서부터 사용자 모드 실행은 있을 수 없으며, 시그널에 대한 처리가 완료된 후에 사용자 모드 실행이 있을 수 있다.

시그널은 응급 사건 발생 원인에 따라 수십 개가 정의되어 있으며, 시그널을 수신한 프로세스는 정의된 시그널 핸들러(signal handler)를 수행하고 사용자 모드 실행으로 복귀한다.

프로세스에 대해서 비동기 이벤트를 통지하는 수단으로서 리눅스는 시그널이라고 불리우는 신호를 준비하고 있다. 프로세스가 예외를 발생했을 때, 리눅스 커널(Kernel)은 시그널로 변환해 프로세스에게 알려준다. 또, 커널 내에서 어떠한 일이 일어났는지를 알리기 위해서 리눅스 커널이 시그널을 생성시키는 것도 있다 (pipe, tty등이며 자주 이용된다). 또, 프로세스가 kill 시스템 콜에 의해서 명시적으로 시그널을 생성하는 것도 가능하다.

프로세스에게 시그널을 보냈다(send_sig 함수)라는 뜻은, 즉 대상이 되는 프로세스가 삭제되거나 그 프로세스가 등록되는 것이지, 시그널 핸들러가 시작되는 것은 아니다. 시그널 보내는 쪽은 시그널을 통지할 뿐이고, 시그널 수신 처리는 모두 대상 프로세스의 문맥상에서 처리된다(do_signal 함수).

시그널의 생성은, 예외 발생(0번지 액세스 등)이나 pipe/tty의 상태 변경 등에 의해 리눅스 커널(Kernel)이 자동적으로 하는 것도 있고, 유저 프로세스가 kill 시스템 콜에 의해 명시적으로 하는 것도 가능하다. 시그널 받는 프로세스가 대기에 들어가 있는 경우는, 강제 시작(wake_up_process)하는 것도 있다.

프로세스는 시그널 수신의 체크를 시스템 콜 출구/ 예외 핸들러 출구/인터럽트 처리기에서 체크된다(소프트 인터럽트를 체크하는 곳과 거의 같다). 만약 시그널을 수신하고 있을 경우는, 시그널 수신 처리(do_signal)를 개시한다. 시그널 수신 처리에서는, 조건에 의해 프로세스를 종료 시키거나 유저 시그널 핸들러의 실행의 준비를 한다. 유저 시그널 핸들러의 실행을 위한 구현 방식에 관해서는 [그림 6-23]을 참조하면 된다. 어떠한 타이밍에 시그널이 발생해도(그림 6-23의 signal A, signal B) 시그널을 핸들링 하는 순서는 다음과 같다.

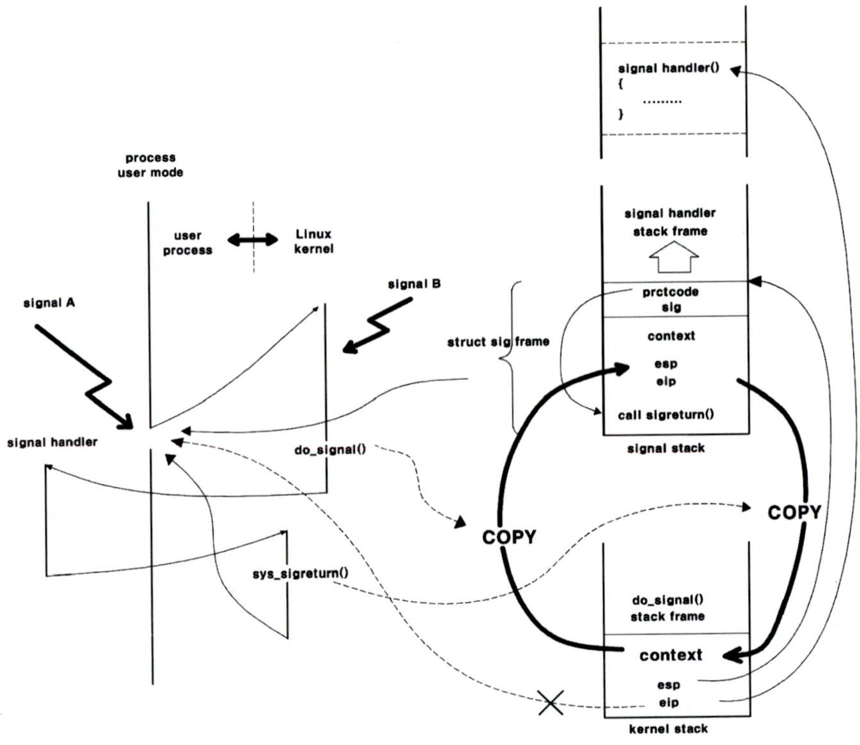

[그림 6-23] 시그널 핸들링

6.6.2 시그널의 종류

리눅스는 POSIX 표준 시그널과 POSIX 실시간 시그널을 모두 지원한다.

리눅스는 아래 〈표 6-11, 6-12〉에 나열한 표준 시그널을 지원한다. 값 칼럼에 표시한 각각의 시그널 번호는 아키텍쳐에 종속적이다. 세 개의 값 중 첫 번째는 alpha와 sparc에 유효하고, 가운데는 i386, ppc 그리고 sh에 유효하며, 마지막은 mips에 대하여 유효하다. 그리고 '-'는 해당 아키텍쳐에 없는 시그널임을 나타낸다.

표의 동작 칼럼의 기재사항은 시그널에 대한 기본 동작을 나타낸다.

〈표 6-11〉은 원본 POSIX.1 표준에 설명되어 있는 시그널이다.

〈표 6-11〉 POSIX.1 표준 시그널

신호이름	발생원인	값	동작
SIGHUP	제어 단말기의 hang-up이나 제어 프로세스의 종료	1	종료
SIGINT	Keyboard 인터럽트(^C)	2	종료
SIGQUIT	Keyboard quit	3	core
SIGILL	하드웨어 명령어 오류	4	core
SIGABRT	abort(3)에 의한 abort signal	6	core
SIGFPE	floating point exception	8	core
SIGKILL	kill signal	9	종료
SIGSEGV	잘못된 메모리 참조	11	core
SIGPIPE	reader가 없는 파이프로의 write (broken pipe)	13	종료
SIGALRM	시간 만료(alarm)	14	종료
SIGTERM	종료 signal	15	종료
SIGUSR1	사용자 정의 신호1	30,10,16	종료
SIGUSR2	사용자 정의 신호2	31,12,17	종료
SIGCHLD	child 프로세스의 종료나 중지	20,17,18	무시
SIGCONT	중지된 프로세스의 속개	19,18,25	
SIGSTOP	프로세스 실행 중지	17,19,23	중지
SIGTSTP	중지 문자 유입(tty)	18,20,24	중지
SIGTTIN	background 프로세스 제어 단말기 입력 발생	21,21,26	중지
SIGTTOU	background 프로세스 제어 단말기 출력 발생	22,22,27	중지

〈표 6-12〉는 POSIX.1 표준은 아니지만 POSIX 1003.1-2001에 설명되어 있는 시그널과 여러 시그널을 보인다.

〈표 6-12〉 POSIX 1003.1-2001 시그널

신호이름	발생원인	값	동작
SIGBUS	Bus 에러(메모리 접근 오류)	10,7,10	core
SIGPOLL	폴링 사건(Sys V)	–, –, –	종료
SIGPROF	Profiling timer 만료	27,27,29	종료
SIGSYS	잘못된 시스템 호출 arguments(SVID)	12,–,12	core
SIGTRAP	Trace/Breakpoint trap	5	core
SIGURG	긴급한 socket 상황(4.2 BSD)	16,23,21	무시
SIGVTALRM	가상 타이머 만료(4.2 BSD)	26,26,28	종료
SIGXCPU	CPU 시간 제한 초과(4.2 BSD)	24,24,30	core
SIGXFSZ	파일 크기 제한 초과(4.2 BSD)	25,25,31	core
SIGIOT	IOT trap, SIGABORT와 동일	6	core
SIGEMT	Emulation Trap	7,–,7	종료
SIGSTKFLT	스택 fault(coprocessor)	–,16,–	종료
SIGIO	IO가능(4.2 BSD)/ 비동기 입출력	23,29,22	종료
SIGCLD	SIGCHLD와 동일	–,–,18	무시
SIGPWR	정전	29,30,19	종료
SIGINFO	SOGPWR과 동일	29,–,–	
SIGLOST	파일 lock lost	–,–,–	종료
SIGWINCH	단말기의 윈도우 크기 변화	28/28/20	무시
SIGUNUSED	사용되지 않는 시그널	–, 31, –	

6.6.3 시그널 핸들러

시그널을 받은 프로세스는 시그널 핸들러를 수행하게 되는데 시그널 핸들러에는 다음과 같은 세 가지 종류가 있다.

① Default Handler(SIG_DFL)

시스템에 의해 미리 정의된 시그널 핸들러로 대부분의 경우 시그널 수신 프로세스를 종료시키는 결과를 초래한다. 경우에 따라 core dump가 부수적으로 일어나기도 한다.

② Signal Ignore(SIG_IGN)

사용자의 요청에 의해 배달되는 signal이 무시되도록 할 수 있다(SIGKILL과 SIGSTOP 신호는 무시할 수 없음).

③ 사용자 정의 시그널 핸들러

사용자가 시그널 수신시에 수행될 함수를 미리 정의하면 시그널이 배달되었을 때, 이 시그널 핸들러가 수행되고 사용자 모드 실행 상태로 간다.

6.6.4 시그널의 발생 및 처리

커널이 인터럽트나 폴트 핸들러 또는 타 프로세스의 의뢰에 의해 한 프로세스에 시그널을 보낼 때에는 해당 프로세스의 task_struct의 sigpending mask를 설정한다. 시그널을 받은 프로세스는 그 프로세스가 실행상태로 되어(실행상태로 되는 것은 context switch에 의한 것이므로 반드시 커널 모드 안에서 이루어진다) 사용자 모드로 복귀하기 전에, 즉 ret_from_syscall, ret_from_intr, ret_from_exception 등의 과정에서 배달된 시그널을 조사하고 해당되는 시그널 핸들러를 거쳐 사용자 모드로 복귀하게 된다.

시그널의 한 예를 들면, 키보드에서 프로세스의 실행중지를 위해 ^C(Ctrl+C)를 입력한 경우를 살펴보기로 하자. 리눅스에서 ^C를 처리하는 방식은 다음과 같다.

- ^C를 입력하면 커널 내부의 키보드 인터럽트 핸들러가 실행된다.
- 키보드 인터럽트 핸들러는 해당 tty에 속한 프로세스에게 SIGINT라는 시그널을 보내게 된다. 시그널을 보내는 행위는 커널이 프로세스의 태스크 구조체(task_struct) 내에 있는 시그널 발생에 관련된 테이블에 SIGINT가 배달되었음

을 표시함으로써 이루어진다.

- 언젠가 스케줄링이 발생하여 해당 프로세스가 CPU를 받게 되면 이 프로세스는 문맥 교환(context switch)에 의해 깨어나므로 언제나 커널 모드 실행(kernel mode running) 상태이다. 깨어난 프로세스는 커널 내부에서의 모든 작업을 마치고 사용자 모드로 복귀하면서 맨 처음 시그널 핸들러로 분기하게 된다.
- 이때, SIGINT의 기본 핸들러(default handler)는 exit을 수행하므로 프로세스는 스스로 종료된다.

위에서 ^C를 입력할 당시, 해당 프로세스가 사용자 모드 실행상태이었다 해도 결과는 마찬가지이다. 키보드 인터럽트가 발생하면 사용자 모드 실행이 중지되고 인터럽트 핸들러로 분기가 일어날 것이고, 인터럽트 핸들러의 처리를 마치고 사용자 모드로 돌아올 때 시그널에 대한 처리가 일어나게 된다.

위의 예에서 보았듯이 시그널 처리에는 다음과 같은 원칙이 존재한다.

- 배달된 시그널은 수신 프로세스가 kernel mode에서 user mode로 돌아올 때 처리된다.
- Pending된 시그널(처리되지 않은 시그널)이 있을 때, user mode running은 없다.

따라서 시그널은 사용자 프로그램 수준에서의 인터럽트 처리와 비슷한 개념을 가진다. 단 시그널 배달 후에 커널 모드 실행이 있을 수 있으므로 그만큼 시그널 처리에 지연이 발생할 수 있는데 이것이 시그널과 인터럽트의 차이점이라 할 수 있다. 또한 이러한 시그널의 보편적 특성은 실시간 처리를 요하는 경우 문제가 될 수 있기 때문에 POSIX 1006.1-2002에서는 실시간 시그널(real-time signal) 관련 기능 및 API를 별도로 정의하고 있다.

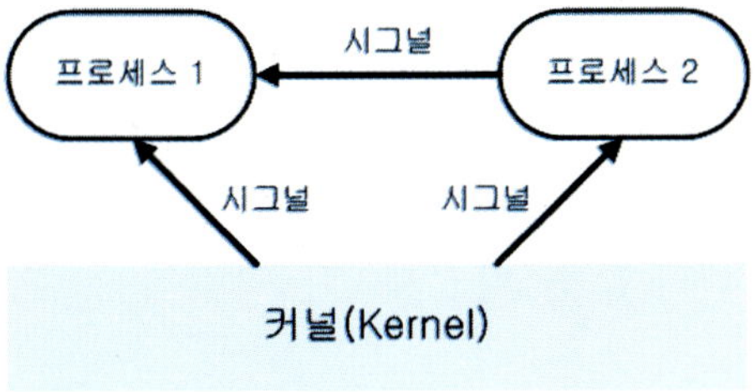

[그림 6-24] 시그널 송수신

6.7 커널 동기화

커널(kernel)은 크게 세 가지 형태적 요소로 구성된다. 한 가지 형태는 시스템 콜과 그 실행과정에서 사용되는 함수들이고, 두 번째는 인터럽트 처리과정과 이에 사용되는 함수들이다. 마지막 형태는 커널 프로세스나 스레드, bottom- half handler, irq_handler와 같은 태스크의 형태가 있다.

이들 여러 과정의 함수들은 실행과정에서 경우에 따라 공통의 자료구조들에 접근하게 되므로 이 과정에서 임계구역(critical section)의 문제가 발생하고, 따라서 커널 자료의 일관성 유지를 위해서는 커널 함수들 간의 상호배제(mutual exclusion) 도구가 필요하다. 이러한 경우의 예를 들어보기로 한다.

① 경우 1

시스템 호출 수행과정에서 인터럽트가 들어오면 실행 일시중지 후 인터럽트 핸들러로 가게 된다. 이 경우에 시스템 호출 수행과정은 같은 공유 커널 자료에 접근하는 인터럽트를 disable시켜야 한다. 이 경우는 커널 내 함수들 대비 인터럽트 핸들러의 임계구역 문제이다.

② 경우 2

시스템 호출 도중에 TASK_INTERRUPTIBLE 또는 TASK_UN- INTERRUPTIBLE 등 대기(blocked) 상태로 되는 프로세스는 공유 자료 접근 중에 실행이 중지된다.

이때 다른 프로세스가 동일한 시스템 호출을 수행하거나 또는 다른 시스템 호출이라 하더라고 같은 공유 자료에 접근하는 시스템 호출을 수행하면 임계구역의 문제가 발생한다. 이들 간의 공유 자료가 인터럽트 핸들러와 무관한 자료라면 이러한 경우는 함수들간의 병행적 실행에 의한 임계구역 문제이다.

위의 첫 번째 경우에는 해당 등급의 인터럽트를 disable시키는 방법을 사용해야 하고, 두 번째 경우에는 커널 내부의 락킹(locking) 관련 도구인 커널 세마포어(kernel semaphore)나 스핀 락(spin_lock)을 주로 사용한다. 커널 세마포어는 사용자 세마포어와 같이 락(lock)을 못한 경우에 대기상태로 전환되는 blocking-lock이고, spin_lock은 락 획득 시까지 루프(loop)를 수행하는 busy- waiting-lock이다.

단 첫 번째의 경우, H/W 환경이 SMP(Symmetric Multi-Processor)일 때, 인터럽트를 disable시키는 것은 하나의 CPU에만 해당되기 때문에 인터럽트 disable만으로는 커널 상호배제가 불가능하다. 따라서 이런 경우에는 CPU간의 상호배제 도구로 busy-waiting lock인 spin_lock을 인터럽트 disable과 함께 사용해야 한다. spin_lock은 Uni-processor 시스템인 경우 아무 일도 하지 않으므로 일반적으로는 인터럽트 비활성화 spin_lock을 결합한 형태로 사용하는 것이 보통이다.

커널의 임계구역이 크지 않고 하나의 공유변수를 읽고 쓰거나, 증가(i++), 감소(i--) 시키는 등의 간간한 형태인 경우에는 간편하게 "atomic_"이 앞에 붙은 원자적 연산으로 해결할 수 있다. 원자적 연산은 CPU에 의해 제공되는 원자적 연산을 사용하여 상호 배제를 해결하는 방식이다.

실행중의 프로세스가 대기상태(wait queue)에 들어가는 경우, 대기 대상의 오브젝트마다 준비되어 있는 대기(Wait) 큐 헤드에 자기 자신을 연결해 CPU를 포기한다(자기 자신을 실행 큐로부터 제거하고, 스케줄러를 호출한다). 이를 위해 sleep_on함수, interruptible_sleep_on함수가 준비되어 있다. 이 두 함수의 차이는, WAIT 상태가 되었을 때의 프로세스가 시그널에 의해 시작할까, 하지 않을 것인가 라고 하는 점이다.

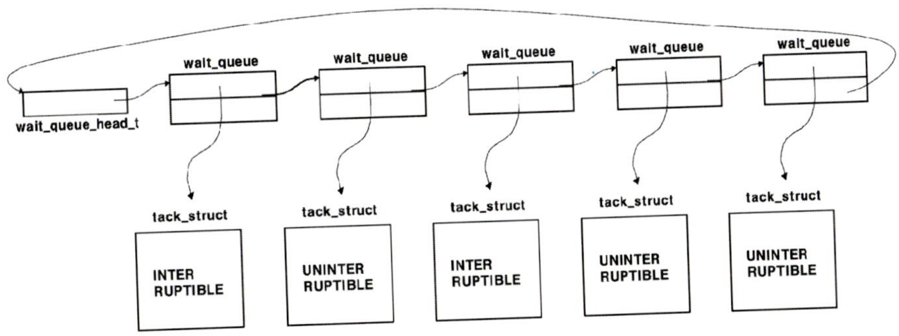

[그림 6-25] Wait 큐 자료구조

〈표 6-13〉은 도구에 따른 커널 동기화 방식을 보여준다.

〈표 6-13〉 커널 동기화(synchronization) 방식의 분류

커널 동기화 도구 분류	내 용

	기본 인터럽트 관련 명령
	__cli() : interrupt disable
	__sti() : interrupt enable
	__save_flags(old) : interrupt mask save
	__restore_flags(old) : interrupt mask restore
	일반적 사용:
	    __save_flags(old);
	    __cli();
	:
	   __restore_flags(old);

spin_lock 계열	spin_lock_init(lock); spin_lock(lock); spin_unlock(lock); spin_unlock_wait(lock); spin_try_lock(lock);

spin_lock과 interrupt 관련
(SMP의 경우는 spin_lock이
busy-waiting 수행)
	spin_lock_irq(lock); spin_unlock_irq(lock);
	spin_lock_irq_save(lock, flag); spin_unlock_irqrestrore(lock,flag);
	read_lock_irq(lock); read_unlock_irq(lock);
	read_lock_irq_save(lock,flag); read_unlock_irqrestrore(lock,flag);
	write_lock_irq(lock); write_unlock_irq(lock);
	write_lock_irq_save(lock, flag); write_unlock_irqrestrore(lock,flag);

kernel semaphore	sema-Init(&sem, 1); // kernel semahpre 생성 및 초기화
	up(sem); // unlocking
	dwon(sem); down_interruptible(sem); // lock 획득 대기,
	// interruptible은 signal 발생시 대기 해제

Atomic 연산	atomic_read(v); atomic_set(v,i); // *v, *v = i;
	atmoic_add(i,v); atomic_sub(i,v); atomic_inc(v); atomic_dev(v);
	atmoic_dev_test(v);
	atomic_inc_and_test_greatoer_zero(v);
	atomic_clear_mask(msk, addr); atomic_set_mask(mask,addr);

제7장 임베디드 리눅스 디바이스 드라이버 구현

디바이스 드라이버를 작성하기 위해선 리눅스 커널에 대한 일반적인 부분에 대해서 많이 알아야 한다. 그렇지만 리눅스 커널의 방대함을 비추어 볼 때 처음부터 기가 죽는 일이 될 것이다. 그러면 반대로 디바이스 드라이버를 시작하면서 리눅스 커널에 대해 지식영역을 넓혀 가는 방법도 괜찮다고 본다. 뒤로 가든 앞으로 가든 이 두 가지는 밀접한 상관관계가 있기 때문에 꾸준한 공부가 필요할 것이다.

디바이스 드라이버의 입문은 처음부터 복잡한 디바이스보다는 매우 단순한 드라이버에서 시작하여 이것을 확장해 나가면서 자연스럽게 새로운 개념을 익혀나가는 방법이 좋을 것이다. 꾸준히 공부해서 자기 영역을 넓혀나가기 바란다.

본 디바이스 드라이버 실습은 X-Hyper270-TKU 보드를 기반으로 작성이 되었다.

7.1 리눅스 디바이스 드라이버 개요

7.1.1 리눅스 디바이스 드라이버 일반

디바이스(Device)란 하드 디스크(Hard Disk), 플로피 디스크(Floppy Disk), 프린터(Printer), 단말기(Terminal), 스캐너(Scanner), 네트워크 어댑터(Network Adaptor), PCMCIA, Touch Screen, LCD 디스플레이, Audio 등과 같이 컴퓨터 시스템 이외의 다른 주변 장치를 말한다. 이런 주변장치, 즉 디바이스를 구동하기 위해서는 당연히 디바이스 구동 프로그램인 디바이스 드라이버 프로그램이 있어야 한다. 디바이스 드라이버 프로그램은 리눅스 OS가 자체적으로 지원 하는 것도 있지만, 대부분 디바이스에 맞는 드라이버 프로그램을 찾아서 인스톨 시켜야 한다. 디바이스 드라이버의 기능을 요약하면 다음과 같다.

- 디바이스와 시스템 사이에 데이터를 주고받기 위한 인터페이스(interface)
- 표준적으로 동일한 서비스 제공을 목적
- 커널의 일부분으로 내장
- 서브루틴과 데이터의 집합체
- 디바이스의 고유한 특성을 내포

임베디드 리눅스 시스템에서 디바이스를 다루는 방법은 디바이스에 대해서 하나의 파일처럼 파일을 통해 액세스가 가능하도록 하고 있다. 따라서 사용자는 파일에 대한 연산만 주의하면 된다. 하나의 디바이스는 임베디드 리눅스 시스템에서 주 번호(Major Number)와 부 번호(Minor Number)로서 표현된다. 그리고 리눅스에서 디바이스 드라이버의 종류는 문자 디바이스(Character Device), 블록 디바이스(Block Device) 그리고 네트워크 디바이스(Network Device)로 나눈다.

① 문자 디바이스는 자료의 순차성을 지닌 장치로서 버퍼 캐쉬를 사용하지 않는다. 즉, 버퍼를 통하지 않고 데이터를 바로 읽고 쓸 수 있는 장치를 말한다. 디바이스의 Raw 데이터를 사용자에게 제공하며 종류로는 터미널, 콘솔, 키보드, 사운드 카드, 스캐너, 프린터, 직렬/병렬, 마우스, 그리고 조이스틱 등이 있다.

② 블록 디바이스는 버퍼 캐쉬를 통해 Random Access가 가능한 장치이다. 데이터를 블록단위로 입출력하며, 파일 시스템을 구축할 수 있다. 그 종류로는 하드디스크, 플로피디스크, 램 디스크, 그리고 CD-ROM 등이 있다.

③ 네트워크 디바이스는 기본적으로 네트워크 통신을 통해 네트워크 패킷을 송수신할 수 있는 장치를 말한다. 그 예로는 이더넷, PPP, Slip, ATM, 그리고 ISDN NIC(Network Interface Card) 등이 있다

7.1.2 리눅스 디바이스 드라이버 구조

리눅스 시스템의 구조는 크게 [그림 7-1]과 같이 응용영역과 커널영역, 그리고 하드웨어로 구성 된다. 우리가 작업하는 디바이스 드라이버는 커널영역에서 동작이 됨을 볼 수가 있다.

각 영역에서 하는 역할을 보면 〈표 7-1〉과 같다.

〈표 7-1〉 리눅스 시스템 구조의 영역과 기능

영 역	기 능
응용 영역	사용자 모드에서 동작 하는 프로그램 영역
커널 영역	시스템 콜 인터페이스 : 응용프로그램에게 커널서비스를 제공하는 인터페이스 VFS : VFS는 여러 종류의 다양한 파일 시스템에 대해서 공통된 인터페이스를 제공한다. 커널 : 프로세스 관리 , 메모리 관리 , IPC , 파일 시스템 , 네트워킹 , 디바이스 드라이버 등
하드웨어	물리적인 하드웨어 영역

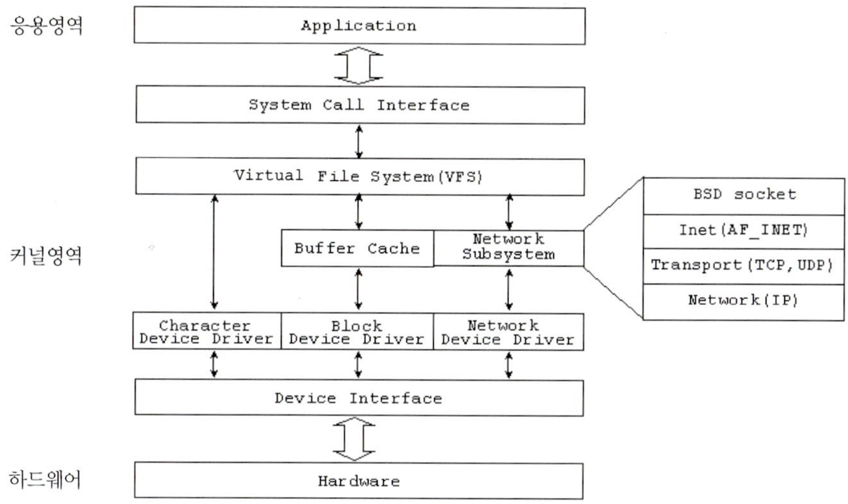

[그림 7-1] 리눅스 디바이스 드라이버 구조

■ 커널 모듈(Kernel Module)

커널 모듈은 리눅스 시스템 부팅 후에 동적으로 로드, 언로드할 수 있는 커널의 구성 요소이다. 따라서 커널을 다시 컴파일하거나 시스템을 재부팅하지 않고도 커널의 일부분을 교체할 수 있다.

디바이스 드라이버, 파일 시스템, 네트워크 프로토콜 등이 모듈로 만들어져 제공된다. 또한, 모든 모듈에는 컴파일한 커널 버전 정보가 들어가야 하며 이는 현재 실행되고 있는 커널 버전과 일치해야 한다. 즉, 모듈은 버전 의존성이 있다는 의미이며, 만일 다르면 에러가 발생한다.

모듈 버전 정보는 〈linux/module.h〉에 정의되어져 있으며, 각 모듈 버전은 char kernel_version[ ]에 변수로 지정되어져 있다. 따라서 insmod는 모듈을 로딩시 현재 커널의 버전 정보와 항상 비교한다. 모듈의 버전 정보는 전체 모듈에서 하나만 존재해야 한다. 소스가 여러 개인 경우는 하나의 소스에만 모듈 버전을 정의하고 나머지 소스에서는 〈linux/module.h〉를 포함하기 전에 #define __NO_VERSION__을 통해 모듈 버전을 정의하지 않도록 한다.

버전이 맞지 않더라도 insmod를 사용하고 f(force) 옵션을 사용함으로써 버전이 맞지 않는 커널에도 모듈을 적재할 수 있다. 그러나 이런 방법은 안전한 방법이 아니며 가끔씩 실패하는 경우가 발생하며, 설령 커널에 적재되었더라도 앞으로 어떤 일이 발생할지는 예측할 수 없다.

■ 커널 심벌(Kernel Symbol)

커널에서 심벌이란 함수나 변수 이름을 의미한다. 심벌은 다른 곳에서 사용할 수 있도록 심벌을 제공할(symbol export) 수도 있고, 다른 곳에 존재하는 심벌을 사용할 수도 있다. 또한 공개된 심벌들은 심벌 테이블이란 곳에 리스트로 관리되며, /proc/ksyms에 텍스트 형태로 제공되어 사용자가 읽어 볼 수도 있다. 사용자가 만든 모듈이 커널에 적재되었을 때, 그 안에 선언한 전역 심벌은 전부 커널 심벌의 일부가 되고 이것도 역시 /proc/ksyms에서 찾아볼 수 있다. 심벌 링킹(symbol linking)의 종류로는 정적 링킹(static linking)과 동적 링킹(dynamic linking)이 있다.

커널의 주 테이블에 모듈의 전체 테이블을 등록하는 함수는 register_symtab()이다. 그리고 심벌들에 버전 정보가 포함되어 있는 경우 같은 심벌이라도 버전 정보의 포함 유무에 따라 export할 때 마다 다르게 된다. 예를 들면 printk()에 커널이 버전 검사를 수행하지 않으면 그냥 printk()로 export되지만, 버전 검사를 수행하면 printk()뒤에 모듈 버전 정보가 추가되어 printk_xxxxxx 형태로 export되게 된다. 코드에서 이를 맞추어 주는 부분은 다음과 같다.

```
#ifdef CONFIG_MODVERSIONS
#define MODVERSIONS
#include <linux/modversions.h>
#endif
```

먼저 커널에 대한 모듈 프로그램이 일반적인 응용 프로그램과의 주된 차이점으로는 main()함수가 없고, 커널에 로딩(loading) 및 언로딩(unloading)할 때에 불리는 int module_init(void)함수[성공하면 "0", 실패하면 그 이외의 값을 리턴함]와 void module_exit( )함수가 존재한다는 것이다. 즉, 한 개의 응용 프로그램은 처음부터 끝까지 한 개의 태스크를 수행하지만 한 개의 모듈들은 앞으로 들어올 요청에 대응하는 루틴들을 커널에 등록 후 주함수는 신속하게 완료된다. 다음 [그림 7-2]는 커널에 모듈을 링크하는 개념도이다.

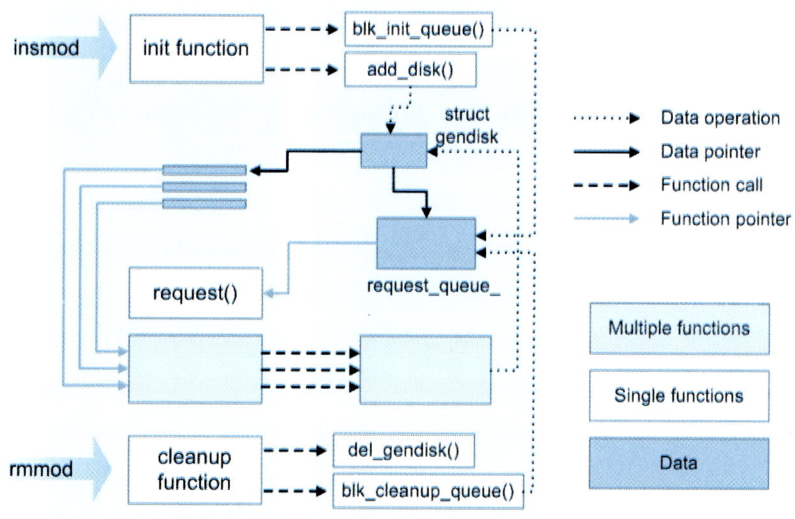

[그림 7-2] 커널에 모듈을 링크하는 개념도

■ 커널 프로그래밍의 이해를 위한 실습

커널 프로그래밍을 이해하기 위하여 아래의 간단한 프로그램을 살펴보자. 실행 결과는 커널에 모듈이 로딩될 때에 “Hello, World”라는 문자열이 출력되고, 언로딩 될 때에 "Goodbye"라는 문자열이 출력된다.

[Hello.c]

```
/*
   Hello, World Module Program Example
*/
#include <linux/kernel.h>
#include<linux/module.h>

static int hello_init(void){ printk("<1>Hello, World₩n"); return 0; }
static void hello_exit(void){ printk("<1>Goodbye₩n"); }


module_init(hello_init);
module_exit(hello_exit);
```

컴파일을 수행하기 위한 방법으로 직접 Makefile파일을 작성하여 make하는 방법이 있다. Makefile파일은 vi에디터를 사용하여 작성한다.

Makefile에 관련된 상세한 내용은 참고 서적을 참고 바란다.

[Makefile]

```
CC  := /opt/iwmmxt-1.0.0/bin/arm-linux-gcc

KDIR    := /XHYPER270-TKU/kernel/linux-2.6.11-h270-tku

TEST_TARGET = hello
TEST_OBJS   = hello.o
TEST_SRCS   = hello.c

obj-m   := hello.o

build: $(TEST_TARGET)
   make -C $(KDIR) SUBDIRS=`pwd` modules

$(TEST_TARGET) : $(TEST_OBJS)
   $(CC) -o $@ $(TEST_OBJS)
clean:
   rm -rf *.o *.ko
   rm -f $(TEST_TARGET)
```

이제 Makefile에 따라 make를 수행한다. 컴파일 한 결과물을 제거할 때에는 make clean한다. 실행 결과로 hello.ko 파일이 생성된다. 생성된 목적 파일인 hello.ko를 커널에 로딩하기 위해서는 다음과 같이 insmod명령을 사용하여 로딩한다.

```
insmod  hello.ko
```

커널에 로드된 모듈의 목록을 보기 위해서는 다음과 같이 lsmod명령을 사용한다.

```
lsmod
```

커널에 로딩된 모듈을 제거하기 위해서는 rmmod명령어를 사용한다. hello.ko가 아니라 그냥 hello를 쓴다는 점에 주의하라.

```
rmmod  hello
```

모듈에서 컴파일 시 출력한 메시지를 보기 위해서는 다음과 같이 한다.

```
tail  /var/log/messages   /*최근 메시지 보기*/
tail  -f  /var/log/messages   /*계속 추가되는 모든 메시지 보기*/
```

■ 사용자수 카운트(use count)

리눅스 시스템은 각 모듈을 사용하고 있는 프로세스(process)의 수를 유지하고 있다. 이것은 모듈에 대한 응용 프로세스들을 액세스정도와 모듈을 삭제시 안전하게 삭제 가능한지 여부를 결정하기 위함이다. 만일 모듈이 사용 중이라면 그 모듈을 삭제할 수 없기 때문에 리눅스 시스템은 이 값이 반드시 필요하다. 어떤 파일 시스템을 마운트 하는 도중이라면 그 파일 시스템의 타입 모듈을 제거할 수 없고 프로세스가 사용중인 문자 디바이스를 제거할 수도 없다. 사용자 카운트의 현재 값은 /proc/modules의 각 모듈 항목의 세 번째 필드에 나타나 있으며, 사용자 카운트 값이 "-1"인 경우는 그 모듈이 사용자 카운트를 가지고 있지 않음을 의미한다.

사용자수 카운트는 다음과 같은 매크로(macro)로 관리되고 유지된다.

- MOD_INC_USE_COUNT
  현재 사용 중인 모듈의 카운트 횟수를 증가시킨다.
- MOD_DEC_USE_COUNT
  현재 사용 중인 모듈의 카운트 횟수를 감소시킨다.
- MOD_IN_USE
  현재 사용 중인 것으로 COUNT = 0이 아니면 TRUE이다.

7.1.3 리눅스 디바이스 드라이버 종류

리눅스 디바이스 드라이버는 문자 디바이스 드라이버, 블록 디바이스 드라이버, 네트워크 디바이스 드라이버 세가지 형태로 구분이 된다. 세가지 형태의 디바이스 드라이버에 대해 상세한 내용은 다음과 같다.

1. 문자 디바이스 드라이버

문자 디바이스는 데이터 자료의 순차성을 지닌 장치로서 버퍼 캐쉬를 사용하지 않는다. 즉, 버퍼를 통하지 않고 데이터를 바로 읽고 쓸 수 있는 장치를 말한다. 문자 디바이스의 종류로는 터미널, 콘솔, 터치스크린(Touch Screen), 키보드, 사운드카드, 스캐너, 프린터, 시리얼/패러럴, 마우스, 조이스틱 등이 있다.

■ 주번호(Major Number)와 부번호(Minor Number)

문자 디바이스는 파일 시스템의 이름(또는 노드)을 통해 액세스(access) 되며, 대개 이들의 디바이스는 /dev 디렉토리내에 있다. 블록 디바이스, 네트워크 디바이스도 마찬가지이다. 파일 시스템에 디바이스 노드를 만들려면 mknod명령을 사용해야 하며, 디바이스 파일을 만들려면 수퍼유저로 접근해야 한다. 이 mknod 명령은 디바이스 이름과 디바이스 종류, 주번호(Major Number), 부번호(Minor Number)등 세개의 추가 인자를 반드시 필요로 한다. 주번호는 커널에서 디바이스 드라이버를 구분하는 데 사용된다. 부번호는 디바이스 드라이버 내에서 필요한 경우 장치를 구분하기 위해서 사용된다. 즉, 하나의 디바이스 드라이버가 여러 개의 디바이스를 제어할 수 있다. 당연히 새로운 디바이스 드라이버는 새로운 주번호를 가져야 한다. Documentation/devices.txt에 모든 장치의 주번호가 정의되어 있다.

아래에서 /dev/hda1은 디바이스 이름이고, b는 블록 디바이스임을 의미한다. c이면 문자 디바이스임을 의미한다. 127은 주번호를 의미하고, 1은 부번호(minor number)를 뜻한다. 부번호 값은 0 4095사이의 값을 가져야 한다. 이는 12bit로 제한되어 있기 때문이다.

```
$ mknod /dev/hda1 b 127 1
$ ls al /dev/hda1
$ brw-rw---- 1 root disk 3 1 Mar 25 12:00 /dev/hda1
```

리눅스 커널이 드바이스 드라이버를 호출할 때마다 드라이버에게는 어떤 디바이스가 대응되는지 알려준다. 주번호와 부번호는 결합되어 하나의 디바이스를 식별하기 위해서 사용되어지며, 결합된 디바이스 번호는 inode구조체의 i_rdev필드에 있다. 각 드라이버 함수는 inode구조체 포인터를 인자로 받아들인다. 각 드라이버 함수는 inode i_rdev 를 조사하여 디바이스 번호를 추출할 수 있다. dev_t〈linux/types.h〉는 디바이스 장치의 주번호와 부번호를 표현하는 자료구조이다.

〈linux/kdev_t.h〉에 찾을 수 있는 다음의 매크로들을 사용할 수 있다.

- MAJOR(dev_t dev); dev_t에서 주번호를 추출하는 매크로
- MINOR(dev_t dev); dev_t에서 부번호를 추출하는 매크로

• MKDEV(int major, int minor); 주번호와 부번호를 가지고 dev_t를 만드는 매크로

다음은 inode구조체의 필드들이다.

```
struct inode {
    struct  list_head              i_hash;
    struct  list_head              i_list;
    struct  list_head              i_dentry;
    struct  list_head              i_dirty_buffers;
    unsigned  long                 i_ino, i_version, i
    atomic_t                       i_count;
    kdev_t                         i_rdev;
    umode_t                        i_mode;
    uid_t                            i_uid;
    gid_t                            i_gid;
    ...............................................
    time_t                         i_atime;
    unsigned  long                 i_blksize, i_blocks;
    struct inode_operations        *i_op;
    struct file_operations         *i_fop;
}
```

■ 문자디바이스 등록과 해제

임베디드 리눅스 시스템에 새로운 디바이스 드라이버를 추가하는 것은 하나의 주번호를 이 드라이버에 할당함을 의미한다. 주번호의 할당은 드라이버 초기화시에 /linux/fs.h에 정의된 다음의 디바이스 등록 함수를 호출함으로써 이루어진다.

```
int register_chrdev(unsigned int major, const char *name, struct file_operations *fops)
```

디바이스 장치의 등록 함수 인자로서 major는 등록할 주번호이며, 만일 "0"이면 사용하지 않는 주번호 중에서 선택하여 동적으로 할당된다. name은 디바이스 장치의 이름이며 /proc/devices에 나타나 있다. 다음 [그림 7-3]은 본인의 /proc/devices 내용이다. fops 는 디바이스 장치에 대한 파일 연산 함수이다.

☞ cat/proc/devices↵

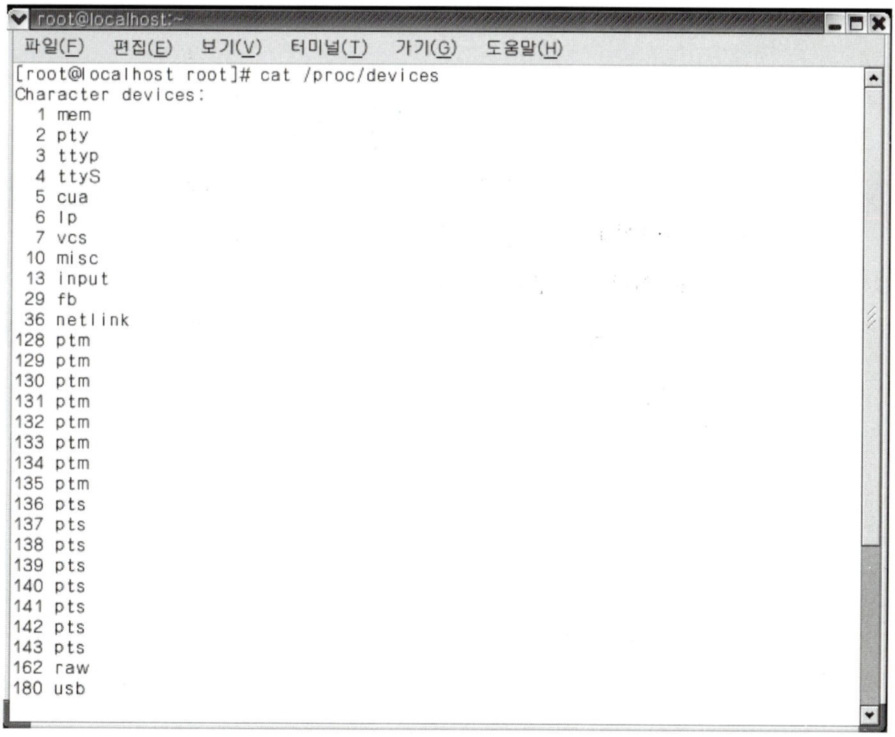

[그림 7-3] /proc/devices에 등록된 디바이스 종류 예

리턴 값은 에러 코드이며 리턴 값으로 "0"이나 양수의 값이면 성공적으로 수행되었음을 나타내고, 음수 값이면 에러가 발생 했음을 나타낸다.

리눅스 시스템에서 모듈을 삭제할 때에는 주번호도 제거하여야 한다.

module_exit에서 호출하는 디바이스 장치 해제 함수인 다음의 함수를 사용하면 된다.

```
int unregister_chrdev(unsigned int major, const char *name)
```

함수 인자로는 제거하고자 하는 주번호와 디바이스 이름이다. 커널은 이 디바이스 이름과 주번호 할당시 등록한 이름을 비교한다. 이름이 서로 다르거나 또는 지정된 드라이버가 없거나 주번호 경계를 벗어난 값에 대해서는 에러 코드인 EINVAL을 리턴한다.

■ 파일 연산(File Operations)

사용자 프로그램과 디바이스 드라이버는 파일 인터페이스를 통해 액세스된다. 디바이스 드라이버는 자신이 커널에 등록할 때 register_chrdev()함수를 사용하며, 등록 함수의 인자로서 file_operations 구조체를 사용하고 있다.

File_operations구조체는 /linux/fs.h에 정의된 파일 함수 포인터 테이블이다. 먼저 파일을 나타내는 file구조체를 살펴보면 다음과 같다.

[struct file_struct]

```
struct file{
        struct list_head        f_list;
        struct dentry           f_dentry;  /*파일에 대한 디렉토리 엔트리*/
        struct vfsmount         *f_vfsmnt;
        struct file_operations  f_op;  /*다양한 파일 연산 함수 정의*/
```

```
        atomic_t  f_count;    /*프로세스의 파일 참조 횟수*/
/*access mode, nonblocking, create, append등의 플래그*/
        unsigned int        f_flags;
        mode_t              f_mode;  /*파일 모드*/
        loff_t              f_pos;      /* 파일의 읽고 쓰는 위치*/
        unsigned long       f_reada,f_ramax,f_raend,f_ralen,f_rawin;

        struct fown_struct  f_owner;
        unsigned int        f_uid,f_gid;  /*파일 사용자 및 그룹 식별자*/
        int                 f_error;
        unsigned long       f_version;
        void                *private_data; /*추가적인 데이터가 필요할
                                                때*/
}
```

[struct file_operations]

- loff_t (*lseek) (struct file *, loff_t, int);
  – 파일에서 현재 읽고 (read), 쓰는(write) 위치를 이동한다.
- ssize_t (*read) (struct file *, char *, size_t, loff_t *);
  – 디바이스 장치에서 데이터를 읽어들인다.
- ssize_t (*write) (struct file *, const char *, size_t, loff_t *);
  – 디바이스 장치에 데이터를 쓴다.
- int (*readdir) (struct file *, void *, filldir_t);
  – 디바이스 장치에서는 사용하지 않고 (즉, 디바이스 노드에서는 NULL을 리턴함), 디렉토리에서만 사용하는 함수이다.
- unsigned int (*poll) (struct file *, struct poll_table_struct *);
  – 현 프로세스를 대기 큐에 넣는다.
- int (*ioctl) (struct inode *, struct file *, unsigned int, unsigned long);
  – 디바이스에 종속적인 명령을 만드는 데 사용한다. 즉, 디바이스 장치에 고

유한 명령을 사용자가 임의로 만들 수 있다.

- int (*mmap) (struct file *, struct vm_area_struct *);
  - 디바이스 장치의 메모리를 프로세스의 메모리에 매핑시키는 데 사용한다.
- int (*open) (struct inode *, struct file *);
  - 디바이스 장치를 오픈한다.
- int (*release) (struct inode *, struct file *);
  - 디바이스 장치를 종료한다.
- int (*fsync) (struct file *, struct dentry *);
  - 디바이스 장치를 flush한다. 즉, 데이터 중에서 디바이스에 있는 것은 모두 디바이스에 쓴다.
- int (*fasync) (int, struct file *, int);
  - 비동기 통지(Asynchronous notification)를 알려주는 FLAG인 FASYNC flag에 변화가 있는 디바이스를 확인하기 위해 사용한다.
- int (*check_media_change) (kdev_t dev);
  - 플로피 디스크처럼 사용도중에 Media가 변경될 수 있는 블록 디바이스 드라이버에서 사용한다.
- int (*revalidate) (kdev_t dev);
  - 제거 가능한 블록 디바이스에서 버퍼 캐쉬(buffer cache)관리 위해 사용한다.
- int (*lock) (struct file *, int, struct file_lock *);
  - 파일에 lock를 걸기 위해서 사용한다.

File_operations 구조체를 사용하는 문자 디바이스 드라이버의 예는 다음과 같다. 정의되지 않은 것은 NULL로 한다.

```
struct file_operations device_fops = {
NULL,                /* seek*/
device_read,         /*read*/
device_write,        /*write*/
```

```
NULL,                /*readdir*/
NULL,                /*poll*/
NULL,                /*ioctl*/
NULL,                /*mmap*/
device_open,         /*open*/
NULL,                /*flush*/
device_release,      /*release*/
}
```

2. 블록 디바이스 드라이버

블록 디바이스(Block Device)는 버퍼 캐쉬를 통해 랜덤 액서스(Random Access)가 가능한 장치이다. 데이터를 버퍼 캐쉬를 통해 블록단위로 입출력하며, 파일 시스템을 구축할 수 있다. 그 종류로는 하드디스크, 플로피디스크, 램디스크, CD-ROM 등이 있다.

블록 디바이스는 문자 디바이스와 같이 외부 사용자 응용 프로그램과는 파일 인터페이스를 통해 액세스 되며, 파일 연산을 제공한다. 블록 디바이스 드라이버는 주번호로 구별되며, 문자 디바이스 드라이버와는 별개로 관리됨으로 문자 디바이스 드라이버와는 주번호가 중첩되어도 관계 없다. 파일 시스템은 버퍼 캐쉬를 통해서 블록 디바이스에 액세스 된다. 버퍼 캐쉬를 통한 작업은 일반적인 read/write 동작과는 다르기 때문에 파일 연산의 read/write와 별도로 버퍼 캐쉬를 통한 read/write를 수행하기 위하여 추가적인 구조체 blk_dev_struct{ }가 존재한다. 이 구조체내에서는 버퍼 캐쉬를 통해 실질적인 read/write를 수행하는 reguest_fn( )함수를 구현해야 한다. 또한, 블록의 크기, 섹터(sector)의 크기, 전체 크기 등을 따로 블록 장치를 관리하는 전역 변수에 설정해 관리해야 한다

■ 블록 디바이스 등록과 해제

임베디드 리눅스 시스템에서 문자 디바이스 드라이버처럼 블록 디바이스 드라이버는 커널에서 주번호로 식별한다. 블록 디바이스 드라이버를 등록하고 해제하기 위해 사용하는 함수는 다음과 같다.

```
Int register_blkdev(unsigned int major, const char *name, struct file_operations
*fops)
Int unregister_blkdev(unsigned int major, const char *name)
```

문자 디바이스 드라이버에서와 마찬가지로 블록 디바이스 장치의 등록 함수 인자는 major로서 등록할 주번호이며, 만일 "0"이면 사용하지 않는 주번호 중에서 선택하여 동적으로 할당된다. name은 블록 디바이스 장치의 이름이다. fops는 블록 디바이스 장치에 대한 파일 연산 함수이다. 리턴 값은 에러 코드이며 리턴 값으로 "0"이나 양수의 값이면 성공적으로 수행되었음을 나타내고, 음수 값이면 에러가 발생했음을 나타낸다.

[그림 7-4]는 블록 디바이스 드라이버 모듈과 커널 사이의 관계를 나타내었다.

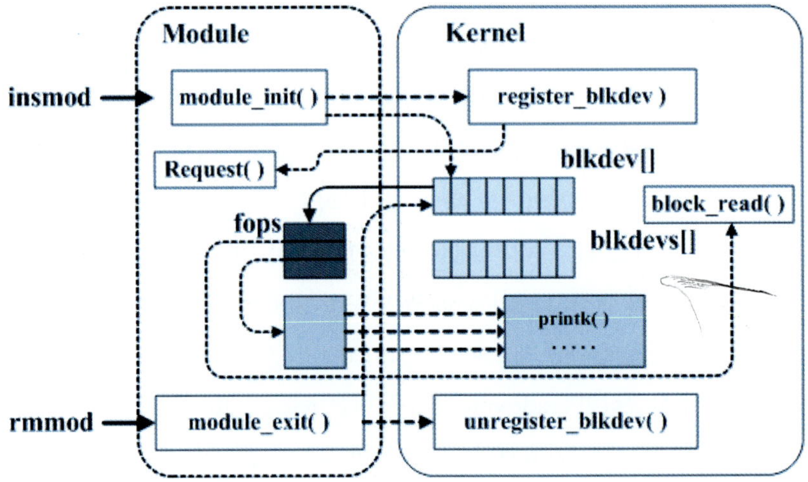

[그림 7-4] 블록 디바이스 드라이버 모듈과 커널

■ 파일 연산(File Operation)

사용자 프로그램과 블록 디바이스 드라이버는 파일 인터페이스를 통해 액세스된다. 그러나 블록 디바이스 드라이버의 파일 연산은 문자 디바이스 드라이버와 조금 차이가 있다. read/write/fsync 함수는 따로 구현할 필요가 없으며, 일반적으로 block_read(), block_write(), block_fsync() 함수를 그대로 사용한다. 그리고 open, release 함수도 문자 디바이스 드라이버에서와 마찬가지로 구현한다. 그러나 ioctl에서는 많이 다르다. 대부분의 블록 디바이스 드라이버가 지원할 것으로 예상되는 수 많은 공통 ioctl 명령이 있으며, 따라서 이들의 대부분은 반드시 지원해 주어야 한다. 내용으로는 먼저 장치의 크기를 섹터의 개수로 리턴하는 BLKGETSIZE, 버퍼 캐쉬를 flush하는 BLKFLSBUF, 얼마나 미리 읽기(read-ahead)를 할 것인지 미리 읽기 값을 획득하는 BLKRAGET, 미리 읽기 값을 세트하는 BLKRASET, 블록 디바이스 장치의 읽기 전용 FLAG을 얻어오는 BLKROGET, 변경하는 BLKROSET, 파티션이 있는 장치에서 파티션 테이블을 다시 읽어오는 BLKRRPART, 하드 디스크의 구조를 읽어오는 HDIO_GETGEO가 있다.

그리고 check_media_change는 미디어가 변경될 수 있는 블록 디바이스 장치의 경우 미디어가 변경되었는 지 여부를 조사하는 데 사용된다. 미디어가 변경된 경우 "1"을, 변경되지 않은 경우 "0"을 리턴한다. Revalidate는 미디어가 변경된 경우 호출되는 함수이다.

File_operations 구조체를 사용하는 블록 디바이스 드라이버의 예는 다음과 같다. 정의되지 않은 것은 NULL로 한다.

```
struct  file_operations blkdevice_fops = {
NULL,                           /* seek*/
block_read,                     /*read*/
block_write,                    /*write*/
NULL,                           /*readdir*/
NULL,                           /*poll*/
NULL,                           /*ioctl*/
NULL,                           /*mmap*/
block_open,                     /*open*/
NULL,                           /*flush*/
```

```
block_release,              /*release*/
}
```

3. 네트워크 디바이스 드라이버

네트워크 디바이스(Network Device)는 기본적으로 네트워크 통신을 통해 네트워크 패킷을 송수신할 수 있는 장치를 말한다. 그 예로는Ethernet, PPP, Slip, ATM, ISDN NIC(Network Interface Card) 등이 있다. 이 장치들을 위해 네트워크 디바이스 드라이버가 필요하다. 많은 네트워크 디바이스들을 위한 디바이스 드라이버가 있을 수 있다. [그림 7-5]는 네트워크 디바이스 드라이버의 구조에 대해 설명한다.

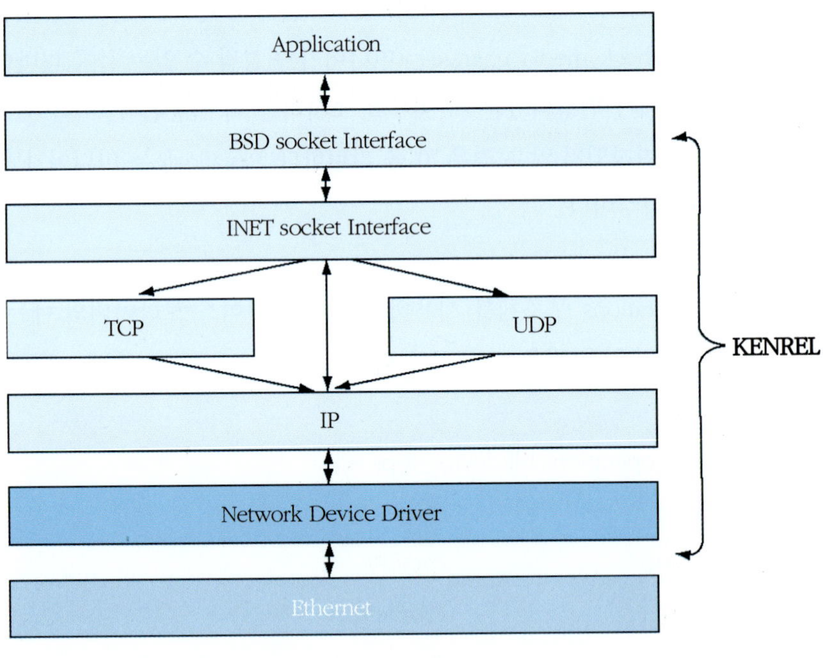

[그림 7-5] 네트워크 디바이스 드라이버의 구조

■ 소켓(Socket)

네트워크를 소켓이라는 단일한 인터페이스로 묶어서 사용한다. 그렇게 함으로써 통신의 요소를 가상화 한다. 네트워크를 초기화하여 다양한 통신 수단을 사용할 수 있다. 네트워크의 초기화는 통신이라는 것을 파일시스템의 체제로 초기화는 것이다. 그리고 하나의 연결이란 하나의 파일을 등록하고 초기화하여 파일연산에 연결한 후 file operation을 규정하는 행위와 같다. 이것은 module_init()과 open()의 과정으로 볼 수 있으며 소켓에서는 이를 socket()과 bind()함으로써 수행한다.

■ 어소시에이션(Association)

소켓 프로그램에 있어서 로컬 호스트에서 실행되는 프로세스와 원격 호스트에서 실행되는 프로세스간에 데이터를 교환하기 위해 요구되는 정보이다.

프로토콜 식별자, 로컬 인터넷 주소, 로컬 포트 번호, 원격 인터넷 주소, 원격 포트번호로 구성된다.

■ 파일시스템과 소켓의 관계

파일시스템에서는 파일을 식별하기 위해서 file descriptor를 사용한다.

소켓은 하나의 커넥션(or association)을 식별하기 위한 수단이다. 이것은 구조체로 존재한다. 전체 16바이트로 구성되어 있다. 프로토콜 식별자(2), 포트 번호(2), 인터넷 주소(4), 사용 않함(0)으로 구성된다. 파일시스템에는 file descriptor와 연결되고, TCP/IP에서는 포트 번호와 IP에 할당된다.

파일시스템과 소켓과의 관계는 사용자에게 간편함을 제공하기 위하여 커넥션을 하나의 file descriptor와 연결한다. 그러므로 사용자는 통신을 일반 file처럼 사용할 수 있는 것이다. 소켓의 특성(이름)과 bind를 통하여 생성된다.

7.2 프레임 버퍼(TFT LCD)

- PXA27x 프로세서 LCD 제어기
  - 수동형(DSTN), 능동형(TFT) 제공
  - RGB에서 픽셀당 픽셀포맷 2, 4, 8, 16, 18과 24비트 제공
  - 최대 800 * 600픽셀까지 디스플레이 크기를 위해 제공

〈표 7-2〉 LCD 신호 설명

신호명칭	형태	설 명
LDD〈17:0〉	양방향	데이터 라인은 LCD 디스플레이 모듈까지 4, 8, 혹은 18 데이터 값을 전송한다. LDD〈17:0〉는 내부 프레임 버퍼를 가진 패널로부터 읽는 동안에 입력 데이터 버스로써 사용한다.
L_PCLK_WR	출력	픽셀 클록은 Line Shift Reg에 픽셀 데이터를 클록을 위하여 LCD 디스플레이 모듈에 의하여 사용된다. 수동형(passive) 모드에서 픽셀 클록은 유효한 데이터가 데이터핀 상에서 가능할 때 단지 토글된다. 능동형(active) 모드에서 픽셀 클록은 연속적으로 토글한다. 그리고 AC 바이어스 핀이 데이터가 LCD데이터핀 상에 유효할 때 출력신호로써 사용된다. 내부 프레임 버퍼를 가진 LCD패널에 쓰기 위한 쓰기 신호이다.
L_LCLK_A0	출력	라인클록은 라인포인터를 증가하고 라인데이터를 쉬프트 레지스터로부터 스크린까지 전송하는 픽셀라인의 마지막 신호로써 LCD 디스플레이 모듈에 의하여 사용된다. 또한 이것은 수평동기 신호로써 TFT 디스플레이를 동작시키는데 사용된다. 디스플레이 동작을 위하여 또한 이신호는"HSYNC"혹은"수평싱크신호"로써 제공된다. 이 신호는 내부 프레임 버퍼를 가진 LCD 패널에 인터페이스할 때 특별한 명령어 혹은 데이터를 전송하는 제어 신호이다.
L_FCLK_RD	출력	프레임 클록은 스크린의 최상위에서 라인 포인터를 리셋함으로써 픽셀의 새프레임을 시작하는 신호로써 LCD 디스플레이 모듈에 의하여 사용된다. 또한 이것은 수직동기신호로써 TFT 디스플레이를 동작시키는데 사용된다. 디스플레이 동작을 위하여 또한 이 신호는"VSYNC"혹은"수직싱크신호"를 제공한다. 내부프레임 버퍼를 가진 LCD패널로부터 읽는 동안의 읽기 신호이다.
L_BIAS	출력	AC바이어스는 DC옵셋을 방해하기 위하여 스크린의 가로와 세로축에 양극 전원스위치를 위하여 LCD 디스플레이 모듈에 신호한다. 동작모드에서 데이터가 픽셀클록을 사용하여 데이터 핀으로부터 래치될 때 이 신호가 출력할 수 있도록 사용한다.
L_CS	출력	내부 프레임버퍼를 가진 LCD 패널로부터 SYNC 리플래시
L_VSYNC	입력	내부 프레임 버퍼를 가진 LCD 패널을 위해 이 핀은 칩선택신호로써 사용된다.

프레임버퍼는 화면이 표시할 한 화면 분량의 화상정보를 일시적으로 저장하기 위해 사용되는 기억 장치이다.

X-Hyper270-TKU에서는 SDRAM의 한 부분을 프레임버퍼 영역으로 사용한다.

LCD 제어기는 DMA를 이용하여, 프레임버퍼의 내용을 주기적으로 LCD에 전달한다.

X-Hyper270-TKU에서 사용하는 디스플레이 장치는 TFT-LCD 16비트(640 x 480)이다.

다른 해상도를 사용할 때는 PXA27x 데이터시트를 참고하기 바란다.

PXA270에 관련된 부분은 drivers/video/pxafb.c이다.

■ 디바이스 드라이버 소스(Device Driver source)

drivers/video/fbcon.c	Low level operations for display
drivers/video/fbmem.c	Initialize frame buffer
drivers/video/pxafb.c	PXA270 LCD controller frame buffer driver
include/linux/linux_logo.h	linux booting logo for X-Hyper270-TKU
arch/arm/mach-pxa/xhyper270tku.c	Initialize TFT LCD Timing

■ 디바이스 노드(Device Node)

/dev/fb0	frame buffer Node

■ 커널 구성(Kernel configuration)

```
        Graphics support  --->
    [*] Support for frame buffer devices
    <*> PXA LCD framebuffer support
    [*] PXA LCD is not use blank
    Console display driver support  --->
        [*] Framebuffer Console support
    Logo configuration  --->
        [*] Bootup logo
        [*]  Standard 224-color Linux logo
```

■ LCD 컨트롤러 제어 레지스터 값(Controller Control Register Value)

☞ arch/arm/mach-pxa/xhyper270tku.c↵

```
static struct pxafb_mach_info lg_philips_lb064v02 __initdata = {

    .pixclock       = 54000,
    .xres           = 640,
    .yres           = 480,
    .bpp            = 16,
    .hsync_len      = 60,
    .left_margin    = 84,
    .right_margin   = 16,
    .vsync_len      = 2,
    .upper_margin   = 33,
    .lower_margin   = 10,
    .sync     =FB_SYNC_HOR_HIGH_ACT | FB_SYNC_VERT_HIGH_ACT,
    .lccr0    = LCCR0_LDDALT | LCCR0_OUC | LCCR0_PAS,
    .lccr3    = LCCR3_PCP,
    .pxafb_backlight_power = pxafb_backlight_power,
    .pxafb_lcd_power = pxafb_lcd_power,

}
```

■ 플래트폼 디바이스 선정(Platform device setup)

☞ arch/arm/mach-pxa/generic.c↲

```
static struct resource pxafb_resources[] = {
    [0] = {
        .start  = 0x44000000,
        .end    = 0x4400ffff,
        .flags  = IORESOURCE_MEM,
    },
    [1] = {
        .start  = IRQ_LCD,
        .end    = IRQ_LCD,
        .flags  = IORESOURCE_IRQ,
    },
}

static u64 fb_dma_mask = ~(u64)0;

static struct platform_device pxafb_device = {
    .name       = "pxa2xx-fb",
    .id     = -1,
    .dev        = {
        .platform_data  = &pxa_fb_info,
        .dma_mask   = &fb_dma_mask,
        .coherent_dma_mask = 0xffffffff,
    },
    .num_resources  = ARRAY_SIZE(pxafb_resources),
    .resource   = pxafb_resources,
}
```

■ VGA 출력(OUTPUT)

X-Hyper270-TKU는 VGA 출력을 지원한다

이를 위해서 LCD 왼쪽의 RSTCPU 버튼 옆의 VGA 버튼을 클릭하면 TFT LCD의 백라이트는 꺼지고, VGA OUT의 출력이 활성화 된다.

이는TFT LCD와VGA 장치(모니터, 프로젝터) 등의 타이밍이 틀리기 때문이다.

☞ drivers/video/pxafb.c↵

```
static irqreturn_t port_change(int irq, void *dev_id, struct pt_regs *regs)
{
//  printk("VGA PORT CHANGE!!! : ");

   if(port_mask == 0 ){
//      printk("TFT LCD MODE -> VGA PORT₩n");
        DEVICE_PORT_CLEAR(BACKLIGHT_PWR);
        LCCR3 = 0x04400003;

        port_mask = 1;
        udelay(100);

   } else {
//      printk("VGA PORT -> TFT LCD MODE₩n");
        LCCR3 = 0x04400004;
        DEVICE_PORT_SET(BACKLIGHT_PWR);

        port_mask = 0;
        udelay(100);
   }

   return IRQ_HANDLED;
}
```

〈참고〉 http://www.tldp.org/HOWTO/Framebuffer-HOWTO.html
Intel® PXA27X Applications Processor Developer's Manual

7.3 이더넷(Ethernet)

7.3.1 CS8900

Cirrus Logic의 10 Base-T 이더넷 칩인 CS8900A를 위한 디바이스 드라이버.
X-Hyper270-TKU에서는 Static Chip Select 4(0x10000000)을 사용한다.
이를 위한 메모 맵은 arch/arm/mach-pxa/xhyper270tku.c에서 설정한다.

■ 가상 메모리 설정(Vitual Memory Setting)

```
{0xF0000000, 0x04000000, 0x00100000, MT_DEVICE }
```

■ 디바이스 드라이버 소스(Device Driver source)

drivers/net/cs89x0.c	cs8900 ethernet driver source
drivers/net/cs89x0.h	cs8900 ethernet driver header

■ 커널 구성(Kernel configuration)

```
  Networking support  --->
Ethernet (10 or 100Mbit)  --->
 [*] Ethernet (10 or 100Mbit)
  <*> CS890x0 support
```

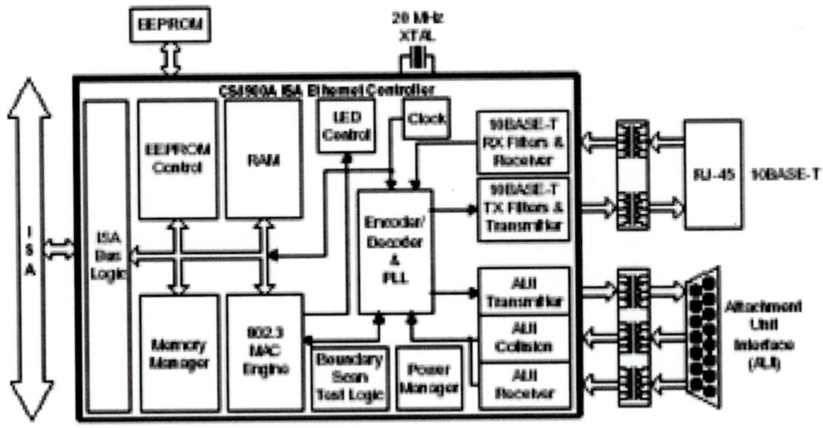

[그림 7-6] CS8900A 블록 다이어그램

〈참고〉 CIRRUS LOGIC CS8900A Product Data Sheet

7.3.2 LAN91C111

SMSC의 10/100 Base-T 이더넷 칩인 LAN91C111을 위한 디바이스 드라이버.
X-Hyper270-TKU 에서는 물리 주소 0x14000000, 0x14100000을 사용한다.

■ 디바이스 드라이버 소스(Device Driver source)

```
drivers/net/smc91x_1.c        LAN91C111 first ethernet driver source
drivers/net/smc91x_2.c        LAN91C111 second ethernet driver source
drivers/net/smc91x.h          LAN91C111 ethernet driver header
```

■ 커널 구성(Kernel configuration)

```
    Networking support  --->
  Ethernet (10 or 100Mbit)  --->
   [*] Ethernet (10 or 100Mbit)
    <*>  SMC 91C9x/91C1xxx 1 support
    <*>  SMC 91C9x/91C1xxx 2 support
```

■ 플래트폼 디바이스 설정(Platform device setup)

☞ arch/arm/mach-pxa/ xhyper270tku.c↵

```
static struct resource smc91x_1_resources[] = {
    [0] = {
        .start  = (0x14000000 + 0x300),
        .end    = (0x14000000 + 0xfffff),
        .flags  = IORESOURCE_MEM,
    },
    [1] = {
        .start  = IRQ_GPIO(54),
        .end    = IRQ_GPIO(54),
        .flags  = IORESOURCE_IRQ,
    }
}

static struct platform_device smc91x_1_device = {
    .name           = "smc91x_1",
    .id     = 0,
    .num_resources  = ARRAY_SIZE(smc91x_1_resources),
    .resource   = smc91x_1_resources,
}

static struct resource smc91x_2_resources[] = {
    [0] = {
        .start  = (0x14100000 + 0x300),
        .end    = (0x14100000 + 0xfffff),
        .flags  = IORESOURCE_MEM,
    },
    [1] = {
        .start  = IRQ_GPIO(53),
        .end    = IRQ_GPIO(53),
```

```
        .flags  = IORESOURCE_IRQ,
    }
}

static struct platform_device smc91x_2_device = {
    .name       = "smc91x_2",
    .id     = 0,
    .num_resources  = ARRAY_SIZE(smc91x_2_resources),
    .resource   = smc91x_2_resources,
}
```

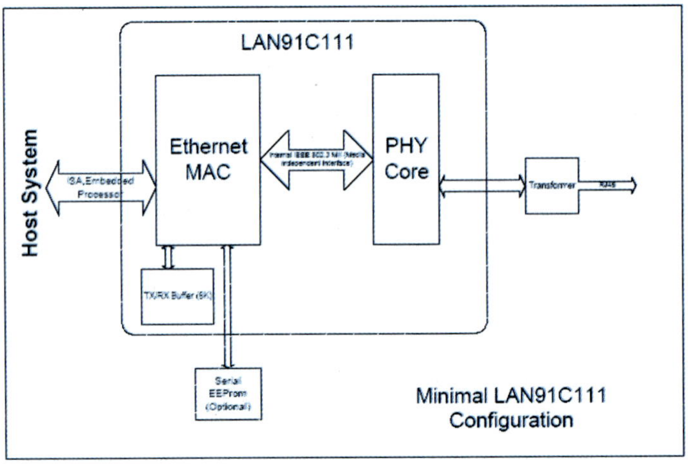

[그림 7-7] LAN91C111 블록도

7.4 사운드(Sound)

PXA270은 AC97 제어 유닛(ACUNIT)를 내장하고 있다.

ACUNIT는 오디오 제어 링크(AC-link)를 지원한다. 이는 디지털 오디오, 모뎀, Mic-in, 레지스터 제어, 상태 정보를 전송할 때 시리얼 인터페이스를 사용한다.

오디오 코덱(Audio Codec)으로는 CIRRUS LOGIC의 CS4299A을 사용한다.

■ 코덱을 위한 외부 인터페이스(External interface to Codecs)

〈표 7-3〉 코덱을 위한 외부 인터페이스

이 름	형 태	설 명
AC97_REST_n	Output	Active-low Codec reset. The Codec's registers are reset when AC97_RESET_n is asserted
AC97_BITCLK	Input	12.288-MHz bit-rate clock
AC97_SYNC	Output	48-MHz frame indicator and synchronizer
AC97_SDATA_OUT	Output	Serial audio output data to Codec for digital-to-analog conversion
AC97_SDATA_IN_0	Input	Serial audio input data from primary Codec
AC97_SDATA_IN_1	Input	Serial audio input data from secondary Codec
AC97_SYSCLK	Output	Optional 24.576-MHz clock output

■ 디바이스 드라이버 소스(Device Driver source)

```
sound/oss/ac97_codec.c        AC97 mixer/modem module
sound/oss/ pxa-ac97.c         AC97 interface for Xhyper27x
sound/oss/ pxa-audio.c        audio interface for Xhyper27x
```

■ 디바이스 노드(Device Node)

```
/dev/dsp       audio input, audio output
/dev/mixer     control of volume, sampling rates, bass, treble, etc
```

■ 캐널 구성(Kernel configuration)

```
            Sound --->
<*>   Sound card support
      Open Sound System-
         <*> Open Sound System (DEPRECATED)
            <*> PXA Audio
            <*>    PXA AC97 audio support
```

■ 믹서 설정(Mixer Setting)

믹서 설정은 smixer 프로그램으로 한다.

설정은 /etc/smixer.conf로 한다. /etc/로 이동한다.

```
/etc]$ vi smixer.conf
# smixer input file
#
# These values are for my Soundblaster Live!, you will need to modify
# which lines are used or not
#

# set volumes
vol Vol     60
#vol    Bass     50
#vol    Trebl    50
#vol    Synth     0
vol Pcm     88
vol Spkr      0
vol Line      0
vol Mic     100
vol CD      0
#vol    Mix     0
#vol    Pcm2      0
```

```
#vol    Rec      0
vol IGain        100
#vol    OGain        0
vol Line1        0
#vol    Line2        100
#vol    Line3        100
#vol    Digital1     0
#vol    Digital2     100
#vol    Digital3     0
vol PhoneIn      0
#vol    PhoneOut     0
#vol    Video        0
#vol    Radio        0
#vol    Monitor      0

# set recording source
recsrc  Mic
```

■ 검사(Test)

```
Record :
[root@Xhyper ~]# cd /tmp
[root@Xhyper /tmp]# cat /dev/dsp > test.wav

Play :
[root@Xhyper /tmp]# cat test.wav > /dev/dsp

Loop back:
[root@Xhyper ~]# cat /dev/dsp > /dev/dsp
```

Loop back은 오디오 버퍼에 데이터를 저장하는 시간이 있기 때문에 1초정도의 지연이 있을 수 있다.

X 상에서는 Gqmpeg Player로 검사를 할 수 있다.

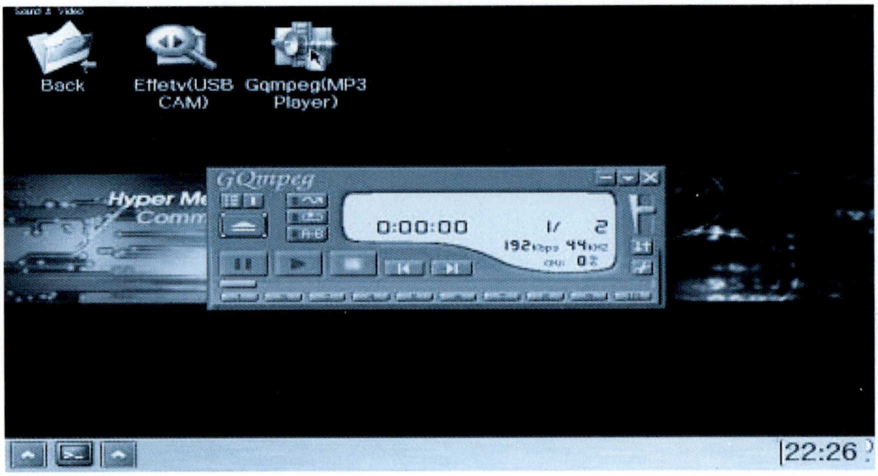

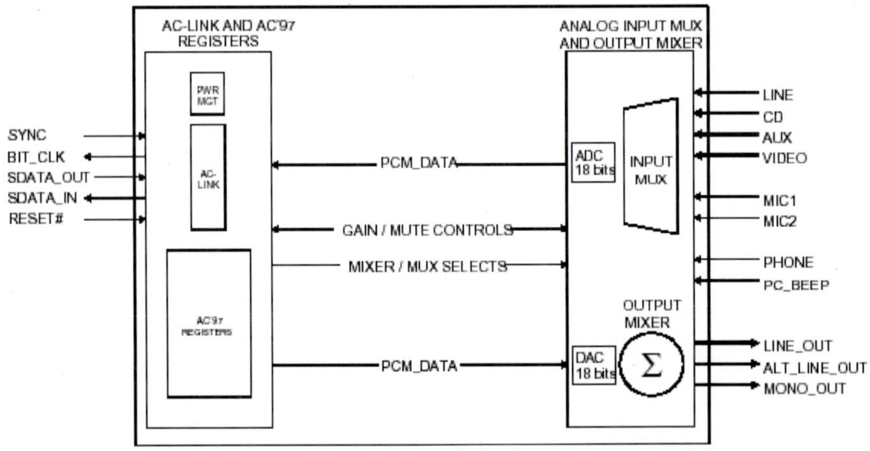

[그림 7-8] cs4299 블록도

7.5 UARTs

PXA270은 세개의 UARTs를 지원한다.

최고기능 UART(FFUART), 블루투스 UART(BTUART), 표준 UART(STUART).

추가로 16C554A를 확장하여 4포트를 추가하였다.

X-Hyper270-TKU은 콘솔로 FFUART를 사용한다. BTUART는 여분의 콘솔로 사용 가능하고, STUART는 IrDA로 사용한다.

추가된 4포트 최고기능 UART는 사용자 임의로 사용 가능하다.

■ UART 정의

포트	신호	레벨	UART 이름	부품 이름
COM1(ttyS0)	Rx/Tx	RS232	FFUART	DEBUG1
COM2(ttyS1)	Rx/Tx	RS232	BTUART	Not used
COM3(ttyS2)	Full Function	TTL	EXT A	CON2
COM4(ttyS3)	Full Function	TTL	EXT B	CON3
COM5(ttyS4)	Full Function	RS232	EXT C	J8
COM6(ttyS5)	Full Function	RS232	EXT D	J9
COM7(ttyS6)	Rx/Tx	TTL	STUART	IrDA

■ 디바이스 노드

/dev/ttyS0	FFUART(메인 시리얼 콘솔)
/dev/ttyS1	BTUART(extra serial)
/dev/ttyS2	16C554 A
/dev/ttyS3	16C554 B
/dev/ttyS4	16C554 C
/dev/ttyS5	16C554 D
/dev/ttyS6	IrDA

■ 디바이스 드라이버 소스(Device Driver source)

drivers/serial/pxa.c	PXA27x Serial Function Device Driver
drivers/serial/serial_core.c	Serial Core Device Driver

■ 커널 구성(Kernel configuration)

```
Character devices --->
    Serial drivers --->
[*] PXA serial port support
        [*]  Console on PXA serial port
```

■ 플래이트폼 디바이스 설정(Platform device setup)

☞ arch/arm/mach-pxa/generic.c↵

```
static struct platform_device ffuart_device = {
    .name       = "pxa2xx-uart",
    .id    = 0,
}
static struct platform_device btuart_device = {
    .name       = "pxa2xx-uart",
    .id    = 1,
}
static struct platform_device ext_uartA_device = {
    .name       = "pxa2xx-uart",
    .id    = 2,
}
static struct platform_device ext_uartB_device = {
    .name       = "pxa2xx-uart",
    .id    = 3,
}
```

```
static struct platform_device ext_uartC_device = {
    .name       = "pxa2xx-uart",
    .id     = 4,
}
static struct platform_device ext_uartD_device = {
    .name       = "pxa2xx-uart",
    .id     = 5,
}
static struct platform_device stuart_device = {
    .name       = "pxa2xx-uart",
    .id     = 6,
}
```

7.6 USB 슬레이브(Slave)

PXA27x에서 지원하는 USB 슬레이브를 이용하여, USB-이더넷 법을 기술한다.

테스트 환경은 배포판 레드핫 9.0 이상 버전이다. 그 이하 버전은 따로 Host PC의 커널 패치가 필요하다. 이는 다른 매뉴얼을 참고하기 바란다.

■ 커널 구성

```
        USB support  --->
USB Gadget Support  --->
<*> Support for USB Gadgets
    USB Peripheral Controller (PXA27x)  --->
      <*>   USB Gadget Drivers (Ethernet Gadget)  --->
```

■ 커널 부트 메시지

pxa27x_udc: version 23-Sep-2004

usb0: Ethernet Gadget, version: St Patrick's Day 2004

usb0: using pxa27x_udc, OUT Bulk-out-2 IN Bulk-in-1

usb0: MAC 42:9a:b4:e3:98:66

■ USB 네트워크 설정

Host PC IP(usb0) :10.0.0.1, X-HYPER270-TKU IP(usb0) : 10.0.0.2

■ 타깃 보드

```
[root@xhyper ~]# ifconfig usb0 10.0.0.2
```

위와 같이 설정한 후 USB 케이블을 연결하면 호스트 PC에서 다음과 같이 메시지가 나온

■ Host PC

```
#tail f /var/log/message
Apr  8 15:43:01 kernel: usb.c: registered new driver usbnet
Apr  8 16:24:58 kernel: usb0: register usbnet 001/005, Linux Device
Apr  8 16:24:59 kernel: NET4: Linux IPX 0.46 for NET4.0
Apr  8 16:24:59 kernel: IPX Portions Copyright (c) 1995 Caldera,
Apr  8 16:24:59 kernel: NET4: AppleTalk 0.18a for Linux NET4.0
```

이는 배포판마다 차이이다. 있으니 참고 하기 바란다.

연결후 ifconfig a를 실행하면 usb0 장치가 생성이 된걸 알 수 있다.

■ Host PC

```
[root@xhyper ~]# ifconfig usb0 10.0.0.1
```

IP를 부여한 후 타깃 보드와 통신이 가능하다.

7.7 PCMCIA와 CF

PXA27X는 16비트 PC 카드 인터페이스를 지원한다.
X-Hyper270-TKU에서는 소켓 0은 PCMCIA 슬롯, 소켓 1은 CF 슬롯으로 사용한다.
소켓(Socket)은 PSKTSEL에 의해 구분된다.

X-Hyper270-TKU에서는 Prism II chipset를 위한 호스트 드라이버와 ide type의 cf card를 지원한다.

■ 블록도

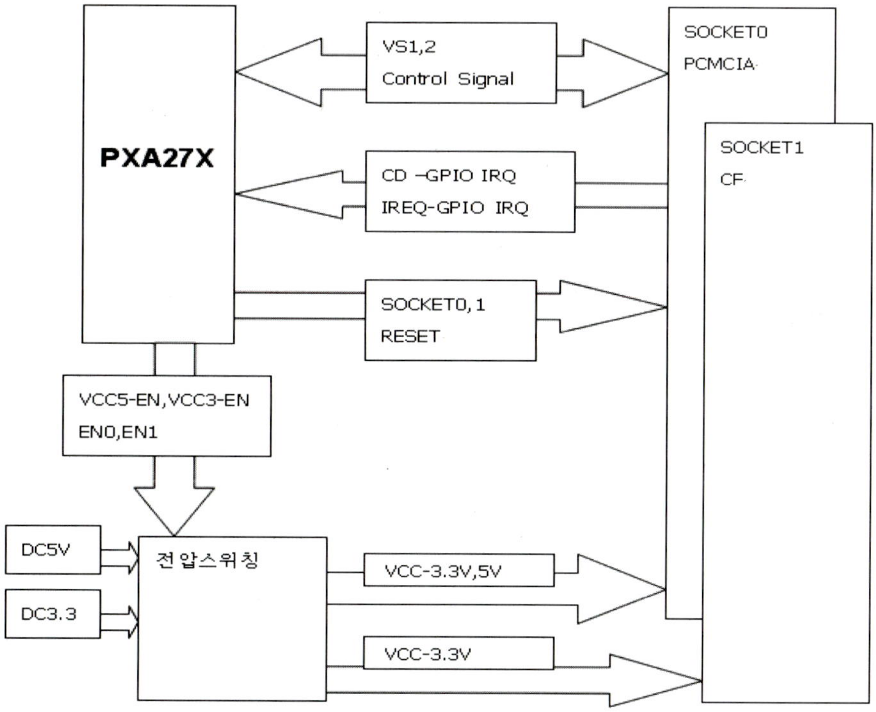

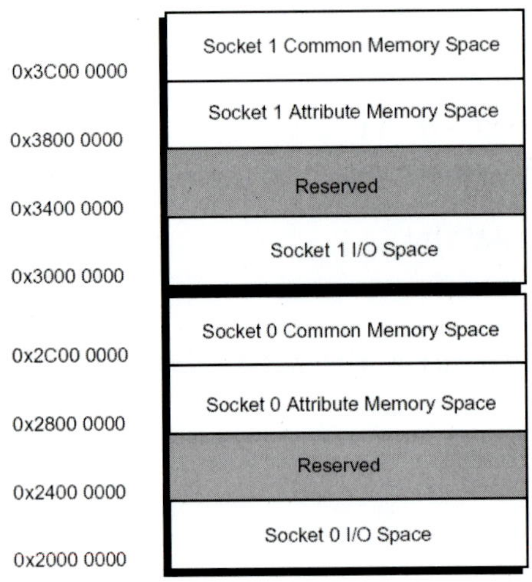

[그림 7-9] 16Bit PC 카드 메모리맵

■ 디바이스 드라이버 소스(Device Driver source)

drivers/pcmcia/pxa/pxa2xx_xhyper.c

소켓 서비스에 해당하는 부분으로, PCMCIA 소켓에 접근하여 소켓의 개수와 삽입, 삭제 등을 감지하고, 전원을 넣어준다. 또한 카드 서비스와의 인터페이스를 제공한다.

drivers/pcmcia/cistpl.c, rsrc,mg.c, bulkmem.c cs.c.

카드 서비스에 해당하는 부분으로, 소켓 서비스에서 카드가 감지되면 메모리, 인터럽트와 같은 시스템 리소스의 할당과 해제를 관리. 또한 드라이버 서비스와의 인터페이스를 제공한다.

drivers/pcmcia/ds.c

드라이버 서비스에 해당하는 부분으로, Client drivers와 cardmgr같은 Card manager 사이의 인터페이스를 제공.

■ 커널 구성(Kernel configuration)

```
General setup --->
        PCCARD (PCMCIA/CardBus) support --->
                <*> PCCard (PCMCIA/CardBus) support
                <*>  16-bit PCMCIA support
                <*> PXA2xx support
```

■ 초기화(Initiallize)

X-Hyper270-TKU은 이미 커널에 관련된 디바이스가 포함이 되어있고, system init에서 cardmgr을 실행시켜준다. 그러므로 따로 초기화는 필요없고, 카드만 꼽으면, 자동 인식이 된다.

```
[root@xhyper /root]$ /etc/rc.d/pcmcia restart // 재시작
```

■ PCMCIA 디바이스의 모니터링과 구성 툴

–cardmgr

PCMCIA 소켓 상태를 모니터링한다. 카드의 삽입과 삭제를 감지하고, 해당 클라이언트 드라이버를 올려준다.

–/var/run/stab

cardmgr가 각각의 소켓의 정보를 저장한다.

테스트는 Socket 0 : Wiress LAN CARD Socket 1 : CF 메모리 카드 32M를 사용하였다.

```
[root@xhyper /root]$ cat /var/run/stab
Socket 0: Z-Com XI300 11Mb/s WLAN Card
0     network hostap_cs     0     wlan0
Socket 1: ATA/IDE Fixed Disk
1     ide     ide_cs  0     hda    3     0
```

－cardctl

소켓의 상태를 체크한다.

```
[root@xhyper /root]$ cardctl config
Socket 0:
  Vcc 5.0V  Vpp1 0.0V  Vpp2 0.0V
  interface type is "memory and I/O"
  irq 24 [exclusive] [level]
  function 0:
    config base 0x03e0
      option 0x41
io 0xf6000000-0xf600003f [16bit]
Socket 1:
  Vcc 3.3V  Vpp1 0.0V  Vpp2 0.0V
  interface type is "memory and I/O"
  irq 38 [exclusive] [level]
  function 0:
    config base 0x0200
      option 0x41 status 0x00 pin 0x00 copy 0x00
io 0xf7000000-0xf700000f [auto]

[root@xhyper /root]$ cardctl ident
Socket 0:
  product info: "RFTNC", "RF-TNC1100N", ""
   manfid: 0xd601, 0x0002
function: 6 (network)
Socket 1:
  product info: "SunDisk", "SDP", "5/3 0.6"
  manfid: 0x0045, 0x0401
  function: 4 (fixed disk)
```

〈참고〉 Intel® PXA27X Applications Processor Developer's Manual

■ PCMCIA카드 초기화

#/etc/pcmcia디렉토리에 카드를 위한 스크립트를 위치시킨다.
"/etc/pcmcia"디렉토리는 cardmgr데몬에서 요구하는 위치이다.
cardmgr데몬의 위치는 /sbin/cardmgr로 한다.

7.8 USB 호스트

PXA270은 USB 1.1 호스트 제어기를 지원한다.

■ USB 특징

- USB Rev. 1.1 호환성
- 저속 호환과 최대속도제공
- Open Host Controller Interface(OHCI) Rev 1.0a 호환성

■ Sgnal 신호설명

이 름	형태	설 명
USBHPWR〈3:1〉	입력	Over-current indicator from ports 3.2 and 1
USBH_P〈3:1〉	입력	Data positive to ports 3.2 and 1
USBH_N〈3:1〉	입력	Data minus to ports 3.2 and 1
USBHPEN〈3:1〉	출력	Controls power to the USB ports

■ 디바이스 드라이버 소스

drivers/usb/host/ohci-hcd.c	OHCI Hosr Contoller Driver
drivers/usb/host/ohci-pxa27x.c	PXA270 OHCI Function Driver

■ 커널 구성(USB 호스트 제어)

```
USB support --->
<*> Support for Host-side USB
[*]  USB device filesystem
<*> OHCI HCD support
```

■ USB 디바이스 검사

• USB 대용량 Class

USB 대용량은 SCSI 디바이스로 에뮬레이션된다. 그러므로 SCSI 제공을 활성화해주어야 한다.

```
SCSI device support --->
[*]  legacy /proc/scsi/ support
 <*>  SCSI disk support
USB support --->
<*> USB Mass Storage support
```

위와 같이 커널 설정을 한 후, 컴파일하여 새로운 커널을 올린다.

• 파티션 설정

```
[root@Xhyper /root]# fdisk /dev/sda
```

• 마운트

```
[root@Xhyper /root]# mkdir /mnt/usb
[root@Xhyper /root]# mount /dev/sda1 /mnt/usb
```

■ USB 키보드

USB 키보드의 설정은 다음과 같다

```
Input device support --->
[*] Keyboards
USB support --->
<*> USB Human Interface Device (full HID) support
[*]   HID input layer support
```

위와 같이 커널 설정을 한 후, 컴파일하여 새로운 커널을 올린다.

■ USB 마우스

USB 마우스의 설정은 다음과 같다.

```
Input device support --->
(1024) Horizontal screen resolution
(768) Vertical screen resolution
USB support --->
<*> USB Human Interface Device (full HID) support
[*]   HID input layer support
```

위와 같이 커널 설정을 한 후, 컴파일하여 새로운 커널을 올린다.

■ USB 프린터

USB 프린터의 설정은 다음과 같다.

```
USB support --->
<*> USB Printer support
```

위와 같이 커널 설정을 한 후, 컴파일하여 새로운 커널을 올린다.

프린터를 사용하기 위해서는 lpd util이 필요하다.

이를 이용하면 text를 인쇄할 수 있다.

그래픽을 인쇄하려면, Ghost script와 lpd를 이용하면 가능하다.

7.9 MMC/SD/SDIO

MMC/SD/SDIO 제어기는 표준 메모리카드와의 시리얼 인터페이스를 제공한다. 제어기는 MMC나 SPI 모드로 최대 2개의 카드를 지원한다. MMC 제어기는 메모리로부터 DMA 액세스를 지원하는 FIFO를 포함한다.

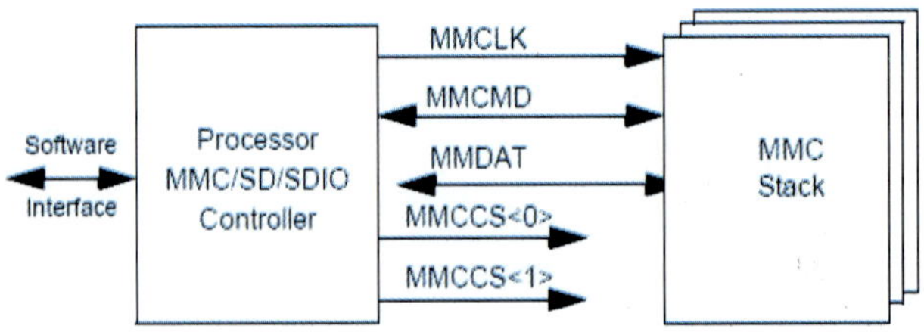

[그림 7-10] MMC (MMC Protocol) 시스템 연결

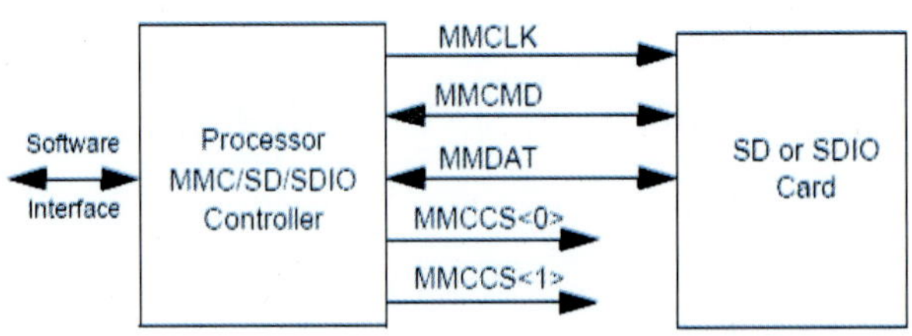

[그림 7-11] SD/SDIO (SD or SDIO Protocol) 시스템 연결

■ 디바이스 드라이버 소스

drivers/mmc/mmc.c	MMC subsystem core implementation
drivers/mmc/ pxamci.c	Driver for PXA27X MMC controller
drivers/mmc/mmc_block.c	Driver for the block device on the MMC

■ 디바이스 노드

/dev/mmc	MMC node
/dev/mmc1	MMC partition 1
/dev/mmc2	MMC partition 2
/dev/mmc3	MMC partition 3

■ 커널 구성

```
MMC/SD Card support  --->
<*> MMC support
<*>   MMC block device driver
<*>   Intel PXA255 Multimedia Card Interface support
```

■ MMC 파티션 설정

```
[root@xhyper /root]# fdisk /dev/mmc
The number of cylinders for this disk is set to 31360.
There is nothing wrong with that, but this is larger than 1024,
and could in certain setups cause problems with:
1) software that runs at boot time (e.g., old versions of LILO)
2) booting and partitioning software from other OSs
   (e.g., DOS FDISK, OS/2 FDISK)

Command (m for help):p
Disk /dev/mmcda: 1 heads, 1 sectors, 31360 cylinders
```

```
Units = cylinders of 1 * 512 bytes

   Device Boot   Start     End    Blocks   Id  System
/dev/mmc1          2    31360    15679+  83  Linux

/* 이미 파티션이 잡혀 있다면 이를 지워준다. */
Command (m for help): d
Partition number (1-4): 1
Command (m for help): p

Disk /dev/mmcda: 1 heads, 1 sectors, 31360 cylinders
Units = cylinders of 1 * 512 bytes

   Device Boot   Start     End    Blocks   Id  System

Command (m for help):

/* 파티션을 잡아준다. */
Command (m for help): n
Command action
   e   extended
   p   primary partition (1-4)
p
Partition number (1-4): 1
First cylinder (2-31360, default 2):
Using default value 2
Last cylinder or +size or +sizeM or +sizeK (2-31360, default 31360):
Using default value 31360

Command (m for help): p

Disk /dev/mmcda: 1 heads, 1 sectors, 31360 cylinders
Units = cylinders of 1 * 512 bytes
```

```
   Device Boot    Start      End    Blocks   Id  System
/dev/mmcda1           2    31360    15679+  83  Linux

Command (m for help):

/* 파티션을 저장하고 빠져 나온다.
Command (m for help): w
The partition table has been altered!

Calling ioctl() to re-read partition table.

WARNING: If you have created or modified any DOS 6.x
partitions, please see the fdisk manual page for additional
information.
Syncing disks.
[root@xhyper /root]#
```

■ MMC 포맷

```
[root@xhyper /root]# mkfs.ext2 /dev/mmc1
mke2fs 1.19, 13-Jul-2000 for EXT2 FS 0.5b, 95/08/09
Filesystem label=
OS type: Linux
Block size=1024 (log=0)
Fragment size=1024 (log=0)
3920 inodes, 15679 blocks
783 blocks (4.99%) reserved for the super user
First data block=1
2 block groups
8192 blocks per group, 8192 fragments per group
1960 inodes per group
```

```
Superblock backups stored on blocks:
        8193
Writing inode tables: done
Writing superblocks and filesystem accounting information:
[root@xhyper /root]#
```

■ MMC 마운트

```
[root@xhyper /root]# mount /dev/mmc1 /media/mmc/
[root@xhyper /root]# df
Filesystem          1k-blocks      Used Available Use% Mounted on
/dev/root               30976     20788     10188  68% /
/dev/mmc1               15180        13     14384   1% /media/mmc
[root@xhyper /root]# mount
/dev/root on / type jffs2 (rw)
ramfs on /etc/tmp type ramfs (rw)
ramfs on /etc/var type ramfs (rw)
ramfs on /root type ramfs (rw)
/proc on /proc type proc (rw)
none on /dev/pts type devpts (rw)
/dev/mmc1 on /media/mmc type ext2 (rw)
```

7.10 RTC

X-Hyper270-TKU에서 외부 RTC 칩으로 RTC4513을 사용한다.

RTC4513은 디바이스 드라이버로 접근하는 것이 아니고, 커널 타임과 동기화를 시키기 위해 커널소스에 직접 포함이 되어있다.

■ 소스

```
arch/arm/mach-pxa/rtc4513.c
arch/arm/mach-pxa/xhyper270tku.c
```

■ 테스트

리눅스 기본 시간 설정 명령인 데이터를 사용한다.

```
[root@xhyper ~]# date 2005.11.8-18:14:00
Tue Nov  8 18:14:00 UTC 2005
[root@xhyper ~]#
```

위와 같이 설정한 후 보드를 껐다 켜도 현재의 시간이 저장되어 있다.

7.11 터치 스크린(ADS7843)

X-Hyper270-TKU는 외부 터치 제어기로 ADS7843을 사용한다.
ADS7843은 12비트로 샘플링되는 시리얼 인터페이스 방식이다.

■ 디바이스 노드

```
/dev/ts                     touch node
```

■ 디바이스 드라이버 소스

```
drivers/char/ads7843.c          ADS7843 Device Driver Source
drivers/char/ads7843_ts.h       ADS7843 Device Driver Header
```

■ 커널 구성

```
Character devices --->
        [*] ADS7843 Touch Screen
```

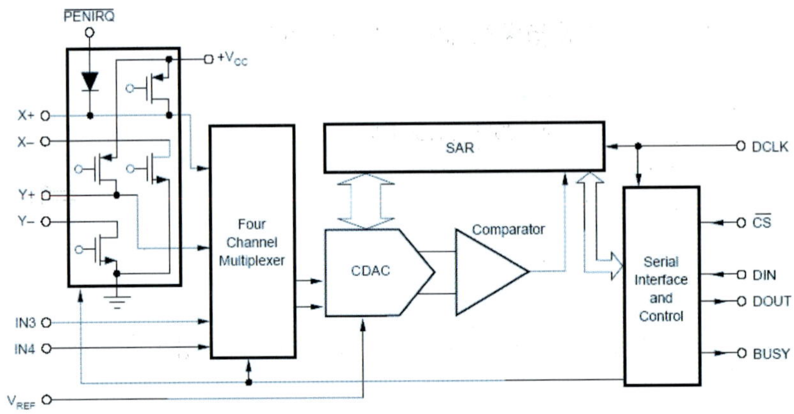

[그림 7-12] ADS7843 블록도

7.12 Dot Matrix

X-Hyper270-TKU 보드에서는 FPGA의 어드레스 디코딩에 의해 DOT MATRIX를 제어 한다.

DOT Matrix의 LED 디스플레이 패널은 LED 칩을 매트릭스 형태로 배선시켜서 기판상에 부착된 것이다. 종래의 것은 램프 형태의 LED를 기판에 직접 붙인 것이다. LED 램프를 사용한 것은 LED의 빛을 중심축 상에 모으고 있다. 그 때문에 정면에서의 휘도 레벨이 높게 된다. LED 칩을 사용한 디스플레이 패널은 표면 밝기를 위해서 렌즈 내부에 확산제를 넣었다. 확산제를 넣으면 휘도 레벨이 30% 떨어지지만 그 시각은 넓게 된다.

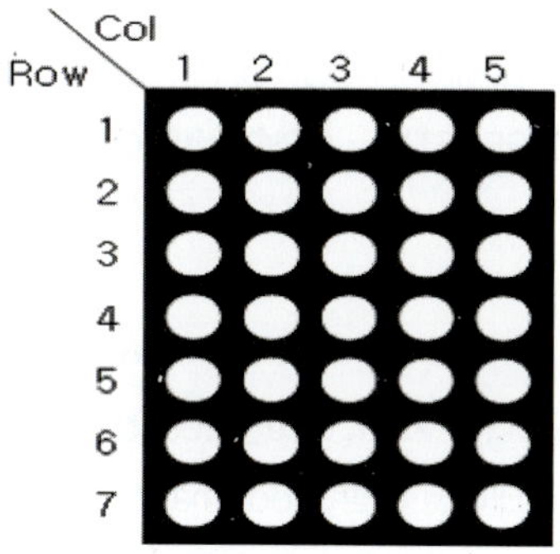

■ 디바이스 드라이버 소스

CD/fpga_device/dot/dot.c

```
#define DOT_DEVMAJOR     232
#define DOT_DEVNAME      "dot"
#define DOT_RESET        4
#define FPGA_DOT_COL_1      (0x11800000)
#define FPGA_DOT_COL_2      (0x11900000)
#define FPGA_DOT_COL_3      (0x11A00000)
#define FPGA_DOT_COL_4      (0x11B00000)
#define FPGA_DOT_COL_5      (0x11C00000)

static void *mem_dot_col1, *mem_dot_col2, *mem_dot_col3, *mem_dot_col4,
*mem_dot_col5;

#define DOT_COL_1          (*((volatile unsigned char *)(mem_dot_col1)))
#define DOT_COL_2          (*((volatile unsigned char *)(mem_dot_col2)))
#define DOT_COL_3          (*((volatile unsigned char *)(mem_dot_col3)))
#define DOT_COL_4          (*((volatile unsigned char *)(mem_dot_col4)))
#define DOT_COL_5          (*((volatile unsigned char *)(mem_dot_col5)))

static int dot_reset(void){
```

```
                GPCR(DOT_RESET) |= GPIO_bit(DOT_RESET);
                GPSR(DOT_RESET) |= GPIO_bit(DOT_RESET);
                return 0;
}
/**************************************************************************
** ssize_t dot_write (struct file *file, const char *buf, size_t count, loff_t *f_pos)**
**  Application 에서 dot matrix의 Column 데이터를 받아 dot matrix 주소 영역    **
**  data를 넘겨주어 dot matrix led에 불이 들어 오도록 설계 하였음             **
**************************************************************************/
static ssize_t dot_write (struct file *file, const char *buf, size_t count,
loff_t *f_pos){

                unsigned char dot_data[5]={0};
                int col_number;
                copy_from_user(dot_data, buf, count);
                for(col_number =0 ; col_number < 6 ; col_number++){
                    switch( col_number){
                        case 1 : DOT_COL_1 = dot_data[0]; break;
                        case 2 : DOT_COL_2 = dot_data[1]; break;
                        case 3 : DOT_COL_3 = dot_data[2]; break;
                        case 4 : DOT_COL_4 = dot_data[3]; break;
                        case 5 : DOT_COL_5 = dot_data[4]; break;
                    }
                }
                return 0;
}
```

- 디바이스 드라이버를 수정한 후 make 명령어로 컴파일 한다. 컴파일 하기 위해서는 Makefile에 컴파일러 경로를 /opt/iwmmxt-1.0.0/bin/arm-linux-gcc로 설정해 주어야 하며 툴체인이 설치되어 있어야 한다. 또한 X-Hyper270-TKU 커널을 컴파일한 후 경로를 지정해 주어야 한다.

```
☞ cd /XHYPER270-TKU/fpga_device/dot↵
☞ ls↵
☞ make↵
```

```
root@localhost:/XHYPER270-TKU/fpga_device/dot
파일(F) 편집(E) 보기(V) 터미널(T) 가기(G) 도움말(H)
[root@localhost root]# cd /XHYPER270-TKU/fpga_device/dot
[root@localhost dot]# ls
Makefile  dot.c  dot_test.c
[root@localhost dot]# make
/opt/iwmmxt-1.0.0/bin/arm-linux-gcc    -c -o dot_test.o dot_test.c
/opt/iwmmxt-1.0.0/bin/arm-linux-gcc -o dot_test dot_test.o
make -C /XHYPER270-TKU/kernel/linux-2.6.11-h270-tku_v1.1 SUBDIRS=`pwd` modules
make[1]: 들어감 `/XHYPER270-TKU/kernel/linux-2.6.11-h270-tku_v1.1' 디렉토리
  CC [M]  /XHYPER270-TKU/fpga_device/dot/dot.o
  Building modules, stage 2.
  MODPOST
  CC      /XHYPER270-TKU/fpga_device/dot/dot.mod.o
  LD [M]  /XHYPER270-TKU/fpga_device/dot/dot.ko
make[1]: 나감 `/XHYPER270-TKU/kernel/linux-2.6.11-h270-tku_v1.1' 디렉토리
[root@localhost dot]# █
```

• 디바이스 노드를 확인하는 것으로 X-Hyper270-TKU 보드에서 확인한다. 없다면 mknod 명령으로 만들어 주면 된다.

```
☞ ls -l / dev/dot↵
```

```
root@localhost:/XHYPER270-TKU/fpga_device/dot
파일(F) 편집(E) 보기(V) 터미널(T) 가기(G) 도움말(H)
[root@xhyper ~]# ls -l /dev/dot
cr--r--r--    1 root     root     232,   0 Nov  4  2001 /dev/dot
[root@xhyper ~]# █
```

• 모듈로 컴파일된 드라이버를 insmod 로 커널에 올린다. X-Hyper270-TKU 보드에 퓨징된 이미지에는 DOT 디바이스 드라이버 모듈이 올려져 있기 때문에 rmmod 명령으로 올라가 있는 모듈을 제거 후 새로 작성한 모듈을 올리면 된다.

```
☞ cd /data↵
☞ lsmod↵
☞ rmmod dot↵
☞ insmod dot.ko↵
```

```
[root@xhyper /data]# cd
[root@xhyper ~]# cd /data/
[root@xhyper /data]# lsmod
Module                  Size  Used by    Tainted: P
dot 2228 0 - Live 0xbf009000
hcd_otg242 28420 0 - Live 0xbf013000
st_motor 3016 0 - Live 0xbf011000
led 1804 0 - Live 0xbf00f000
key 2700 0 - Live 0xbf00d000
fnd 3176 0 - Live 0xbf00b000
dc_motor 3572 0 - Live 0xbf007000
clcd 2580 0 - Live 0xbf005000
ide_disk 13888 0 - Live 0xbf000000
[root@xhyper /data]# rmmod dot
 dot unregisterd.
[root@xhyper /data]# insmod dot.ko
Using dot.ko
X-Hyper 270TKU dot MAJOR 232
[root@xhyper /data]#
```

• 아래를 실행하면 간단한 DOT MATRIX에 숫자가 카운트(count)되는 것을 볼 수 있다.

☞ cd test↵
☞ ./dot_test↵

```
[root@xhyper /data]# cd test/
[root@xhyper /data/test]# ./dot_test
[root@xhyper /data/test]#
```

7.13 FND

X-Hyper270-TKU 보드에서는 FPGA의 어드레스 디코딩에 의해 8개의 FND를 제어한다.

FND는 7세그먼트라고도 하고 숫자나 간단한 기호 표현에 많이 사용된다.

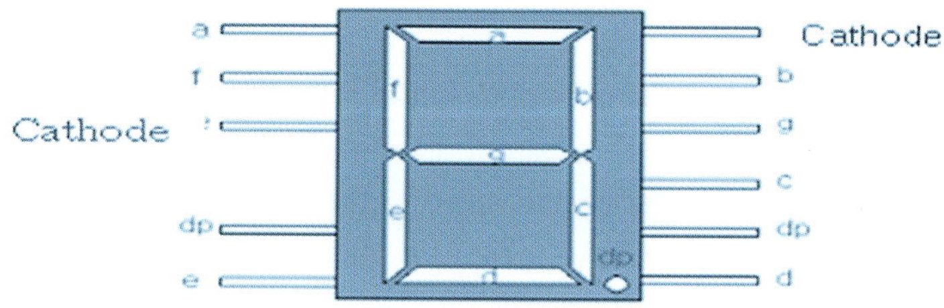

[그림 7-13] 7 세그먼트의 구조

7-세그먼트 LED는 A-G의 7개의 LED와 소수점 표시를 한 DP(십진수 표시)의 LED 1개로 구성된다. 각 LED는 표시되는 문자의 일부분을 구성하므로 각각을 세그먼트(segment : 부분, 구분)라 부른다.

■ 디바이스 드라이버 소스

☞ CD/fpga_device/fnd/fnd.c↵

```
#define FND_MAJOR       231
#define FND_NAME        "fnd"
#define MAX_FND         8

#define FPGA_FND_CS0        (0x11000000)
#define FPGA_FND_CS1        (0x11100000)
#define FPGA_FND_CS2        (0x11200000)
#define FPGA_FND_CS3        (0x11300000)
```

```
#define FPGA_FND_CS4        (0x11400000)
#define FPGA_FND_CS5        (0x11500000)
#define FPGA_FND_CS6        (0x11600000)
#define FPGA_FND_CS7        (0x11700000)

void *mem_fnd_cs0, *mem_fnd_cs1, *mem_fnd_cs2, *mem_fnd_cs3, *mem_fnd_
cs4, *mem_fnd_cs5, *mem_fnd_cs6, *mem_fnd_cs7;

#define FND_CS0    (*((volatile unsigned char *)(mem_fnd_cs0)))
#define FND_CS1    (*((volatile unsigned char *)(mem_fnd_cs1)))
#define FND_CS2    (*((volatile unsigned char *)(mem_fnd_cs2)))
#define FND_CS3    (*((volatile unsigned char *)(mem_fnd_cs3)))
#define FND_CS4    (*((volatile unsigned char *)(mem_fnd_cs4)))
#define FND_CS5    (*((volatile unsigned char *)(mem_fnd_cs5)))
#define FND_CS6    (*((volatile unsigned char *)(mem_fnd_cs6)))
#define FND_CS7    (*((volatile unsigned char *)(mem_fnd_cs7)))

static unsigned char disp[8] = {0};
static int n = 0 ;

static int fnd_clear(void)
{
   FND_CS0 = 0x00;
   FND_CS1 = 0x00;
   FND_CS2 = 0x00;
   FND_CS3 = 0x00;
   FND_CS4 = 0x00;
   FND_CS5 = 0x00;
   FND_CS6 = 0x00;
   FND_CS7 = 0x00;
           return 0;
}
/*****************************************************************************
** static ssize_t fnd_write (struct file *file, const char *buf, size_t count, loff_t *f_pos) **
```

```
** Application 에서 FND 8개의 데이터를 받아 해당 FND 주소 영역에 넘겨주어        **
** FND를 켜준다                                                  **
****************************************************************************/
static ssize_t fnd_write (struct file *filp, const char *buf, size_t count, loff_t *f_pos)
{
   int i;

   i=1;
   copy_from_user(disp, buf, count);
   for(i =1; i <= MAX_FND; i++){
   switch(i)
   {
      case  1:   FND_CS7 = disp[0];  break;
      case  2:   FND_CS6 = disp[1];  break;
      case  3:   FND_CS5 = disp[2];  break;
      case  4:   FND_CS4 = disp[3];  break;
      case  5:   FND_CS3 = disp[4];  break;
      case  6:   FND_CS2 = disp[5];  break;
      case  7:   FND_CS1 = disp[6];  break;
      case  8:   FND_CS0 = disp[7];  break;
      default :  break;
   }
   }
   return 0;
}
```

• 디바이스 드라이버를 수정한 후 make 명령어로 컴파일 한다. 컴파일 하기 위해서는 Makefile에 컴파일러 경로를 /opt/iwmmxt-1.0.0/bin/arm-linux-gcc로 설정해주어야 하며 툴체인이 설치되어 있어야 한다. 또한 X-Hyper270-TKU 커널을 컴파일한 후 경로를 지정해 주어야 한다.

```
☞ cd /XHYPER270TKU/fpga_device/fnd↲
☞ make↲
```

```
root@localhost:/XHYPER270-TKU/fpga_device/fnd
파일(F)  편집(E)  보기(V)  터미널(T)  가기(G)  도움말(H)
[root@localhost root]# cd /XHYPER270-TKU/fpga_device/fnd/
[root@localhost fnd]# make
make -C /XHYPER270-TKU/kernel/linux-2.6.11-h270-tku_v1.1 SUBDIRS=`pwd` modules
make[1]: 들어감 `/XHYPER270-TKU/kernel/linux-2.6.11-h270-tku_v1.1' 디렉토리
  CC [M]  /XHYPER270-TKU/fpga_device/fnd/fnd.o
/XHYPER270-TKU/fpga_device/fnd/fnd.c:64: warning: 'n' defined but not used
  Building modules, stage 2.
  MODPOST
  CC      /XHYPER270-TKU/fpga_device/fnd/fnd.mod.o
  LD [M]  /XHYPER270-TKU/fpga_device/fnd/fnd.ko
make[1]: 나감 `/XHYPER270-TKU/kernel/linux-2.6.11-h270-tku_v1.1' 디렉토리
[root@localhost fnd]#
```

- 디바이스 노드를 확인하는 것으로 X-Hyper270-TKU 보드에서 확인한다. 없다면 mknod 명령으로 만들어 주면 된다.

> ☞ ls -l /dev/fnd↵

```
root@localhost:/XHYPER270-TKU/fpga_device/dot
파일(F)  편집(E)  보기(V)  터미널(T)  가기(G)  도움말(H)
[root@xhyper ~]# ls -l /dev/fnd
cr--r--r--    1 root     root     231,   0 Nov  4  2001 /dev/fnd
[root@xhyper ~]#
```

- 모듈로 컴파일된 드라이버를 insmod 로 커널에 올린다. X-Hyper270-TKU 보드에 퓨징된 이미지에는 FND 디바이스 드라이버 모듈이 올려져 있기 때문에 rmmod 명령으로 올라가 있는 모듈을 제거 후 새로 작성한 모듈을 올리면 된다.

> ☞ cd/data↵
> ☞ lsmod↵
> ☞ rmmod fnd↵
> ☞ insmod fnd.ko↵

```
root@localhost:/XHYPER270-TKU/fpga_device/dot
파일(F)  편집(E)  보기(V)  터미널(T)  가기(G)  도움말(H)
[root@xhyper ~]# cd /data/
[root@xhyper /data]# lsmod
Module                  Size  Used by     Tainted: P
dot 2228 0 - Live 0xbf009000
hcd_otg242 28420 0 - Live 0xbf013000
st_motor 3016 0 - Live 0xbf011000
led 1804 0 - Live 0xbf00f000
key 2700 0 - Live 0xbf00d000
fnd 3176 0 - Live 0xbf00b000
dc_motor 3572 0 - Live 0xbf007000
clcd 2580 0 - Live 0xbf005000
ide_disk 13888 0 - Live 0xbf000000
[root@xhyper /data]# rmmod fnd
fnd unregisterd.
[root@xhyper /data]# insmod fnd.ko
Using fnd.ko
X-Hyper 270TKU fnd MAJOR 231
[root@xhyper /data]#
```

• 아래를 실행하면 간단한 8자리 FND의 카운트(count)되는 것을 확인할 수 있다.

☞ cd test↵
☞ ./fnd_test↵

```
root@localhost:/XHYPER270-TKU/fpga_device/dot
파일(F)  편집(E)  보기(V)  터미널(T)  가기(G)  도움말(H)
[root@xhyper /data]# cd test/
[root@xhyper /data/test]# ./fnd_test
```

7.14 글자(Charater) LCD

X-Hyper270-TKU 보드에서는 HD44780 LCD 컨트롤러 모듈을 사용한다.

• 디스플레이 포맷 : 16문자 / 2라인
• 디스플레이 폰트 : 5 * 7 도트
• LCD 제어 : HD44780
• +5[V]단일 전원

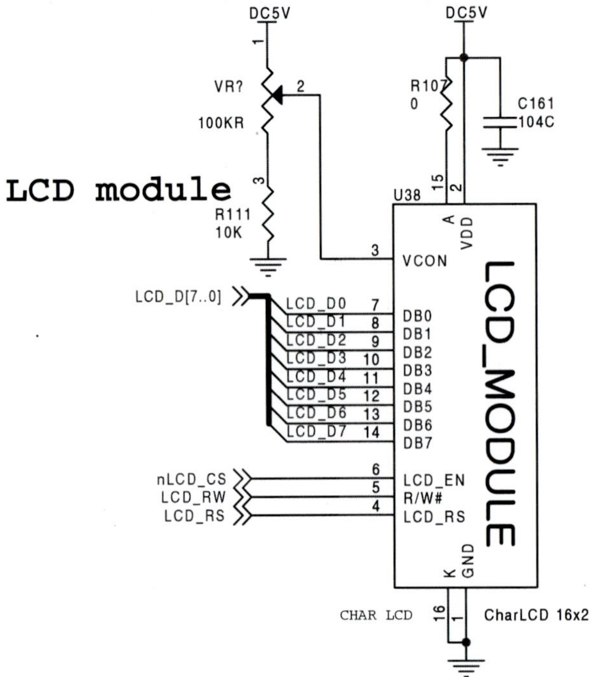

핀번호	기호	레벨	기능
1	Vss	–	0V
2	VDD	–	+5V
3	VL	–	LCD밝기조절
4	RS	H/L	L: 명령 입력(내부 레지스터 선택 H: 데이터 입력
5	R/W	H/L	H: 리드(LCD모듈–〉CPU) L: 라이트(LCD모듈〈–CPU)
6	DB0	H	enable 신호 LCD 동작신호
7	DB1	H/L	데이터 버스
8	DB2	H/L	
9	DB3	H/L	
10	DB4	H/L	
11	DB5	H/L	
12	DB6	H/L	
13	DB7	H/L	
14	DB8	H/L	

■ 디바이스 드라이버 소스

☞ CD/fpga_device/clcd/clcd.c↵
☞ CD/fpga_device/clcd/clcd.c↵

```
#define CLCD_MAJOR      238
#define CLCD_NAME       "clcd"

#define FPGA_CLCD_WR_ADD (0x12300000)
#define FPGA_CLCD_RS_ADD  (0x12380000)

static void *mem_base_wr, *mem_base_rs;
static unsigned long mem_addr_wr, mem_addr_rs, · mem_len;

/********************************************************************
** static void lcd_init(void)                                     **
** char LCD 를 초기화 시켜준다                                    **
********************************************************************/
static void lcd_init(void) //LCD 초기화
{
        *((volatile unsigned char *)(mem_base_wr)) = 0x38; // 8비트 2줄
        mdelay(100);
        *((volatile unsigned char *)(mem_base_wr)) = 0x38;
        mdelay(100);
        *((volatile unsigned char *)(mem_base_wr)) = 0x38;
        mdelay(100);
        *((volatile unsigned char *)(mem_base_wr)) = 0x0e; // 디스플레이온 커서 온
        mdelay(100);
        *((volatile unsigned char *)(mem_base_wr)) = 0x02; // 커서 홈
        mdelay(100);
        *((volatile unsigned char *)(mem_base_wr)) = 0x01; // 표시 클리어
        mdelay(100);
}
/**************************************************************************
```

```
** static void string_out(char *str)                                    **
** Application에서 문자열을 받은 것을 Char LCD에 디스플레이 해준다           **
***************************************************************************/
static void string_out(char *str)
{
        char *s;
        int i=0;
        printk("clcd.o: %s₩n", str);
        lcd_init();
        for (s=str; *s; s++){
        *((volatile unsigned char *)(mem_base_rs)) = *s;

                if(i == 15) {
                        udelay(100);
                        //CLCD_CMD_ADDR = 0xC0;
                        *((volatile unsigned char *)(mem_base_wr)) = 0xC0;
                }

                udelay(100);
                i++;
        }
}
/***************************************************************************
** Ioremap() 함수를 사용하여 FPGA로 가는 Char LCD의 물리주소와 가상주소를 등록한다 **
***************************************************************************/
static int clcd_init(void)
{
......
mem_addr_wr =  FPGA_CLCD_WR_ADD;
        mem_addr_rs =  FPGA_CLCD_RS_ADD;
    mem_len  =  0x1000;

    mem_base_wr = ioremap_nocache ( mem_addr_wr, mem_len);
    if( !mem_base_wr) {
```

```
        printk("Error mapping  memery");
        return -EBUSY;
}

        mem_base_rs = ioremap_nocache ( mem_addr_rs, mem_len);
if( !mem_base_rs) {
        printk("Error mapping OHCI memery");
        return -EBUSY;
…..
}
```

- 디바이스 드라이버를 수정한 후 make 명령어로 컴파일 한다. 컴파일하기 위해서는 CD에 있는 툴체인을 설치되어 있어야 하며 Makefile에 컴파일러 경로를 /opt/iwmmxt-1.0.0/bin/arm-linux-gcc로 설정해준다. 또한 X-Hyper270-TKU 커널을 컴파일한 후 경로를 지정해 주어야 한다.

```
☞ cd /XHYPER270-TKU/fpga_device/clcd/↲
```

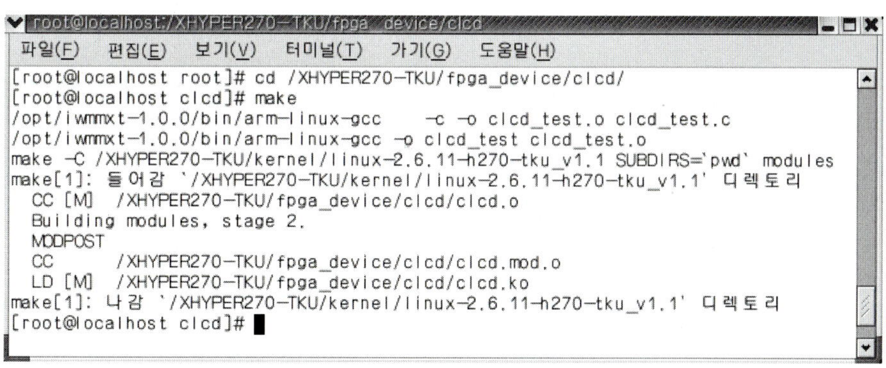

• 디바이스 노드를 확인하는 것으로 X-Hyper270-TKU 보드에서 확인한다. 없다면 mknod 명령으로 만들어 주면 된다.

☞ ls -l /dev/clcd↵

```
root@localhost:/XHYPER270-TKU/fpga_device/dot
파일(F)  편집(E)  보기(V)  터미널(T)  가기(G)  도움말(H)
[root@xhyper /data/test]# ls -l /dev/clcd
cr--r--r--    1 root     root     238,   0 Nov  4  2001 /dev/clcd
[root@xhyper /data/test]#
```

• 모듈로 컴파일된 드라이버를 insmod 로 커널에 올린다. X-Hyper270-TKU 보드에 퓨징된 이미지에는 Char LCD 디바이스 드라이버 모듈이 올려져 있기 때문에 rmmod 명령으로 올라가 있는 모듈을 제거 후 새로 작성한 모듈을 올리면 된다.

☞ lsmod↵
☞ rmmod clcd↵
☞ insmod clcd.ko↵
☞ cd test↵

```
root@localhost:/XHYPER270-TKU/fpga_device/dot
파일(F)  편집(E)  보기(V)  터미널(T)  가기(G)  도움말(H)
[root@xhyper /data]# lsmod
Module                  Size  Used by    Tainted: P
fnd 3176 0 - Live 0xbf00b000
dot 2228 0 - Live 0xbf009000
hcd_otg242 28420 0 - Live 0xbf013000
st_motor 3016 0 - Live 0xbf011000
led 1804 0 - Live 0xbf00f000
key 2700 0 - Live 0xbf00d000
dc_motor 3572 0 - Live 0xbf007000
clcd 2580 0 - Live 0xbf005000
ide_disk 13888 0 - Live 0xbf000000
[root@xhyper /data]# rmmod clcd
[root@xhyper /data]# insmod clcd.ko
Using clcd.ko
X-Hyper 270TKU clcd MAJOR 238
clcd.o: http://hybus.netEducation Board
[root@xhyper /data]# cd test/
[root@xhyper /data/test]#
```

• 아래를 실행하면 character lcd 에 "Hello Mr.Lee" 가 나타나는 것을 볼 수 있다.

```
☞ ./clcd_test "Hello Mr.lee"↵
```

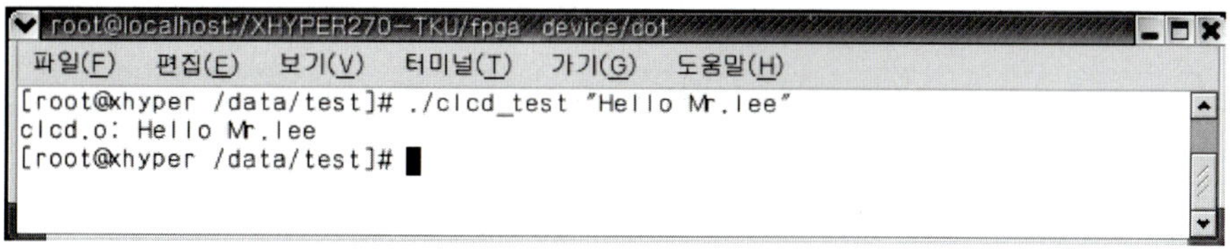

7.15 키 스캔(Key Scan)

X-Hyper270-TKU에는 4 x 4 키 매트릭스로 구성되어 있다.

1번부터 16번까지 16개의 푸쉬 버튼(push button)이 있고 그중 하나를 누르면 몇 번 키가 눌러졌는지를 출력한다.

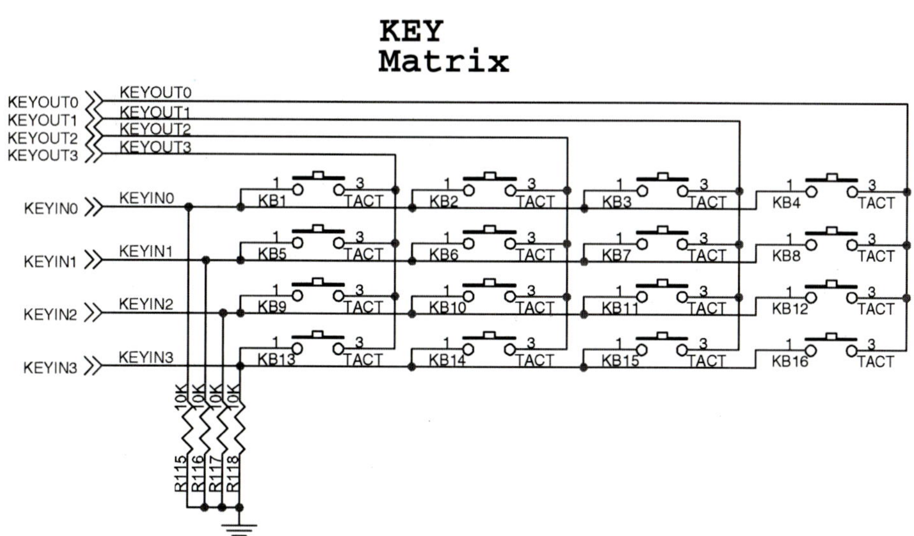

회로를 보면 출력의 4개의 데이터 라인만 사용하고 입력 역시 4개의 데이터 라인만 사용한다.

출력과 입력의 데이터 라인의 개수를 곱하면 (4 x 4 = 16) 16이 나온다.

이말은 검출해 낼 수 있는 최대 키의 개수가 16개 라는 것을 말한다.

16개의 키 중 어느 키가 눌러졌는지를 알기 위해서는 아래와 같다.

출력측의 4개의 데이터 라인인 KEYOUT0, KEYOUT1, KEYOUT2, KEYOUT3 중 하나의 라인만 1로 설정하고 나머지 라인은 0으로 되어야 한다.

KEYOUT0이 1로 설정되면 KEYIN0 ~ KEYIN3의 입력을 통해서 KEY4, KEY8, KEY12, KEY16 중 어느 KEY가 눌러졌는지를 알 수 있다.

또한 KEYOUT1 ~ KEYOUT3 역시 마찬가지로KEYIN0 ~ KEYIN3의 입력값을 읽음으로써 어느 KEY 가 눌러졌는지를 알 수가 있다.

먼저 무한루프를 돌려서 KEYOUT0 ~ KEYOUT3까지 한라인만 1로 설정한다.

(KEYOUT0을 1로 설정하면 나머지 KEYOUT1 ~ KEYOUT3 데이터 라인은 0 이다.)

이때 키가 눌러지면 KEYIN에서는 어떤값이 입력될 것이다. KEYIN 값이 0 이면 키가 눌러지지 않은 경우이므로 무한루프가 계속 돌면서 KEYOUT으로 데이터를 보내게 된다(KEYOUT0, KEYOUT1, KEYOUT2, KEYOUT3이 순서대로 하나의 라인만 1로 설정된다).

KEYIN에 어떤 값이 입력되어 졌을 때 KEYOUT 중 어디에서 데이터가 출력이 됐는지를 체크한다.

만약에 KEYOUT0에서 데이터가 나온 것이라면 KEYIN의 값을 읽어서 KEY13 ~ KEY16중 어느 것이 눌러졌는지를 알 수가 있다. KEYIN0로 값이 입력되면 KEY13 이 눌러진 것이고 KEYIN1로 입력이 있으면KEY14가 눌러진 것이고 KEYIN2로 입력이 있으면 KEY15가 눌러진 것이고 KEYIN3로 입력이 있으면 KEY16이 눌러진 것을 알 수가 있다.

■ 디바이스 드라이버 소스

☞ CD/fpga_device/key/key.c↵

```
void Print_Key(int out , int in){
    switch(out){
      case 1:
            if(in == 1)     { dbg("key 4 is pressed₩n");    key_data = 4;}
            else if(in == 2){ dbg("key 8 is pressed₩n");    key_data = 8;}
            else if(in == 4){ dbg("key 12 is pressed₩n");   key_data = 12;}
            else if(in == 8){ dbg("key 16 is pressed₩n");   key_data = 16;}
            break;
      case 2:
            if(in == 1)     { dbg("key 3 is pressed₩n");    key_data = 3;}
            else if(in == 2){ dbg("key 7 is pressed₩n");    key_data = 7;}
            else if(in == 4){ dbg("key 11 is pressed₩n");   key_data = 11;}
            else if(in == 8){ dbg("key 15 is pressed₩n");   key_data = 15;}
            break;
      case 3:
            if(in == 1)     { dbg("key 2 is pressed₩n");    key_data = 2;}
            else if(in == 2){ dbg("key 6 is pressed₩n");    key_data = 6;}
            else if(in == 4){ dbg("key 10 is pressed₩n");   key_data = 10;}
            else if(in == 8){ dbg("key 14 is pressed₩n");   key_data = 14;}
            break;
      case 4:
            if(in == 1)     { dbg("key 1 is pressed₩n");    key_data = 1;}
            else if(in == 2){ dbg("key 5 is pressed₩n");    key_data = 5;}
            else if(in == 4){ dbg("key 9 is pressed₩n");    key_data = 9;}
            else if(in == 8){ dbg("key 13 is pressed₩n");   key_data = 13;}
            break;
      }
}

void key_timer_function(unsigned long ptr)
```

```
{
    int in, out;

    KEYOUT = ((1 << (ptr-1)) & (0x0f));
    out = ptr;
    in = KEYIN;
    if(in != 0)
    {
        Print_Key(out, in);
        mdelay(200);
    }
void init_add_timer(void)
{
    ++n;
    if( n > SCAN_NUM)
        n = 1;

    init_timer(&key_timer_str); // timer  pointer
    key_timer_str.function =&key_timer_function ;
    key_timer_str.data = (unsigned long)n;
    key_timer_str.expires = jiffies + (HZ/100);

    add_timer(&key_timer_str);
}

void remove_timer(void)
{
    del_timer(&key_timer_str);
}

/*************************************************************************************
** Ioremap() 함수를 사용하여 FPGA로 가는 Char LCD의 물리주소와 가상주소를 등록한다 **
*************************************************************************************/
static int key_init(void)
```

```
{
        ......

        mem_addr_out = FPGA_KEY_OUT;
        mem_addr_in  = FPGA_KEY_IN;
        mem_len  = 0x1000;
        mem_key_out = ioremap_nocache (mem_addr_out, mem_len);
        if(!mem_key_out) {
                printk(" Error mapping key_out memory₩n");
                return -EBUSY;
        }

        mem_key_in = ioremap_nocache (mem_addr_out, mem_len);
        if(!mem_key_in) {
                printk(" Error mapping key_in memory₩n");
                return -EBUSY;
        }
    ..........

                                }
```

• 디바이스 드라이버를 수정한 후 make 명령어로 컴파일 한다. 컴파일 하기 위해서는 CD에 있는 툴체인을 설치되어 있어야 하며 Makefile에 컴파일러 경로를 /opt/iwmmxt-1.0.0/bin/arm-linux-gcc로 설정해준다. 또한 X-Hyper 270-TKU 커널을 컴파일한 후 경로를 지정해 주어야 한다.

```
☞ cd /XHYPER270-TKU/fpga_device/key/↵
☞ make clear↵
☞ make↵
```

```
root@localhost:/XHYPER270-TKU/fpga_device/key
파일(F)  편집(E)  보기(V)  터미널(T)  가기(G)  도움말(H)
[root@localhost root]# cd /XHYPER270-TKU/fpga_device/key/
[root@localhost key]# make clean
rm -rf *.o *.ko *.mod.c
rm -f key_test
[root@localhost key]# make
/opt/iwmmxt-1.0.0/bin/arm-linux-gcc     -c -o key_test.o key_test.c
/opt/iwmmxt-1.0.0/bin/arm-linux-gcc -o key_test key_test.o
make -C /XHYPER270-TKU/kernel/linux-2.6.11-h270-tku_v1.1  SUBDIRS='pwd' modules
make[1]: 들어감 `/XHYPER270-TKU/kernel/linux-2.6.11-h270-tku_v1.1' 디렉토리
  CC [M]  /XHYPER270-TKU/fpga_device/key/key.o
  Building modules, stage 2.
  MODPOST
  CC      /XHYPER270-TKU/fpga_device/key/key.mod.o
  LD [M]  /XHYPER270-TKU/fpga_device/key/key.ko
make[1]: 나감 `/XHYPER270-TKU/kernel/linux-2.6.11-h270-tku_v1.1' 디렉토리
[root@localhost key]#
```

- 디바이스 노드를 확인하는 것으로 X-Hyper270-TKU 보드에서 확인한다. 없다면 mknod 명령으로 만들어 주면 된다

> ☞ ls -l /dev/key↵

```
root@localhost:/XHYPER270-TKU/fpga_device/dot
파일(F)  편집(E)  보기(V)  터미널(T)  가기(G)  도움말(H)
[root@xhyper /data]# ls -l /dev/key
cr--r--r--    1 root     root     233,   0 Nov  4  2001 /dev/key
[root@xhyper /data]#
```

- 모듈로 컴파일된 드라이버를 insmod로 커널에 올린다. X-Hyper270-TKU 보드에 fusing된 이미지에는 KEY 디바이스 드라이버 모듈이 올려져 있기 때문에 rmmod 명령으로 올라가 있는 모듈을 제거 후 새로 작성한 모듈을 올리면 된다.

> ☞ lsmod↵
> ☞ rmmod key↵
> ☞ insmod key.ko↵

```
root@localhost:/XHYPER270-TKU/fpga_device/dot
파일(F) 편집(E) 보기(V) 터미널(T) 가기(G) 도움말(H)
[root@xhyper /data]# lsmod
Module                  Size  Used by    Tainted: P
clcd 2580 0 - Live 0xbf005000
fnd 3176 0 - Live 0xbf00b000
dot 2228 0 - Live 0xbf009000
hcd_otg242 28420 0 - Live 0xbf013000
st_motor 3016 0 - Live 0xbf011000
led 1804 0 - Live 0xbf00f000
key 2700 0 - Live 0xbf00d000
dc_motor 3572 0 - Live 0xbf007000
ide_disk 13888 0 - Live 0xbf000000
[root@xhyper /data]# rmmod key
[root@xhyper /data]# insmod key.ko
Using key.ko
X-Hyper 270TKU key MAJOR 233
[root@xhyper /data]#
```

• 키스캔의 테스트는 key_test를 실행한 후 키 버튼을 누르면 키에 대한 디버깅 화면을 볼 수 있다.

> ☞ cd test↵
> ☞ ./ key_test↵

```
root@localhost:/XHYPER270-TKU/fpga_device/dot
파일(F) 편집(E) 보기(V) 터미널(T) 가기(G) 도움말(H)
[root@xhyper /data]# cd test/
[root@xhyper /data/test]# ./key_test
KEY_NUM1
KEY_NUM1
KEY_NUM2
KEY_NUM3
KEY_NUM3
KEY_NUM4
KEY_NUM5
KEY_NUM5
KEY_NUM6
KEY_NUM7
KEY_NUM7
KEY_NUM8
KEY_NUM9
KEY_NUM9
KEY_NUM10
KEY_NUM11
KEY_NUM12
KEY_NUM12
KEY_NUM13
KEY_NUM13
KEY_NUM14
KEY_NUM15
KEY_NUM16
KEY_NUM16
KEY_NUM16
KEY_NUM16

CTRL-A Z for help | 115200 8N1 | NOR | Minicom 2.00.0 | VT102 |     Offline
```

7.16 스탭 모터(Stepper Motor)

X-Hyper270-TKU 보드의 스텝 모터 디바이스는 입력 펄스(Input electrical pulse)를 L297칩으로 디지털 값으로 제어하여 방향 및 속도를 조절하게 설계하였다.

스텝 모터는 정확한 각도 제어에 유리하여 지폐 계수기, 팩시밀리, 위치제어, 프린터 제어 등 OA, FA에 많이 사용되고 있다.

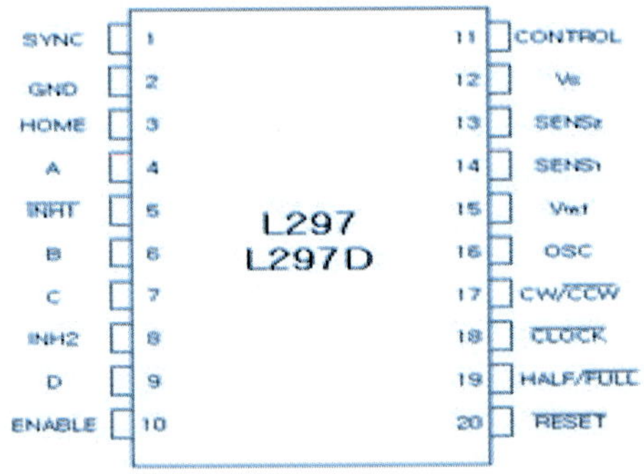

[그림 7-14] L297/L297D 핀 기능

L297은 모터를 컨트롤 하는 스텝 모터 제어기이다.

HALF STEP MODE를 보면 4개의 펄스 위상을 가지고 스테핑 모터를 제어하게 된다.

(펄스의 위상차를 가지고 제어하게 된다.)

L297의 장점은 회로가 간단하고 크기가 작으며 평균 200에서 250mA 정도의적은 소모전류와 2000에서 4000pps 이상의 고속구동이 가능하다는 것이다.

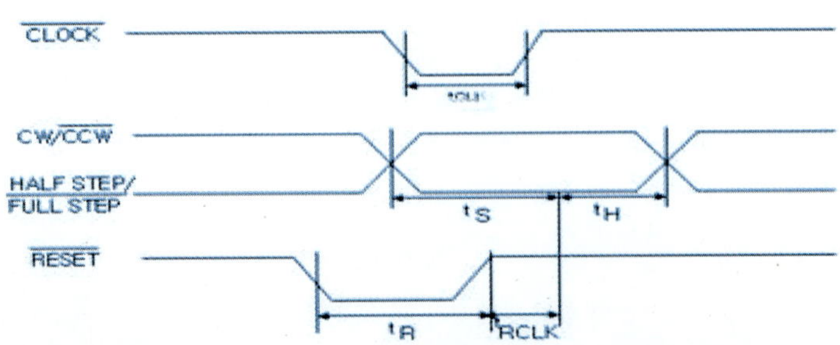

CW/CCW 핀은 모터를 시계방향으로 돌릴지 반시계 방향으로 돌릴지를 결정한다. HIGH 신호를 주면 CW(시계방향)으로 돌고 LOW 신호를 주면 CCW(반시계 방향)으로 돌게 된다.

ENABLE 핀은 L297을 동작시키는 핀이다. 말그대로 ENABLE 핀에 HIGH 신호를 주지 않으면 L297 이 동작을 하지 않는다(항상 HIGH가 되어야 한다).

CLK 핀은 말그대로 Clock 을 의미한다. 이것에 의해 모터의 속도가 결정된다.

즉 주파수가 높으면 그만큼 모터의 속도가 빨라지고 주파수가 낮으면 속도가 느려진다(프로그램상에서 타이머 인터럽트 시간을 줄였다 늘였다 하면서 모터의 속도를 조절하도록 되어 있다).

■ 디바이스 드라이버 소스

☞ CD/fpga_device/st_motor/st_motor.c↵

```
/*************************************************************************
** PXA255의 OS Timer Interrupt를 사용하여 MOTOR의 속도를 제어한다        **
*************************************************************************/
#define OSTIMER_IRQ                              IRQ_OST1
request_irq( OSTIMER_IRQ, MOTOR_InterruptHandler, SA_INTERRUPT, "OST", NULL);

/*************************************************************************
** MOTOR_InterruptHandler인터럽트 핸들러에서 motor_speed변수로 타이머를  **
** 설정하고 모터에 클럭을 공급한다.                                   **
*************************************************************************/
void MOTOR_ReSetting(int motor_speed)
{
	OSTIMER_ON;
	OSMR1 = OSCR + Usec_Clk*motor_speed;
}
void MOTOR_InterruptHandler(int irq, void *dev_id, struct pt_regs *regs)
{
```

```
/*********************************************************************************
**static int st_motor_ioctl(struct inode *inode, struct file *filp, unsigned int cmd,
unsigned long arg)**
** Application 명령을 받아서 좌우 DC 모터에 대한 제어 처리를 한다.                **
*********************************************************************************/

static int st_motor_ioctl(struct inode *inode, struct file *filp, unsigned int cmd,
unsigned long arg)
{
        switch (cmd) {
         case MOTOR_Forward : {
                OSTIMER_OFF;
                MOTOR_Init();
                Motor_Direction( Forward );
                MOTOR_ReSetting(motor_speed);  // 100us (default clk) = 10Hz
                break;
                }
         case MOTOR_Reverse : {
                OSTIMER_OFF;
                MOTOR_Init();
                Motor_Direction( Reverse );
                MOTOR_ReSetting(motor_speed);  // 100us (default clk) = 10Hz
                break;
                }
         case MOTOR_SpeedUp : {
                if(motor_speed > 150){
                motor_speed -= 50;        // Speed Up
                printk("speed up %d₩n", motor_speed);
            }
                break;
                }
         case MOTOR_SpeedDown : {
                motor_speed += 50;        // Speed Down
                break;
                }
         case MOTOR_STOP : {
```

```
                        Motor_Stop();
                        break;
                        }
                default:
                        return 0;
                }
        return 0;
}
```

• 디바이스 드라이버를 수정한 후 make 명령어로 컴파일 한다. 컴파일하기 위해서는 CD에 있는 툴체인을 설치되어 있어야 하며 Makefile에 컴파일러 경로를 /opt/iwmmxt-1.0.0/bin/arm-linux-gcc로 설정해준다. 또한 X-Hyper270-TKU 커널을 컴파일한 후 경로를 지정해 주어야 한다.

```
☞ cd /XHYPER270-TKU/fpga_device/step_motor/↵
☞ make clear↵
☞ make↵
```

```
root@localhost:/XHYPER270-TKU/fpga_device/step_motor
파일(F)  편집(E)  보기(V)  터미널(T)  가기(G)  도움말(H)
[root@localhost root]# cd /XHYPER270-TKU/fpga_device/step_motor/
[root@localhost step_motor]# make clean
rm -rf *.o *.ko *.mod.c
rm -f st_motor_test
[root@localhost step_motor]# make
/opt/iwmmxt-1.0.0/bin/arm-linux-gcc     -c -o st_motor_test.o st_motor_test.c
/opt/iwmmxt-1.0.0/bin/arm-linux-gcc -o st_motor_test st_motor_test.o
make -C /XHYPER270-TKU/kernel/linux-2.6.11-h270-tku_v1.1  SUBDIRS=`pwd` modules
make[1]: 들어감 `/XHYPER270-TKU/kernel/linux-2.6.11-h270-tku_v1.1' 디렉토리
  CC [M]  /XHYPER270-TKU/fpga_device/step_motor/st_motor.o
  Building modules, stage 2.
  MODPOST
  CC      /XHYPER270-TKU/fpga_device/step_motor/st_motor.mod.o
  LD [M]  /XHYPER270-TKU/fpga_device/step_motor/st_motor.ko
make[1]: 나감 `/XHYPER270-TKU/kernel/linux-2.6.11-h270-tku_v1.1' 디렉토리
[root@localhost step_motor]#
```

• Device Node 를 확인하는 것으로 X-Hyper270-TKU 보드에서 확인한다. 없다

면 mknod 명령으로 만들어 주면 된다.

```
☞ ls -l /dev/st_motor↵
```

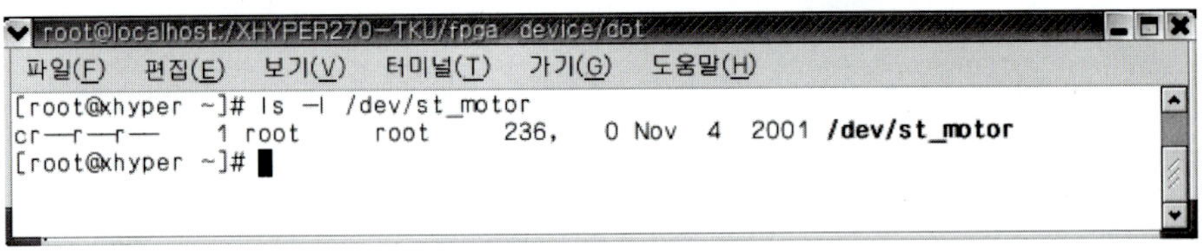

- 모듈로 컴파일된 드라이버를 insmod 로 커널에 올린다. X-Hyper270-TKU 보드에 퓨징된 이미지에는 스텝모터 디바이스 드라이버 모듈이 올려져 있기 때문에 rmmod 명령으로 올라가 있는 모듈을 제거 후 새로 작성한 모듈을 올리면 된다.

```
☞ cd /data↵
☞ lsmod↵
☞ rmmod st_motor↵
☞ insmod st_motor.ko↵
```

- /st_motor_test를 실행하면 아래와 같은 메뉴가 나타난다. 보는 바와 같이 키보드 1번키를 누르면 스텝모터 정회전, 2번 역회전, 3번 속도증가, 4번 속도 감소, 0번 프로그램 종료이다.

☞ cd test↵
☞ ./st_motor_test↵

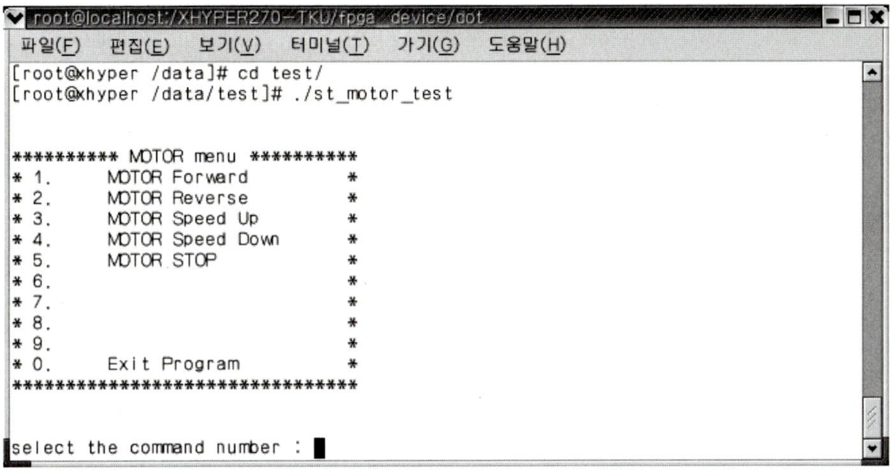

7.17 DC 모터(Motor)

DC 모터는 전자기력을 응용하여 전기에너지를 기계적에너지로 바꾸어 회전력을 생성시키게 된다. DC 모터는 직류전원만 연결하면 바로 구동되어 회전제어가 쉽고 가격이 저렴하여 많은 곳에 응용되고 있다. 그러나 전류시의 스파크, 회전소음, 짧은 수명의 단점이 있기도 하다.

X-Hyper270-TKU 보드에서는 DC 모터를 제어하기 위해 L298P(PowerSO20 패키지) 칩을 사용하였다.

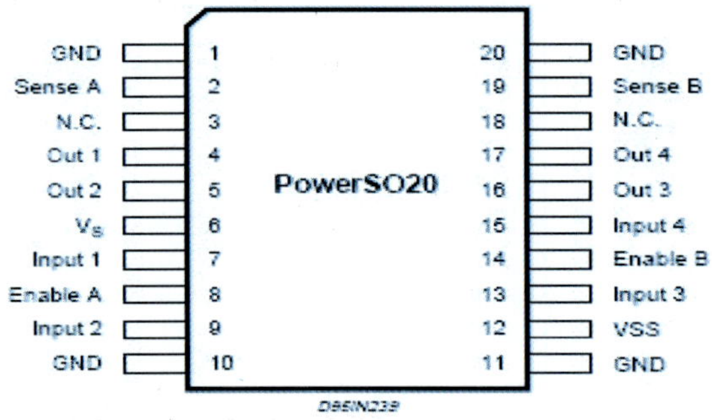

PowerSO	Name	Function
2;19	Sense A; Sense B	Between this pin and ground is connected the sense resistor to control the current of the load.
4;5	Out 1; Out 2	Outputs of the Bridge A; the current that flows through the load connected between these two pins is monitored at pin 1.
6	Vs	Supply Voltage for the Power Output Stages. A non-inductive 100nF capacitor must be connected between this pin and ground.
7;9	Input 1; Input 2	TTL Compatible Inputs of the Bridge A.
8;14	Enable A; Enable B	TTL Compatible Enable Input: the L state disables the bridge A (enable A) and/or the bridge B (enable B).
1,10,11,20	GND	Ground.
12	VSS	Supply Voltage for the Logic Blocks. A100nF capacitor must be connected between this pin and ground.
13;15	Input 3; Input 4	TTL Compatible Inputs of the Bridge B.
16;17	Out 3; Out 4	Outputs of the Bridge B. The current that flows through the load connected between these two pins is monitored at pin 15.
3;18	N.C.	Not Connected

■ 디바이스 드라이버 소스

☞ CD/fpga_device/dc_motor/dc_motor.c↵

```
/***************************************************************************
** static void Dc_Moter_Clock(void)                                        **
** DC 모터를 소프트웨어적으로 제어 하는 것으로 application 에서 넘겨준 제어 **
** 명령을 ioctl에서 받아 해당 명령을 수행하게 된다.                        **
***************************************************************************/
static void Dc_Moter_Clock(void)
{
```

```
            if ( motor_mask == 0 ){                                // LEFT Motor
                        if(mask == 1 ){                 // forward
                                MOTOR_ClearBit(1);
                                MOTOR_SetBit(0);
                                MOTOR_SetBit(4);
                        } else if (mask == 2){          // reverse
                                MOTOR_ClearBit(0);
                                MOTOR_SetBit(1);
                                MOTOR_SetBit(4);
                        } else {
                        MOTOR_ClearBit(0);              // stop
                                MOTOR_ClearBit(1);
                        MOTOR_ClearBit(4)               // reset low
                        }
            } else {                                               // RIGHT Motor
                        if(mask == 1 ){                 // forward
                                MOTOR_ClearBit(3);
                                MOTOR_SetBit(2);
                                MOTOR_SetBit(5);
                        } else if (mask == 2){          // reverse
                                MOTOR_ClearBit(2);
                                MOTOR_SetBit(3);
                                MOTOR_SetBit(5);
                        } else {
                        MOTOR_ClearBit(3);              // stop
                                MOTOR_ClearBit(2);
                        MOTOR_ClearBit(5)               // reset low
                        }
            }
}
/*****************************************************************************
** static int data_motor_ioctl(struct inode *inode, struct file *filp, unsigned int
**  cmd, unsigned long arg **
**  DC 모터를 소프트웨어적으로 제어하는 것으로 application 에서 넘겨준 제어       **
```

```
** 명령을 받아 해당 DC Motor 셋팅 및 속도를 처리를 한다                    **
*****************************************************************************/

static int data_motor_ioctl(struct inode *inode, struct file *filp, unsigned int cmd,
unsigned long arg)
{
        switch (cmd) {
                case _IOCTL_LEFT_FORWARD : {
                        OSTIMER_OFF;
                        motor_mask = 0;
                        mask = 1;
                        Dc_Moter_Clock();
                        DC_MOTOR_ReSetting(motor_speed);  // 100us (default clk) = 10Hz
                        break;
                        }
                case _IOCTL_LEFT_REVERSE : {
                        OSTIMER_OFF;
                        motor_mask = 0;
                        mask = 2;
                        Dc_Moter_Clock();
                        DC_MOTOR_ReSetting(motor_speed);  // 100us (default clk) = 10Hz
                        break;
                        }

                case _IOCTL_LEFT_STOP : {
                        OSTIMER_OFF;
                        motor_mask = 0;
                        mask = 0;
                        Dc_Moter_Clock();
                        DC_MOTOR_ReSetting(motor_speed);  // 100us (default clk) = 10Hz
                        break;
                        }

                case _IOCTL_RIGHT_FORWORD : {
```

```
                OSTIMER_OFF;
                motor_mask = 1;
                mask = 1;
                Dc_Moter_Clock();
                DC_MOTOR_ReSetting(motor_speed);//100us(default clk) = 10Hz
                break;
               }
        case _IOCTL_RIGHT_REVERSE : {
                OSTIMER_OFF;
                motor_mask = 1;
                mask = 2;
                Dc_Moter_Clock();
                //enable_irq(OSTIMER_IRQ);
                DC_MOTOR_ReSetting(motor_speed); // 100us (default clk) = 10Hz
                break;
               }
        case _IOCTL_RIGHT_STOP : {
                OSTIMER_OFF;
                motor_mask = 1;
                mask = 0;
                Dc_Moter_Clock();
               // enable_irq(OSTIMER_IRQ);
                DC_MOTOR_ReSetting(motor_speed); // 100us (default clk) = 10Hz
                break;
               }
        default:
                return 0;
        }
        return 0;
                            }
```

• 디바이스 드라이버를 수정한 후 make 명령어로 컴파일 한다. 컴파일 하기 위해서는 CD에 있는 툴체인을 설치되어 있어야 하며 Makefile에 컴파일러 경로를 /opt/iwmmxt-1.0.0/bin/arm-linux-gcc로 설정해준다. 또한 X-Hyper270-

TKU 커널을 컴파일한 후 경로를 지정해 주어야 한다.

☞ cd /XHYPER270-TKU/fpga-device/dc_motor↵
☞ make clean↵
☞ make↵

```
root@localhost:/XHYPER270-TKU/fpga_device/dc_motor
파일(F)  편집(E)  보기(V)  터미널(T)  가기(G)  도움말(H)
[root@localhost root]# cd /XHYPER270-TKU/fpga_device/dc_motor/
[root@localhost dc_motor]# make clean
rm -rf *.o *.ko *.mod.c
rm -f dc_motor_test
[root@localhost dc_motor]# make
/opt/iwmmxt-1.0.0/bin/arm-linux-gcc     -c -o dc_motor_test.o dc_motor_test.c
/opt/iwmmxt-1.0.0/bin/arm-linux-gcc -o dc_motor_test dc_motor_test.o
make -C /XHYPER270-TKU/kernel/linux-2.6.11-h270-tku_v1.1 SUBDIRS=`pwd` modules
make[1]: 들어감 `/XHYPER270-TKU/kernel/linux-2.6.11-h270-tku_v1.1' 디렉토리
  CC [M]  /XHYPER270-TKU/fpga_device/dc_motor/dc_motor.o
  Building modules, stage 2.
  MODPOST
  CC      /XHYPER270-TKU/fpga_device/dc_motor/dc_motor.mod.o
  LD [M]  /XHYPER270-TKU/fpga_device/dc_motor/dc_motor.ko
make[1]: 나감 `/XHYPER270-TKU/kernel/linux-2.6.11-h270-tku_v1.1' 디렉토리
[root@localhost dc_motor]#
```

• 디바이스 노드를 확인하는 것으로 X-Hyper270-TKU 보드에서 확인한다. 없다면 mknod 명령으로 만들어 주면 된다.

☞ ls -l /dev/dc_motor↵

```
root@localhost:~
파일(F)  편집(E)  보기(V)  터미널(T)  가기(G)  도움말(H)
[root@xhyper ~]# ls -l /dev/dc_motor
cr--r--r--    1 root     root     237,   0 Nov  4  2001 /dev/dc_motor
[root@xhyper ~]#
```

• 모듈로 컴파일된 드라이버를 insmod 로 커널에 올린다. X-Hyper270-TKU 보드에 퓨징된 이미지에는 DC 모터 디바이스 드라이버 모듈이 올려져 있기 때문에 rmmod 명령으로 올라가 있는 모듈을 제거 후 새로 작성한 모듈을 올리면 된다.

```
☞ cd /data↵
☞ lsmod↵
☞ rmmod dc_motor↵
☞ insmod dc_motor.ko↵
```

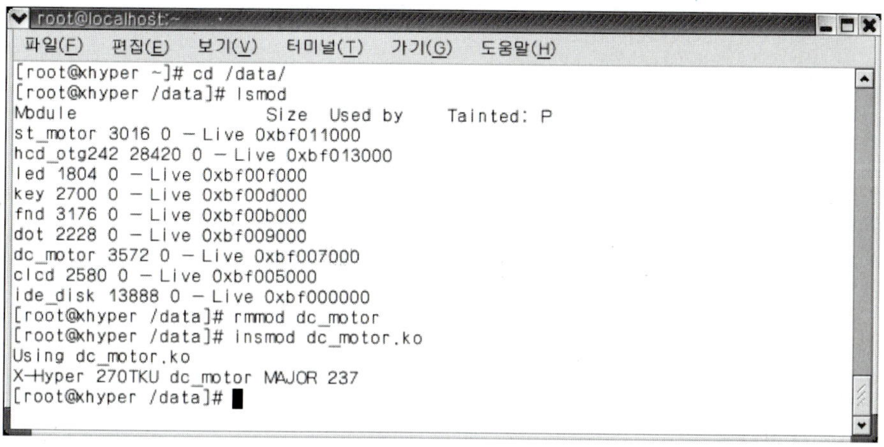

■ 검사(Test)

./dc_motor_test를 실행하면 아래와 같은 메뉴가 나타난다.

보는 바와 같이 키보드 1번키를 누르면 왼쪽 모터 회전, 2번은 왼쪽 모터 뒤로, 4번은 오른쪽 모터 회전, 5번은 오른쪽 모터 뒤로 회전시킨다. 3번 6번 은 각각 모터 정지된다.

0 번은 테스트 프로그램 종료이다.

```
☞ cd test↵
☞ ./dc_motor_test↵
```

```
[root@xhyper /data]# cd test/
[root@xhyper /data/test]# ./dc_motor_test
 data_motor_open Request for 27 IRQ Success
MOTOR detected


********** MOTOR menu **********
* 1.       MOTOR LEFT Forward      *
* 2.       MOTOR LEFT Reverse      *
* 3.       MOTOR LEFT Stop         *
* 4.       MOTOR RIGHT Forward     *
* 5.       MOTOR RIGHT Reverse     *
* 6.       MOTOR RIGHT Stop        *
* 7.                               *
* 8.                               *
* 9.                               *
* 0.       Exit Program            *
**********************************


select the command number :
```

7.18 LED

X-Hyper270-TKU 보드에는 8개의 LED로 구성되어 있으며 FPGA 어드레스 디코딩에 의해서 8개의 LED를 쉽게 제어할 수 있다.

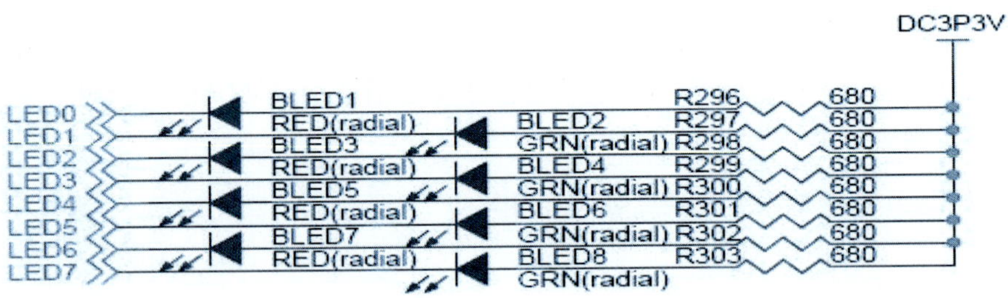

[그림 7-15] LED 회로 구성

■ 디바이스 드라이버 소스

☞ CD/fpga_device/led/led.c.↵

```
/*******************************************************************************
** FPGA에서 LED 의 물리적 주소를 0x12400000 으로 설정해 주었음                **
** 후에 ioremap 함수로 가상주소로 맵핑시킨 후 그 주소에 LED data 값을 넣어주어 **
** LED를 제어 하여 주면 된다.                                                  **
*******************************************************************************/

#define LED_DEVMAJOR        239
#define LED_DEVNAME         "led"
#define LED_PHYS  0x12400000

/*******************************************************************************
** Application 에서LED의 데이터 값을 받아 맵핑된 LED주소에 LED data값을 넣어 **
** 준다.                                                                      **
*******************************************************************************/
static ssize_t led_write (struct file *file, const char *buf, size_t count,
loff_t *f_pos){

        unsigned char led_data;

        get_user(led_data, (unsigned char *)buf);
        (*((volatile unsigned char *)(mem_base))) = led_data;
        return 0;
}

/*******************************************************************************
**static int st_motor_ioctl(struct inode *inode, struct file *filp, unsigned int cmd,**
**unsigned long arg)                                                     **
** Application 명령을 받아서 좌우 DC 모터에 대한 제어 처리를 한다.            **
*******************************************************************************/
static int __init led_init(void){

      .......
```

```
        mem_addr = LED_PHYS;
        mem_len   = 0x1000;

        mem_base = ioremap_nocache ( mem_addr, mem_len);
        if( !mem_base) {
                printk("Error mapping OHCI memery₩n");
                release_mem_region(mem_addr, mem_len);
                return -EBUSY;
        }
        .........

                                }
```

- 디바이스 드라이버를 수정한 후 make 명령어로 컴파일 한다. 컴파일 하기 위해서는 CD에 있는 툴체인을 설치되어 있어야 하며 Makefile에 컴파일러 경로를 /opt/iwmmxt-1.0.0/bin/arm-linux-gcc로 설정해준다. 또한 X-Hyper270-TKU 커널을 컴파일한 후 경로를 지정해 주어야 한다.

```
☞ cd /XHYPER270-TKU/fpga-device/led↵
☞ make clean
☞ make
```

```
root@localhost:/XHYPER270-TKU/fpga_device/led
파일(F)  편집(E)  보기(V)  터미널(T)  가기(G)  도움말(H)
[root@localhost root]# cd /XHYPER270-TKU/fpga_device/led/
[root@localhost led]# make clean
rm -rf *.o *.ko *.mod.c
rm -f led_test
[root@localhost led]# make
/opt/iwmmxt-1.0.0/bin/arm-linux-gcc     -c -o led_test.o led_test.c
/opt/iwmmxt-1.0.0/bin/arm-linux-gcc  -o  led_test led_test.o
make -C /XHYPER270-TKU/kernel/linux-2.6.11-h270-tku_v1.1  SUBDIRS=`pwd` modules
make[1]: 들어감 `/XHYPER270-TKU/kernel/linux-2.6.11-h270-tku_v1.1' 디렉토리
  CC [M]  /XHYPER270-TKU/fpga_device/led/led.o
/XHYPER270-TKU/fpga_device/led/led.c:78: warning: initialization from incompatib
le pointer type
/XHYPER270-TKU/fpga_device/led/led.c:30: warning: 'led_shift' defined but not us
ed
  Building modules, stage 2.
  MODPOST
  CC      /XHYPER270-TKU/fpga_device/led/led.mod.o
  LD [M]  /XHYPER270-TKU/fpga_device/led/led.ko
make[1]: 나감 `/XHYPER270-TKU/kernel/linux-2.6.11-h270-tku_v1.1' 디렉토리
[root@localhost led]# █
```

• 디바이스 노드를 확인하는 것으로 X-Hyper270-TKU 보드에서 확인한다. 없다면 mknod 명령으로 만들어 주면 된다.

☞ ls -l /dev/led↵

```
root@localhost:~
파일(F) 편집(E) 보기(V) 터미널(T) 가기(G) 도움말(H)
[root@xhyper ~]# ls -l /dev/led
cr--r--r--    1 root     root     239,   0 Nov  4  2001 /dev/led
[root@xhyper ~]#
```

• 모듈로 컴파일된 드라이버를 insmod로 커널에 올린다. X-Hyper270-TKU 보드에 퓨징된 이미지에는 LED 디바이스 드라이버 모듈이 올려져 있기 때문에 rmmod 명령으로 올라가 있는 모듈을 제거 후 새로 작성한 모듈을 올리면 된다.

☞ cd /data↵
☞ lsmod↵
☞ rmmod led↵
☞ insmod led.ko↵

```
root@localhost:~
파일(F) 편집(E) 보기(V) 터미널(T) 가기(G) 도움말(H)
[root@xhyper ~]# cd /data/
[root@xhyper /data]# lsmod
Module                  Size  Used by    Tainted: P
dc_motor 3572 0 - Live 0xbf007000
st_motor 3016 0 - Live 0xbf011000
hcd_otg242 28420 0 - Live 0xbf013000
led 1804 0 - Live 0xbf00f000
key 2700 0 - Live 0xbf00d000
fnd 3176 0 - Live 0xbf00b000
dot 2228 0 - Live 0xbf009000
clcd 2580 0 - Live 0xbf005000
ide_disk 13888 0 - Live 0xbf000000
[root@xhyper /data]# rmmod led
 led unregisterd.
[root@xhyper /data]# insmod led.ko
Using led.ko
X-Hyper 270TKU led MAJOR 239
[root@xhyper /data]#
```

- ./led_test를 실행하게 되면 1번 선택하면 위로 쉬프트 되면서 LED가 켜지는 것을 볼 수 있으며 2번은 아래로 쉬프트되면서 LED가 켜지며, 3번은 전체적으로 여러 번 깜박거리면서 켜지는 것을 볼 수 있다. 0번은 프로그램 종료이다.

```
☞ cd test/↵
☞ ./led_test
```

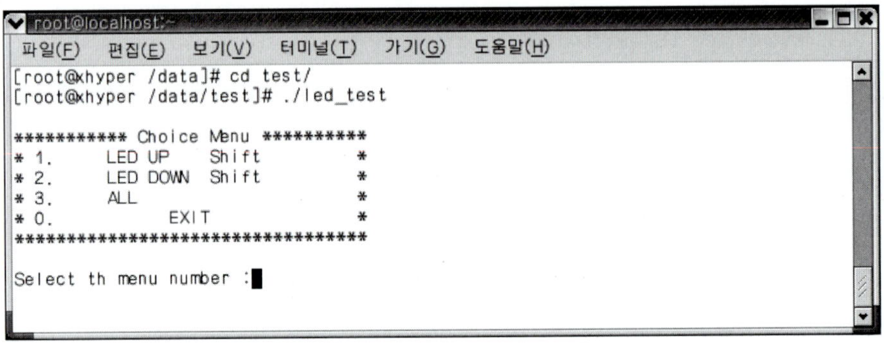

제8장 임베디드 리눅스 시스템 응용

8.1 QT 구현

8.1.1 Qt/임베디드 설치 및 환경 설정

1. Qt/임베디드 다운로드

Qt/Embedded는 Trolltech 홈페이지에 접속해서 다운로드 받으면 된다. 여기서는 qt-3.3.3 위주로 설명을 하겠다.

ftp://ftp.trolltech.com/qt/source/qt-embedded-free-3.3.3.tar.bz2

여기서 아래의 파일을 다운로드 받고 압축을 해제한다. (편의상 /root/qt 디렉토리를 생성 후 qt 디렉토리 밑에다 받는다.)

```
[root@HostPC qt]# tar xvjf qt-embedded-free-3.3.3.tar.bz2
```

☞ cd qt/↵
☞ ls↵
☞ tar xvfj qt-emdded-free-3.3.3. tar.bz2↵

위의 경로와 다를 수 있으니 명령만 참고하기 바란다.
편의상 QT 디렉토리명을 qte-3.3.3으로 변경한다.

```
[root@HostPC qt]# mv qt-embedded-free-3.3.3/ qte-3.3.3

[root@HostPC qt]# cd qte-3.3.3
```

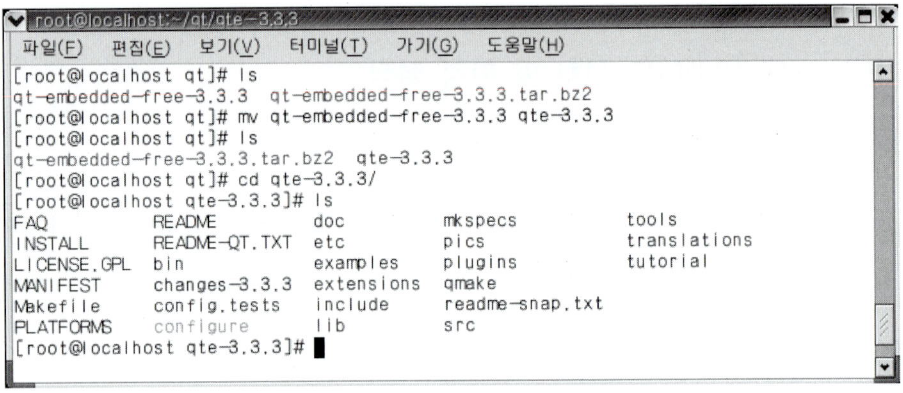

2. Qt/임베디드 환경설정(host)

먼저 호스트 상에서 환경을 설정한다.

- QTDIR : Qt가 설치되어 있는 디렉토리
- LD_LIBRARY_PATH : Qt에서 사용하는 공유 라이브러리가 있는 디렉토리

두개의 path를 ~/.bash_profile 스크립트에 추가해 준다.

```
/qte-3.3.3]#vi ~/.bash_profile
```

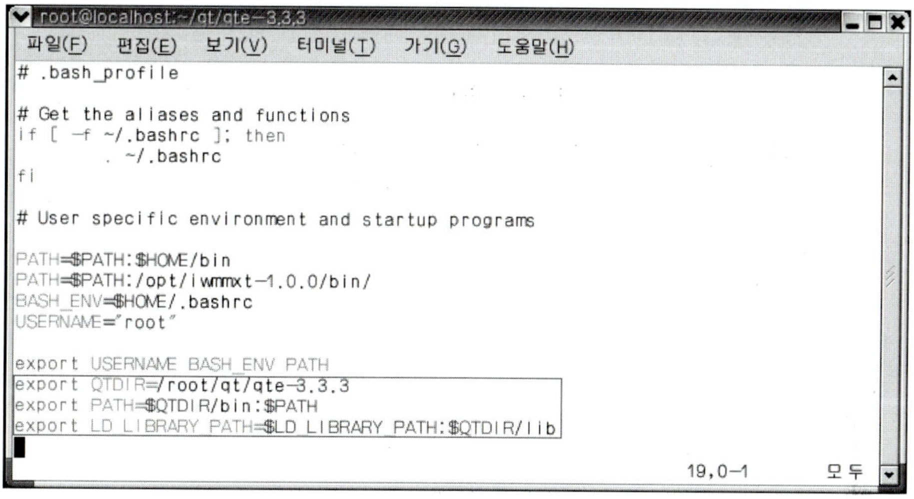

위 그림은 스크립트를 추가한 내용이다.

```
PATH=$PATH:$HOME/bin


export QTDIR=/root/qt/qte-3.3.3
export PATH=$QTDIR/bin:$PATH
export LD_LIBRARY_PATH=$LD_LIBRARY_PATH:$QTDIR/lib
```

위와 같이 스크립트를 추가한 후에 아래와 같이 환경설정을 적용시킨다.

```
/qte-3.3.3]# source ~/.bash_profile
```

3. 터치스크린 인식시키기

타깃보드에는 터치스크린이 장착되어 있다. 이를 인식시키기려면 터치 드라이버를 제대로 불러와야 한다. 타겟 보드에서 터치스크린을 사용하기 위해서 터치스크린의 디바이스 드라이버를 불러오는 부분을 수정해 주어야 한다. qte-3.3.3/src/embedded 디렉토리에 터치스크린 디바이스 노드를 불러오는 코드를 포함하는 파일인 qmouselinuxtp_qws.cpp 파일이 있다.

파일을 열어 149에서 161줄 사이에 있는 소스코드를 다음과 같이 수정한다.
터치 스크린의 디바이스 노드 /dev/ts를 불러 오겠다는 것이다.

```
/qte-3.3.3]# vi  src/embedded/qmouselinuxtp_qws.cpp
```

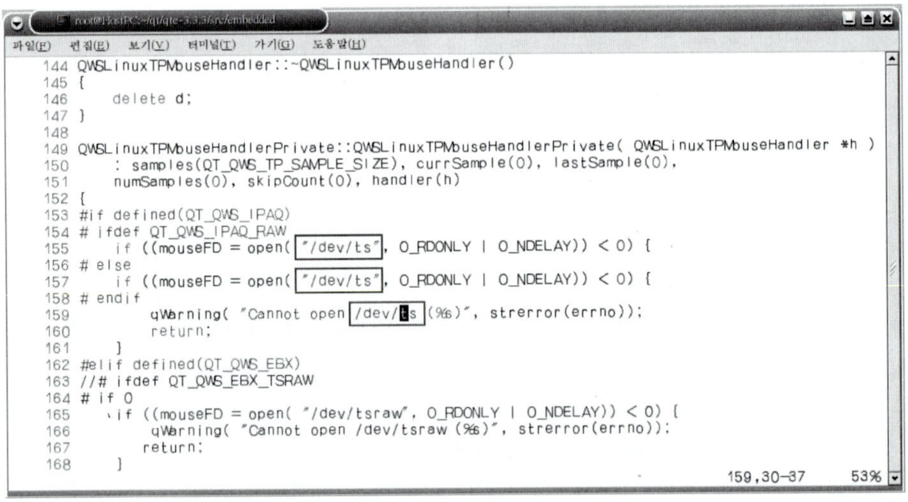

```
144 QWSLinuxTPMouseHandler::~QWSLinuxTPMouseHandler()
145 {
146     delete d;
147 }
148
149 QWSLinuxTPMouseHandlerPrivate::QWSLinuxTPMouseHandlerPrivate( QWSLinuxTPMouseHandler *h )
150     : samples(QT_QWS_TP_SAMPLE_SIZE), currSample(0), lastSample(0),
151     numSamples(0), skipCount(0), handler(h)
152 {
153 #if defined(QT_QWS_IPAQ)
154 # ifdef QT_QWS_IPAQ_RAW
155     if ((mouseFD = open( "/dev/ts", O_RDONLY | O_NDELAY)) < 0) {
156 # else
157     if ((mouseFD = open( "/dev/ts", O_RDONLY | O_NDELAY)) < 0) {
158 # endif
159         qWarning( "Cannot open /dev/ts (%s)", strerror(errno));
160         return;
161     }
162 #elif defined(QT_QWS_EBX)
163 //# ifdef QT_QWS_EBX_TSRAW
164 # if 0
165     if ((mouseFD = open( "/dev/tsraw", O_RDONLY | O_NDELAY)) < 0) {
166         qWarning( "Cannot open /dev/tsraw (%s)", strerror(errno));
167         return;
168     }
                                                    159,30-37     53%
```

적합한 터치스크린 디바이스 노드를 불러오도록 코드가 수정 되었다. QT에서 터치스크린을 사용하기 위해서는 환경설정에서 이를 활성화 해주어야 한다. 터치스크린 사용 환경설정 옵션은 바로 다음에 나오는QT/Embedded Configuratin에서 설명하겠다.

4. Qt/임베디드 구성

ARM용 환경에서만의 Makefile을 생성하는 방법을 설명하겠다. 자세한 내용은 PLATFORM file을 참조하기 바란다.(Makefile, Readme)

■ 구성 옵션

- shared : 공유라이브러리를 생성하고 사용할 때
- static : 정적라이브러리를 생성하고 사용할 때
- release : 배포시
- debug : 디버깅 정보 추가시
- thread : 쓰레드 지원을 원할 경우
- depths 16 : 그래픽 비트수를 16비트로 설정
- no-cups: cups 지원을 원하지 않을 경우
- qt-mouse-linuxtp : 터치 스크린을 사용할 때

■ QVFB(QT Virtual Frame Buffer)

Qt Virtual Framebuffer를 줄여서 qvfb 라고 부른다.

qvfb 프로그램은 X상에서 Framebuffer를 구현해 준다.

임베디드 응용에서 동작하는 환경의 대부분이 X를 지원하지 않기 때문에 비디오 출력을 위해서 비디오카드의 정보와는 독립적인 프레임버퍼를 사용한다. 개발단계에서도 리눅스 커널에서 프레임버퍼를 지원하게 설정되어 있으면 사용을 할 수도 있지만 qvfb 프로그램을 사용하는 것이 편하다. X윈도우(XWindows)와 콘솔(console) 상의 화면전환을 할 필요가 없고 화면 캡처, 화면 확대 축소 등도 가능하다.

Tip

프레임버퍼(Framebuffer)는 원래 VESA라고 하는 비디오장치를 생산하는 업체들의 표준 협의회라 할 수 있는 단체에서 정한 표준이다. 대략 97년 정도 이후로 나오는 모든 비디오장치 들은 이 프레임버퍼 장치로 사용이 가능하다.
프레임버퍼 장치는 그래픽 하드웨어를 위해 분리된 것이다. 그것은 어떤 비디오 하드웨어의 프레임버퍼를 말하기도 하고, 그래픽 하드웨어에 접근하기 위해 허락된 응용 프로그램을 말하기도 한다. 소프트웨어는 저 수준장치에 대해 어떤 것도 알 필요가 없고, 그러므로 소프트웨어 개발 시에 각각의 다른 비디오 하드웨어 따라서 다르게 개발할 필요가 없다.

Makefile을 편집한다.

```
/qte-3.3.3]# vi Makefile
```

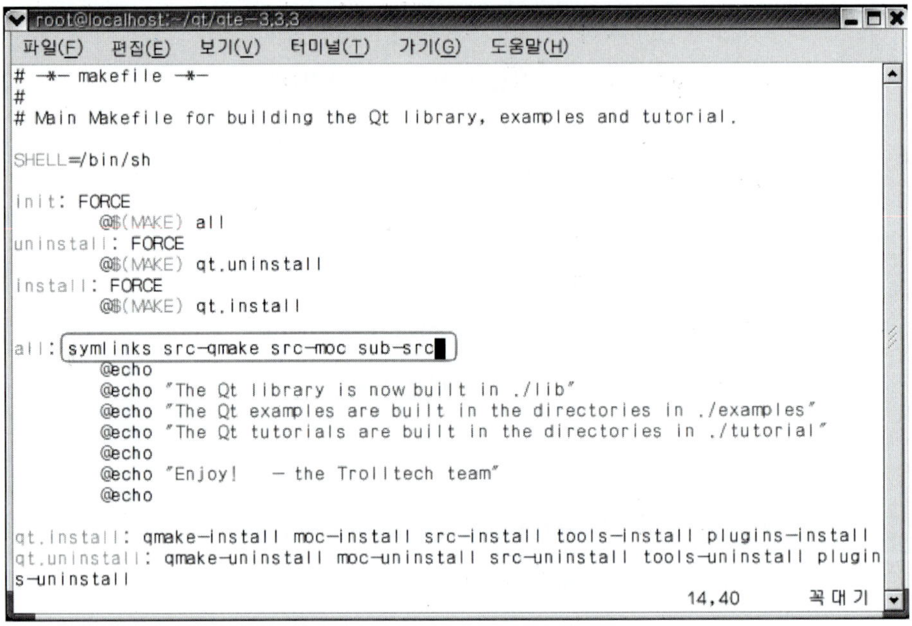

```
root@localhost:~/qt/qte-3.3.3
파일(F)  편집(E)  보기(V)  터미널(T)  가기(G)  도움말(H)
# -*- makefile -*-
#
# Main Makefile for building the Qt library, examples and tutorial.

SHELL=/bin/sh

init: FORCE
	@$(MAKE) all
uninstall: FORCE
	@$(MAKE) qt.uninstall
install: FORCE
	@$(MAKE) qt.install

all: symlinks src-qmake src-moc sub-src
	@echo
	@echo "The Qt library is now built in ./lib"
	@echo "The Qt examples are built in the directories in ./examples"
	@echo "The Qt tutorials are built in the directories in ./tutorial"
	@echo
	@echo "Enjoy!   - the Trolltech team"
	@echo

qt.install: qmake-install moc-install src-install tools-install plugins-install
qt.uninstall: qmake-uninstall moc-uninstall src-uninstall tools-uninstall plugin
s-uninstall
                                                        14,40         꼭대기
```

위와 같이 all: symlinks src-qmake src-moc sub-src 만 남기고 이후 tools, examples 등을 제거한다. 저장 후 빠져 나온다.

구성(configure)을 사용하여 환경 설정을 한다.

```
/qte-3.3.3]# ./configure -embedded jpaq-shared -depths 16 - thread
v-qt-mouse-linuxtp
```

– 라이센스에 동의하느냐는 질문이 나온다. yes라고 친다.

```
root@localhost:~/qt/qte-3.3.3
파일(F)  편집(E)  보기(V)  터미널(T)  가기(G)  도움말(H)

[root@localhost qte-3.3.3]# ./configure -embedded ipaq -shared -depths 16 -threa
d -no-cups -qt-mouse-linuxtp

This is the Qt/Embedded Free Edition.

You are licensed to use this software under the terms of
the GNU General Public License (GPL).

Type 'G' to view the GNU General Public License.
Type 'yes' to accept this license offer.
Type 'no' to decline this license offer.

Do you accept the terms of the license? yes

Creating qmake. Please wait...
g++ -c -o project.o -DQWS -I. -Igenerators -Igenerators/unix -Igenerators/win32
-Igenerators/mac -I/root/qt/qte-3.3.3/include/qmake -I/root/qt/qte-3.3.3/include
 -I/root/qt/qte-3.3.3/include -DQT_NO_TEXTCODEC -DQT_NO_UNICODETABLES -DQT_NO_CO
MPONENT -DQT_NO_STL -DQT_NO_COMPRESS -I/root/qt/qte-3.3.3/mkspecs/qws/linux-x86-
g++ -DHAVE_QCONFIG_CPP project.cpp
^[[2~
```

이와 같이 환경설정이 끝나면 아래와 같은 메시지가 나온다.

```
root@localhost:~/qt/qte-3.3.3
파일(F)  편집(E)  보기(V)  터미널(T)  가기(G)  도움말(H)
ix.o qfileinfo.o qdatetime.o qstringlist.o qmap.o qconfig.o qunicodetables.o qse
ttings.o qlocale.o
rm -f /root/qt/qte-3.3.3/bin/qmake
ln -s ../qmake/qmake /root/qt/qte-3.3.3/bin/qmake

Building on:   qws/linux-x86-g++
Building for:  qws/linux-ipaq-g++

Configuration .......  minimal-config small-config medium-config large-config fu
ll-config styles tools kernel widgets dialogs iconview workspace network canvas
table xml sql release dll thread embedded png no-gif zlib bigcodecs ft
STL support ......... no
PCH support ......... no
IPv6 support ........ no
Thread support ...... yes
NIS support ......... no
CUPS support ........ no
Large File support .. no
GIF support ......... no
MNG support ......... plugin (qt)
JPEG support ........ plugin (qt)
PNG support ......... yes (qt)
zlib support ........ yes
Embedded support .... ipaq

Finding project files. Please wait...
  253 projects found.

Creating makefiles. Please wait...
```

Embedded ipaq 용으로 설정했으니 Configuration 윗줄을 보면 Build type에서

Building on :qws/linux-x86-g++

Building for :qws/linux-ipaq-g++ 라고 나올 것이다.

아래 그림은 정상적으로 환경설정이 끝난 화면이다.

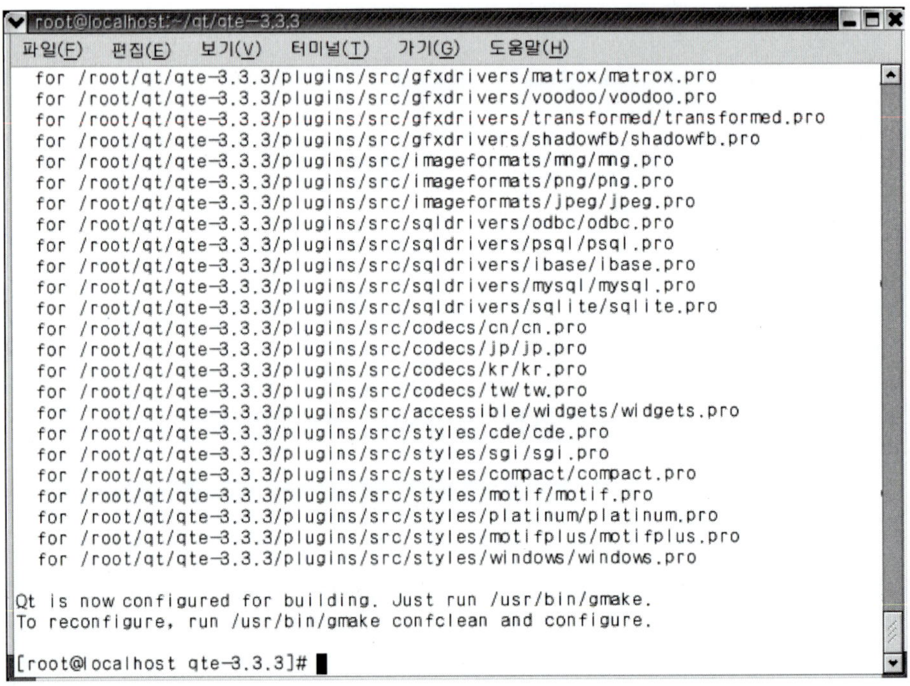

8.1.2 Qt/임베디드 컴파일

1. 컴파일에 필요한 라이브러리 설치

본 교재에서 제공되는 툴체인에는 QT/ARM용 컴파일에 필요한 라이브러리가 없기 때문에 라이브러리를 다운 받아야 한다. 다음 웹사이트 홈페이지 자료실에 최신 자료에 올려져 있을 것이다.

웹사이트 : http://www.hybus.net /자료실/최신자료/qt-3.3.3 설치 가이드

다운로드파일: qt_libstdc++-3-libc7.1.2.2.10.0.so를 Host PC 루트에 다운 받는다.
다운 받은 stdc++-3-libc7.1.2.2.10.0.so를 심볼릭 링크한다.
/opt/iwmmxt-1.0.0/lib/libstdc++.so 파일이 있는지 확인한다.

```
/root#] ln -s qt_libstdc++-3-libc7.1.2.2.10.0.so  /opt/iwmmxt-1.0.0/lib/libstdc++.so
/root#] cp qt_libstdc++-3-libc7.1.2.2.10.0.so /opt/iwmmxt-1.0.0/lib/      // 복사
```

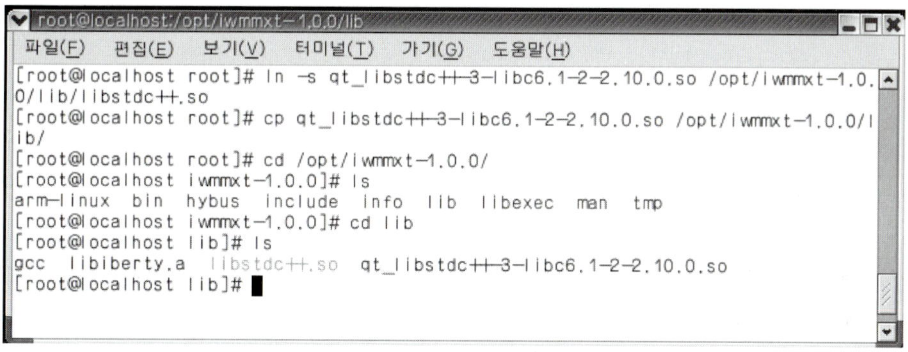

위와 같이 하면 lib내에 libstdc++.so-> qt_libstdc++-3-libc7.1.2.2.10.0.so라고 심볼릭 링크되어 있는 것을 볼 수 있을 것이다.

만약, 창내에 있는 것을 보기 어렵다면 /iwmmxt-1.0.0]# ll lib/libstdc라고 적은 후 키보드 Tap키를 두번 눌러 보시면 libstdc로 시작하는 파일이 나타날 것이다. 그때, 나온 파일들 중 libstdc++.so가 있는지 확인한다.

2. UIC, QVFB 설치

QT/Embedded를 컴파일 하기 위해서는 qt-x11용 uic, qvfb가 필요하다.
여기서는 uic, qvfb를 만드는 법은 생략하겠다. 홈페이지에서 다운 받아 쓰기 바란다.
직접 만들고 싶을 경우, Trolltech 홈페이지에서 X11용 qt-x11-free-3.3.3.tar.bz2을

다운받아 configure와 make를 하면 된다.

홈페이지에서 다운 받아 설치한다.

홈페이지 자료실-> 최신자료에서 qt 소스에서 uic, qvfb를 /root/qt에 다운 받는다.

```
☞ ls↵
☞ cd qte-3.3.3/bin↵
☞ ls↵
```

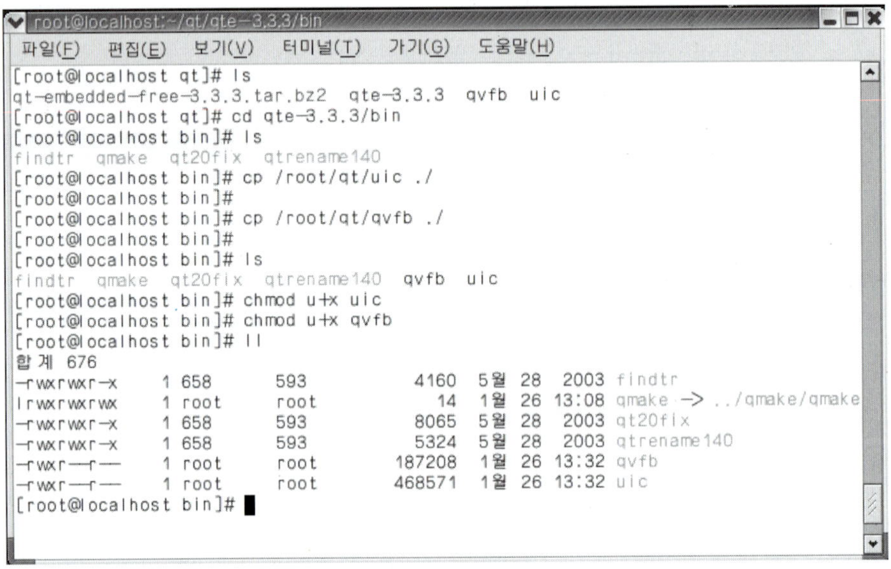

위와 같이 cp 명령으로 /qte-3.3.3/bin/ 다운받는다.

파일의 실행권한을 확인하도록 한다.

```
/bin]# cp /root/qt/uic ./
/bin]# cp /root/qt/qvfb ./
/bin]# chmod u+x uic      //실행 권한 주기
/bin]# chmod u+x qvfb      //실행 권한 주기
```

3. 빌드

make 명령으로 컴파일을 실행한다.

```
/qte-3.3.3]# make
```

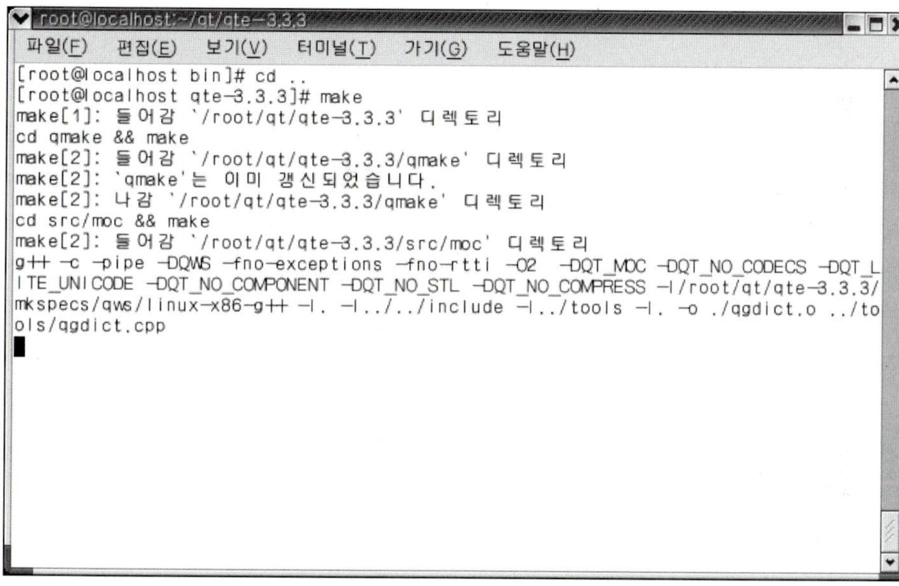

.....

.....

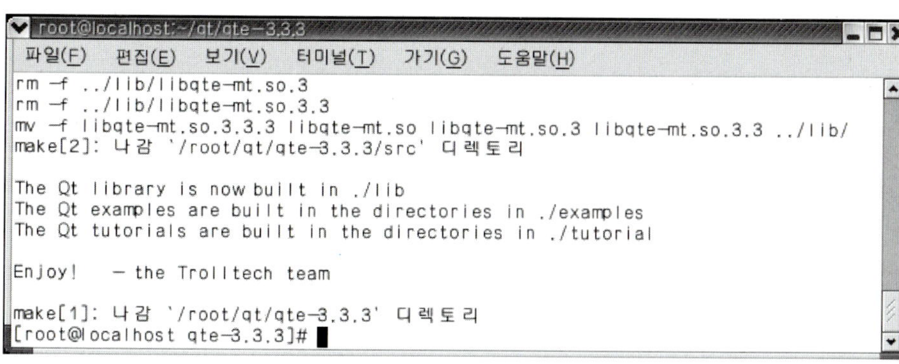

컴파일이 완료 되었다면 위의 그림과 같이 나올 것이다.

그렇지 않다면 오류가 뜰 것이다.

오류가 떴다면 위에 과정이 정확히 되어 있는지 확인해 보기 바란다.

컴파일이 정상적으로 끝났다면 생성된QT/Embedded 라이브러리를 확인한다.

```
/qte-3.3.3]# cd $QTDIR/lib          //QTDIR/lib 로 이동
/lib]# ll
/lib]# file libqte-mt.so.3.3.3
```

```
root@localhost:~/qt/qte-3.3.3/lib
파일(F)  편집(E)  보기(V)  터미널(T)  가기(G)  도움말(H)
[root@localhost qte-3.3.3]# cd $QTDIR/lib
[root@localhost lib]# ll
합 계 8164
-rw-r--r--    1 658    593          63  8월  6  2004 README
drwxr-xr-x    2 658    593        8192  8월  6  2004 fonts
-rw-r--r--    1 root   root        640  1월 26 13:08 libdesignercore.prl
-rw-r--r--    1 root   root        568  1월 26 13:08 libeditor.prl
-rw-r--r--    1 root   root        579  1월 26 13:08 libqassistantclient.prl
-rw-r--r--    1 root   root        580  1월 26 13:08 libqnp.prl
-rw-r--r--    1 root   root        667  1월 26 13:08 libqte-mt.la
-rw-r--r--    1 root   root        603  1월 26 13:08 libqte-mt.prl
lrwxrwxrwx    1 root   root         18  1월 26 13:45 libqte-mt.so -> libqte-mt.so.3.3.3
lrwxrwxrwx    1 root   root         18  1월 26 13:45 libqte-mt.so.3 -> libqte-mt.so.3.3.3
lrwxrwxrwx    1 root   root         18  1월 26 13:45 libqte-mt.so.3.3 -> libqte-mt.so.3.3.3
-rwxr-xr-x    1 root   root    8301226  1월 26 13:45 libqte-mt.so.3.3.3
-rw-r--r--    1 root   root        512  1월 26 13:08 libqui.prl
-rw-r--r--    1 root   root        624  1월 26 13:08 qte-mt.pc
[root@localhost lib]# file libqte-mt.so.3.3.3
libqte-mt.so.3.3.3: ELF 32-bit LSB shared object, ARM, version 1 (ARM), not stripped
[root@localhost lib]#
```

위 블록 안의 4개의 파일이 나오는지 확인한다.

File 명령을 했을 경우 생성된 라이브러 파일이 ARM 용으로 되어 있는지도 확인한다.

이것으로 QT/Embedded 설치를 모두 마쳤다.

8.1.3 예제 타깃보드에 올리기(Hello)

1. Hello 컴파일

예제로 Qte-3.3.3 디렉토리 내의 examples/hello를 컴파일하여 타깃보드에 올린다.

```
☞ cd ..↵
☞ cd examples/hello/↵
☞ ls↵
```

```
/hello]# make        //컴파일
```

```
root@localhost:~/qt/qte-3.3.3/examples/hello
파일(F)  편집(E)  보기(V)  터미널(T)  가기(G)  도움말(H)
[root@localhost lib]# cd ..
[root@localhost qte-3.3.3]# cd examples/hello/
[root@localhost hello]# ls
Makefile  README  hello.cpp  hello.doc  hello.h  hello.pro  main.cpp
[root@localhost hello]# make
arm-linux-g++ -DQT_QWS_IPAQ -c -pipe -DQWS -fno-exceptions -fno-rtti -Wall -W -O
2 -D_REENTRANT  -DQT_NO_DEBUG -DQT_THREAD_SUPPORT -DQT_SHARED -I/root/qt/qte-3.3
.3/mkspecs/qws/linux-ipaq-g++ -I. -I../../include -I.moc/release-shared-mt-emb-i
paq/ -o .obj/release-shared-mt-emb-ipaq/hello.o hello.cpp
arm-linux-g++ -DQT_QWS_IPAQ -c -pipe -DQWS -fno-exceptions -fno-rtti -Wall -W -O
2 -D_REENTRANT  -DQT_NO_DEBUG -DQT_THREAD_SUPPORT -DQT_SHARED -I/root/qt/qte-3.3
.3/mkspecs/qws/linux-ipaq-g++ -I. -I../../include -I.moc/release-shared-mt-emb-i
paq/ -o .obj/release-shared-mt-emb-ipaq/main.o main.cpp
/root/qt/qte-3.3.3/bin/moc hello.h -o .moc/release-shared-mt-emb-ipaq/moc_hello.
cpp
arm-linux-g++ -DQT_QWS_IPAQ -c -pipe -DQWS -fno-exceptions -fno-rtti -Wall -W -O
2 -D_REENTRANT  -DQT_NO_DEBUG -DQT_THREAD_SUPPORT -DQT_SHARED -I/root/qt/qte-3.3
.3/mkspecs/qws/linux-ipaq-g++ -I. -I../../include -I.moc/release-shared-mt-emb-i
paq/ -o .obj/release-shared-mt-emb-ipaq/moc_hello.o .moc/release-shared-mt-emb-i
paq/moc_hello.cpp
arm-linux-g++ -Wl,-rpath,/root/qt/qte-3.3.3/lib -o hello .obj/release-shared-mt-
emb-ipaq/hello.o .obj/release-shared-mt-emb-ipaq/main.o .obj/release-shared-mt-e
mb-ipaq/moc_hello.o   -L/root/qt/qte-3.3.3/lib -lqte-mt -ldl -lpthread
[root@localhost hello]# █
```

컴파일이 완료되면 hello 실행 파일이 생성된다.

```
root@localhost:~/qt/qte-3.3.3/examples/hello
파일(F)  편집(E)  보기(V)  터미널(T)  가기(G)  도움말(H)
[root@localhost hello]# ls
Makefile  README  hello  hello.cpp  hello.doc  hello.h  hello.pro  main.cpp
[root@localhost hello]# file hello
hello: ELF 32-bit LSB executable, ARM, version 1 (ARM), for GNU/Linux 2.4.3, dyn
amically linked (uses shared libs), not stripped
[root@localhost hello]# █
```

```
/hello]# file hello
```

File 명령으로 ARM으로 컴파일 된 실행 파일을 확인한다.

2. NFS 세팅

QT의 용량이 큰 관계로 NFS를 사용하여 QT 파일을 공유한다. 뒤 페이지에 NFS에 대한 내용이 나온다. 하지만 혼동이 될 수 있으므로 여기서 먼저 다룬다.

NFS는 네트워크 통해 파일을 공유하는데 폭넓게 사용되는 프로토콜이다.

NFS는 UDP 프로토콜을 사용하며, 네트워크를 오고가는 데이터가 전혀 암호화되지 않는다

NFS를 지원하기 위해서는 타깃보드에 올려지는 커널이 이에 알맞게 셋팅이 되어 있어야 가능하다. 아래는 NFS가 가능하도록 커널 설정에 대한 설명이다.

■ 커널 설정

기본적으로 NFS서버와 클라이언트는 서로 NIC장치가 활성화되어야 한다.

아래는 타깃보드의 make menuconfig에서 CS8900드라이버를 커널에 포함시킨 것이다.

```
☞ cd /XHYPER270-TKU/kernel/linux-2.6.11-h270-tku_v1.1/↵
```

```
/2.6.11/]# make menuconfig  //커널 최상위 실행
```

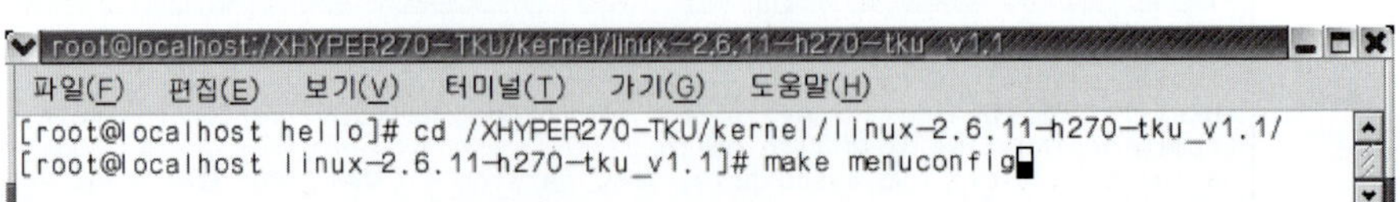

① Network Support –

[*] Network device Support

Ethernet (10 or 100Mbit) -

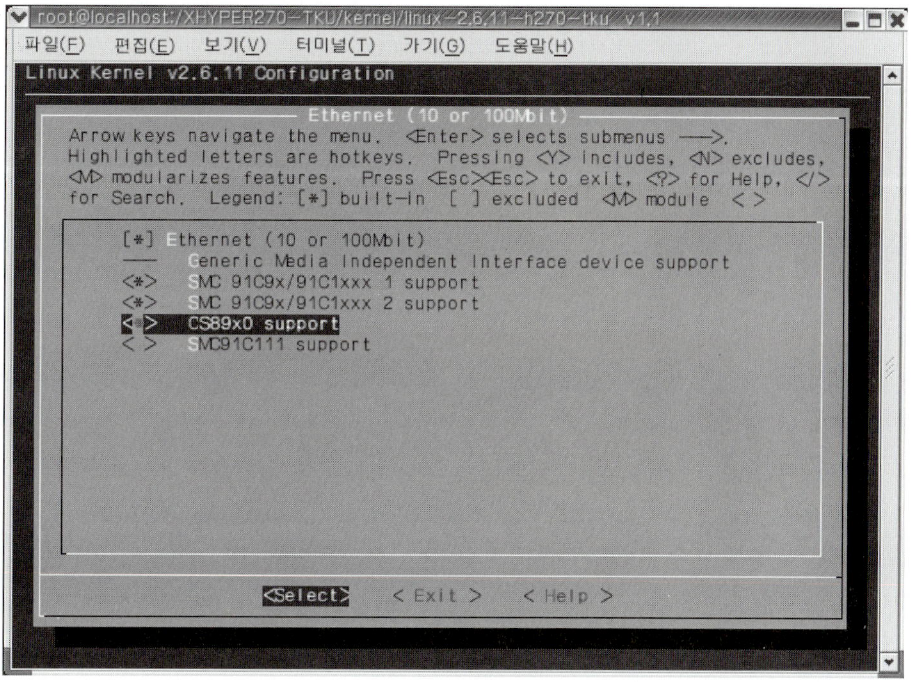

타깃보드커널에 파일시스템부분에서 네트워크 파일시스템을 커널에 포함시킨다.

② File system –

Network File system -

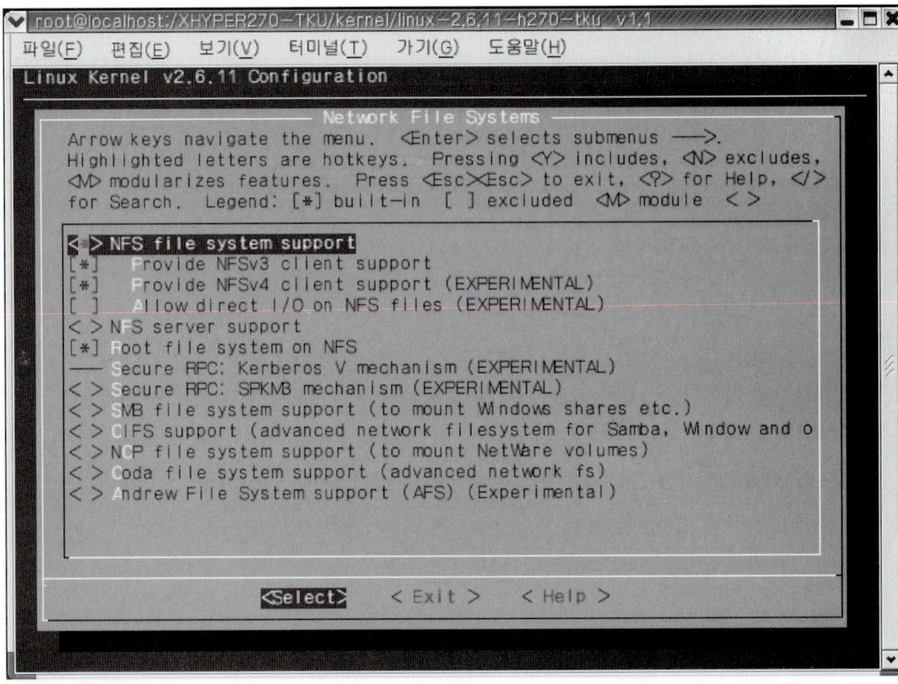

위의 설정으로 컴파일된 커널이미지로 타깃보드가 부팅되어야 한다.

호스트 리눅스 pc의 /etc/exports 파일을 아래와 같이 수정한다.
호스트 pc의 "/mnt/nfs" 디렉토리를 nfs 마운트 포인트로 한다.
(호스트 PC에 /mnt/nfs 디렉토리가 생성되어 있어야 한다).
192.168.128.128 IP에게 nfs 마운트를 허용한다.
(이것은 타깃보드의 IP이다. 호스트PC의 IP는 192.168.128.129이다.)
"rw,no_root_squash"는 마운트될 디렉토리의 사용에 관한 설정이다.

```
☞ vi /etc/exports↵
```

```
root@localhost:/XHYPER270-TKU/kernel/linux-2.6.11-h270-tku_v1.1
파일(F)  편집(E)  보기(V)  터미널(T)  가기(G)  도움말(H)
/mnt/nfs/              192.168.128.128(rw,no_root_squash)

                                                   2,0-1          모두
```

호스트 pc에서 위에 수정한 /etc/exports 파일이 적용되게 nfs데몬을 재시작한다. restart를 한다.

```
☞ /etc/re.d/init.d/rfs restart↵
```

```
root@localhost:/XHYPER270-TKU/kernel/linux-2.6.11-h270-tku_v1.1
파일(F)  편집(E)  보기(V)  터미널(T)  가기(G)  도움말(H)
[root@localhost linux-2.6.11-h270-tku_v1.1]# /etc/rc.d/init.d/nfs restart
NFS mountd를 종료 중입니다:                              [실패]
NFS 데몬을 종료 중입니다:                                [실패]
Shutting down NFS quotas:                                [실패]
NFS 서비스를 종료 중입니다:                              [  확인  ]
NFS 서비스를 시작하고 있습니다:                          [  확인  ]
Starting NFS quotas:                                     [  확인  ]
NFS 데몬을 시작함:                                       [  확인  ]
NFS mountd를 시작하고 있습니다:                          [  확인  ]
[root@localhost linux-2.6.11-h270-tku_v1.1]#
```

위와 같이 /etc/rc.d/init.d/nfs restart 명령으로 호스트 PC 설정을 하였다.

3. qte-3.3.3 복사

컴파일 한 /root/qt/qte-3.3.3을 Host PC의 /mnt/nfs/에 복사한다.
/mnt/nfs 디렉토리가 없다면 디렉토리를 생성한다.

```
/mnt]# mkdir nfs                                         // nfs 디렉토리 생성
/root/qt]# cp rf qte-3.3.3 /mnt/nfs/                     // 디렉토리 복사
/mnt/nfs]# cp /root/qt_libstdc++-3-libc6.1-2-10.0.so ./  // nfs로 라이브러리 복사
```

```
root@localhost:/mnt/nfs
파일(F)  편집(E)  보기(V)  터미널(T)  가기(G)  도움말(H)
[root@localhost root]# cd /root/qt
[root@localhost qt]# ls
qt-embedded-free-3.3.3.tar.bz2  qte-3.3.3  qvfb  uic
[root@localhost qt]# cp -rf qte-3.3.3/ /mnt/nfs/
[root@localhost qt]# cd /mnt/nfs/
[root@localhost nfs]# ls
qte-3.3.3
[root@localhost nfs]# cp /root/qt_libstdc++-3-libc6.1-2-2.10.0.so ./
[root@localhost nfs]# ls
qt_libstdc++-3-libc6.1-2-2.10.0.so  qte-3.3.3
[root@localhost nfs]# █
```

4. 타겟 보드에서 마운트

호스트 PC의 /etc/exports 파일에서 정한 "192.168.128.128"로 타깃보드의 eth0 IP를 맞춘다.

☞ ifconfig eth0 192.168.128.128↵

```
root@localhost:~
파일(F)  편집(E)  보기(V)  터미널(T)  가기(G)  도움말(H)
[root@xhyper ~]# ifconfig eth0 192.168.128.128
[root@xhyper ~]# ifconfig
eth0      Link encap:Ethernet  HWaddr 00:0B:F4:2F:9B:E5
          inet addr:192.168.128.128  Bcast:192.168.128.255  Mask:255.255.255.0
          UP BROADCAST RUNNING MULTICAST  MTU:1500  Metric:1
          RX packets:5 errors:0 dropped:0 overruns:0 frame:0
          TX packets:5 errors:0 dropped:0 overruns:0 carrier:0
          collisions:0 txqueuelen:1000
          RX bytes:414 (414.0 B)  TX bytes:0 (0.0 B)
          Interrupt:59 Base address:0x300

eth1      Link encap:Ethernet  HWaddr 00:CF:52:49:C3:01
          inet addr:192.168.100.128  Bcast:192.168.100.255  Mask:255.255.255.0
          UP BROADCAST MULTICAST  MTU:1500  Metric:1
          RX packets:0 errors:0 dropped:0 overruns:0 frame:0
          TX packets:0 errors:0 dropped:0 overruns:0 carrier:0
          collisions:0 txqueuelen:1000
          RX bytes:0 (0.0 B)  TX bytes:0 (0.0 B)
          Interrupt:86 Base address:0x2300 DMA chan:ff

eth2      Link encap:Ethernet  HWaddr 00:CF:52:49:C3:02
          inet addr:10.0.0.1  Bcast:10.255.255.255  Mask:255.255.255.0
          UP BROADCAST MULTICAST  MTU:1500  Metric:1
          RX packets:0 errors:0 dropped:0 overruns:0 frame:0
          TX packets:0 errors:0 dropped:0 overruns:0 carrier:0
          collisions:0 txqueuelen:1000
          RX bytes:0 (0.0 B)  TX bytes:0 (0.0 B)
          Interrupt:85 Base address:0x4300 DMA chan:ff

lo        Link encap:Local Loopback
          inet addr:127.0.0.1  Mask:255.0.0.0
          UP LOOPBACK RUNNING  MTU:16436  Metric:1
          RX packets:0 errors:0 dropped:0 overruns:0 frame:0
          TX packets:0 errors:0 dropped:0 overruns:0 carrier:0
          collisions:0 txqueuelen:0
          RX bytes:0 (0.0 B)  TX bytes:0 (0.0 B)
```

타깃보드의 IP를 맞춘 후 호스트PC와의 네트워크상태를 확인해본다.

☞ ping 192.168.128.129↵

```
root@localhost:~
파일(F)  편집(E)  보기(V)  터미널(T)  가기(G)  도움말(H)
[root@xhyper ~]# ping 192.168.128.129
PING 192.168.128.129 (192.168.128.129): 56 data bytes
64 bytes from 192.168.128.129: icmp_seq=0 ttl=64 time=0.5 ms
64 bytes from 192.168.128.129: icmp_seq=1 ttl=64 time=0.5 ms
64 bytes from 192.168.128.129: icmp_seq=2 ttl=64 time=0.5 ms
64 bytes from 192.168.128.129: icmp_seq=3 ttl=64 time=0.6 ms

--- 192.168.128.129 ping statistics ---
4 packets transmitted, 4 packets received, 0% packet loss
round-trip min/avg/max = 0.5/0.5/0.6 ms
[root@xhyper ~]#
```

Host PC와 타깃보드간의 크로스케이블이 정상적으로 설치되었는지 확인한다.
타깃보드에서 portmap을 실행한다. (portmap은 빈 포트를 자동으로 찾아 준다.)

☞ portmap↵
☞ ps aux lgrep portmap↵

```
root@localhost:~
파일(F)  편집(E)  보기(V)  터미널(T)  가기(G)  도움말(H)
[root@xhyper ~]# portmap
[root@xhyper ~]# ps aux |grep portmap
  970 bin          660 S    portmap
 1065 root         256 S    grep portmap
[root@xhyper ~]#
```

마운트를 한다. 타깃보드에서 호스트PC의 대용량 하드디스크를 사용할 수 있게 된다.

먼저 /mnt/nfs 디렉토리가 있는지 확인 후 없을 경우 아래와 같이 생성한다.

```
/mnt]# mkdir nfs
```

```
root@localhost:~
파일(F)  편집(E)  보기(V)  터미널(T)  가기(G)  도움말(H)
[root@xhyper ~]# mkdir -p /mnt/nfs/
[root@xhyper ~]# cd /mnt/
[root@xhyper /mnt]# ls
nfs
[root@xhyper /mnt]#
```

타켓 보드에 생성한 /mnt/nfs에 호스트 PC의 디렉토리를 nfs 파일타입으로 마운트 한다.

☞ mount -t nfs 192.168.128.129:mnt/rfs /mnt nfs↵

```
root@localhost:~
파일(F)  편집(E)  보기(V)  터미널(T)  가기(G)  도움말(H)
[root@xhyper /mnt]# mount -t nfs 192.168.128.129:/mnt/nfs /mnt/nfs
```

```
root@localhost:~
파일(F)  편집(E)  보기(V)  터미널(T)  가기(G)  도움말(H)
[root@xhyper /mnt]# cd nfs/
[root@xhyper /mnt/nfs]# df
Filesystem               1k-blocks      Used Available Use% Mounted on
/dev/mtdblock2               30720     26264      4456  85% /
/dev/mtdblock3               65520       112     65408   0% /media/nand
192.168.128.129:/mnt/nfs  55748352   6249040  46667456  12% /mnt/nfs
[root@xhyper /mnt/nfs]#
```

5. 타깃보드 Qt/임베디드 환경 설정

```
/root]# vi ~/.profile
```

타깃보드에서 QT 환경변수 추가 작업을 수행하여야 한다.

위와 같이 환경 설정 후 저장한다.

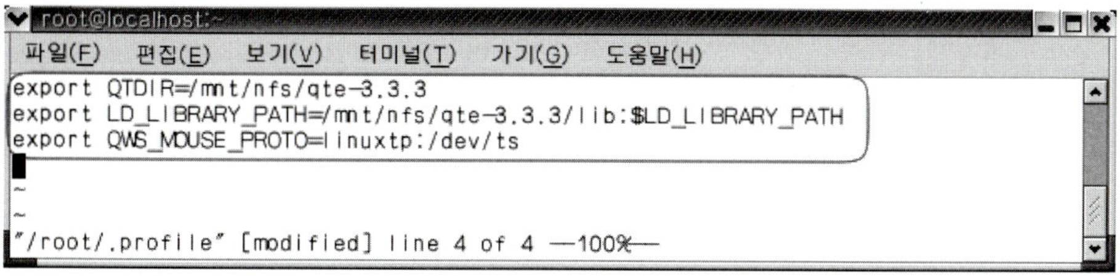

환경설정을 아래와 같이 적용한다.

```
/root]# source ~/.profile                    // 환경 설정 적용

//또는 로그아웃 후 다시 로그인 한다..

/root]#exit
```

6. 타깃보드에 ARM 라이브러리 설치

마운트되어 있는 /mnt/nfs/ qt_libstdc++-3-libc6.1-2-10.0.so를 심볼릭 링크한다.

```
/mnt/nfs/qte-3.3.3/lib]# ln -s qt_libstdc++-3-libc6.1-2-10.0.so
libstdc++-libc6.1-2.so.3
```

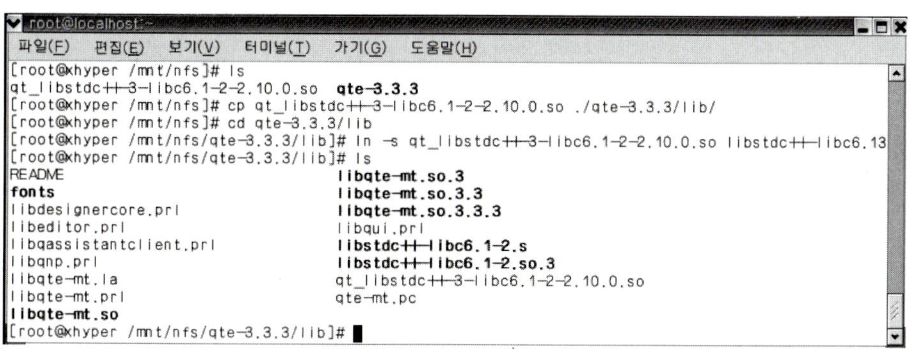

7. 테스트 Qt/Embedded 프로그램 실행하기

먼저 XServer를 종료한다.

```
[root@xhyper ~]# exit
...
```

이미 마운트되어 있는/mnt/nfs/qte-3.3.3/examples/hello로 이동한다. Hello를 실행한다.

```
[root@xhyper ~]#  cd /mnt/nfs/qte-3.3.3/examples/hello
[root@xhyper ~]# ./hello -qws
```

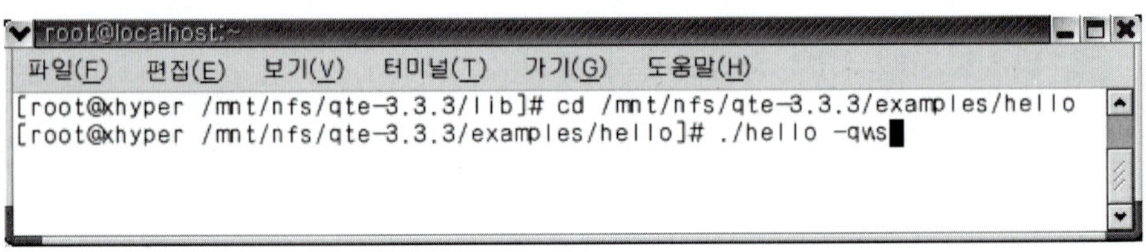

Target Board LCD에 "Hello world"라고 창이 보이면 성공한 것이다.

이렇게 해서 QT 예제 Hello까지 올리는 것을 마쳤다.

이상으로써 QT를 보드에 올려 보았다. 다음에 수행 되는 과정은 QT 라이브러리를 사용하여 응용을 작성하는 것이다.

8.2 웹서버 구축(GoAhead)

이 절에서는 X-Hyper270-TKU 보드에 Web Server(GoAhead)를 올리고, 웹으로 접근하여 테스트를 해본다.

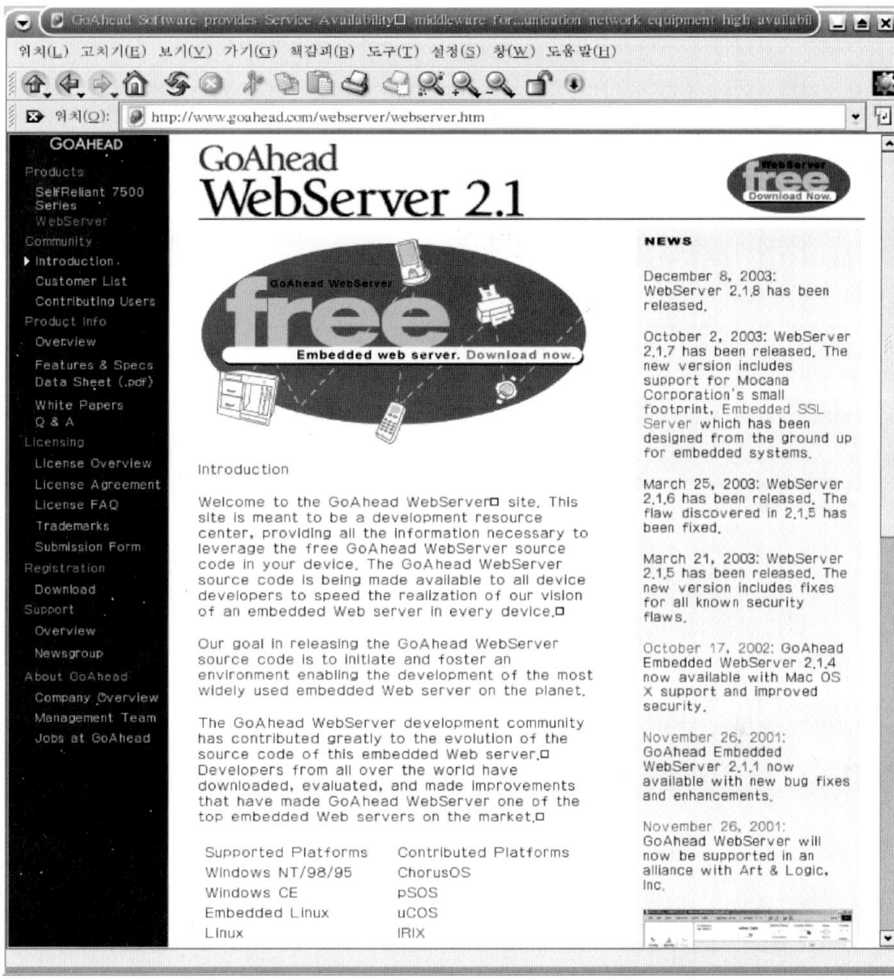

8.2.1 소스 얻기

사용한 GoAhead의 버전은 2.1.6이다.

이는 http://data.goahead.com/Software/Webserver/2.1.6/webs216.tar.gz

여기서 다운이 가능하다.

다운을 받으면 압축을 해제한다.

압축을 해제하면 ws030325 디렉토리로 이동한다.

```
☞ tar xvfz webs216.tar.gz↵
☞ cd ws0303251↵
```

```
root@localhost:~/GoAhead/ws030325
파일(F)  편집(E)  보기(V)  터미널(T)  가기(G)  도움말(H)
[root@localhost GoAhead]# ls
webs216.tar.gz  ws030325
[root@localhost GoAhead]# cd ws030325/
[root@localhost ws030325]# 
```

8.2.2 빌드

컴파일 하는 과정을 설명한다.

컴파일은 LINUX 디렉토리로 이동하여 실행한다.

Makefile을 수정한다.

```
☞ ls↵
☞ cd LINUX↵
☞ ls↵
```

```
root@localhost:~/GoAhead/ws030325/LINUX
파일(F)  편집(E)  보기(V)  터미널(T)  가기(G)  도움말(H)
[root@localhost ws030325]# ls
CE               WIN          ejparse.c    misc.c        sym.c      webrom.c
DMF_Brochure.pdf asp.c        emfdb.c      page.c        uemf.c     webs.c
ECOS             balloc.c     emfdb.h      readme.txt    uemf.h     webs.h
LINUX            base64.c     form.c       release.htm   um.c       websSSL.c
LYNX             cgi.c        h.c          release.txt   um.h       websSSL.h
MACOSX           default.c    handler.c    ringq.c       umui.c     websda.c
Makefile         default.css  license.txt  rom.c         url.c      websda.h
NW               ej.h         md5.h        security.c    value.c    websuemf.c
QNX4             ejIntrn.h    md5c.c       sock.c        web        wsIntrn.h
VXWORKS          ejlex.c      mime.c       sockGen.c     webcomp.c
[root@localhost ws030325]# cd LINUX/
[root@localhost LINUX]# ls
Makefile  main.c
[root@localhost LINUX]# 
```

CC=/opt/iwmmxt-1.0.0/bin/arm-linux-gcc

AR=/opt/iwmmxt-1.0.0/bin/arm-linux-ar를 추가해준다.

☞ Vi Makefile↵

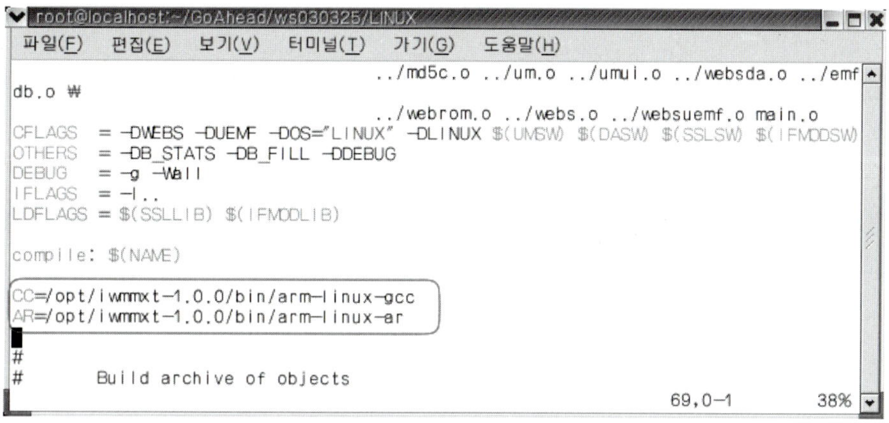

가장 마지막 줄의 cc -c -o $@ $(DEBUG) $(CFLAGS) $(IFLAGS) $<를 $(CC) -c -o $@ $(DEBUG) $(CFLAGS) $(IFLAGS) $< 로 변경한다.

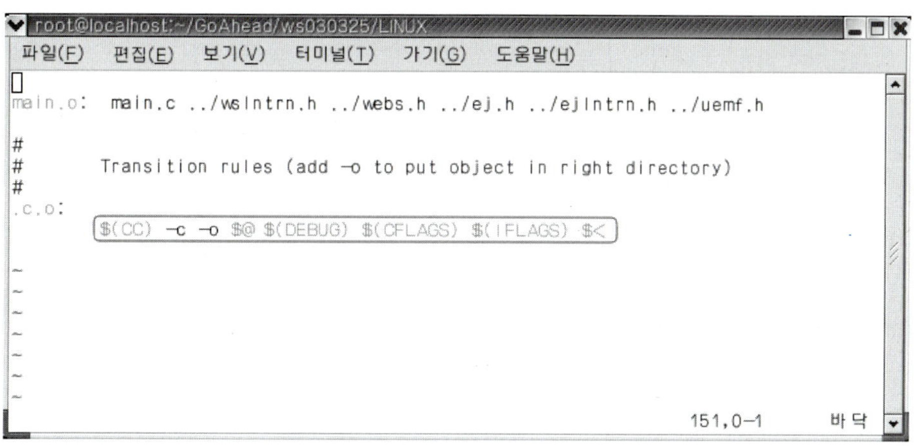

make로 컴파일을 한다.

```
☞ make↵
```

```
root@localhost:~/GoAhead/ws030325/LINUX
파일(F)  편집(E)  보기(V)  터미널(T)  가기(G)  도움말(H)
a - ../webs.o
a - ../websuemf.o
a - main.o
/opt/iwmmxt-1.0.0/bin/arm-linux-gcc -o webs -g -Wall ₩
-DWEBS -DUEMF -DOS="LINUX" -DLINUX -DUSER_MANAGEMENT_SUPPORT -DDIGEST_ACCESS_SUP
PORT   -I..  ₩
        main.o libwebs.a
main.o(.text+0x610): In function `websGetCgiCommName':
/root/GoAhead/ws030325/LINUX/main.c:325: warning: the use of `tempnam' is danger
ous, better use `mkstemp'
[root@localhost LINUX]#
[root@localhost LINUX]# ls
Makefile  libwebs.a  main.c  main.o  webs
[root@localhost LINUX]#
[root@localhost LINUX]# file webs
webs: ELF 32-bit LSB executable, ARM, version 1 (ARM), for GNU/Linux 2.4.3, dyna
mically linked (uses shared libs), not stripped
[root@localhost LINUX]#
```

에러 없이 컴파일이 완료되면 webs가 생성이 된다.

file 명령으로 실행파일 webs가 ARM용 리눅스 실행파일 임을 확인 할 수 있다.

webs를 보드로 전송하여 실행한다.

8.2.3 웹서버 실행

실행하기 전 ifconfig를 했을 때의 ip와 /etc/hosts의 ip가 같은지 확인한다.

그리고 hostname이 같은지도 확인한다. (여기서는 xhyper)

다른 경우 같게 수정해준다.

```
☞ if config eth0 192.168.128.128.up↵
☞ vi /etc/hosts↵
```

```
root@localhost:~
파일(F)  편집(E)  보기(V)  터미널(T)  가기(G)  도움말(H)
[root@xhyper ~]# ifconfig eth0 192.168.128.128 up
[root@xhyper ~]# ifconfig eth0
eth0      Link encap:Ethernet  HWaddr 00:0B:F4:2F:9B:E5
          inet addr:192.168.128.128  Bcast:192.168.128.255  Mask:255.255.255.0
          UP BROADCAST RUNNING MULTICAST  MTU:1500  Metric:1
          RX packets:21 errors:0 dropped:0 overruns:0 frame:0
          TX packets:0 errors:0 dropped:0 overruns:0 carrier:0
          collisions:0 txqueuelen:1000
          RX bytes:1260 (1.2 KiB)  TX bytes:0 (0.0 B)
          Interrupt:59 Base address:0x300

[root@xhyper ~]# cat /etc/hosts
# Do not remove the following line, or various programs
# that require network functionality will fail.
127.0.0.1       localhost       localhost.localdomain   localhost

192.168.128.128 xhyper

[root@xhyper ~]#
```

webs 파일을 받아온다. 받아오는 방법은 zmodem을 이용하거나 ftp를 이용한다.

여기서는 ftp를 이용하여 받아왔다.

vsftpd를 실행한다.

```
☞ /etc/rc.d/init.d/vsftpd restart↵
```

```
root@localhost:~/GoAhead/ws030325/LINUX
파일(F)  편집(E)  보기(V)  터미널(T)  가기(G)  도움말(H)
[root@localhost LINUX]# /etc/rc.d/init.d/vsftpd restart
vsftpd를 종료하고 있습니다:                                 [  확인  ]
vsftpd에 대한 vsftpd을 시작합니다:                          [  확인  ]
[root@localhost LINUX]#
```

vsftpd에서는 보안상의 이유로 root의 로그인을 막고 있다. 그렇기 때문에 일반계정(여기서는 sn1995ar)을 만든 후 일반 계정의 홈디렉토리(/home/sn1995ar)로 webs 파일을 복사한 후 아래와 같이 ftp로 접속한다. 그리고 get 명령을 사용하여 파일을 다운받는다.

webs를 받아왔으면 실행 권한을 주어 실행 가능하게 만든다.

☞ ftp 192.168.128.128↵
☞ get webs↵
☞ ls↵
☞ chmod 755 webs↵

```
root@localhost:~
파일(F)  편집(E)  보기(V)  터미널(T)  가기(G)  도움말(H)
[root@xhyper ~]# ftp 192.168.128.129
Connected to 192.168.128.129.
220 (vsFTPd 1.1.3)
Name (192.168.128.129:root): sn1995ar
331 Please specify the password.
Password:
230 Login successful. Have fun.
Remote system type is UNIX.
Using binary mode to transfer files.
ftp> ls
200 PORT command successful. Consider using PASV.
150 Here comes the directory listing.
-rwxr-xr-x    1 0        0          273956 Jan 27 01:37 webs
226 Directory send OK.
ftp> get webs
local: webs remote: webs
200 PORT command successful. Consider using PASV.
150 Opening BINARY mode data connection for webs (273956 bytes).
226 File send OK.
273956 bytes received in 0.812 secs (3.3e+02 Kbytes/sec)
ftp> exit
221 Goodbye.
[root@xhyper ~]# ls
webs
[root@xhyper ~]# chmod 755 webs
[root@xhyper ~]#
```

만약 호스트 이름을 변경하고자 할 경우엔 hostname 명령을 이용하여 호스트의 이름을 변경한다.

테스트를 하기 위해 GoAhead 소스가 있는 곳으로 이동한다.

소스에 보면 web 라는 디렉토리가 있는데, 이 디렉토리에 asp와 html, cgi를 테스트할 수 있는 코드가 들어있다. 이를 묶어서 X-Hyper270-TKU 보드로 옮긴다.

☞ cd ..↵
☞ tar cvf web.tar↵
☞ ./web↵

```
root@localhost:/home/sn1995ar
파일(F)  편집(E)  보기(V)  터미널(T)  가기(G)  도움말(H)
[root@localhost ws030325]# pwd
/root/GoAhead/ws030325
[root@localhost ws030325]# ls
CE                  base64.c     emfdb.o      page.c       sym.c     webcomp.c
DMF_Brochure.pdf    base64.o     form.c       page.o       sym.o     webrom.c
ECOS                cgi.c        form.o       readme.txt   uemf.c    webrom.o
LINUX               cgi.o        h.c          release.htm  uemf.h    webs.c
LYNX                default.c    h.o          release.txt  uemf.o    webs.h
MACOSX              default.css  handler.c    ringq.c      um.c      webs.o
Makefile            default.o    handler.o    ringq.o      um.h      websSSL.c
NW                  ej.h         license.txt  rom.c        um.o      websSSL.h
QNX4                ejIntrn.h    md5.h        rom.o        umui.c    websda.c
VXWORKS             ejlex.c      md5c.c       security.c   umui.o    websda.h
WIN                 ejlex.o      md5c.o       security.o   url.c     websda.o
asp.c               ejparse.c    mime.c       sock.c       url.o     websuemf.c
asp.o               ejparse.o    mime.o       sock.o       value.c   websuemf.o
balloc.c            emfdb.c      misc.c       sockGen.c    value.o   wsIntrn.h
balloc.o            emfdb.h      misc.o       sockGen.o    web
[root@localhost ws030325]# tar cvf web.tar ./web
```

위와 같이 web 디렉토리를 web.tar로 묶은 후 ftp를 이용하여 web.tar를 받아온다.

☞ ftp 192.168.128.129↲

☞ get web.tar↲

☞ cp web.tar/↲

```
root@localhost:~
파일(F)  편집(E)  보기(V)  터미널(T)  가기(G)  도움말(H)
[root@xhyper ~]# ftp 192.168.128.129
Connected to 192.168.128.129.
220 (vsFTPd 1.1.3)
Name (192.168.128.129:root): sn1995ar
331 Please specify the password.
Password:
230 Login successful. Have fun.
Remote system type is UNIX.
Using binary mode to transfer files.
ftp> ls
200 PORT command successful. Consider using PASV.
150 Here comes the directory listing.
-rw-r--r--    1 0        0         1218560 Jan 27 01:49 web.tar
-rwxr-xr-x    1 0        0          273956 Jan 27 01:37 webs
226 Directory send OK.
ftp> get web.tar
local: web.tar remote: web.tar
200 PORT command successful. Consider using PASV.
150 Opening BINARY mode data connection for web.tar (1218560 bytes).
Eep. Block 0x017c0000 taken from free_list had free_size of 0x00000088!!
Eep. Block 0x01440000 taken from free_list had free_size of 0x0000001c!!
Eep. Block 0x007c0000 taken from free_list had free_size of 0x00000054!!
226 File send OK.
1218560 bytes received in 3.83 secs (3.1e+02 Kbytes/sec)
ftp> exit
221 Goodbye.
[root@xhyper ~]# ls
web.tar  webs
[root@xhyper ~]# cp web.tar /
[root@xhyper ~]#
NOR                    VT102
```

묶음을 풀면 web라는 디렉토리가 생성이 된다.

이는 꼭 루트 디렉토리(/)에 압축을 풀어야 한다.

☞ cd/↵

☞ tar xvf web.tar↵

```
[root@xhyper ~]# cd ..
[root@xhyper /]# ls
Rumble_Fish.mp3  etc          mnt           sbin
bin              home         opt           tmp
boot             lib          proc          usr
data             mb_link.sh   root          var
dev              media        runX_hybus.sh web.tar
[root@xhyper /]# tar xvf web.tar
```

압축을 해제하면 web 디렉토리가 생성된다.

생성된 web 디렉토리가 GoAhead의 루트 디렉토리가 된다.

루트(/)에 web 디렉토리를 생성한 후 webs를 실행한다.

아래와 같이 실행이 되면 Web Server가 실행이 되고 있는 것이다.

☞ cd↵

☞ ./webs↵

```
[root@xhyper /]# ls
bin    dev    lib    opt    sbin   var
boot   etc    media  proc   tmp    web
data   home   mnt    root   usr    web.tar
[root@xhyper /]# cd
[root@xhyper ~]# ls
web.tar  webs
[root@xhyper ~]# ./webs
[root@xhyper ~]#
```

X-Hyper270-TKU 보드에 접속해보자.

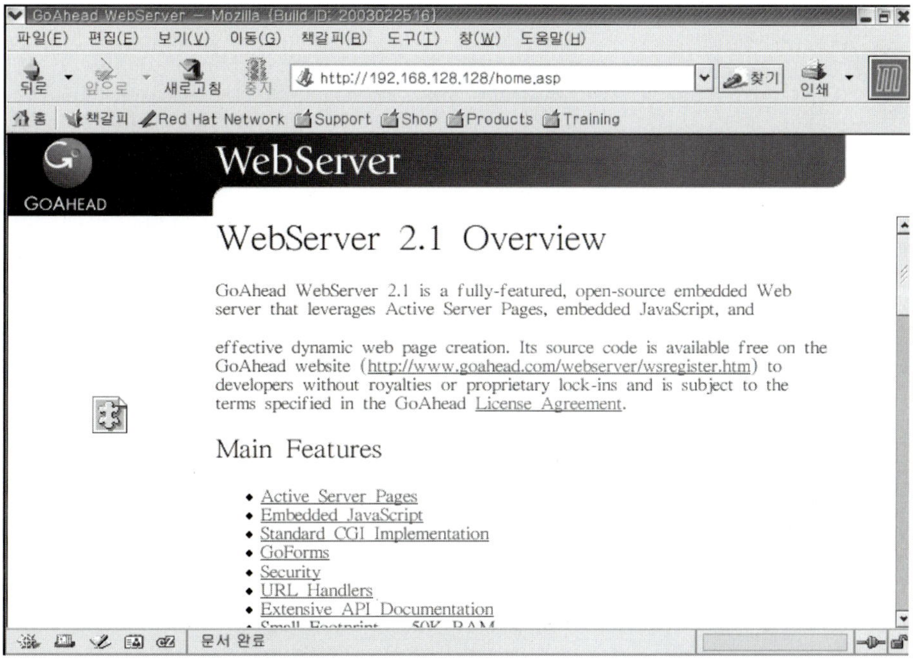

위와 같이 실행이 되면 타깃보드에서 웹서버가 문제 없이 돌아가고 있는 것이다.
이제 cgi를 테스트 해보자.

GoAhead 소스에 보면 간단한 cgi test 코드가 있다.
이를 컴파일 하여 보드로 전송하고 이를 실행하면 된다.
cgi test 코드 ./web/cgi-bin/ 디렉토리 아래에 있다.

```
☞ cd /root/Go Ahead/ws030325/web/cgi-bin↵
☞ arm-linux-gu -o cgitest cgitest.c↵
☞ file cgitest↵
```

```
root@localhost:~/GoAhead/ws030325/web/cgi-bin
파일(F)  편집(E)  보기(V)  터미널(T)  가기(G)  도움말(H)
[root@localhost root]# cd /root/GoAhead/ws030325/web/cgi-bin/
[root@localhost cgi-bin]# ls
cgitest.c
[root@localhost cgi-bin]# arm-linux-gcc -o cgitest cgitest.c
[root@localhost cgi-bin]# ls
cgitest  cgitest.c
[root@localhost cgi-bin]# file cgitest
cgitest: ELF 32-bit LSB executable, ARM, version 1 (ARM), for GNU/Linux 2.4.3, d
ynamically linked (uses shared libs), not stripped
[root@localhost cgi-bin]#
```

전송 받은 cgitest 파일을 X-Hyper270-TKU 보드의 /web/cgi-bin/ 디렉토리 아래로 옮기자.

옮긴 후에는 반드시 실행 권한을 줘야 한다.

> ☞ cd /web/cgi-bin/↵
> ☞ ftp 192.168.128.129↵
> ☞ get cgitest↵
> ☞ chmod 755 cgitest↵

```
root@localhost:~
파일(F)  편집(E)  보기(V)  터미널(T)  가기(G)  도움말(H)
[root@xhyper ~]# cd /web/cgi-bin/
[root@xhyper /web/cgi-bin]# ftp 192.168.128.129
Connected to 192.168.128.129.
220 (vsFTPd 1.1.3)
Name (192.168.128.129:root): sn1995ar
331 Please specify the password.
Password:
230 Login successful. Have fun.
Remote system type is UNIX.
Using binary mode to transfer files.
ftp> ls
200 PORT command successful. Consider using PASV.
150 Here comes the directory listing.
-rwxr-xr-x    1 0        0           13308 Feb 01 01:02 cgitest
-rw-r--r--    1 0        0         1218560 Jan 27 01:49 web.tar
-rwxr-xr-x    1 0        0          273956 Jan 27 01:37 webs
226 Directory send OK.
ftp> get cgitest
local: cgitest remote: cgitest
200 PORT command successful. Consider using PASV.
150 Opening BINARY mode data connection for cgitest (13308 bytes).
226 File send OK.
13308 bytes received in 0.0403 secs (3.2e+02 Kbytes/sec)
ftp> exit
221 Goodbye.
[root@xhyper /web/cgi-bin]# ls
cgitest    cgitest.c
[root@xhyper /web/cgi-bin]# chmod 755 cgitest
[root@xhyper /web/cgi-bin]#
```

우선 웹서버를 실행시키고 전송 받은 cgittest에 호스트 PC 에서 접속을 해보자.

☞ /root/webs↵

접속하는 주소는 http://192.168.128.128/cgi-bin/cgitest이다.

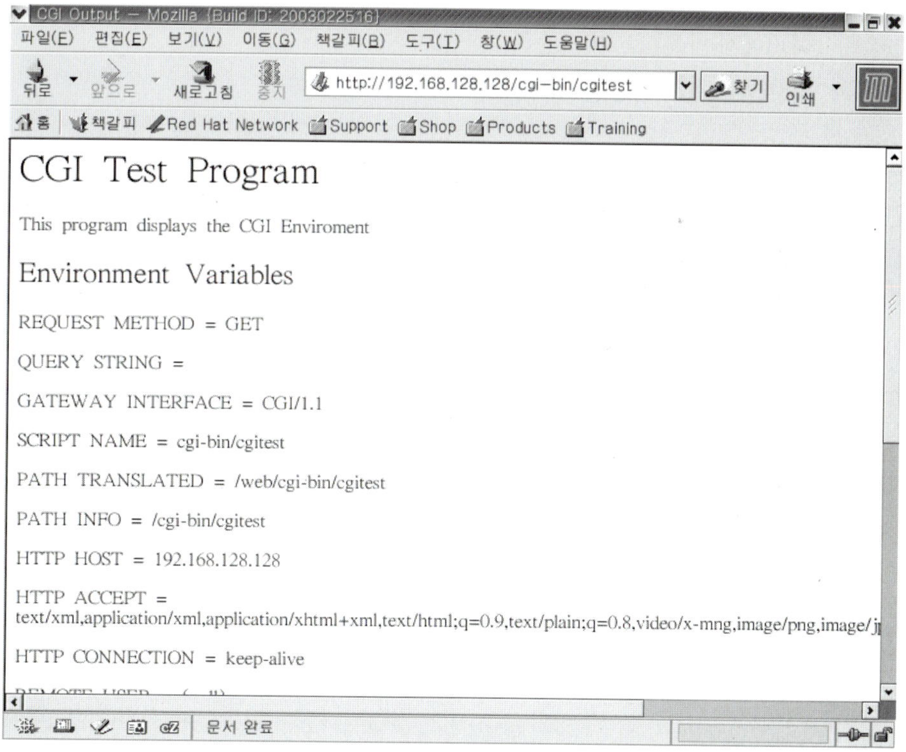

위와 같이 CGI 테스트 프로그램이 보이면 cgi가 제대로 보이는 것이다.

8.3 웹 브라우저 구축(Dillo)

이 절에서는 X-Hyper270-TKU에 웹브라우저를 올리는 과정을 설명한다.

사용한 웹 브라우저는 Dillo이다. Dillo는 온전히 C로 작성된 웹브라우저로 gtk와 기타 라이브러리를 참고하므로 다른 gtk 프로그램을 크로스 컴파일(Cross compile) 할 때 참고할 수 있을 것이다.

8.3.1 소스 얻기

사용한 Dillo의 버전은 dillo-0.8.0 이다.

이는 http://dillo.auriga.wearlab.de/download/dillo-0.8.0.tar.bz2

여기에서 다운로드가 가능하다.

다운을 받으면 압축을 해제한다.

```
tar xvjf dillo-0.8.0.tar.bz2
```

압축을 해제하면 dillo-0.8.0 디렉토리로 이동한다.

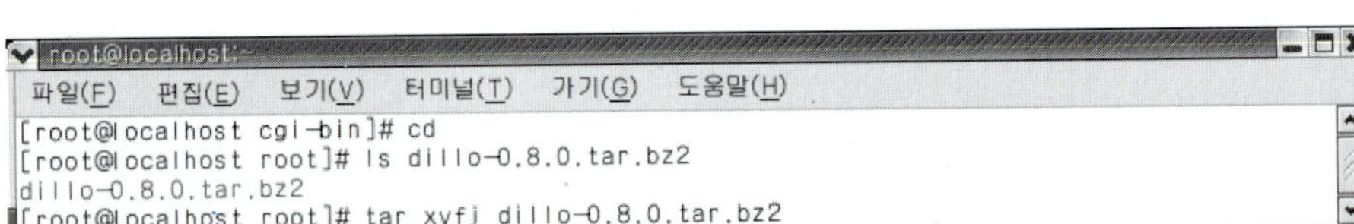

– cd dillo-0.8.0

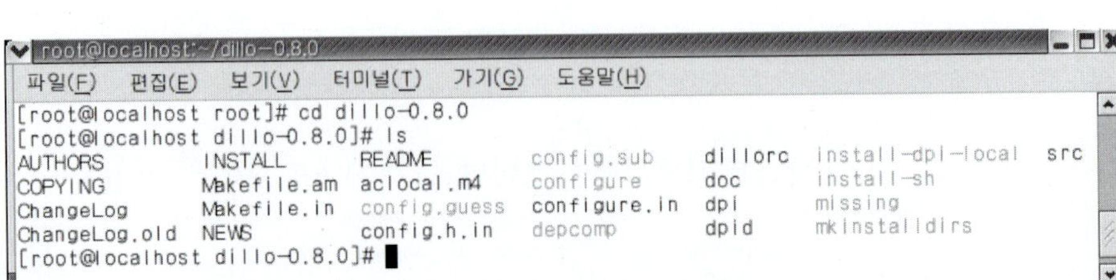

8.3.2 빌드

다운로드한 소스의 압축을 해제하였으면 소스를 컴파일하도록 한다.

보통 리눅스 응용은 구성을 이용해서 환경을 설정하고, 이를 바탕으로 Makefile을 만든다. 우리도 구성을 이용해서 크로스컴파일(Cross compiler)를 해야 한다.

컴파일러를 arm-linux-gcc로 인식해주는 위해 export CC=arm-linux-gcc를 준다.

그리고 다음과 같은 옵션으로 구성(configure)을 실행한다.

구성이 끝나면 Makefile이 생성이 된다.

☞ export CC₩art-linux-gcc↵

```
root@localhost:~/dillo-0.8.0
파일(F)  편집(E)  보기(V)  터미널(T)  가기(G)  도움말(H)
[root@localhost dillo-0.8.0]# export CC=arm-linux-gcc
[root@localhost dillo-0.8.0]# ./configure --host=arm --build=i686 --target=arm --with-gtk-exec-prefix=/opt/iwmmxt-1.0.0/hybus/usr --with-gnome-libs=/opt/iwmmxt-1.0.0/arm-linux/lib
```

```
root@localhost:~/dillo-0.8.0
파일(F)  편집(E)  보기(V)  터미널(T)  가기(G)  도움말(H)
checking for png_check_sig in -lpng... yes
checking whether threads work with -pthread... yes
checking for ANSI C header files... (cached) yes
checking fcntl.h usability... yes
checking fcntl.h presence... yes
checking for fcntl.h... yes
checking for unistd.h... (cached) yes
checking sys/uio.h usability... yes
checking sys/uio.h presence... yes
checking for sys/uio.h... yes
configure: creating ./config.status
config.status: creating Makefile
config.status: creating dpid/Makefile
config.status: creating dpi/Makefile
config.status: creating doc/Makefile
config.status: creating src/Makefile
config.status: creating src/IO/Makefile
config.status: creating config.h
config.status: executing depfiles commands
[root@localhost dillo-0.8.0]#
```

make로 컴파일을 한다.

☞ make↵

```
root@localhost:~/dillo-0.8.0
파일(F)  편집(E)  보기(V)  터미널(T)  가기(G)  도움말(H)
[root@localhost dillo-0.8.0]# make
```

```
root@localhost:~/dillo-0.8.0
파일(F)  편집(E)  보기(V)  터미널(T)  가기(G)  도움말(H)
tible /usr/lib/libpthread.a when searching for -lpthread
/opt/iwmmxt-1.0.0/lib/gcc/arm-linux/3.4.3/../../../../arm-linux/bin/ld: skipping incompa
tible /usr/lib/libpthread_nonshared.a when searching for libpthread_nonshared.a
/opt/iwmmxt-1.0.0/lib/gcc/arm-linux/3.4.3/../../../../arm-linux/bin/ld: skipping incompa
tible /usr/lib/libc.so when searching for -lc
/opt/iwmmxt-1.0.0/lib/gcc/arm-linux/3.4.3/../../../../arm-linux/bin/ld: skipping incompa
tible /usr/lib/libc.a when searching for -lc
/opt/iwmmxt-1.0.0/lib/gcc/arm-linux/3.4.3/../../../../arm-linux/bin/ld: skipping incompa
tible /usr/lib/libc_nonshared.a when searching for libc_nonshared.a
make[2]: 나감 `/root/dillo-0.8.0/dpi' 디렉토리
make[2]: 들어감 `/root/dillo-0.8.0' 디렉토리
make[2]: Nothing to be done for `all-am'.
make[2]: 나감 `/root/dillo-0.8.0' 디렉토리
make[1]: 나감 `/root/dillo-0.8.0' 디렉토리
[root@localhost dillo-0.8.0]#
```

컴파일이 완료 되면 src 디렉토리 안에 dillo가 생성이 된다.

명령어 file을 이용하여 ARM 용 실행 파일임을 확인한다.

크기가 좀 크기 때문에 arm-linux-strip으로 쓸데 없는 정보를 지워 크기를 줄인다.

☞ cd svc/↵

☞ arm-linux-strip dillo↵

```
root@localhost:~/dillo-0.8.0/src
파일(F)  편집(E)  보기(V)  터미널(T)  가기(G)  도움말(H)
[root@localhost dillo-0.8.0]# cd src/
[root@localhost src]# ll dillo
-rwxr-xr-x    1 root     root      1268318  2월   1 10:16 dillo
[root@localhost src]# file dillo
dillo: ELF 32-bit LSB executable, ARM, version 1 (ARM), for GNU/Linux 2.4.3, dynamically
 linked (uses shared libs), not stripped
[root@localhost src]#
[root@localhost src]# arm-linux-strip dillo
[root@localhost src]# ll dillo
-rwxr-xr-x    1 root     root       352884  2월   1 10:18 dillo
[root@localhost src]#
```

이 파일을 X-Hyper270-TKU로 전송한다. 전송하는 방법은 시리얼과 ftp가 있다.

8.3.3 실행하기

컴파일된 dillo 웹브라우져 실행 파일을 ftp를 이용해서 다운로드 한다.

☞ cd↵

☞ ftp 192.168.128.129↵

☞ get dillo↵

☞ chmod 755 dill.↵

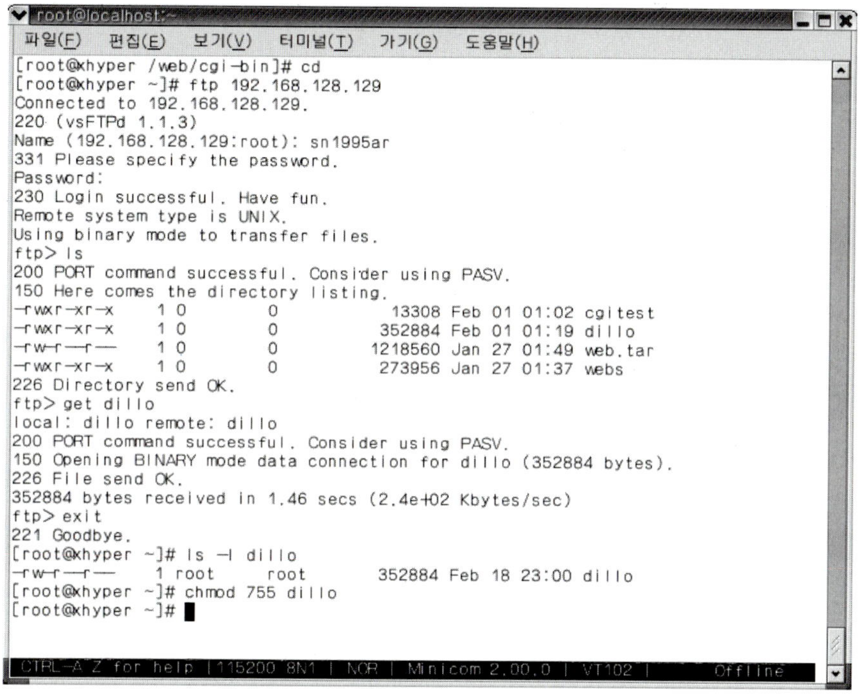

다운로드한 dillo 파일로 웹브라우저를 실행해 보자.

☞ ./dillo↵

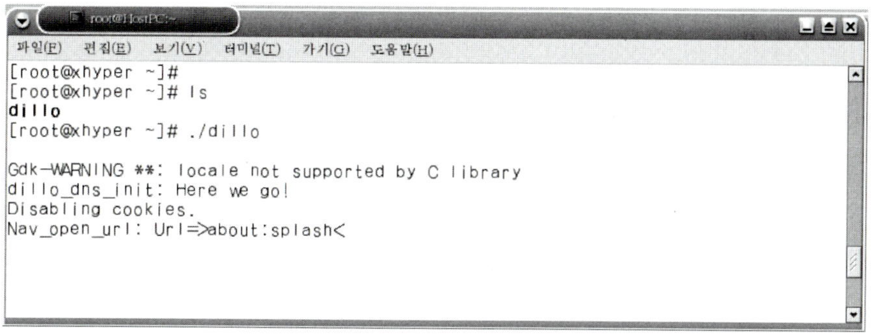

LCD 화면으로 Dillo Web Broswer가 실행되는 것을 확인할 수 있다.

8.4 NAT 구축하기

본절에서는 X-Hyper270-TKU 보드를 이용하여 NAT(Network Address Translation, 네트워크 주소 변환)을 구축할 것이다. NAT는 네트워크 주소 변환으로 사설망 안의 인터넷이 가능한 호스트를 통해서 사설 IP의 이더넷 장치가 인터넷에 접속하는 방법으로 사용할 수 있다.

NAT에 대한 자세한 설명은 다음의 사이트를 참고하시기 바랍니다.

http://network-address-translation.wikiverse.org/

NAT구현을 위해서는 타깃보드에 이더넷 장치들이(eth0 : CS8900, eth1 : SMC91C111) 정상적으로 동작해야 한다. 타깃보드에서CS8900과 SMC91C111 이더넷을 IP 포워딩하고 호스트 PC의 사설 IP 이더넷으로 공용 IP 인터넷에 접근하도록 한다.

■ 구축 환경

Kernel	X-Hyper270-TKU Kernel (linux-2.6.11-h270-tku_v1.0)
Iptables	Iptables-1.3.0.tar.bz2
NIC1	CS8900 device driver
NIC2	SMC91C111 device driver
IP	공인 IP * 2, 사설 IP * 2

■ NAT 시스템 구성도

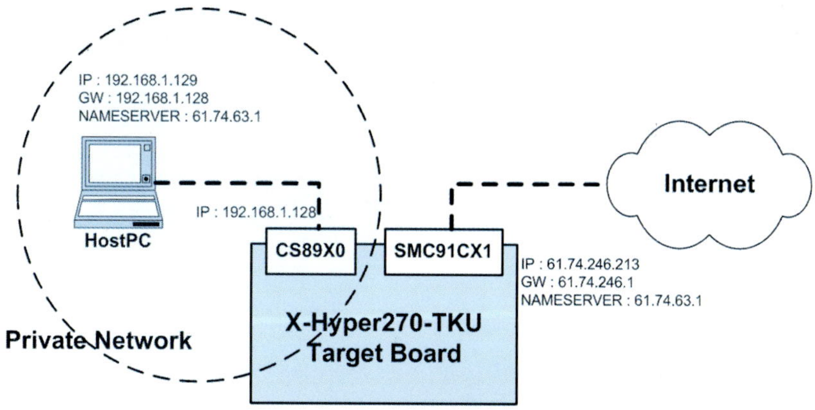

8.4.1 NAT를 위해 필요한 커널 이미지 만들기

make menuconfig를 실행하여 아래와 같이 커널을 설정한다.

```
☞ cd /XHYPR270-TKU/kernel/linux-2.6.11-h270-tku-v1.1↵
☞ make menuconfig↵
```

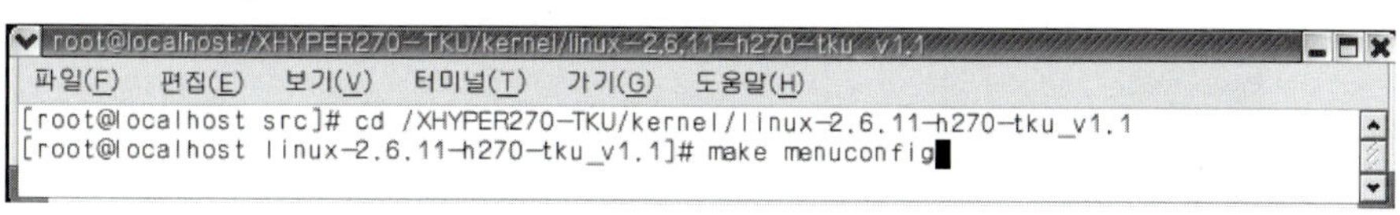

NAT 구축을 위한 이더넷 장치들이 지원되도록 확인한다.

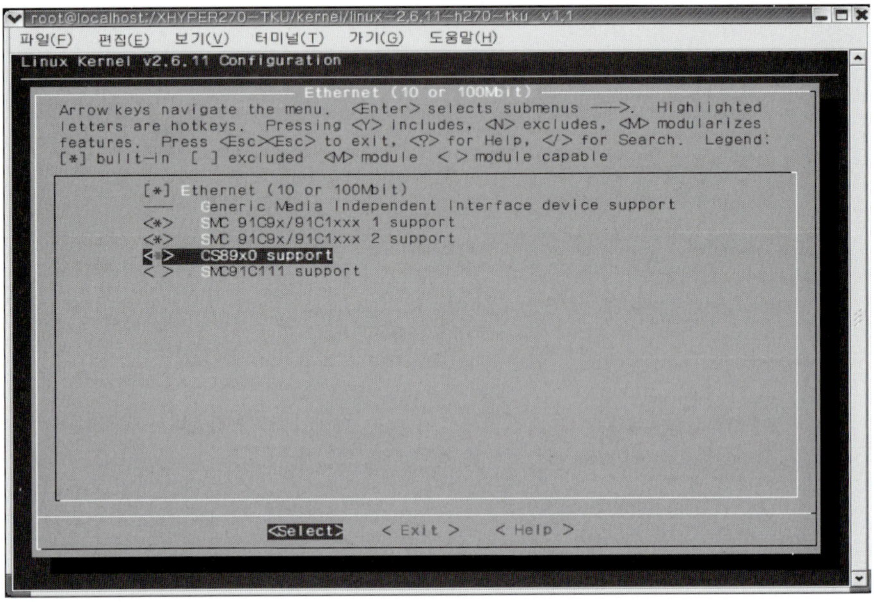

① [*] Networking support

Networking options ---⟩↵

[*] Network packer filtering (replaces ipchains) ---⟩↵

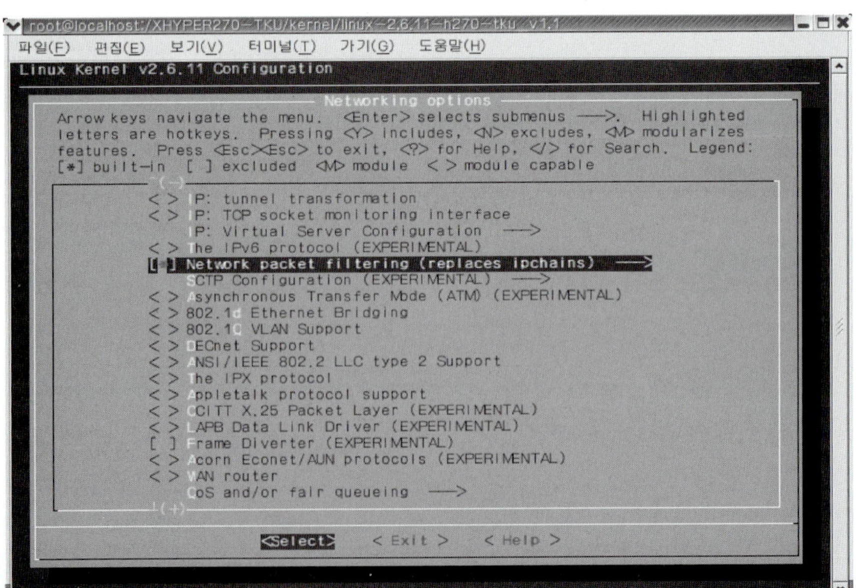

아래와 같이 Network packer filtering의 하위메뉴 IP: Netfilter Configuration을 선택한다.

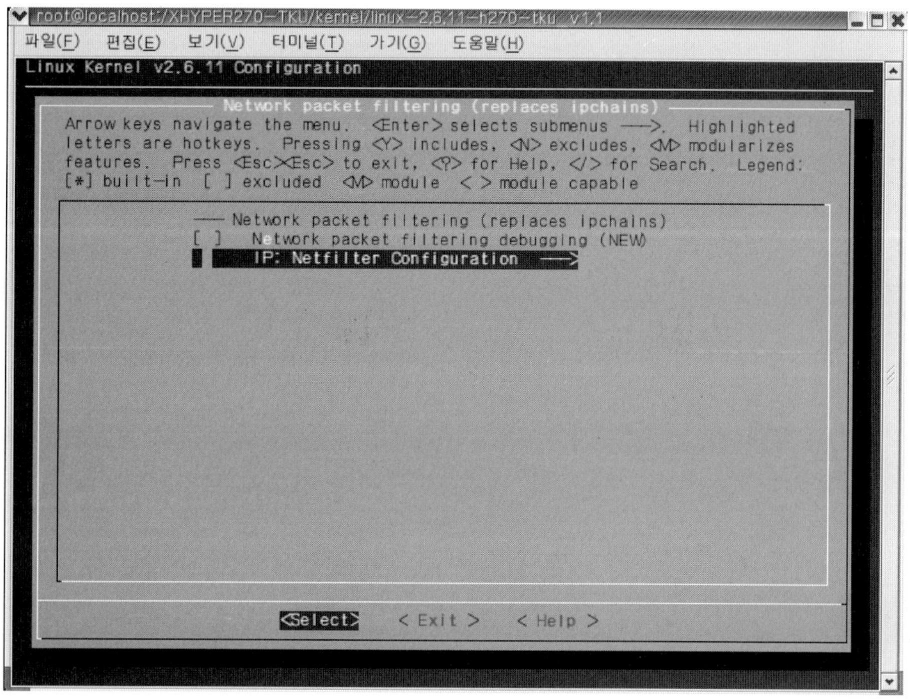

IP: Netfilter Configuration에서 다음의 항목들을 선택한다.

〈*〉 Connection tracking (required for masq/NAT)

〈*〉 IP tables support (required for filtering/masq/NAT)

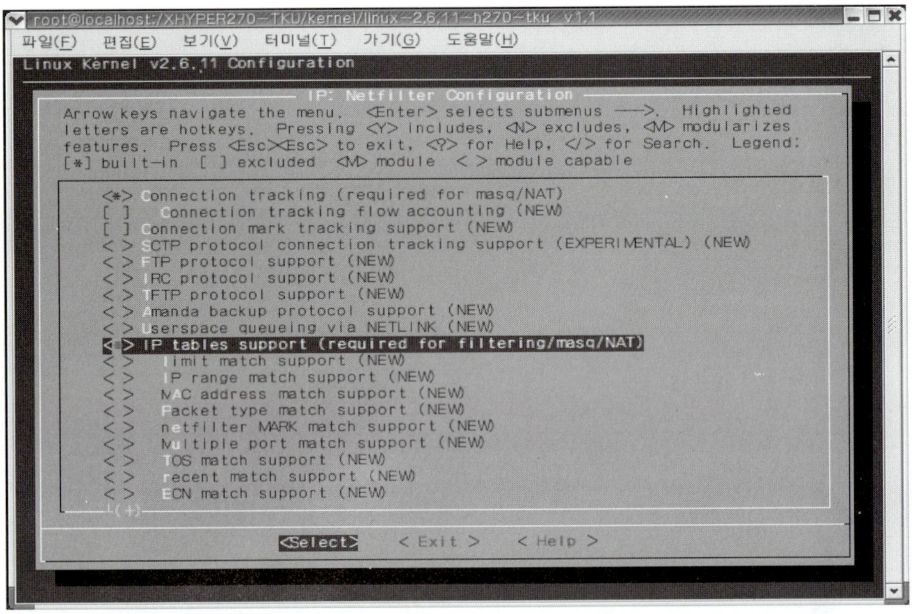

② IP: Netfilter Configuration ---〉↲

〈*〉 Packet filtering

〈*〉 Full NAT

〈*〉 MASQUERADE target support

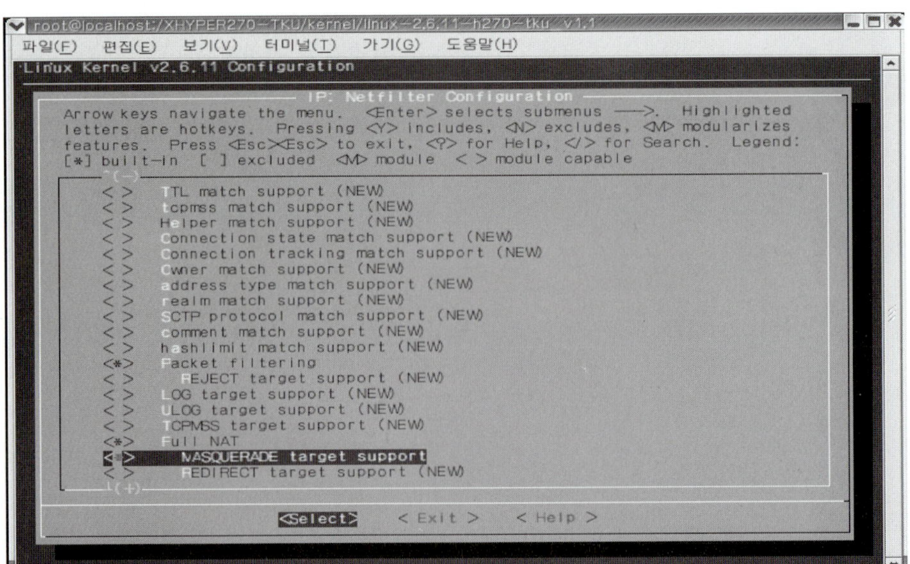

위의 항목들을 선택함으로써 NAT를 지원하게 되는 것이다.

커널 2.2까지 주요한 방화벽 설정 툴이었던 IPCHAINS은 커널 2.4에부터는 IPTABLES 툴킷으로 대체 사용되고 있으며, 커널 2.6부터는 IPTABLES이 주요 방화벽 설정 툴로써 쓰인다.

8.4.2 IPTABLES 구하기

NAT 설정을 위해선 iptables가 필요하다.
소스를 구하여 크로스컴파일하거나 타깃보드용 실행파일을 찾아 사용하면 된다.
본 구축 사례에서는 타깃보드용 실행파일을 다운로드하여 사용하겠다.
타깃보드용 iptables 실행파일 RPM iptables-1.2.7a-2.armv4l.rpm

■ 다운로드 사이트

http://rpmfind.net/linux/rpm2html/search.php에서 ARM용 iptables를 찾으면 된다.
iptables-1.2.7a-2.armv4l.rpm을 아래 명령어로 현재 위치에 설치하였다.

```
☞ cd iptable↵
☞ rpm2cpio iptables-1.2.7a-2.armv41.rpm lcpio -i -d↵
☞ mkdir iptables0-1.2.a-2.armv41↵
☞ mv etc/ lib/ sbin / usr/ ptables-1.2.7a-2.armv41↵
☞ cd iptables-1.2.7a-2.armv41↵
☞ cd sbin↵
☞ file iptables↵
☞ cd ../lib/ptables/↵
☞ ll libipt-MASQUERADE.so↵
```

```
root@localhost:~/iptables/iptables-1.2.7a-2.armv4l/lib/iptables
파일(F)  편집(E)  보기(V)  터미널(T)  가기(G)  도움말(H)

[root@localhost root]# cd iptables/
[root@localhost iptables]# ls
iptables-1.2.7a-2.armv4l.rpm
[root@localhost iptables]# rpm2cpio iptables-1.2.7a-2.armv4l.rpm |cpio -i -d
666 blocks
[root@localhost iptables]# ls
etc  iptables-1.2.7a-2.armv4l.rpm  lib  sbin  usr
[root@localhost iptables]#
[root@localhost iptables]# mkdir iptables-1.2.7a-2.armv4l
[root@localhost iptables]# mv etc/ lib/ sbin/ usr/ iptables-1.2.7a-2.armv4l
[root@localhost iptables]# cd iptables-1.2.7a-2.armv4l
[root@localhost iptables-1.2.7a-2.armv4l]# ls
etc  lib  sbin  usr
[root@localhost iptables-1.2.7a-2.armv4l]# cd sbin/
[root@localhost sbin]# ls
iptables  iptables-restore  iptables-save
[root@localhost sbin]# file iptables
iptables: ELF 32-bit LSB executable, ARM, version 1 (ARM), for GNU/Linux 2.2.5, dynamica
lly linked (uses shared libs), stripped
[root@localhost sbin]# cd ..
[root@localhost iptables-1.2.7a-2.armv4l]# cd lib/iptables/
[root@localhost iptables]# ll libipt_MASQUERADE.so
-rwxr-xr-x    1 root     root         4044  2월   1 10:33 libipt_MASQUERADE.so
[root@localhost iptables]# file libipt_MASQUERADE.so
libipt_MASQUERADE.so: ELF 32-bit LSB shared object, ARM, version 1 (ARM), stripped
[root@localhost iptables]#
```

iptables 실행파일로는 sbin 디렉토리 밑의 iptables와 iptalbes-save를 사용할 것이다. 그리고 iptables 실행을 위해서 lib/iptables 디렉토리에 있는 라이브러리 파일 libipt_MASQURADE.so이 필요하다.

file 명령으로 ARM 용 실행파일인지 확인한다.

8.4.3 NAT 구축을 위해 필요한 것들 파일시스템에 추가하기

NAT 구축에 필요한 커널이미지와 iptables 프로그램은 준비되었다.

위의 설정으로 컴파일한 커널이미지로 부팅을 한다.

위에서 iptables, iptables-save, libipt_MASQUERADE.so 파일을 타깃보드에 적재하여야 한다.

호스트에 있는 파일을 타깃보드에서 사용하려면 여러가지 방법이 있다. 원하는 파일을 타깃보드의 파일시스템이미지를 만들 때 포함시켜서 만들거나, 타깃보드의 커널 부팅 이후 zmodem이나 ftp 전송 등으로 호스트로부터 다운로드할 수 있다. 알맞은 개발환경을 선택하면 된다.

☞ ftp 192.168.128.129↵
☞ get iptables↵
☞ get iptables-save↵
☞ get libipt-MASQUERADE.so↵

```
root@localhost:~
파일(F)  편집(E)  보기(V)  터미널(T)  가기(G)  도움말(H)
[root@xhyper ~]# ftp 192.168.128.129
Connected to 192.168.128.129.
220 (vsFTPd 1.1.3)
Name (192.168.128.129:root): sn1995ar
331 Please specify the password.
Password:
[root@xhyper ~]# ftp 192.168.128.129
Connected to 192.168.128.129.
220 (vsFTPd 1.1.3)
Name (192.168.128.129:root): sn1995ar
331 Please specify the password.
Password:
230 Login successful. Have fun.
Remote system type is UNIX.
Using binary mode to transfer files.
ftp> ls
200 PORT command successful. Consider using PASV.
150 Here comes the directory listing.
-rwxr-xr-x    1 0        0           13308 Feb 01 01:02 cgitest
-rwxr-xr-x    1 0        0          352884 Feb 01 01:19 dillo
-rwxr-xr-x    1 0        0           45120 Feb 01 01:58 iptables
-rwxr-xr-x    1 0        0           48036 Feb 01 01:58 iptables-save
-rwxr-xr-x    1 0        0            4044 Feb 01 01:58 libipt_MASQUERADE.so
-rw-r--r--    1 0        0         1218560 Jan 27 01:49 web.tar
-rwxr-xr-x    1 0        0          273956 Jan 27 01:37 webs
226 Directory send OK.
ftp>
```

여기서 iptables, iptables-save, libipt_MASQUERADE.so 파일을 다운로드 한다.

앞에서 준비해둔 iptables 프로그램을 타깃보드의 /sbin 디렉토리에 위치시킨다.

그리고 libipt_MASQUERADE.so 라이브러리 파일을 /lib/iptables 디렉토리에 위치시킨다. 디렉토리 /lib/iptables가 없으므로 먼저 이를 생성하도록 한다.

☞ chmod 755*↵
☞ mv iptables iptables-save /sbin/↵
☞ mkdiv /lib/iptables↵
☞ mv libipt-MASQUERADE-so /lib/iptalles/↵
☞ iptables↵

```
root@localhost:~
파일(F)  편집(E)  보기(V)  터미널(T)  가기(G)  도움말(H)
[root@xhyper ~]# ls
iptables            iptables-save         libipt_MASQUERADE.so
[root@xhyper ~]# chmod 755 *
[root@xhyper ~]# mv iptables iptables-save /sbin/
[root@xhyper ~]# mkdir /lib/iptables
[root@xhyper ~]# mv libipt_MASQUERADE.so /lib/iptables/
[root@xhyper ~]#
[root@xhyper ~]# iptables
iptables v1.2.7a: no command specified
Try `iptables -h' or 'iptables --help' for more information.
[root@xhyper ~]#
```

명령 프롬프트에서 iptables 명령을 실행함으로써 제대로 실행파일이 위치했음을 알 수 있다.

iptables help 명령으로 iptables에서 사용하는 주요한 명령 옵션들을 볼 수 있다.

> ☞ iptables↵
> ☞ help↵

```
root@localhost:~
파일(F)  편집(E)  보기(V)  터미널(T)  가기(G)  도움말(H)
[root@xhyper ~]# iptables --help
iptables v1.2.7a

Usage: iptables -[AD] chain rule-specification [options]
       iptables -[RI] chain rulenum rule-specification [options]
       iptables -D chain rulenum [options]
       iptables -[LFZ] [chain] [options]
       iptables -[NX] chain
       iptables -E old-chain-name new-chain-name
       iptables -P chain target [options]
       iptables -h (print this help information)

Commands:
Either long or short options are allowed.
  --append  -A chain            Append to chain
  --delete  -D chain            Delete matching rule from chain
  --delete  -D chain rulenum
                                Delete rule rulenum (1 = first) from chain
  --insert  -I chain [rulenum]
                                Insert in chain as rulenum (default 1=first)
  --replace -R chain rulenum
                                Replace rule rulenum (1 = first) in chain
  --list    -L [chain]          List the rules in a chain or all chains
  --flush   -F [chain]          Delete all rules in  chain or all chains
  --zero    -Z [chain]          Zero counters in chain or all chains
  --new     -N chain            Create a new user-defined chain
  --delete-chain
            -X [chain]          Delete a user-defined chain
  --policy  -P chain target
                                Change policy on chain to target
  --rename-chain
            -E old-chain new-chain
                                Change chain name, (moving any references)
Options:
  --proto       -p [!] proto    protocol: by number or name, eg. `tcp'
  --source      -s [!] address[/mask]
                                source specification
```

8.4.4 Network 설정

먼저 NAT 구현 테스트를 위해 아래와 같이 호스트 PC에 사설 IP를 부여 한다. ifconfig 명령으로 부여한 IP를 확인할 수 있다.

```
☞ ifconfig↵
```

```
[root@HostPC root]# ifconfig
eth0      Link encap:Ethernet  HWaddr 00:01:02:34:D9:4D
          inet addr:192.168.1.129  Bcast:192.168.1.255  Mask:255.255.255.0
          UP BROADCAST RUNNING MULTICAST  MTU:1500  Metric:1
          RX packets:55786 errors:0 dropped:0 overruns:0 frame:0
          TX packets:55939 errors:0 dropped:0 overruns:0 carrier:31
          collisions:0 txqueuelen:100
          RX bytes:3347915 (3.1 Mb)  TX bytes:31131542 (29.6 Mb)
          Interrupt:5 Base address:0xd000

[root@HostPC root]#
```

타깃보드의 NAT 구현 테스트를 위해 타깃보드의 SMC91C111(eth1)에 공용 IP를 부여하고, CS8900(eth0)에 사설 IP를 부여한다.

```
☞ ifconfig↵
```

```
[root@xhyper ~]# ifconfig
eth0      Link encap:Ethernet  HWaddr 00:0B:F4:2F:9B:E5
          inet addr:192.168.1.128  Bcast:192.168.1.255  Mask:255.255.255.0
          UP BROADCAST RUNNING MULTICAST  MTU:1500  Metric:1
          RX packets:394 errors:0 dropped:0 overruns:0 frame:0
          TX packets:49 errors:0 dropped:0 overruns:0 carrier:0
          collisions:0 txqueuelen:1000
          RX bytes:25768 (25.1 KiB)  TX bytes:0 (0.0 B)
          Interrupt:59 Base address:0x300

eth1      Link encap:Ethernet  HWaddr 00:CF:52:49:C3:01
          inet addr:61.74.246.213  Bcast:61.74.246.255  Mask:255.255.255.0
          UP BROADCAST RUNNING MULTICAST  MTU:1500  Metric:1
          RX packets:2031 errors:0 dropped:0 overruns:0 frame:0
          TX packets:1 errors:0 dropped:0 overruns:0 carrier:0
          collisions:0 txqueuelen:1000
          RX bytes:132626 (129.5 KiB)  TX bytes:42 (42.0 B)
          Interrupt:86 Base address:0x2300 DMA chan:ff

lo        Link encap:Local Loopback
          inet addr:127.0.0.1  Mask:255.0.0.0
          UP LOOPBACK RUNNING  MTU:16436  Metric:1
          RX packets:0 errors:0 dropped:0 overruns:0 frame:0
          TX packets:0 errors:0 dropped:0 overruns:0 carrier:0
          collisions:0 txqueuelen:0
          RX bytes:0 (0.0 B)  TX bytes:0 (0.0 B)

[root@xhyper ~]#
CTRL-A Z for help |115200 8N1 | NOR | Minicom 2.00.0 | VT102 |      Offline
```

호스트 PC에서 타깃보드로 PING 테스트가 제대로 이루어 짐을 알 수 있다. 하지만 NAT를 구현하지 않은 상태에서 외부 인터넷으로는 PING이 미치지 못함을 볼 수 있다.

타깃보드에선 호스트 PC와 외부 인터넷으로 PING 테스트가 제대로 이루어짐을 볼 수 있다.

☞ ping 192.168.1.128↵

```
[root@HostPC root]#
[root@HostPC root]#
[root@HostPC root]# ping 192.168.1.128
PING 192.168.1.128 (192.168.1.128) 56(84) bytes of data.
64 bytes from 192.168.1.128: icmp_seq=1 ttl=64 time=0.565 ms
64 bytes from 192.168.1.128: icmp_seq=2 ttl=64 time=0.548 ms
64 bytes from 192.168.1.128: icmp_seq=3 ttl=64 time=0.603 ms

--- 192.168.1.128 ping statistics ---
3 packets transmitted, 3 received, 0% packet loss, time 2007ms
rtt min/avg/max/mdev = 0.548/0.572/0.603/0.023 ms
[root@HostPC root]#
[root@HostPC root]# ping 61.74.246.199
PING 61.74.246.199 (61.74.246.199) 56(84) bytes of data.

--- 61.74.246.199 ping statistics ---
5 packets transmitted, 0 received, 100% packet loss, time 4039ms

[root@HostPC root]#
```

☞ ping 192.168.1.129↵

☞ ping 61.74.246.199↵

```
[root@xhyper ~]#
[root@xhyper ~]# ping 192.168.1.129
PING 192.168.1.129 (192.168.1.129): 56 data bytes
64 bytes from 192.168.1.129: icmp_seq=0 ttl=64 time=4.2 ms
64 bytes from 192.168.1.129: icmp_seq=1 ttl=64 time=0.7 ms
64 bytes from 192.168.1.129: icmp_seq=2 ttl=64 time=0.7 ms
64 bytes from 192.168.1.129: icmp_seq=3 ttl=64 time=0.7 ms
64 bytes from 192.168.1.129: icmp_seq=4 ttl=64 time=0.7 ms

--- 192.168.1.129 ping statistics ---
5 packets transmitted, 5 packets received, 0% packet loss
round-trip min/avg/max = 0.7/1.4/4.2 ms
[root@xhyper ~]#
[root@xhyper ~]#
[root@xhyper ~]# ping 61.74.246.199
PING 61.74.246.199 (61.74.246.199): 56 data bytes
64 bytes from 61.74.246.199: icmp_seq=0 ttl=64 time=8.3 ms
64 bytes from 61.74.246.199: icmp_seq=1 ttl=64 time=0.6 ms
64 bytes from 61.74.246.199: icmp_seq=2 ttl=64 time=0.6 ms
64 bytes from 61.74.246.199: icmp_seq=3 ttl=64 time=0.6 ms
64 bytes from 61.74.246.199: icmp_seq=4 ttl=64 time=0.6 ms

--- 61.74.246.199 ping statistics ---
5 packets transmitted, 5 packets received, 0% packet loss
round-trip min/avg/max = 0.6/2.1/8.3 ms
[root@xhyper ~]#
[root@xhyper ~]#
[root@xhyper ~]#
CTRL-A Z for help |115200 8N1 | NOR | Minicom 2.00.0 | VT102 |      Offline
```

호스트 PC에서 위와 같은 IP 환경을 갖기 위해선 다음의 파일들을 수정해 주어야 한다.

```
root@HostPC:~
파일(F) 편집(E) 보기(V) 터미널(T) 가기(G) 도움말(H)
[root@HostPC root]# vi /etc/sysconfig/network
[root@HostPC root]# vi /etc/sysconfig/network-scripts/ifcfg-eth0
[root@HostPC root]# vi /etc/resolv.conf
```

/etc/sysconfig/network

☞ vi /etc/sysconfig/network↵

```
root@HostPC:~
파일(F) 편집(E) 보기(V) 터미널(T) 가기(G) 도움말(H)
NETWORKING=yes
HOSTNAME=HostPC
GATEWAY=192.168.1.128
~
~
"/etc/sysconfig/network" 3L, 53C                    3,1          모두
```

/etc/sysconfig/network-scripts/ifcfg-eth0

☞ vi /etc/sysconfig/network-scripts/ifcfg-eth0↵

```
root@HostPC:~
파일(F) 편집(E) 보기(V) 터미널(T) 가기(G) 도움말(H)
# Please read /usr/share/doc/initscripts-*/sysconfig.txt
# for the documentation of these parameters.
USERCTL=no
PEERDNS=yes
GATEWAY=192.168.1.128
ONBOOT=yes
TYPE=Ethernet
IPADDR=192.168.1.129
DEVICE=eth0
HWADDR=00:01:02:34:d9:4d
BOOTPROTO=none
NETMASK=255.255.255.0
~
~
~
"/etc/sysconfig/network-scripts/ifcfg-eth0" 12L, 267C        8,1          모두
```

/etc/resolv.conf

☞ vi /etc/reso/v.conf↵

타겟 보드에서 NAT 테스트를 위한 IP 환경을 갖기 위해선 파일들을 수정해 주어야 한다.

```
[root@xhyper ~]# vi /etc/sysconfig/network
[root@xhyper ~]# vi /etc/sysconfig/network-scripts/ifcfg-eth0
[root@xhyper ~]# vi /etc/resolv.conf
```

/etc/sysconfig/network에서 게이트웨이 항목을 비워둔다.

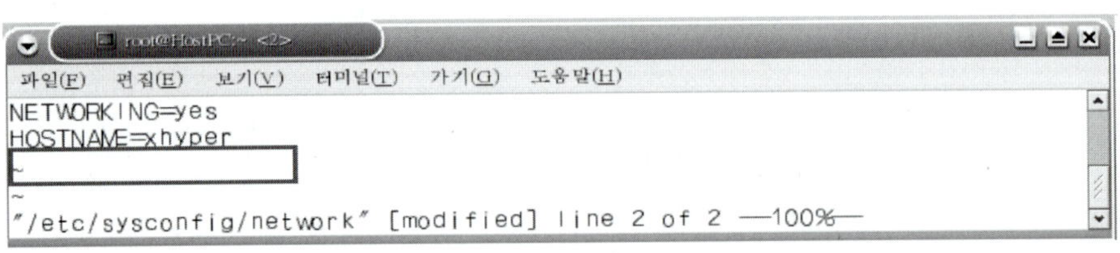

/etc/sysconfig/network-scripts/ifcfg-eth0 에서는 타깃보드의 eth0에 해당하는 사항을 적어준다.

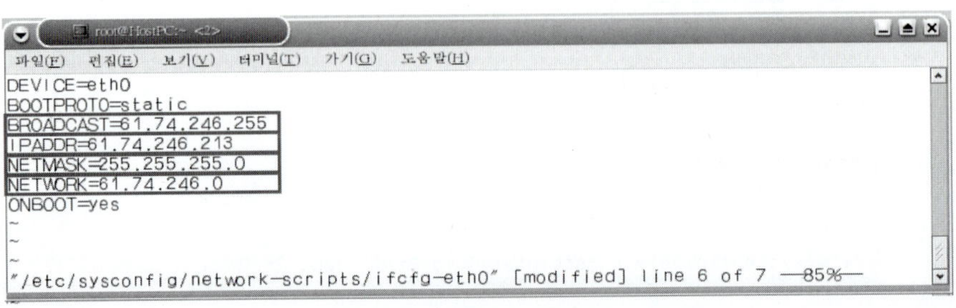

/etc/resolv.conf

```
nameserver 61.74.63.1
~
~
~
"/etc/resolv.conf" line 1 of 1 --100%--
```

여기까지 준비가 되었다면 이제 테스트를 해보자.

8.4.5 NAT TEST

NAT를 테스트 하기위해 iptalbes를 실행한다.

IPTABLES는 옵션과 함께 실행하면 된다.

IPTABLES의 세부 옵션은 man 페이지를 통하여 확인하기 바란다.

> ☞ iptables -P INPUT ACCEPT↵
> ☞ iptables -P OUTPUT ACCEPT↵

```
[root@xhyper ~]#
[root@xhyper ~]#
[root@xhyper ~]#
[root@xhyper ~]# iptables -P INPUT ACCEPT
[root@xhyper ~]# iptables -P OUTPUT ACCEPT
[root@xhyper ~]# iptables -P FORWARD ACCEPT
[root@xhyper ~]#
[root@xhyper ~]# echo 1 > /proc/sys/net/ipv4/ip_forward
[root@xhyper ~]#
[root@xhyper ~]#
[root@xhyper ~]# iptables -t nat -A POSTROUTING -o eth1 -j MASQUERADE
[root@xhyper ~]#
[root@xhyper ~]# iptables-save
# Generated by iptables-save v1.2.7a on Fri Feb 29 16:30:07 2036
*nat
:PREROUTING ACCEPT [577290849222656:494574074068992]
:POSTROUTING ACCEPT [4329327034368:494574074068992]
:OUTPUT ACCEPT [2886218022912:494574074068992]
-A POSTROUTING -o eth1 -j MASQUERADE
COMMIT
# Completed on Fri Feb 29 16:30:07 2036
# Generated by iptables-save v1.2.7a on Fri Feb 29 16:30:07 2036
*filter
:INPUT ACCEPT [0:502923490492416]
:FORWARD ACCEPT [0:502923490492416]
:OUTPUT ACCEPT [0:502923490492416]
COMMIT
# Completed on Fri Feb 29 16:30:07 2036
[root@xhyper ~]#
 CTRL-A Z for help |115200 8N1 | NOR | Minicom 2.00.0 | VT102 |      Offline
```

```
☞ iptables -P FORWARD ACCEPT↵
☞ echo 1 〉 /proc/sys/net/ipv4/ip-forward↵
☞ iptables -t rat -A POSTROUTING -o eth1 -j MASQUERADE↵
☞ ip tables-save↵
```

옵션을 가진 IPTABLES 명령이 제대로 실해 되었다면 iptables-save 파일을 실행했을 때 설정한 내용을 볼 수 있다.

CONNECTION 및 NAT 설정이 제대로 이루어 졌는지 확인하기 위해 호스트 PC로부터 타깃보드와 외부 공인 IP로의 PING 테스트를 한다.

```
☞ ping 192.168.1.128↵
☞ ping 61.74.246.199↵
```

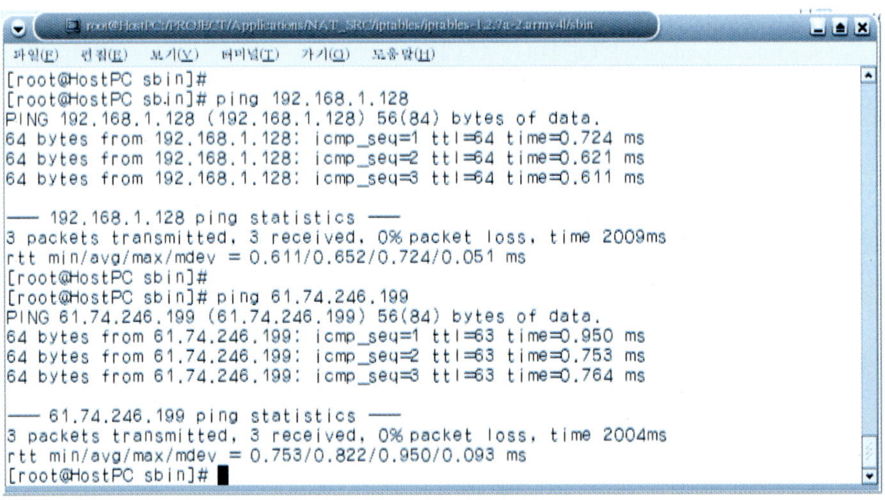

```
[root@HostPC sbin]#
[root@HostPC sbin]# ping 192.168.1.128
PING 192.168.1.128 (192.168.1.128) 56(84) bytes of data.
64 bytes from 192.168.1.128: icmp_seq=1 ttl=64 time=0.724 ms
64 bytes from 192.168.1.128: icmp_seq=2 ttl=64 time=0.621 ms
64 bytes from 192.168.1.128: icmp_seq=3 ttl=64 time=0.611 ms

--- 192.168.1.128 ping statistics ---
3 packets transmitted, 3 received, 0% packet loss, time 2009ms
rtt min/avg/max/mdev = 0.611/0.652/0.724/0.051 ms
[root@HostPC sbin]#
[root@HostPC sbin]# ping 61.74.246.199
PING 61.74.246.199 (61.74.246.199) 56(84) bytes of data.
64 bytes from 61.74.246.199: icmp_seq=1 ttl=63 time=0.950 ms
64 bytes from 61.74.246.199: icmp_seq=2 ttl=63 time=0.753 ms
64 bytes from 61.74.246.199: icmp_seq=3 ttl=63 time=0.764 ms

--- 61.74.246.199 ping statistics ---
3 packets transmitted, 3 received, 0% packet loss, time 2004ms
rtt min/avg/max/mdev = 0.753/0.822/0.950/0.093 ms
[root@HostPC sbin]#
```

PING 테스트가 제대로 이루어짐을 확인 하였다.

이로써 타깃보드에서의 NAT 구현을 완료한 것이다.

8.5 NFS 구축

8.5.1 NFS 개요

NFS는 컴퓨터 사용자(타켓보드)가 원격지 컴퓨터(호스트 PC)에 있는 파일을 마치 자신의 컴퓨터에 있는 것처럼 검색하고, 마음대로 저장하거나 수정하도록 해주는 C/S 형 응용프로그램이다. 사용자 시스템에는 NFS 클라이언트가 있어야하며, 다른 컴퓨터(원격지의 컴퓨터)에는 NFS 서버가 설치되어 있어야 한다. 또한, 둘 모두 TCP/IP 프로토콜이 설치되어 있어야 하는데, 왜냐하면, NFS 서버와 클라이언트가 파일을 보내거나 수정하는 프로그램으로 TCP/IP를 사용하기 때문이다(그러나, 초기버전의 NFS에서는 TCP 대신에 UDP가 사용되기도 한다).

NFS는 썬마이크로시스템즈에 의해 개발되었으며, 파일서버의 표준으로 정착되었다. 이 프로토콜은 컴퓨터들 간의 통신 방법으로서 RPC를 사용한다.

NFS를 이용하여, 사용자나 시스템관리자는 파일시스템의 전부 또는 일부를 설치할 수 있다. 설치된(액세스할 수 있도록 지정된) 파일시스템은 각 사용자들의 권한에 따라 개개의 파일을 액세스할 수 있게 된다.

이절에서는 타깃보드에서의 NFS 사용에 대해 설명한다.

8.5.2 타겟 보드 커널 설정

기본적으로 NFS서버와 클라이언트는 서로 NIC장치가 활성화되어야 한다.

아래는 타깃보드의 make menuconfig에서 CS8900드라이버를 커널에 포함시킨 것이다.

```
① Networking support --->↲
        [*] Networking support
        [*] Networ device support
              Ethernet (10 or 100Mbit) --->↲
              [*] Ethernet (10 or 100Mbit)
              <*> CS89x0 support
```

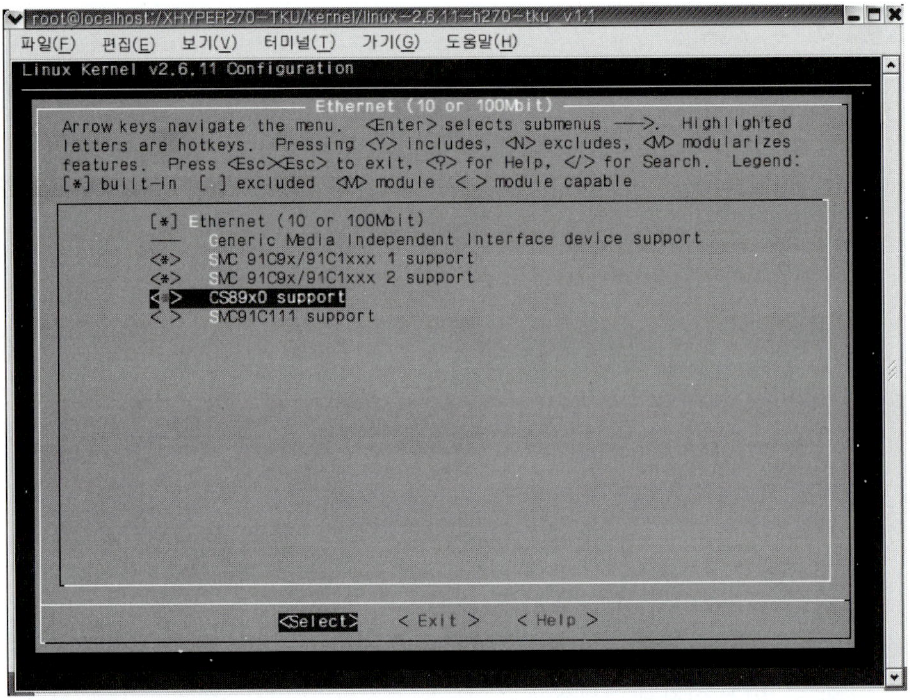

타깃보드커널에 파일시스템부분에서 네트워크파일시스템을 커널에 포함시킨다.

② File systems ---〉↵

Network File Systems ---〉↵

〈*〉 NFS file system support

[*] Provides NFSv3 client support

[*] Provides NFSv4 client support (EXPERIMENTAL)

[*] Root file system on NFS

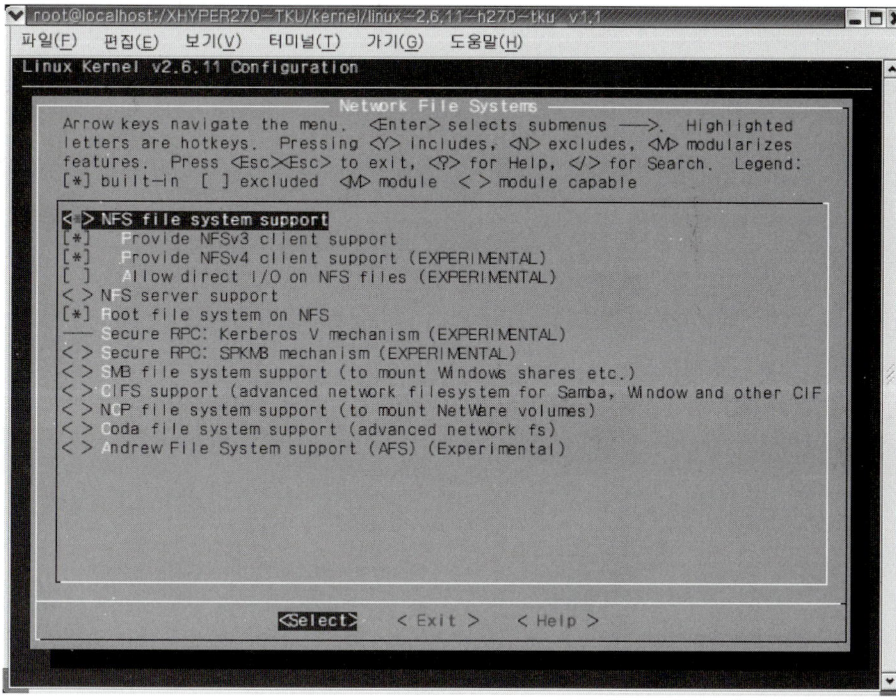

위의 설정으로 컴파일된 커널이미지로 타깃보드가 부팅되어야 한다.

8.5.3 호스트 PC에서 해야 할 것

호스트 리눅스 pc의 /etc/exports 파일을 아래와 같이 수정한다.

```
☞ Vi /etc/exports↵
```

호스트 pc의 "/mnt/nfs" 디렉토리를 nfs 마운트 포인트로 한다.

(호스트 PC에 /mnt/nfs 디렉토리가 생성되어 있어야 한다).

192.168.128.128 IP에게 nfs 마운트를 허용한다.

(이것은 타깃보드의 IP이다. 호스트PC의 IP는 192.168.128.129이다.)

"rw,no_root_squash" 는 마운트될 디렉토리의 사용에 관한 설정이다.

호스트 pc에서 위에 수정한 /etc/exports 파일이 적용되게 nfs데몬을 재시작한다. Stop을 먼저하고, start를 한다.

아래와 같이 /etc/rc.d/init.d/nfs restart 명령으로 호스트 PC에서 nfs를 시작하였다.

> ☞ /etc/rcd/init.d/nfs restart↵

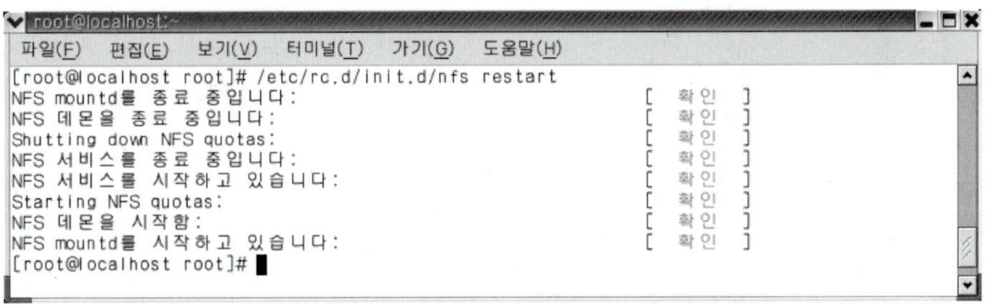

8.5.4 타겟 보드에서 마운트

호스트PC의 /etc/exports 파일에서 정한 "192.168.128.128"로 타깃보드의 eth0 IP를 맞춘다.

> ☞ ifconfig eth0 192.168.128.128↵
> ☞ ifconfig↵

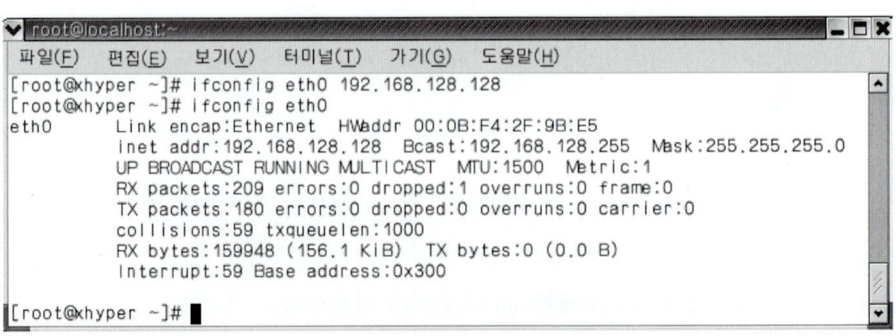

타깃보드의 IP를 맞춘 후 호스트PC와의 네트워크 상태를 확인해본다.

> ☞ ping 192.168.128.129↵

```
[root@xhyper ~]# ping 192.168.128.129
PING 192.168.128.129 (192.168.128.129): 56 data bytes
64 bytes from 192.168.128.129: icmp_seq=0 ttl=64 time=1.1 ms
64 bytes from 192.168.128.129: icmp_seq=1 ttl=64 time=0.7 ms
64 bytes from 192.168.128.129: icmp_seq=2 ttl=64 time=0.7 ms

--- 192.168.128.129 ping statistics ---
3 packets transmitted, 3 packets received, 0% packet loss
round-trip min/avg/max = 0.7/0.8/1.1 ms
[root@xhyper ~]#
```

타깃보드에서 portmap을 실행한다. (portmap은 빈 포트를 자동으로 찾아 준다.)

> ☞ portmap↵
> ☞ ps aux lgrep portmap↵

```
[root@xhyper ~]# portmap
[root@xhyper ~]# ps aux |grep portmap
  973 bin        660 S   portmap
 1142 root       256 S   grep portmap
[root@xhyper ~]#
```

호스트 PC의 /mnt/nfs를 타깃보드의 /mnt/nfs 디렉토리로 마운트를 한다.
디렉토리가 없을 경우 디렉토리를 생성한다.
타깃보드에서 호스트PC의 대용량 하드디스크를 사용할 수 있게 된다.

> ☞ mkdir -p/mnt/nfs↵
> ☞ mount -t nfs 192.168.128.129=/mnt/nfs /mnt/nfs↵
> ☞ df /mnt/nfs↵

```
[root@xhyper ~]# mkdir -p /mnt/nfs
[root@xhyper ~]# mount -t nfs 192.168.128.129:/mnt/nfs /mnt/nfs
nfs warning: mount version older than kernel
[root@xhyper ~]# df /mnt/nfs
Filesystem           1k-blocks      Used Available Use% Mounted on
192.168.128.129:/mnt/nfs 55748352   6276672  46639824  12% /mnt/nfs
[root@xhyper ~]#
```

8.6 MPEG 플레이어 포팅(Player Porting)

MPlayer는 많은 시스템(MPlayer 문서를 참고하기 바람)에서 동작하는 영화 재생기이다. 포팅 과정을 거친 MPlayer는 X-Hyper270-TKU 타깃보드에서 MPEG 파일을 재생할 수 있다.

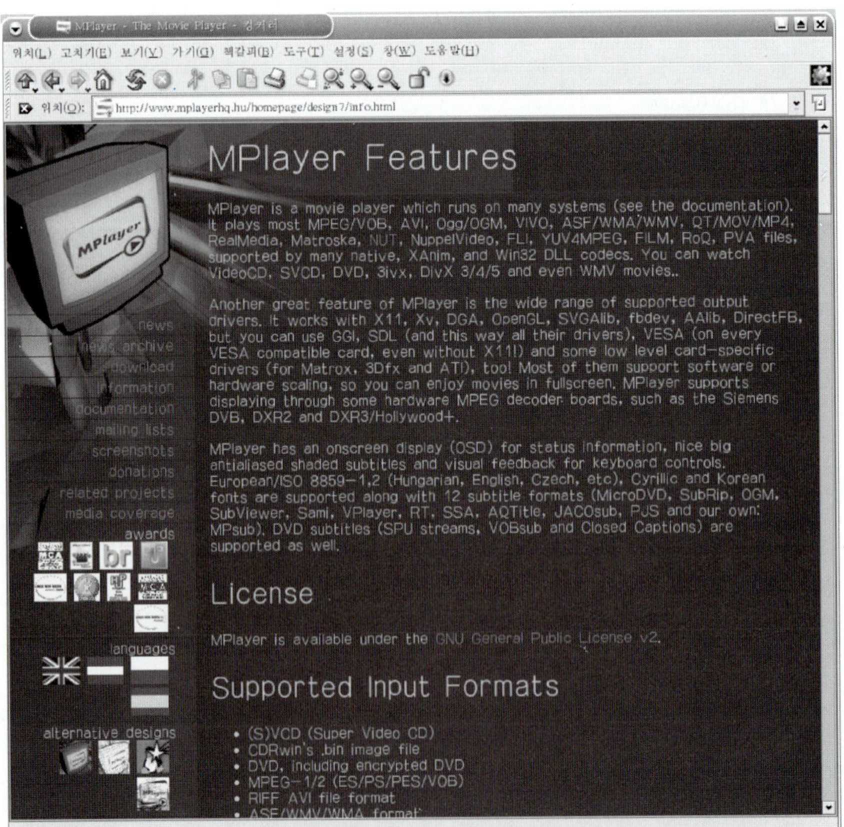

8.6.1 MPlayer 소스 다운로드 및 압축 해제하기

아래의 주소에서 MPlayer 소스를 다운받을 수 있다. 테스트한 버전은 MPlayer-0.91.tar.bz2이다.

http://www.mplayerhq.hu/homepage/design7/dload.html

소스를 다운받는다.

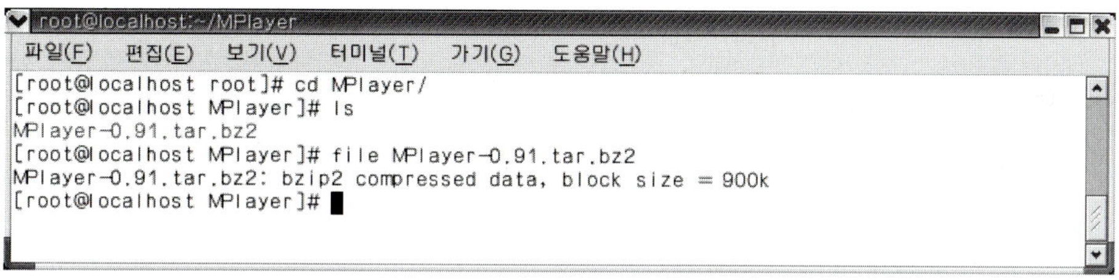

다운 받은 파일을 아래와 같이 압축을 푼다.

☞ tar xvfj MPlayer-0.l91.tar.bz2↵

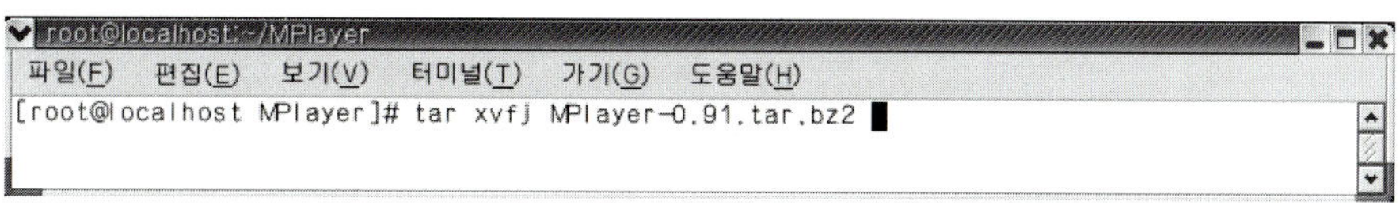

MPlayer-0.91 디렉토리에 압축이 풀린다.

8.6.2 Makefile 수정하기

아래와 같이 압축이 해제된 파일들을 확인할 수 있다.

☞ cd MPlayer-0.91↵

```
[root@localhost MPlayer]# ls
MPlayer-0.91  MPlayer-0.91.tar.bz2
[root@localhost MPlayer]# cd MPlayer-0.91
[root@localhost MPlayer-0.91]# ls
AUTHORS           darwinfixlib.sh      linux                  parser-cfg.c
ChangeLog         debian               loader                 parser-mecmd.c
DOCS              divx4_vbr.c          m_config.c             parser-mecmd.h
Gui               divx4_vbr.h          m_config.h             parser-mpcmd.c
LICENSE           drivers              m_option.c             playtree.c
Makefile          edl.h                m_option.h             playtree.h
README            etc                  m_struct.c             playtreeparser.c
TOOLS             fibmap_mplayer.c     m_struct.h             playtreeparser.h
TVout             fifo.c               mangle.h               postproc
asxparser.c       find_sub.c           mencoder.c             spudec.c
asxparser.h       get_path.c           mixer.c                spudec.h
bswap.h           help                 mixer.h                sub_cc.c
cfg-common.h      input                mmx.h                  sub_cc.h
cfg-mencoder.h    liba52               mmx_defs.h             subreader.c
cfg-mplayer-def.h libaf                mp3lib                 subreader.h
cfg-mplayer.h     libao2               mp_msg-mencoder.c      unrarlib.c
cfgparser.c       libavcodec           mp_msg.c               unrarlib.h
cfgparser.h       libdha               mp_msg.h               version.sh
codec-cfg.c       libmenu              mplayer.c              vidix
codec-cfg.h       libmpcodecs          mplayer.h              vobsub.c
configure         libmpdemux           mplayer_wine.spec      vobsub.h
cpudetect.c       libmpdvdkit2         mplayer_wine.spec.c    xvid_vbr.c
cpudetect.h       libmpeg2             my_profile.c           xvid_vbr.h
cputable.h        libvo                my_profile.h
[root@localhost MPlayer-0.91]#
```

Makefile에서 248라인정도에서 아래와 같이 수정하라.

☞ Vi Makefile↵

```
        ./$(PRG_CFG) ./etc/codecs.conf > $@

codec-cfg.o: codecs.conf.h

# Every mplayer dependency depends on version.h, to force building version.h
# first (in serial mode) before any other of the dependencies for a parallel make
# run.  This is necessary, because the make rule for version.h removes objects
# in a recursive "make distclean" and we must wait for this "make distclean" to
# finish before we can start building new object files.
$(MPLAYER_DEP): version.h
$(MENCODER_DEP): version.h

$(PRG_CFG): version.h codec-cfg.c codec-cfg.h
        $(CC) $(CFLAGS) -g codec-cfg.c mp_msg.c -o $(PRG_CFG) -DCODECS2HTML $(EXTRA_LIB)
 $(I18NLIBS)
        gcc $(CFLAGS) -g codec-cfg.c mp_msg.c -o $(PRG_CFG) -DCODECS2HTML $(EXTRA_LIB) $
(I18NLIBS)

install: $(ALL_PRG)
ifeq ($(VIDIX),yes)
        $(DO_MAKE)
endif
ifeq ($(SHARED_PP),yes)
        $(MAKE) install -C postproc
endif
        if test ! -d $(BINDIR) ; then mkdir -p $(BINDIR) ; fi
        $(INSTALL) -m 755 $(INSTALLSTRIP) $(PRG) $(BINDIR)/$(PRG)
ifeq ($(GUI),yes)
:
```

8.6.3 configure 적용하기

타겟용 컴파일러가 적용되게 설정한다. X-Hyper270-TKU의 환경에 맞도록 실행스크립트를 만든다. 파일의 이름은 mymplayerconfig로 하였다.

```
[root@HostPC MPlayer-0.91]# vi mymplayerconfig
```

적용된 설정 내용은 다음과 같다.

```
root@localhost:~/MPlayer/MPlayer-0.91
파일(F) 편집(E) 보기(V) 터미널(T) 가기(G) 도움말(H)
#!/bin/sh

./configure --cc=arm-linux-gcc --target=arm-linux --enable-static₩
        --disable-win32 --disable-dvdnav --disable-dvdread --enable-fbdev₩
        --disable-mencoder --disable-mpdvdkit --disable-x11 --disable-sdl
~
~
"mymplayerconfig" 5L, 213C                                   5,1-8        모두
```

파일의 실행권한을 확인하고 설정을 적용한다.

☞ chmod -x mymplayerconfig↵

```
root@localhost:~/MPlayer/MPlayer-0.91
파일(F) 편집(E) 보기(V) 터미널(T) 가기(G) 도움말(H)

[root@localhost MPlayer-0.91]# chmod +x mymplayerconfig
[root@localhost MPlayer-0.91]# ./mymplayerconfig
Detected operating system: Linux
Detected host architecture: arm
Checking for arm-linux-gcc version ... 3.4.3, ok
Checking for extra headers ... none
Checking for extra libs ... none
Checking for i18n ... yes
Checking for setlocale() ... yes
Checking for language ... using en
Checking for enable sighandler ... yes
Checking for runtime cpudetection ... no
Checking for restrict keyword ... __restrict
Checking for kstat ... no
Checking for posix4 ... no
Checking for lrintf ...
```

8.6.4 빌드하기

타겟용 컴파일러에 맞게 설정이 적용되었으면 make를 실행하여 소스를 컴파일한다.

```
☞ make↵
```

컴파일러가 무사히 완료되었다면 실행파일 mplayer를 확인할 수 있다. arm-linux-strip 명령으로 실행 파일에서 불필요한 정보를 제거하도록 한다.

```
☞ ls -l mplayer↵
☞ arm-linux-strip mplayer↵
☞ ls -l mplayer↵
```

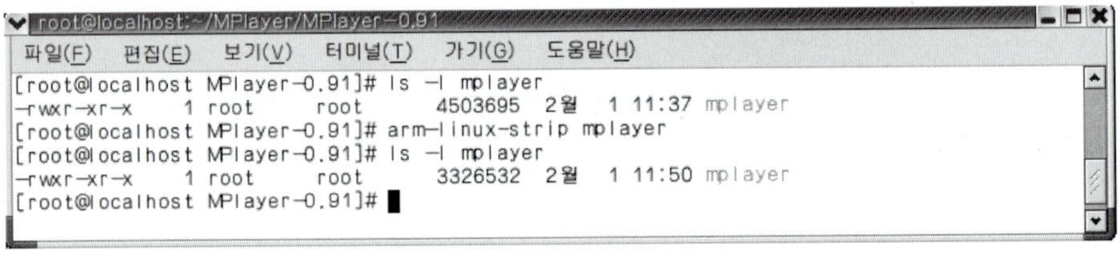

8.6.5 실행 파일(mplayer) 전송하기

타겟용 컴파일러에 맞게 설정이 적용되었으면 make를 실행하여 소스를 컴파일한다.

타겟 보드에 이더넷이나 NFS 시리얼 등을 통하여 실행파일을 전송한다.

전송 후 전송 받은 파일은 실행 권한을 확인한다.

☞ ftp 192.168.128.129↵
☞ get mplayer↵
☞ chmod -x mplayer↵

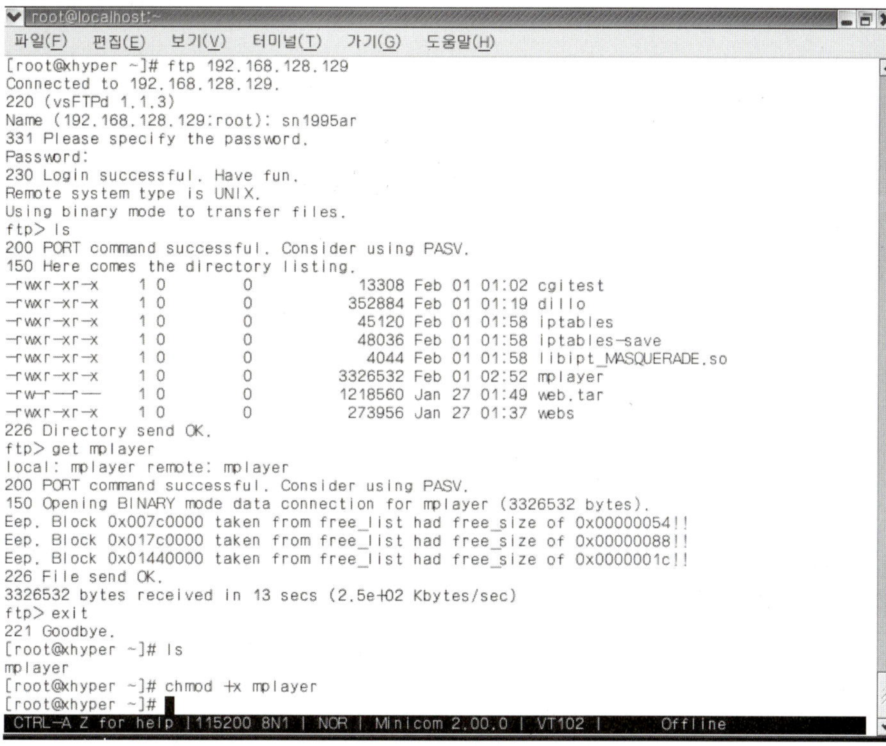

8.6.6 mplayer 실행하기

mplayer를 실행한다. 아래와 같이 실행이 되면 사용법을 볼 수 있다.

☞ ./mplayer↵

```
root@localhost:~
파일(F)  편집(E)  보기(V)  터미널(T)  가기(G)  도움말(H)
[root@xhyper ~]# ./mplayer
MPlayer 0.91-3.4.3  (C) 2000-2003 MPlayer Team
Reading config file /usr/local/etc/mplayer/mplayer.conf: No such file or directory
Creating config file: /root/.mplayer/config
Reading config file /root/.mplayer/config
Reading /root/.mplayer/codecs.conf: can't open '/root/.mplayer/codecs.conf': No such file oy
Reading /usr/local/etc/mplayer/codecs.conf: can't open '/usr/local/etc/mplayer/codecs.conf'y
Using built-in default codecs.conf
Usage:   mplayer [options] [url|path/]filename

Basic options: (complete list in the man page)
 -vo <drv[:dev]>  select video output driver & device ('-vo help' for a list)
 -ao <drv[:dev]>  select audio output driver & device ('-ao help' for a list)
 -vcd <trackno>   play VCD (Video CD) track from device instead of plain file
 -ss <timepos>    seek to given (seconds or hh:mm:ss) position
 -nosound         do not play sound
 -fs              fullscreen playback (or -vm, -zoom, details in the man page)
 -x <x> -y <y>    set display resolution (for use with -vm or -zoom)
 -sub <file>      specify subtitle file to use (also see -subfps, -subdelay)
 -playlist <file> specify playlist file
 -vid x -aid y    select video (x) and audio (y) stream to play
 -fps x -srate y  change video (x fps) and audio (y Hz) rate
 -pp <quality>    enable postprocessing filter (details in the man page)
 -framedrop       enable frame dropping (for slow machines)

Basic keys: (complete list in the man page, also check input.conf)
 <- or ->         seek backward/forward 10 seconds
 up or down       seek backward/forward  1 minute
 pgup or pgdown   seek backward/forward 10 minutes
 < or >           step backward/forward in playlist
 p or SPACE       pause movie (press any key to continue)
 q or ESC         stop playing and quit program
 + or -           adjust audio delay by +/- 0.1 second
 o                cycle OSD mode:  none / seekbar / seekbar + timer
 * or /           increase or decrease PCM volume
 z or x           adjust subtitle delay by +/- 0.1 second
 r or t           adjust subtitle position up/down, also see -vop expand
```

mplayer를 실행하여 test.mpeg 파일을 재생해 본다.

☞ ./mplayer test.mpg↵

```
root@localhost:~
파일(F)  편집(E)  보기(V)  터미널(T)  가기(G)  도움말(H)
[root@xhyper ~]# ./mplayer test.mpg
MPlayer 0.91-3.4.3  (C) 2000-2003 MPlayer Team
Reading config file /usr/local/etc/mplayer/mplayer.conf: No such file or directy
Reading config file /root/.mplayer/config
Reading /root/.mplayer/codecs.conf: can't open '/root/.mplayer/codecs.conf': Noy
Reading /usr/local/etc/mplayer/codecs.conf: can't open '/usr/local/etc/mplayer/y
Using built-in default codecs.conf
font: can't open file: /root/.mplayer/font/font.desc
font: can't open file: /usr/local/share/mplayer/font/font.desc
Failed to open /dev/rtc: No such file or directory (mplayer should be setuid ro)
Using usleep() timing
Can't open input config file /root/.mplayer/input.conf: No such file or directoy
Can't open input config file /usr/local/etc/mplayer/input.conf: No such file ory
Falling back on default (hardcoded) input config

Playing test.mpg
MPEG-PS file format detected.
VIDEO:  MPEG2  352x240  (aspect 2)  23.98 fps    0.0 kbps ( 0.0 kbyte/s)
==========================================================================
Opening audio decoder: [mp3lib] MPEG layer-2, layer-3
MP3lib: init layer2&3 finished, tables done
AUDIO: 44100 Hz, 2 ch, 16 bit (0x10), ratio: 28000->176400 (224.0 kbit)
Selected audio codec: [mp3] afm:mp3lib (mp3lib MPEG layer-2, layer-3)
==========================================================================
```

LCD 화면에서 실행한 mpeg 파일이 보이면 mplayer 포팅이 완료된 것이다.

8.7 USB 호스트 응용

PXA270 프로세서는 USB 1.1 호스트 제어기를 지원한다.

PXA270의 USB 호스트 제어기는 다음과 같은 주요 특징을 가진다.

☞ USB Rev. 1.1 compatible, Supports both low-speed and full-speed USB devices↵
☞ Open Host Controller Interface (OHCI) Rev 1.0a compatible↵

8.7.1 USB 저장장치

1. 커널 설정

Host PC 에서 커널로 이동하여 menuconfig 를 실행한다.

```
[root@HostPC linux-2.6.11-h270-tku]# make menuconfig
```

Menuconfig의 기본 화면이 나타난다. 항목 표시된 부분과 같이 체크 한다.(스페이스 바 이용) Main 화면에서 USB Support를 선택한다.

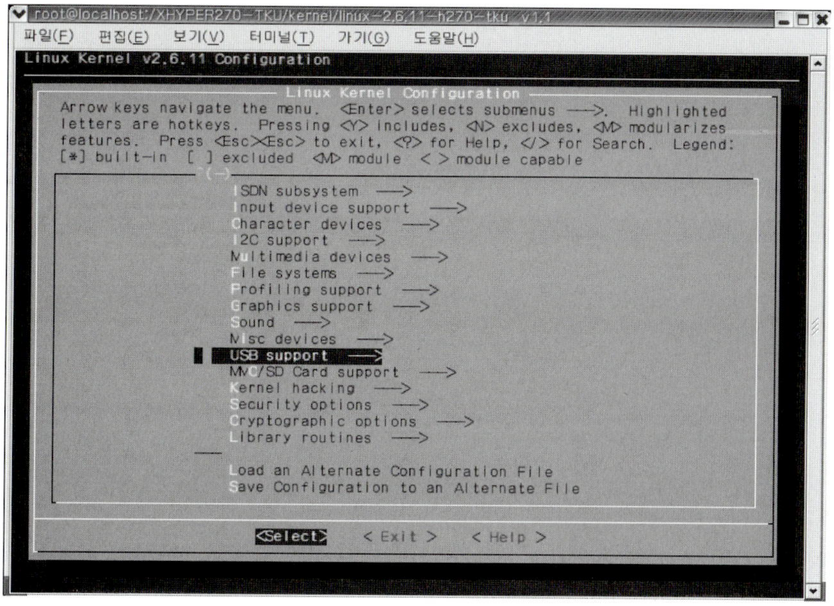

USB Support 하위 메뉴에서 USB 저장장치를 사용하기 위해 다음 항목들을 선택한다.

USB Support ---〉↵

〈*〉 Support for Host-side USB

〈*〉 OHCI HCD support

〈*〉 USB Mass Storage support

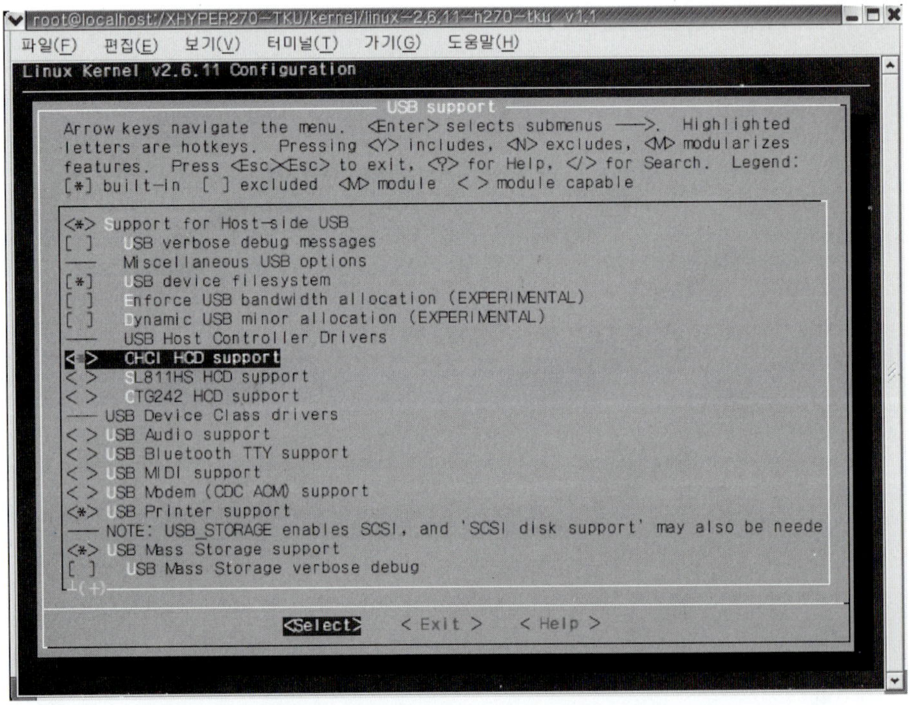

설정되었다면 메인 화면으로 이동한다.

메인 화면에서 SCSI device Support를 선택한다.

USB Mass Storage는 SCSI device로 emulation 된다.

SCSI device support --->↵

[*] legacy /proc/scsi/ support

〈*〉 SCSI disk support

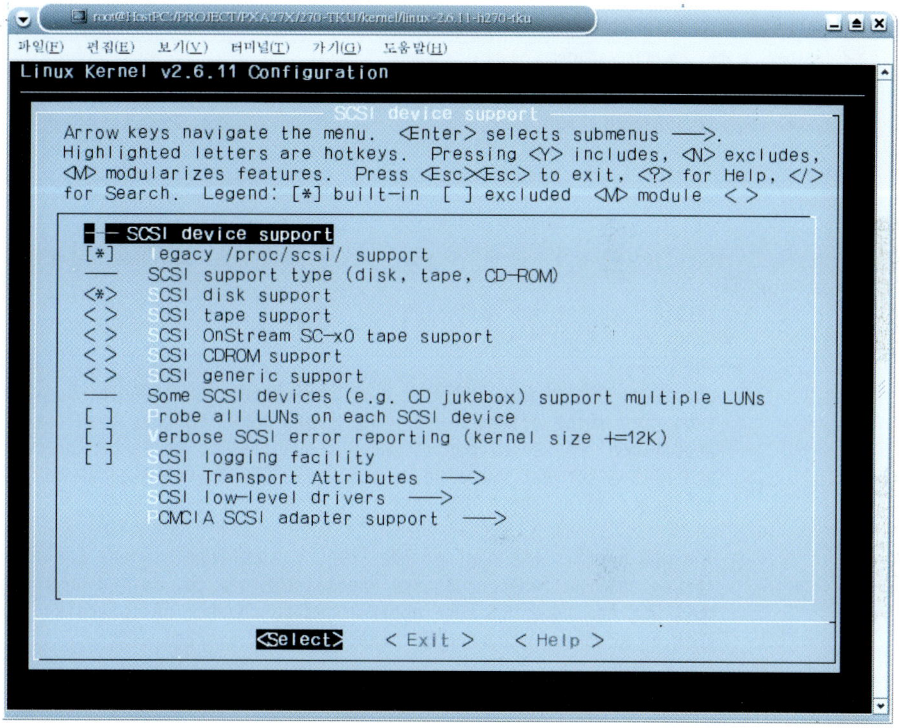

Menuconfig의 모든 셋팅을 마쳤다. 저장 후 menuconfig에서 빠져 나간다.

Kernel configuration 중 USB Support의 항목이 비활성화되어 있다면 커널위치에 해당하는 디렉토리에서 drivers/usb/ 로 이동하여 Kconfig을 수정한다.

```
☞ cd drivers/usb↵
☞ vi kconfig↵
```

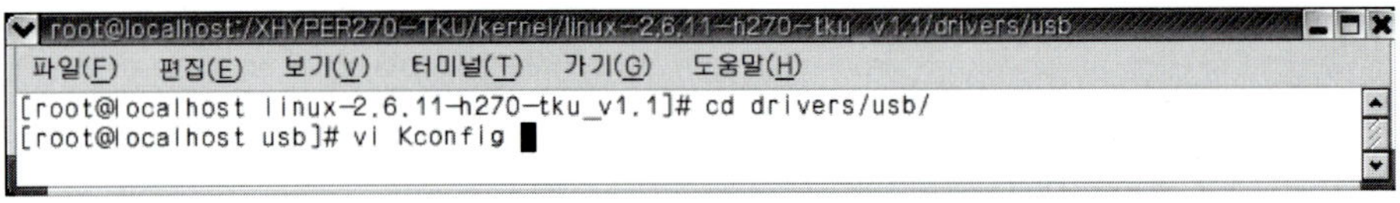

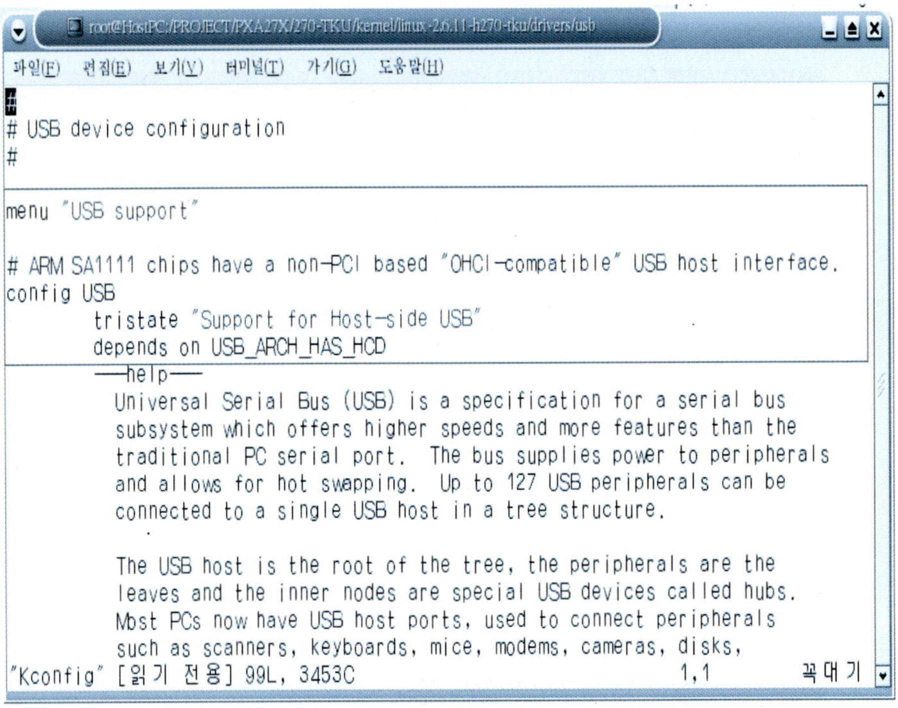

2. 빌드

Menuconfig가 완료되었다면 커널 컴파일을 실행한다.

```
[root@HostPC linux-2.6.11-h270-tku]# make  clean
[root@HostPC linux-2.6.11-h270-tku]# make  dep  zImage
```

컴파일이 정상적으로 완료되면 아래 그림과 같이 arch/arm/boot로 이동하여 새로 컴파일 된 zImage를 확인할 수 있다.

```
root@localhost:/XHYPER270-TKU/kernel/linux-2.6.11-h270-tku_v1.1
파일(F)  편집(E)  보기(V)  터미널(T)  가기(G)  도움말(H)
  GEN     .version
  CHK     include/linux/compile.h
  UPD     include/linux/compile.h
  CC      init/version.o
  LD      init/built-in.o
  LD      .tmp_vmlinux1
  KSYM    .tmp_kallsyms1.S
  AS      .tmp_kallsyms1.o
  LD      .tmp_vmlinux2
  KSYM    .tmp_kallsyms2.S
  AS      .tmp_kallsyms2.o
  LD      vmlinux
  SYSMAP  System.map
  SYSMAP  .tmp_System.map
  OBJCOPY arch/arm/boot/Image
  Kernel: arch/arm/boot/Image is ready
  AS      arch/arm/boot/compressed/head.o
  GZIP    arch/arm/boot/compressed/piggy.gz
  AS      arch/arm/boot/compressed/piggy.o
  CC      arch/arm/boot/compressed/misc.o
  AS      arch/arm/boot/compressed/head-xscale.o
  LD      arch/arm/boot/compressed/vmlinux
  OBJCOPY arch/arm/boot/zImage
  Kernel: arch/arm/boot/zImage is ready
[root@localhost linux-2.6.11-h270-tku_v1.1]# cp arch/arm/boot/zImage /tftpboot/
cp: overwrite `/tftpboot/zImage'? y
[root@localhost linux-2.6.11-h270-tku_v1.1]#
```

커널 이미지를 타깃보드로 올린다.

3. USB Storage 설치

USB 드라이버가 정상적으로 커널에 추가 되면 타겟 보드에서 아래와 같은 메시지를 볼 수 있다.

```
root@HostPC:~
파일(F)  편집(E)  보기(V)  터미널(T)  가기(G)  도움말(H)
Scanning device for bad blocks
Creating 1 MTD partitions on "NAND 64MiB 3,3V 8-bit":
0x00000000-0x04000000 : "xhyper255_Nand_Flash_A_64K"
Initialising of First XHyper255 NAND MTD was successful.
pxa2xx_pcmcia_driver init
PCMCIA  Vcc : 0, Vpp : 0, reset : 0
CF  Vcc : 0, Vpp : 0, reset : 0
XHYPER PCMCIA INIT
pxa27x-ohci pxa27x-ohci: new USB bus registered, assigned bus number 1
hub 1-0:1.0: USB hub found
hub 1-0:1.0: 2 ports detected
Initializing USB Mass Storage driver...
usbcore: registered new driver usb-storage
USB Mass Storage support registered.
usbcore: registered new driver ov511
drivers/usb/media/ov511.c: v1.64 for Linux 2.5 : ov511 USB Camera Driver
mice: PS/2 mouse device common for all mice
i2c /dev entries driver
enable_irq(18) unbalanced from c0017ae4
I2C: Adding PXA i2c adapter.
I2C: Scanning bus (25)
I2C: Successfully added bus
```

USB Storage를 타켓 보드에 삽입한다.

커널 링 버퍼의 내용에서 장치를 확인한다.

```
nlccr2 = 0x230001df
nlccr3 = 0x04400003
nlccr4 = 0x80000000
pcd = 0x00000003
usb 1-1: new full speed USB device using pxa27x-ohci and address 2
scsi0 : SCSI emulation for USB Mass Storage devices
usb-storage: device found at 2
usb-storage: waiting for device to settle before scanning
  Vendor:           Model:                    Rev:
  Type:   Direct-Access                       ANSI SCSI revision: 02
SCSI device sda: 16000 512-byte hdwr sectors (8 MB)
sda: assuming Write Enabled
sda: assuming drive cache: write through
SCSI device sda: 16000 512-byte hdwr sectors (8 MB)
sda: assuming Write Enabled
sda: assuming drive cache: write through
 sda: sda1
Attached scsi removable disk sda at scsi0, channel 0, id 0, lun 0
usb-storage: device scan complete
```

타겟 보드 디바이스 장치 파일을 확인한다.

☞ cd /dev/↵
☞ ls↵

```
[root@xhyper ~]# cd /dev/
[root@xhyper /dev]# ls
adc        fb3     hda6    hdc8     midi03     mtdblock3  tty3
audio      fb4     hda7    hdc9     mixer      mtdblock4  tty4
audio1     fb5     hda8    initctl  mixer1     mtdblock5  tty5
audio2     fb6     hda9    input    mixer2     null       tty6
audio3     fb7     hdc     ircomm0  mixer3     psaux      tty7
audioctl   fnd     hdc1    ircomm1  mmc        ptmx       tty8
clcd       hda     hdc10   irlpt0   mmc1       pts        tty9
console    hda1    hdc11   irlpt1   mmc2       ram0       ttyS0
dac        hda10   hdc12   key      mmc3       random     ttyS1
dc_motor   hda11   hdc13   kmem     mmc4       sda        ttyS2
dot        hda12   hdc14   led      mouse      sda1       ttyS3
dsp        hda13   hdc15   log      mtd0       sequencer  ttyS4
dsp1       hda14   hdc16   loop0    mtd1       sndstat    ttyS5
dsp2       hda15   hdc2    loop1    mtd2       st_motor   ttyS6
dsp3       hda16   hdc3    loop2    mtd3       ts         urandom
fb         hda2    hdc4    mem      mtd4       tty        video0
fb0        hda3    hdc5    midi00   mtdblock0  tty0       zero
fb1        hda4    hdc6    midi01   mtdblock1  tty1
fb2        hda5    hdc7    midi02   mtdblock2  tty2
[root@xhyper /dev]#
CTRL-A Z for help |115200 8N1 | NOR | Minicom 2.00.0 | VT102 |      Offline
```

sda 디바이스 장치파일이 있는지 확인한다. 없으면 장치파일을 추가해 준다.

```
[root@hybus dev]# mknod sda b 8 0
[root@hybus dev]# mknod sda1 b 8 1
```

위와 같이 sda 장치 파일이 생성된 것을 볼 수 있다.

4. USB Storage 마운트

■ 마운트하기

USB Storage가 이미 fdisk와 파일시스템 포멧이 되어 있는 경우라면 바로 마운트하면 된다.

```
☞ mkdir /mnt/usb-storage↵
☞ mount  /dev/sdal  /mnt/usb-storagel↵
☞ cd  /mnt/usb-storagel↵
```

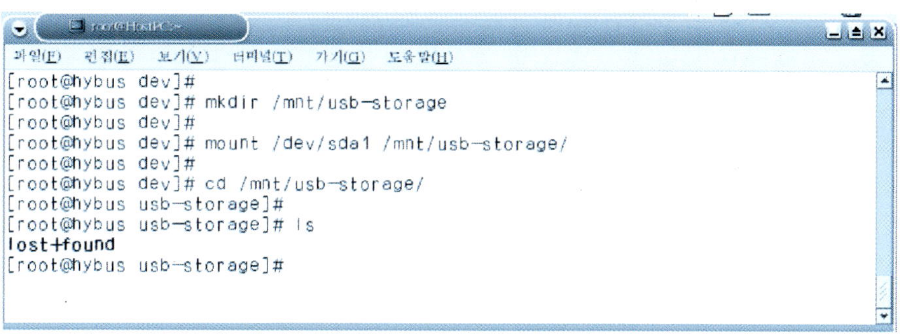

■ 파티션 설정하기

[root@hybus dev]# fdisk /dev/sda하면 아래 그림과 같이 파티션 세팅을 할 수 있다.

```
파일(F)  편집(E)  보기(V)  터미널(T)  가기(G)  도움말(H)
[root@hybus dev]#
[root@hybus dev]# fdisk -l

Disk /dev/sda: 8 MB, 8192000 bytes
1 heads, 16 sectors/track, 1000 cylinders
Units = cylinders of 16 * 512 = 8192 bytes

   Device Boot    Start       End    Blocks   Id  System
[root@hybus dev]# fdisk /dev/sda

Command (m for help): n
Command action
   e   extended
   p   primary partition (1-4)
p
Partition number (1-4): 1
First cylinder (2-1000, default 2): 2
Last cylinder or +size or +sizeM or +sizeK (2-1000, default 1000): 1000

Command (m for help): w
The partition table has been altered!

Calling ioctl() to re-read partition table.
Syncing disks.
[root@hybus dev]# fdisk -l

Disk /dev/sda: 8 MB, 8192000 bytes
1 heads, 16 sectors/track, 1000 cylinders
Units = cylinders of 16 * 512 = 8192 bytes

   Device Boot    Start       End    Blocks   Id  System
/dev/sda1             2      1000      7992   83  Linux
[root@hybus dev]#
 CTRL-A Z for help |115200 8N1 | NOR | Minicom 2.00.0 | VT102 |      Offline
```

위 그림처럼 fdisk /dev/sda 를 입력하고 정보를 보려면 p, 지우려면 d, 옵션을 볼 경우, 새로 만들려면 n을 입력한다. n을 선택하여 새로운 파티션을 구성할 때는 default값으로 한다.

■ 파일시스템 포멧하기

[root@hybus dev]# mkfs.ext2 /dev/sda1하여 파일 시스템을 포멧한다.

```
[root@hybus dev]# mkfs.ext2 /dev/sda1
mke2fs 1.35 (28-Feb-2004)
Filesystem label=
OS type: Linux
Block size=1024 (log=0)
Fragment size=1024 (log=0)
2000 inodes, 7984 blocks
399 blocks (5.00%) reserved for the super user
First data block=1
1 block group
8192 blocks per group, 8192 fragments per group
2000 inodes per group

Writing inode tables: done
Writing superblocks and filesystem accounting information: done

This filesystem will be automatically checked every 31 mounts or
180 days, whichever comes first.  Use tune2fs -c or -i to override.
[root@hybus dev]#
```

이제 USB 저장장치를 사용할 수 있다.

8.7.2 USB 키보드와 마우스 사용하기

1. 커널 설정

Host PC 에서 커널로 이동하여 menuconfig를 실행한다.

```
[root@HostPC linux-2.6.11-h270-tku]# make menuconfig
```

Menuconfig의 기본 화면이 나타난다.

항목 표시된 부분과 같이 체크한다(스페이스 바 이용).

Main 화면에서 USB Support를 선택한다.

USB Support ---〉↵

〈*〉 Support for Host-side USB

〈*〉 OHCI HCD support

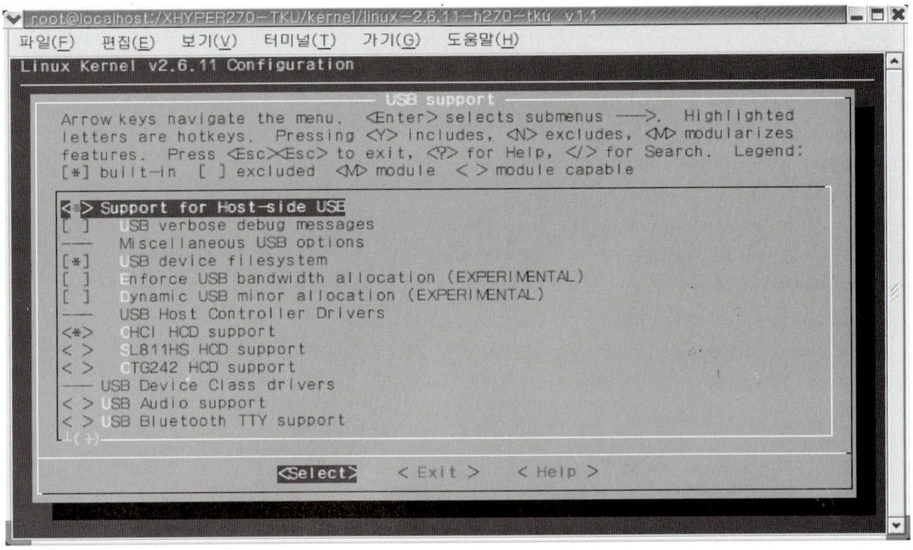

--- USB Input Devices

〈 〉 USB Human Interface Device (full HID) support

//하위메뉴 USB HID Boot Protocol drivers를 선택한다.

USB HID Boot Protocol drivers --->↵

〈*〉 USB HIDBP Keyboard (simple Boot) support

〈*〉 USB HIDBP Mouse (simple Boot) support

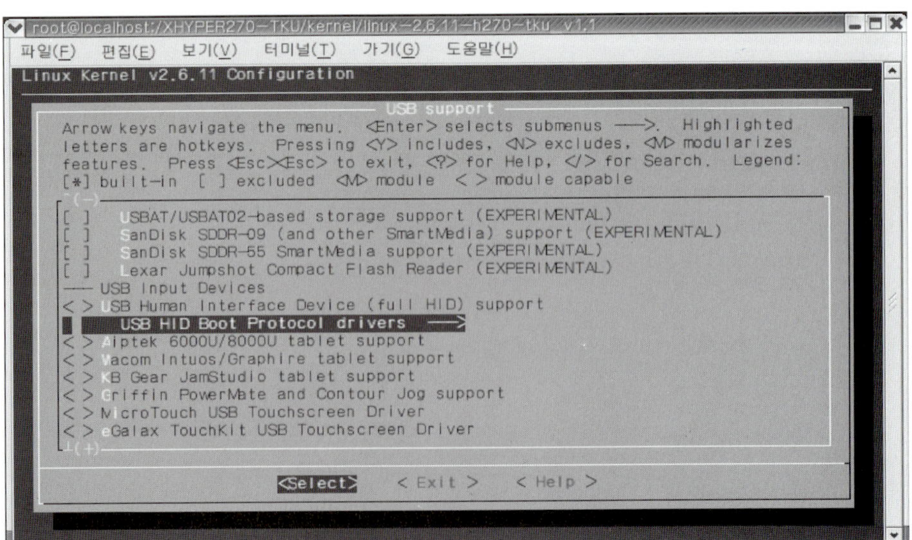

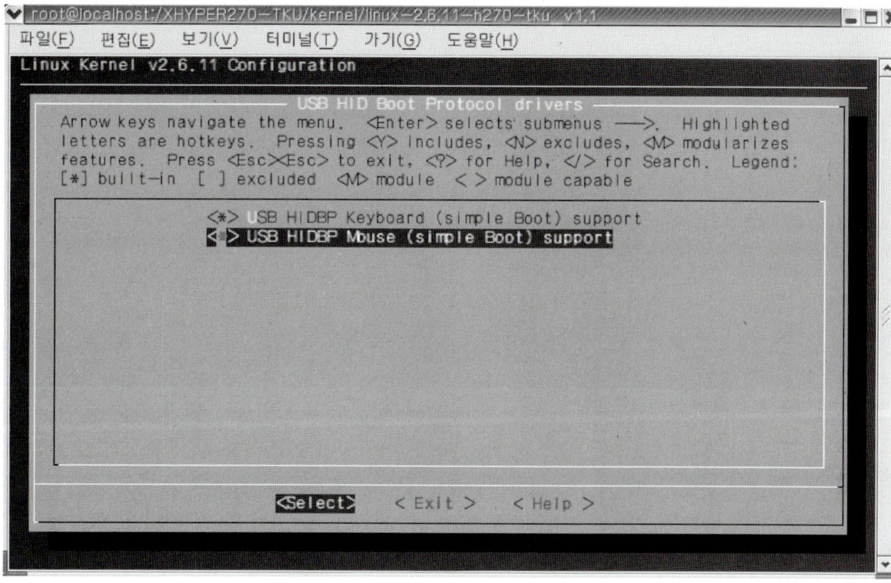

Menuconfig의 모든 셋팅을 마쳤다. 저장 후 menuconfig에서 빠져 나간다.

2. 빌드

Menuconfig가 완료되었다면 커널 컴파일을 실행한다.

```
[root@HostPC linux-2.6.11-h270-tku]# make clean
[root@HostPC linux-2.6.11-h270-tku]# make dep zImage
```

컴파일이 정상적으로 완료되면 arch/arm/boot 로 이동하여 새로 컴파일 된 zImage를 확인 할 수 있다. 커널 이미지를 타깃보드로 올린다.

3. USB 키보드와 마우스 설치

USB 드라이버가 정상적으로 커널에 추가되면 타겟 보드에서 아래와 같은 메시지를 볼 수 있다.

```
root@HostPC:~
파일(F)  편집(E)  보기(V)  터미널(T)  가기(G)  도움말(H)
XHYPER PCMCIA INIT
pxa27x-ohci pxa27x-ohci: new USB bus registered, assigned bus number 1
hub 1-0:1.0: USB hub found
hub 1-0:1.0: 2 ports detected
Initializing USB Mass Storage driver...
usbcore: registered new driver usb-storage
USB Mass Storage support registered.
usb 1-1: new full speed USB device using pxa27x-ohci and address 2
usbcore: registered new driver usbkbd
drivers/usb/input/usbkbd.c: :USB HID Boot Protocol keyboard driver
usbcore: registered new driver usbmouse
drivers/usb/input/usbmouse.c: v1.6:USB HID Boot Protocol mouse driver
drivers/usb/media/ov511.c: USB OV511+ video device found
drivers/usb/media/ov511.c: model: Generic Camera (no ID)
drivers/usb/media/ov511.c: Sensor is an OV7620
drivers/usb/media/ov511.c: Device at usb-pxa27x-1 registered to minor 0
usbcore: registered new driver ov511
drivers/usb/media/ov511.c: v1.64 for Linux 2.5 : ov511 USB Camera Driver
mice: PS/2 mouse device common for all mice
i2c /dev entries driver
enable_irq(18) unbalanced from c0017b1c
```

USB 마우스를 타켓 보드에 장착한다. 커널 링 버퍼의 내용에서 장치를 확인한다.

```
root@HostPC:~
파일(F)  편집(E)  보기(V)  터미널(T)  가기(G)  도움말(H)
nlccr0 = 0x061008f8
nlccr1 = 0x5f03b67f
nlccr2 = 0x230001df
nlccr3 = 0x04400003
nlccr4 = 0x80000000
pcd = 0x00000003
usb 1-1: new low speed USB device using pxa27x-ohci and address 2
input:  USB OpticalWheel Mouse on usb-pxa27x-1
[root@hybus ~]#
[root@hybus ~]#
[root@hybus ~]# █
```

이제 마우스를 이용할 수 있다. xterm을 실행해 보자.

마우스를 제거 하고 USB 키보드를 타켓 보드에 장착하고 커널 링 버퍼의 내용에서 장치를 확인한다.

```
root@HostPC:~
파일(F)  편집(E)  보기(V)  터미널(T)  가기(G)  도움말(H)
[root@hybus dev]# mkfs.ext2 /dev/sda1
mke2fs 1.35 (28-Feb-2004)
Filesystem label=
OS type: Linux
Block size=1024 (log=0)
Fragment size=1024 (log=0)
2000 inodes, 7984 blocks
399 blocks (5.00%) reserved for the super user
First data block=1
1 block group
8192 blocks per group, 8192 fragments per group
2000 inodes per group

Writing inode tables: done
Writing superblocks and filesystem accounting information: done

This filesystem will be automatically checked every 31 mounts or
180 days, whichever comes first.  Use tune2fs -c or -i to override.
[root@hybus dev]# █
```

이제 키보드를 이용할 수 있다. 마우스로 실행한 xterm에 원하는 명령을 쳐 넣어보자.

* 키보드는 삼성 미니 키보드를 사용하였고, 마우스는 모델명 MOP-35 광 마우스를 사용하였다.

8.7.3 USB 카메라 사용하기

1. 커널 설정

Host PC 에서 커널로 이동하여 menuconfig 를 실행한다.

* USB 카메라에 대한 설정은 제공되는 커널의 기본 설정과 같으므로 설정 확인만 하도록 한다.

```
[root@HostPC linux-2.6.11-h270-tku]# make menuconfig
```

Menuconfig의 기본 화면이 나타난다. 항목 표시된 부분과 같이 체크 한다(스페이스 바 이용).

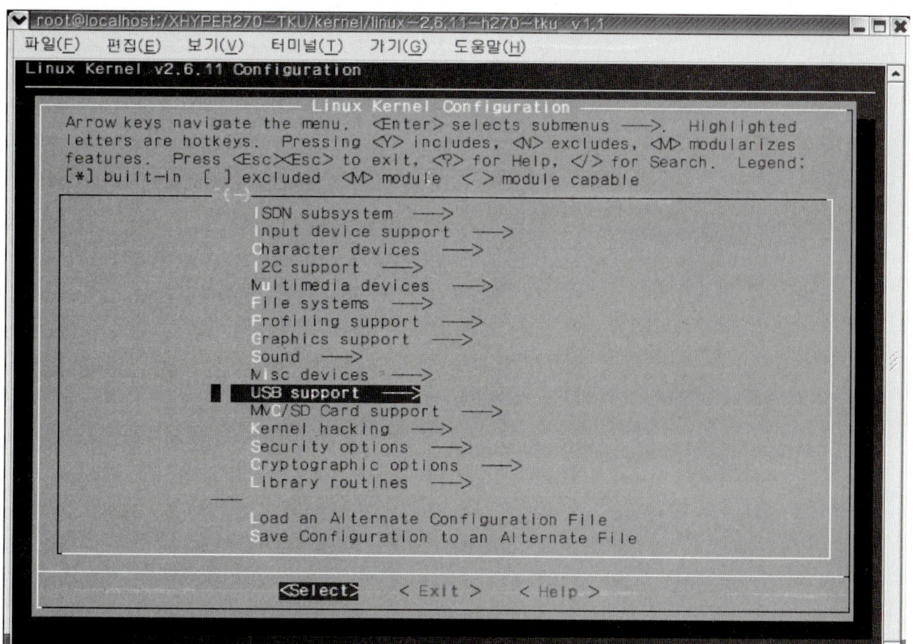

Main 화면에서 USB Support를 선택한다.

USB Support ---〉↵

〈*〉 Support for Host-side USB

---USB Host Controller Drivers

〈*〉 OHCI HCD support

--- USB Multimedia devices

〈*〉 USB OV511 Camera support

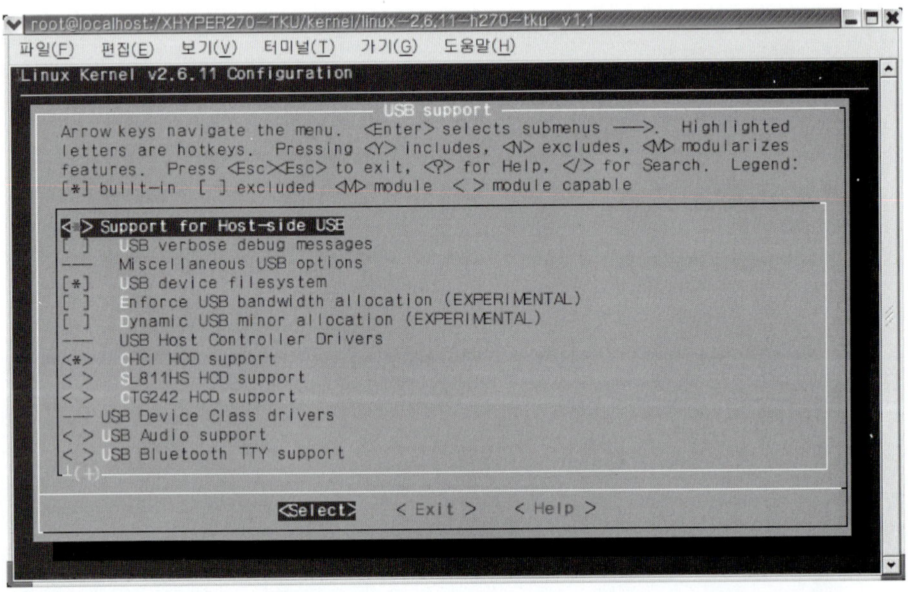

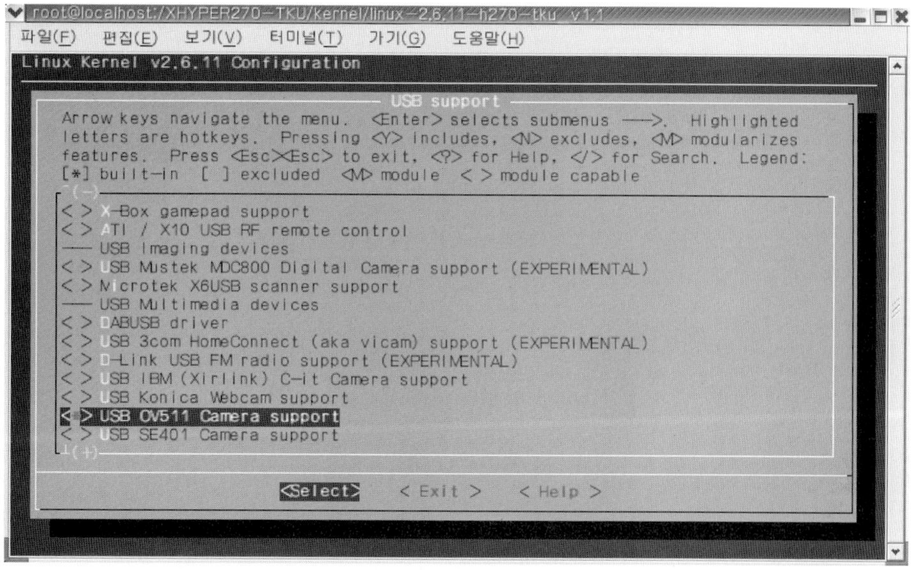

설정되었다면 메인화면으로 이동한다. 메인화면에서 Multimedia devices를 선택한다.

Multimedia devices ---〉↵

〈*〉 Video For Linux

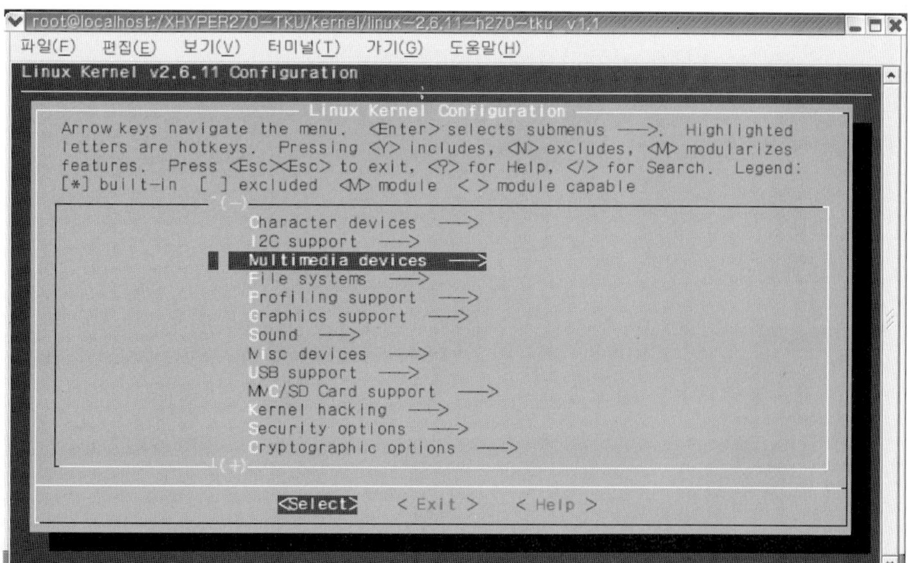

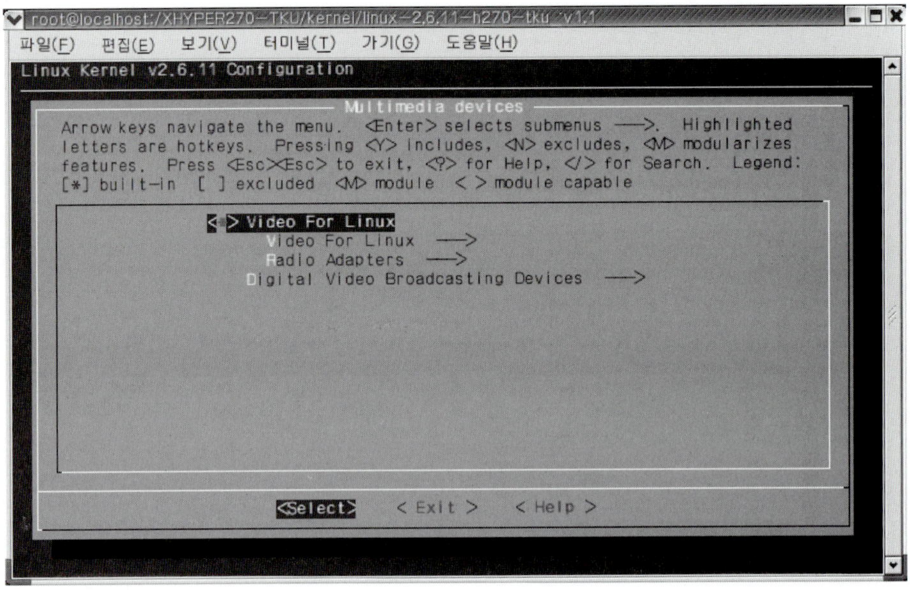

Menuconfig의 모든 셋팅을 마쳤다. 저장 후 menuconfig에서 빠져 나간다.

2. 빌드

Menuconfig가 완료되었다면 커널 컴파일을 실행한다.

```
[root@HostPC linux-2.6.11-h270-tku]# make clean
[root@HostPC linux-2.6.11-h270-tku]# make dep zImage
```

컴파일이 정상적으로 완료되면 arch/arm/boot로 이동하여 새로 컴파일 된 zImage를 확인할 수 있다.

```
☞ ll arch/arm/boot/zImage↵
```

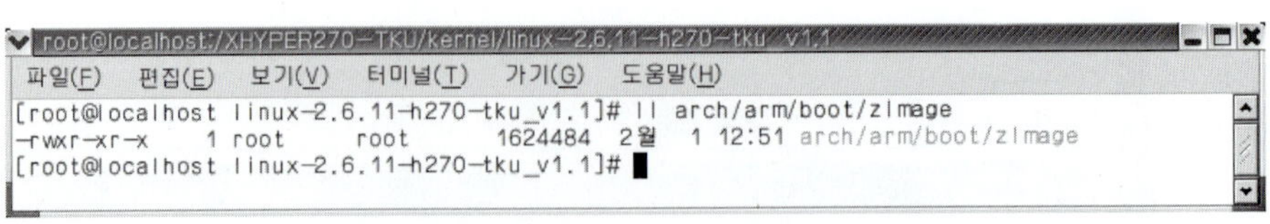

커널 이미지를 타깃보드로 올린다.

3. USB 카메라 설치 및 인식

USB 카메라를 보드에 장착한다. USB 드라이버가 정상적으로 커널에 추가 되면 보드에서 다음과 같은 메시지를 볼 수 있다. 카메라는 OmniMedia의 모델명 OMUC400의 OmniEye 인터넷 PC방 전용 USB 카메라를 사용하였다.

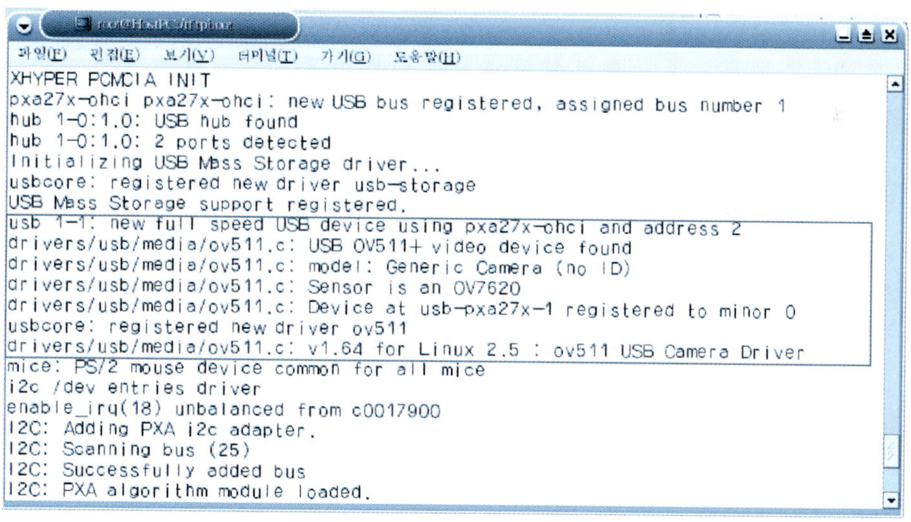

4. USB Camera 플레이어로 구동하기

USB Camera Player Porting

〈EffecTV-1〉 EffecTV source download

USB Camera 플레이어인 EffecTV 소스를 http://sourceforge.net/projects/effectv/에서 다운로드 한다.

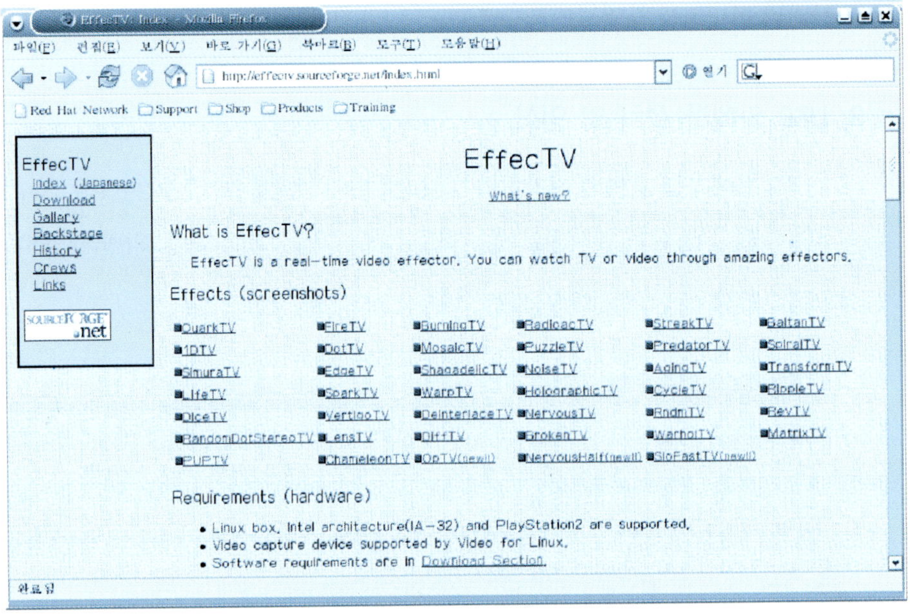

버전 및 다운로드 경로는 다음과 같다.

Version	: effectv-0.3.9
To	: /PROJECT/270_CAM/EffecTV
Source	: effectv-0.3.9.tar.gz

그리고 EffecTV 구동을 위한 소프트웨어 요구 사항은 아래와 같다.

이중 꼭 필요한 것이 크로스 플렛폼 멀티미디어 라이브러리인 SDL(Simple DirectMedia Layer)이다.

■ 요구(software)

–Latest bttv driver, if you have a capture card using Bt848 family.

–SDL library(version 1.1.7 or later).

–GCC. NASM for some effects. (optional)

–vloopback for video loop back feature. (version 0.91 or later, optional)

X-Hyper270-TKU의USB 카메라 플레이어를 위해선 SDL-1.2.6 버전을 사용하였다.

SDL은 타깃보드의 플렛폼에 맞도록 환경을 설정하고 컴파일과 인스톨을 하여야 한다.

SDL 다운로드 사이트는 http://libsdl.org/release/SDL-1.2.6.tar.gz이다.

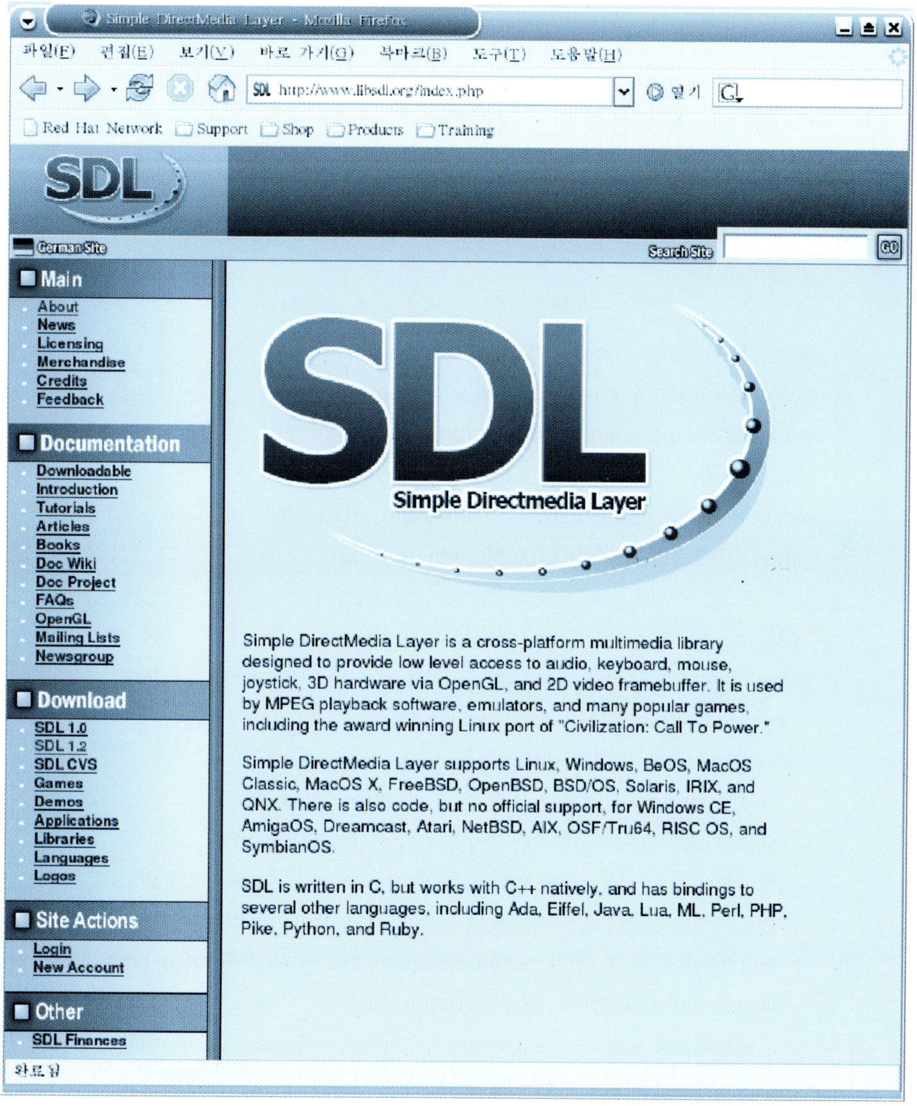

SDL 소스를 다운로드한 후 압축을 해제한다. 그런 다음 X-Hyper270-TKU 환경에 맞도록 환경설정을 해주어야 한다. 환경 설정 파일을 mysdlconfig라는 이름으로 생성한다.

```
[root@HostPC SDL-1.2.6]# vi mysdlconfig
```

파일은 내용을 다음과 같이 작성한다.

```
#!/bin/sh

export NM="/opt/iwmmxt-1.0.0/bin/arm-linux-nm"
export LD="/opt/iwmmxt-1.0.0/bin/arm-linux-ld"
export CC="/opt/iwmmxt-1.0.0/bin/arm-linux-gcc"
export CXX="/opt/iwmmxt-1.0.0/bin/arm-linux-g++"
export RANLIB="/opt/iwmmxt-1.0.0/bin/arm-linux-ranlib"
export AR="/opt/iwmmxt-1.0.0/bin/arm-linux-ar"

./configure --build=i386-linux --host=arm-linux ₩
--prefix=/usr/ARMV5TE-linux ₩                        // install directory
--x-includes=/usr/X11R6_ARM/include ₩// X
--x-libraries=/usr/X11R6_ARM/lib ₩
--disable-debug --disable-joystick --disable-cdrom ₩
--disable-diskaudio --disable-mintaudio --disable-esd ₩
--disable-nasm --disable-dga --disable-video-x11-dgamouse ₩
--disable-video-x11-xv --disable-video-x11-xinerama ₩
--disable-video-x11-xme --disable-video-dga --disable-video-photon ₩
--disable-video-ps2gs --disable-video-xbios ₩
--disable-video-gem --disable-video-opengl --disable-input-events ₩
--disable-stdio-redirect --disable-directx --disable-atari-ldg
```

실행 설정 권한을 적용한 후 실행한다.

```
[root@HostPC SDL-1.2.6]# chmod +x mysdlconfig
[root@HostPC SDL-1.2.6]# ./mysdlconfig
```

이제 컴파일 및 설치를 한다.

```
[root@HostPC SDL-1.2.6]# make clean
[root@HostPC SDL-1.2.6]# make
[root@HostPC SDL-1.2.6]# make install
```

또한 SDL을 타깃보드의 플렛폼에 맞도록 설정하기 위해선 타깃보드의 플렛폼에 맞도록 포팅된 Tiny-X 환경이 필요하다. Tiny-X 포팅을 위한 소스는 XFree86 source download 사이트인 http://www.xfree.org/에서 다운로드할 수 있다. X-Hyper270-TKU는 xfree86-4.4.0 버전을 이용하였다. X-Hyper270-TKU 용 XFree86 패치 파일은 홈페이지 자료실에서diff-xhyper270-tku-xfree86으로 찾을 수 있다. 다운로드해서 패치한 후 컴파일을 하도록 하자.

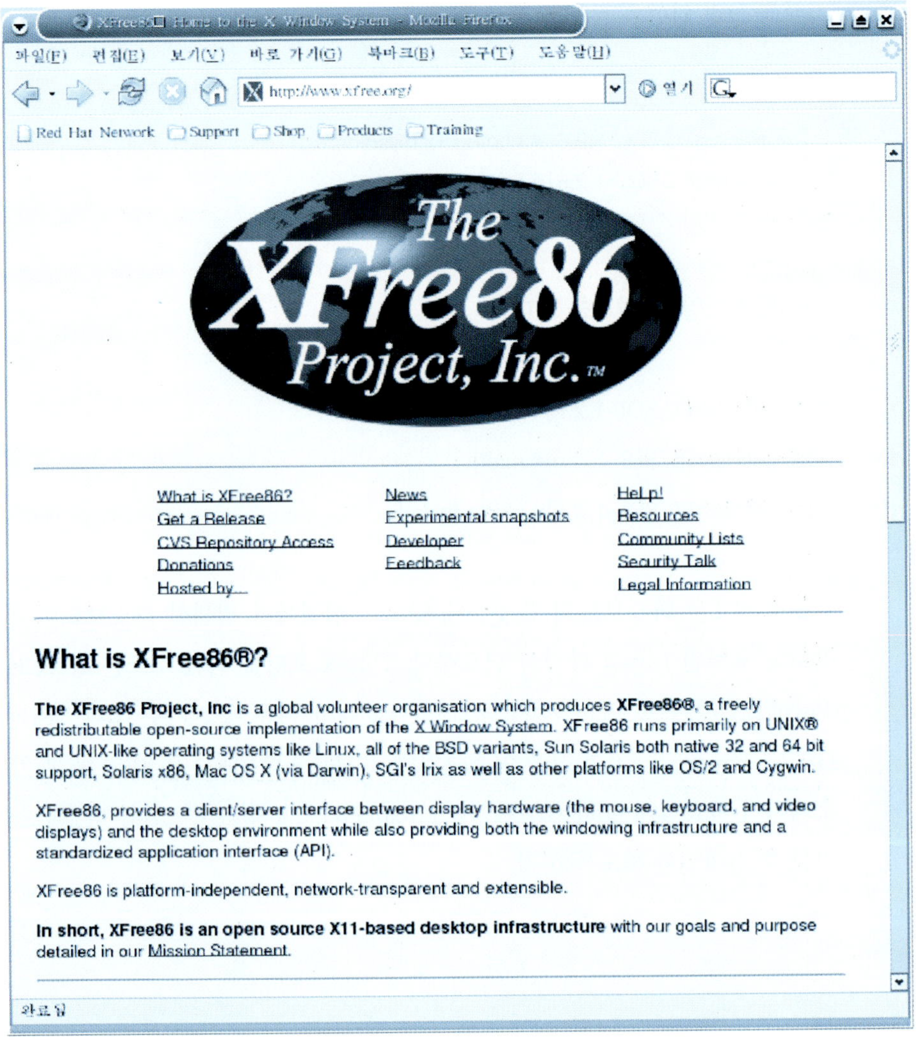

〈EffecTV-2〉 소스 압축 해제

다운로드한 소스의 압축을 해제한다.

```
[root@HostPC EffecTV]# tar xvzf effectv-0.3.9.tar.gz
```

실행 결과 effectv-0.3.9/ 디렉토리가 생성되었다.

〈EffecTV-3〉 X-Hyper270-TKU에서 실행할 수 있도록 변경

EffecTV를 X-Hyper270-TKU 에 맞도록 하기위해 변경할 파일은 총 10개이다.

patching file config.mk	patching file Makefile
patching file EffecTV.h	patching file screen.h
patching file main.c	patching file palette.c
patching file screen.c	patching file effects/Makefile
patching file tools/Makefile	patching file v4lutils/Makefile

그림을 보면서 변경할 부분을 설명하겠다.

① patching file config.mk

[root@HostPC effectv-0.3.9]# vi config.mk을 실행하여 라인15, 17, 61, 63 그리고 64 부분의 코드를 수정한다.

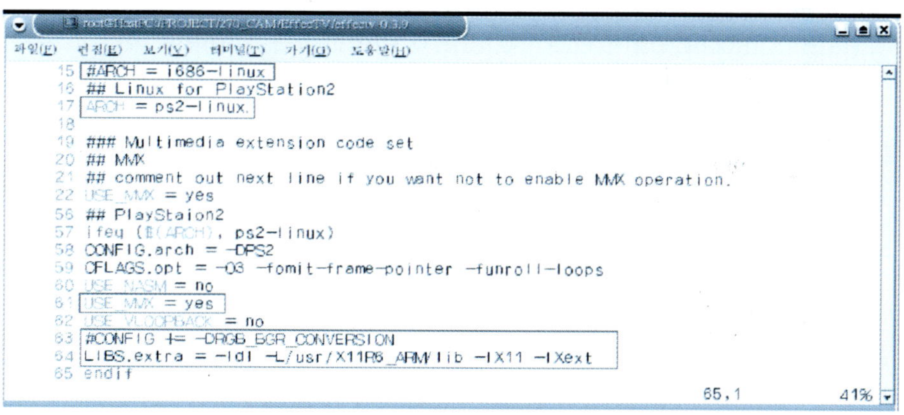

② patching file Makefile

[root@HostPC effectv-0.3.9]# vi Makefile을 실행하여 라인 5, 9 그리고 10 부분의 코드를 수정한다.

```
 1 # Makefile for EffecTV
 2
 3 include ./config.mk
 4
 5 CC = /opt/iwmmxt-1.0.0/bin/arm-linux-gcc
 6 NASM = nasm
 7 INSTALL = /usr/bin/install -c
 8
 9 CFLAGS = $(CONFIG) $(CONFIG.arch) $(CFLAGS.opt) -Iv4lutils -I/usr/ARMV5TE-linux/include/SDL -D_REENTRANT
10 LIBS = v4lutils/libv4lutils.a -lm -L/usr/ARMV5TE-linux/lib -Wl,-rpath,/usr/ARMV5TE-linux/lib -lSDL -lpthread -lesd $(LIBS.extra)
11
12 PROGRAM = effectv
13
14 COREOBJS = main.o screen.o video.o frequencies.o palette.o
15 VLOOPBACKOBJS = vloopback.o
16 UTILS = utils.o yuv.o buffer.o image.o
17
18 OBJS = $(COREOBJS) $(UTILS)
19
                                                  1,1          꼭대기
```

③ patching file EffecTV.h

[root@HostPC effectv-0.3.9]# vi EffecTV.h을 실행하여 라인 26 부분의 코드를 수정한다.

```
19  * Foundation, Inc., 59 Temple Place, Suite 330, Boston, MA  02111-1307  USA
20  *
21  */
22
23 #ifndef __EFFECTV_H__
24 #define __EFFECTV_H__
25
26 #include <SDL.h>
27 #include "screen.h"
28 #include "video.h"
29
30 #define VERSION_MAJOR 0
31 #define VERSION_MINOR 3
32 #define VERSION_PATCH 9
33 #define VERSION_STRING "0.3.9"
34
35 #define DEFAULT_VIDEO_WIDTH 320
36 #define DEFAULT_VIDEO_HEIGHT 240
37
38 #ifndef DEFAULT_VIDEO_DEVICE
39 #define DEFAULT_VIDEO_DEVICE "/dev/video0"
:set nu                                           39,1          38%
```

④ patching file screen.h

[root@HostPC effectv-0.3.9]# vi screen.h을 실행하여 라인 12 부분의 코드를 수정한다.

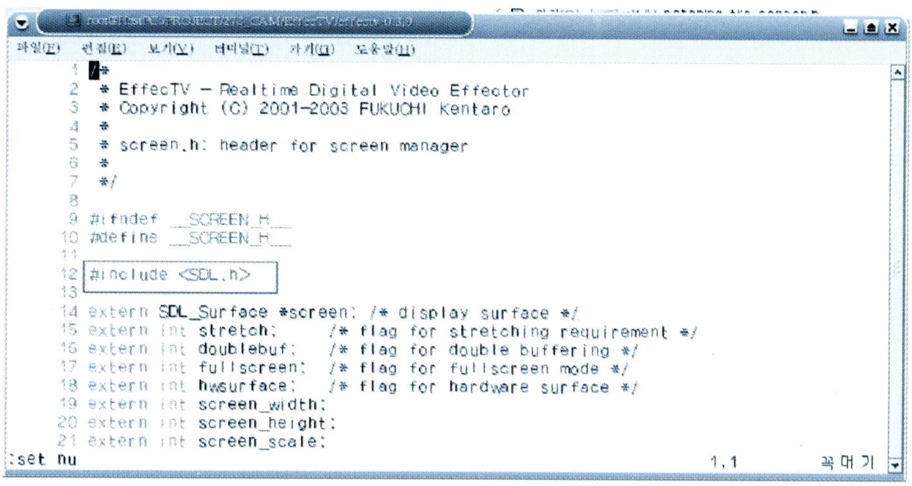

⑤ patching file main.c

[root@HostPC effectv-0.3.9]# vi main.c을 실행하여 라인29, 318, 322, 372, 374, 377, 378 그리고 382 부분의 코드를 수정한다.

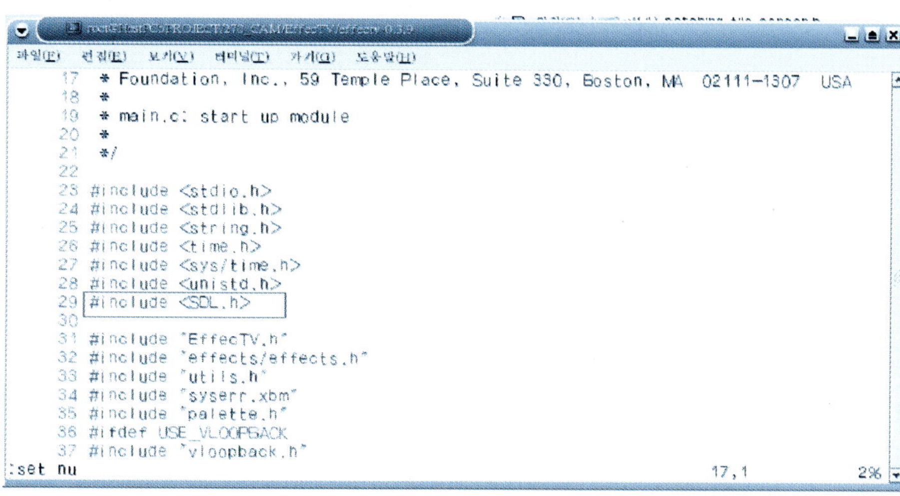

〈main.c 수정 계속〉

```
        currentEffectNum = searchEffect(startEffect);
    } else {
        currentEffectNum = 0;
    }
    currentEffect = NULL;
    flag = changeEffect(currentEffectNum);
    if(autoplay) {
        autoplay_counter = autoplay;
    }

//  if(fps) {
        gettimeofday(&tv, NULL);
        lastusec = tv.tv_sec*1000000+tv.tv_usec;
        frames = 0;
//  }
    while(flag) {
        if(flag == 1) {
            ret = video_syncframe();
            if(ret != 0) {
                flag = 2;
            } else {
```

```
        }
        if (flag == 3) {
            usleep(300);
        }

//      if(fps) {
            frames++;
            if(frames == 10) {
                gettimeofday(&tv, NULL);
                usec = tv.tv_sec*1000000+tv.tv_usec;
                printf("%s (%2.2f fps)", currentEffect->name, (float)100000000/(usec - lastusec));
//              screen_setcaption(buf);
                lastusec = usec;
                frames = 0;
            }
//      }

        if(autoplay) {
            autoplay_counter--;
            if(autoplay_counter == 0) {
```

⑥ patching file palette.c

[root@HostPC effectv-0.3.9]# vi palette.c을 실행하여 라인 102 그리고 103 부분의 코드를 수정한다.

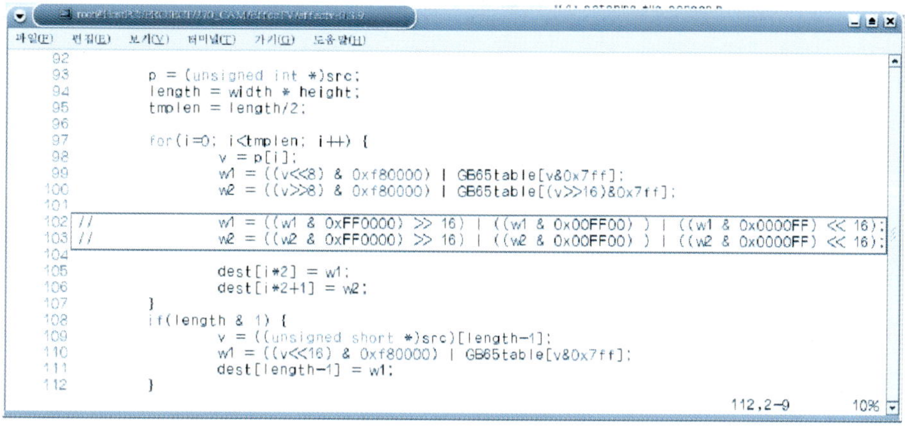

```
92
93          p = (unsigned int *)src;
94          length = width * height;
95          tmplen = length/2;
96
97          for(i=0; i<tmplen; i++) {
98                  v = p[i];
99                  w1 = ((v<<8) & 0xf80000) | GB65table[v&0x7ff];
100                 w2 = ((v>>8) & 0xf80000) | GB65table[(v>>16)&0x7ff];
101
102 //              w1 = ((w1 & 0xFF0000) >> 16) | ((w1 & 0x00FF00) ) | ((w1 & 0x0000FF) << 16);
103 //              w2 = ((w2 & 0xFF0000) >> 16) | ((w2 & 0x00FF00) ) | ((w2 & 0x0000FF) << 16);
104
105                 dest[i*2] = w1;
106                 dest[i*2+1] = w2;
107         }
108         if(length & 1) {
109                 v = ((unsigned short *)src)[length-1];
110                 w1 = ((v<<16) & 0xf80000) | GB65table[v&0x7ff];
111                 dest[length-1] = w1;
112         }
                                                              112,2-9       10%
```

⑦ patching file screen.c

[root@HostPC effectv-0.3.9]# vi screen.c 을 실행하여 라인 12 부분의 코드를 수정한다.

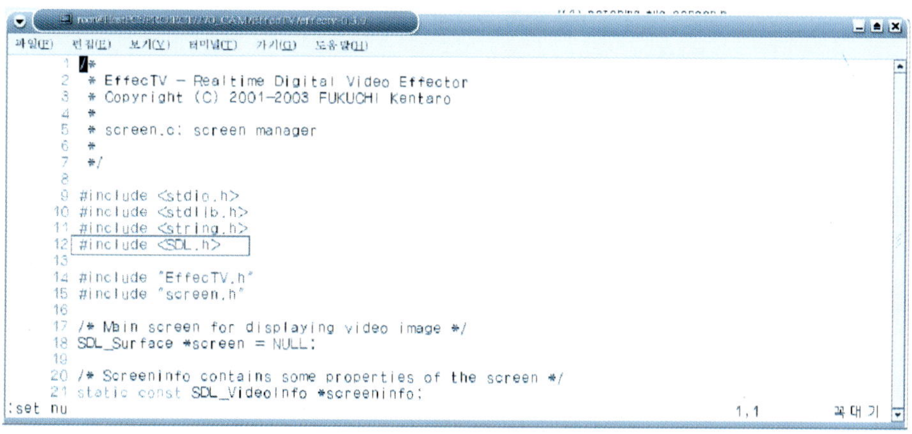

```
1  /*
2   * EffecTV - Realtime Digital Video Effector
3   * Copyright (C) 2001-2003 FUKUCHI Kentaro
4   *
5   * screen.c: screen manager
6   *
7   */
8
9  #include <stdio.h>
10 #include <stdlib.h>
11 #include <string.h>
12 #include <SDL.h>
13
14 #include "EffecTV.h"
15 #include "screen.h"
16
17 /* Main screen for displaying video image */
18 SDL_Surface *screen = NULL;
19
20 /* Screeninfo contains some properties of the screen */
21 static const SDL_VideoInfo *screeninfo;
:set nu                                                       1,1       꼭대기
```

⑧ patching file effects/Makefile

[root@HostPC effectv-0.3.9]# vi effects/Makefile을 실행하여 라인 5, 7, 8 그리고 83 부분의 코드를 수정한다.

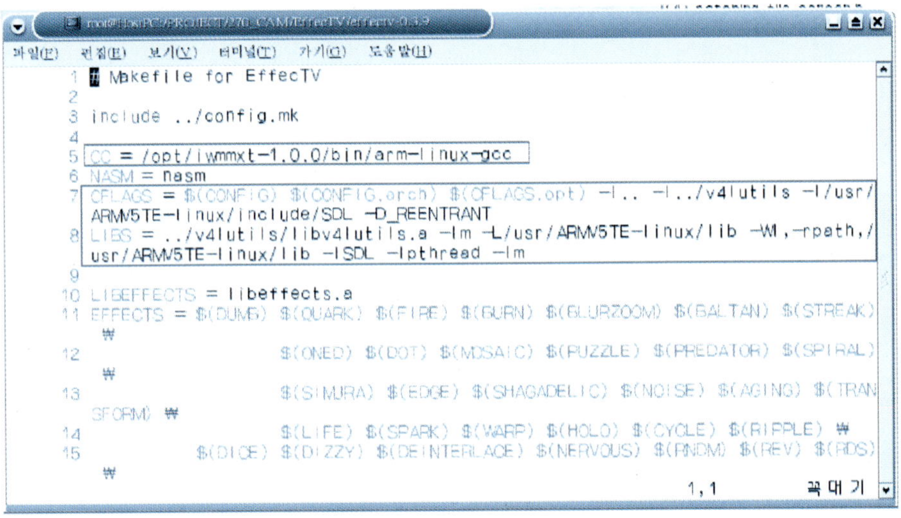

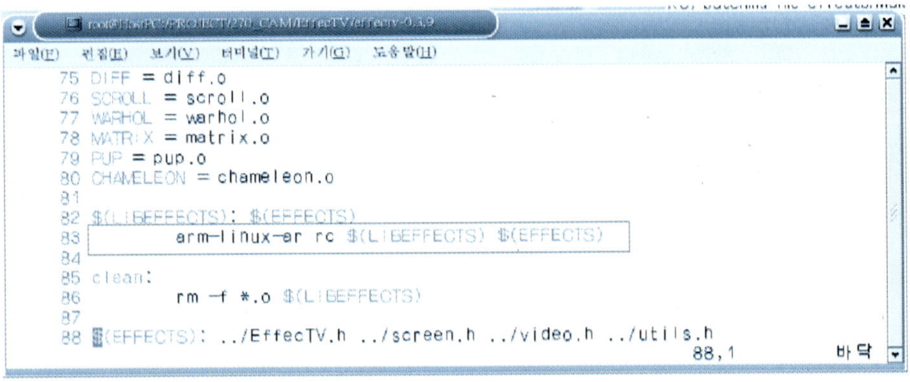

⑨ patching file tools/Makefile

[root@HostPC effectv-0.3.9]# vi tools/Makefile 을 실행하여 라인 5 부분의 코드를 수정한다.

```
1  # Makefile for EffecTV/tools
2
3  include ../config.mk
4
5  CC = /opt/iwmmxt-1.0.0/bin/arm-linux-gcc
6  NASM = nasm
7  INSTALL = /usr/bin/install -c
8
9  CFLAGS = $(CONFIG) $(CONFIG.arch) $(CFLAGS.opt)
10 LIBS =
11
                                          1,1        꼭대기
```

⑩ patching file v4lutils/Makefile

[root@HostPC effectv-0.3.9]# vi v4lutils/Makefile을 실행하여 라인 5 그리고 20 부분의 코드를 수정한다.

```
1  # Makefile for v4lutils
2
3  include ../config.mk
4
5  CC = /opt/iwmmxt-1.0.0/bin/arm-linux-gcc
6  CFLAGS = $(CONFIG) $(CONFIG.arch) $(CFLAGS.opt)
7  LIBS =
8
9  %.o: %.c
10         $(CC) $(CFLAGS) -Wall -c -o $@ $<
11
12 all-recursive: all
13 all: libv4lutils.a
14
15 install: libv4lutils.a
16         cp -f libv4lutils.a /usr/local/lib/
17         cp -f v4lutils.h /usr/local/include/
18
19 libv4lutils.a: v4lutils.o
20         arm-linux-ar rc libv4lutils.a v4lutils.o
21
                                          1,1        꼭대기
```

〈EffecTV-4. 컴파일과 인스톨〉

타깃보드에 맞는 컴파일 환경을 설정했으면 이제 컴파일을 실행하자.

```
[root@HostPC effectv-0.3.9]# make
[root@HostPC effectv-0.3.9]# make install
```

```
root@localhost:~/EffecTV/effectv-0.3.9
파일(F)  편집(E)  보기(V)  터미널(T)  가기(G)  도움말(H)
[root@localhost effectv-0.3.9]# make
make[1]: 들어감 `/root/EffecTV/effectv-0.3.9/effects' 디렉토리
make[2]: 들어감 `/root/EffecTV/effectv-0.3.9/effects' 디렉토리
/opt/iwmmxt-1.0.0/bin/arm-linux-gcc -DUSE_MMX -DDEFAULT_VIDEO_DEVICE=₩"/dev/vid
eo0"₩" -DPS2 -O3 -fomit-frame-pointer -funroll-loops -I.. -I../v4lutils -I/usr/A
RMV5TE-linux/include/SDL -D_REENTRANT -Wall -c -o dumb.o dumb.c
arm-linux-gcc: -I/usr/ARMV5TE-linux/include/SDL: linker input file unused becaus
e linking not done
/opt/iwmmxt-1.0.0/bin/arm-linux-gcc -DUSE_MMX -DDEFAULT_VIDEO_DEVICE=₩"/dev/vid
eo0"₩" -DPS2 -O3 -fomit-frame-pointer -funroll-loops -I.. -I../v4lutils -I/usr/A
RMV5TE-linux/include/SDL -D_REENTRANT -Wall -c -o quark.o quark.c
arm-linux-gcc: -I/usr/ARMV5TE-linux/include/SDL: linker input file unused becaus
e linking not done
/opt/iwmmxt-1.0.0/bin/arm-linux-gcc -DUSE_MMX -DDEFAULT_VIDEO_DEVICE=₩"/dev/vid
eo0"₩" -DPS2 -O3 -fomit-frame-pointer -funroll-loops -I.. -I../v4lutils -I/usr/A
RMV5TE-linux/include/SDL -D_REENTRANT -Wall -c -o fire.o fire.c
```

```
root@localhost:~/EffecTV/effectv-0.3.9
파일(F)  편집(E)  보기(V)  터미널(T)  가기(G)  도움말(H)
[root@localhost effectv-0.3.9]# make install
/usr/bin/install -c -s effectv /usr/local/bin/
strip: Warning: Output file cannot represent architecture UNKNOWN!
/usr/bin/install -c effectv.1 /usr/local/man/man1/
[root@localhost effectv-0.3.9]#
```

```
root@localhost:~/EffecTV/effectv-0.3.9
파일(F)  편집(E)  보기(V)  터미널(T)  가기(G)  도움말(H)
[root@localhost effectv-0.3.9]# ls /usr/local/bin/effectv
/usr/local/bin/effectv
[root@localhost effectv-0.3.9]# ls /usr/local/man/man1/effectv.1
/usr/local/man/man1/effectv.1
[root@localhost effectv-0.3.9]#
```

EffecTV 포팅 결과로 실행 파일 effectv와 매뉴얼 파일 effectv.1을 얻었다.

포팅 결과물인 effectv 파일을 타깃보드로 업로드해야 한다.

우선 /usr/ARMV5TE_linux/lib/libSDL-1.2.so.0, /usr/local/bin/effectv 파일을 ftp로 접속할 홈디렉토리로 복사한 후 ftp로 접속한다(필자의 일반계정 홈디렉토리는 /home/sn1995ar이다).

```
[root@lcoalhost ~]# cp /usr/ARMV5TE_linux/lib/libSDL-1.2.so.0 /home/sn1995ar
[root@lcoalhost ~]# cp /usr/local/bin/effectv /home/sn1995ar
```

☞ ftp 192.168.128.129↵
☞ get effectv↵
☞ get libSDL-1.2.so.o↵

```
root@localhost:~
파일(F) 편집(E) 보기(V) 터미널(T) 가기(G) 도움말(H)
[root@xhyper ~]# ftp 192.168.128.129
Connected to 192.168.128.129.
220 (vsFTPd 1.1.3)
Name (192.168.128.129:root): sn1995ar
331 Please specify the password.
Password:
230 Login successful. Have fun.
Remote system type is UNIX.
Using binary mode to transfer files.
ftp> ls
200 PORT command successful. Consider using PASV.
150 Here comes the directory listing.
-rwxr-xr-x    1 0        0           13308 Feb 01 01:02 cgitest
-rwxr-xr-x    1 0        0          352884 Feb 01 01:19 dillo
-rwxr-xr-x    1 0        0          160904 Feb 06 10:15 effectv
-rwxr-xr-x    1 0        0           45120 Feb 01 01:58 iptables
-rwxr-xr-x    1 0        0           48036 Feb 01 01:58 iptables-save
-rwxr-xr-x    1 0        0          376776 Feb 06 10:16 libSDL-1.2.so.0
-rwxr-xr-x    1 0        0            4044 Feb 01 01:58 libipt_MASQUERADE.so
-rwxr-xr-x    1 0        0         3326532 Feb 01 02:52 mplayer
-rw-r--r--    1 0        0         1218560 Jan 27 01:49 web.tar
-rwxr-xr-x    1 0        0          273956 Jan 27 01:37 webs
226 Directory send OK.
ftp> get effectv
local: effectv remote: effectv
200 PORT command successful. Consider using PASV.
150 Opening BINARY mode data connection for effectv (160904 bytes).
226 File send OK.
160904 bytes received in 0.622 secs (2.5e+02 Kbytes/sec)
ftp> get libSDL-1.2.so.0
local: libSDL-1.2.so.0 remote: libSDL-1.2.so.0
200 PORT command successful. Consider using PASV.
150 Opening BINARY mode data connection for libSDL-1.2.so.0 (376776 bytes).
226 File send OK.
376776 bytes received in 1.36 secs (2.7e+02 Kbytes/sec)
ftp> █
```

root에 다운 받은 파일을 /usr/lib와 /usr/bin에 복사한다.

```
[root@hybus ~]# cp libSDL-1.2.so.0 /usr/lib/     // 라이브러리 추가
[root@hybus ~]# cp effectv /usr/bin/             // 캠 플레이어 저장
```

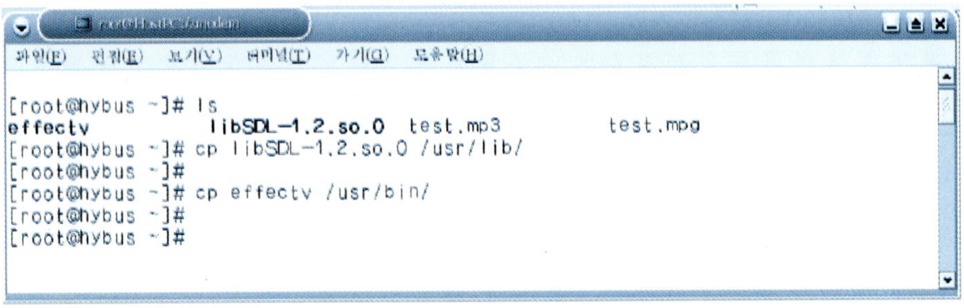

/dev로 이동하여 디바이스 노드 video를 생성하고, 심볼릭 링크 파일인 video0를 생성한다.

```
[root@hybus dev]# mknod video c 81 0
[root@hybus dev]# ln -s video video0
```

```
[root@hybus dev]#
[root@hybus dev]# ls
audio    fb7      keypad   mtd0     ram0     sda      tty0     tty5
console  hda      kmem     mtd1     ram1     sda1     tty1     tty6
dsp      hda1     log      mtd2     ram2     sda2     tty10    tty7
fb       hda2     mem      mtd3     ram3     sda3     tty11    tty8
fb0      hda3     mixer    mtdr0    random   sdb      tty12    tty9
fb1      hda4     mk712    mtdr1    rom0     sdb1     tty13    ttyS0
fb2      hda5     mmc      mtdr2    rom1     sdb2     tty14    ttyS1
fb3      hda6     mmc1     mtdr3    rom2     sdb3     tty15    ttyS2
fb4      hda7     mmc2     null     rom3     ts       tty2     urandom
fb5      initctl  mmc3     ptmx     root     tscal    tty3     zero
fb6      input    mouse    pts      rtc      tty      tty4
[root@hybus dev]#
[root@hybus dev]# mknod video c 81 0
[root@hybus dev]#
[root@hybus dev]# ln -s video video0
[root@hybus dev]#
[root@hybus dev]# ls
audio    hda      log      mtd3     random   sdb1     tty14    ttyS2
console  hda1     mem      mtdr0    rom0     sdb2     tty15    urandom
dsp      hda2     mixer    mtdr1    rom1     sdb3     tty2     video
fb       hda3     mk712    mtdr2    rom2     ts       tty3     video0
fb0      hda4     mmc      mtdr3    rom3     tscal    tty4     zero
fb1      hda5     mmc1     null     root     tty      tty5
fb2      hda6     mmc2     ptmx     rtc      tty0     tty6
fb3      hda7     mmc3     pts      sda      tty1     tty7
fb4      initctl  mouse    ram0     sda1     tty10    tty8
fb5      input    mtd0     ram1     sda2     tty11    tty9
fb6      keypad   mtd1     ram2     sda3     tty12    ttyS0
fb7      kmem     mtd2     ram3     sdb      tty13    ttyS1
[root@hybus dev]#
```

이제 모든 USB 카메라를 실행하기 위한 모든 준비는 끝났다.

다음 명령을 실행한다.

```
[root@hybus ~]# export DISPLAY=:0.0
[root@hybus ~]# effectv
```

```
root@HostPC:/zmodem
파일(F)  편집(E)  보기(V)  터미널(T)  가기(G)  도움말(H)
[root@hybus ~]# export DISPLAY=:0.0
[root@hybus ~]#
[root@hybus ~]# effectv
DumbTV OK.
QuarkTV OK.
FireTV OK.
BurningTV OK.
RadioacTV OK.
StreakTV OK.
BaltanTV OK.
1DTV OK.
DotTV OK.
MosaicTV OK.
PuzzleTV OK.
PredatorTV OK.
SpiralTV OK.
SimuraTV OK.
EdgeTV OK.
ShagadelicTV OK.
NoiseTV OK.
AgingTV OK.
TransFormTV OK.
LifeTV OK.
SparkTV OK.
warpTV OK.
HolographicTV OK.
cycleTV OK.
RippleTV OK.
DiceTV OK.
VertigoTV OK.
DeinterlaceTV OK.
NervousTV OK.
RndmTV OK.
RevTV OK.
RandomDotStereoTV OK.
lensTV OK.
DiffTV OK.
BrokenTV OK.
WarholTV OK.
MatrixTV OK.
PUPTV OK.
ChameleonTV OK.
39 effects are available.

CTRL-A Z for help |115200 8N1 | NOR | Minicom 2.00.0 | VT102 |     Offline
```

위와 같은 메시지가 나오면 정상적으로 실행된 것이다.

이제 보드의 LCD로 USB 카메라로부터 전송 받은 영상을 볼 수 있다.

참고문헌

[1] "The Embedded Software Strategic Market Intelligence Program 2002/2003," VDC(Venture Development Corporation), Feb., 2003.

[2] S. Shavor, J. D'anjou, S. Fairbrother, etc., 'The Java Developer's Guide to Eclipse,' Addison Wesley, 2003.

[3] 윤성준 · 조상민 · 송정일, 'Java 세상을 덮치는 Eclipse,' 인사이트, 2003.

[4] http://www.eclipse.org

[5] Rick Lehrbaum, "Snapshot of the Embedded Linux market," LinuxDevices.com, May. 2003, http://www.linuxdevices.com/articles/AT7301151332.html.

[6] Rick Lehrbaum, "EDC: Embedded Linux remains #1 choice of developers - despite tools dissatisfaction," http://www.linuxdevices.com/articles/AT4787985721.html.

[7] http://www.jungo.com/windriver.html

[8] http://www.compuware.com/products/driverstudio/default.htm

[9] http://www.microsoft.com/whdc/ddk/winddk.mspx

[10] http://esto.etri.re.kr

[11] 몬타비스타 소프트웨어 코리아㈜, "몬타비스타, 임베디드용 리눅스 제품군," Real-Time Embedded World, Vol.9, Sep. 2003, pp.110-114.

[12] http://lbs.sourceforge.net

[13] http://www.iozone.org

[14] http://www.tux.org/~mayer/linux/bmark.html

[15] http://www.hybus.net

[16] WOWLINUX, 2003. 리눅스 명령어 사용하기 http://www.wowlinux.co.kr/information/freshmanlist.html

[17] 김용민, 남상엽, 박신성, "임베디드 리눅스 프로그래밍", 상학당, 2005.10.20

[18] 김정국, 손재기, 박상현, "임베디드 리눅스의 이해", 상학당, 2005.9.5

[19] Jonathan Corbet, Alessandro Rubini, Greg Kroah-Hartman 'Linux Device Drivers, Third Edition', O'Reilly, 2005

찾아보기

저자 약력

■ 남 상 엽
- 공학박사
- 삼성종합기술원 정보시스템연구소 근무
- 모토로라 반도체통신(주) 기술연구소 근무
- (현) 국제대학 정보통신과 교수

■ 노 성 동
- Hawaii Pacific University 컴퓨터 전공
- 성공회대학교 겸임교수
- (현) HyBus(주) 교육부 팀장

■ 노 태 상
- 고려대학교 졸업
- (주)리눅스원 정보기술 사업부 부서장
- 삼성전자, LG전자, ETRI 개발자
  양성 프로그램 강사
- (현) 아이엠 대표이사

■ 우 종 정
- 경북대학교 전자공학과 학사
- University of Texas at Austin 석사 및 박사
- 산업연구원 책임연구원
- IBM at Austin, U.S.A. PowerPC 개발 참여
- (현) 성신여자대학교 컴퓨터정보학부 교수

임베디드 시스템 구조 및 응용

2007년 5월 1일 2판 1쇄 발행

저 자 남상엽 · 노성동
노태상 · 우종정

발행인 남 승 우

발행처 도서출판 상尙 학學 당堂

서울특별시 동작구 사당3동 220-43
TEL : 02) 595-1692~4
FAX : 02) 595-1394
E-mail : namdoo6@unitel.co.kr
신고 : 2-155호 (1968. 11. 29)

(CD 포함) **정가 24,000원**

ISBN 978-89-85437-68-4 93560

메인보드

"학교 교육용 기자재 장비에 적합하도록
특별 설계된 최고 성능의 실습장비"

하이버스(주) 교육지원 사항

- 무상교육 지원
- 실험실습교재 완비 (강의교재, 강의 슬라이드, 실습노트)
- 프로젝트 수업을 위한 가이드 교재 지원 (프로젝트 가이드 제공)

제품 사양

H/W Specification

구분	품 명	내 용
Main Board	CPU	Intel PXA270(520MHz)
	CPLD	Altera Max
	Memory	128MB SDRAM
		32MB Flash ROM
		64MB Nand Flash
	Ethernet	SMSC91C111 10/100MBps 2port
		CS8900A 10MBps 1port
	Display	TFT 6.4" Color LCD
		Touch Screen
	USB	USB Host 2.0 2port(TD242)
		USB Host 1.1 1port
		USB Slave 1port
	Audio	Audio-AC'97(CS4299)
	IDE	Mini IDE Interface
	VGA	VGA Interface
	Camera	CMOS Camera
	RTC/IrDA	RTC / IrDA
	Serial	Debug용 RS232C 1port
		Full Function RS232C 2port
		Full Function TTL 2port
	Interface	PCMCIA 1Slot / CF 1 Slot
		MMC/SD 1 Slot
		내장 Speaker L/R
		Mic, Speaker 1 Jack
		PXA270용 확장 180 pin
	JTAG	Emulator용 20 pin
		Flash write용 6 pin
	Sensor Network	IEEE802.15.4 RF Interface
		(Chipcon CC2420)
	FPGA	12만게이트 FPGA
	Education	DC Motor Controller
		Stepping motor Interface
		Char LCD (2×16)
		7 Segment - 8EA
		TEST LED - 8EA
		GPIO Key - 4EA
		Dot Matrix, ADC/DAC
		Key Matrix (4×4)

S/W Specification

품 명	내 용
O/S	Linux Kernel 2.6.11
	WindowsCE.NET 5.0, ETRI Qplus
Compiler	GNU Tool for ARM
JTAG	Jflash for X-Hyper27x
Bootloader	hybus-boot27x
FileSystem	JFFS2, YAFFS
GUI	TinyX for X-Hyper270TKU
Device Driver	CS8900 Ethernet
	SMSC91C111 Ethernet
	USB 1.1 Host/Slave
	AC'97 codec
	Frame buffer LCD
	Touch Screen
	RTC4513 / IrDA
	PCMCIA /CF
	MMC / SD
	Char LCD / Dot Matrix
	7 Segment / Stepping Motor
	Key Button / ADC DAC Device Driver
	GPIO용 Test Button(입력), LED(출력)
	IDE Controller
Application	CMOS Camera
	VGA Controller
	NFS 구축 S/W
	NAT 구축 S/W
	QT 3.3.3 Porting S/W
	Web Server 구축(Goahead) S/W
	Web Browser 구축(Dillo) S/W
	Char LCD Test Program
	Dot Matrix Test Program
	7 Segment Test Program
	Stepping Moter Test Program
	Key Scan Test Program
	ADC DAC Test program
	USB 카메라 지원 S/W
	USB Keyboard, Mouse 지원 S/W
	MPEG Player Porting S/W
GUI	센서네트워크 장비 연동 GUI
	PMP 개발을 위한 GUI Solution

제품 블록도

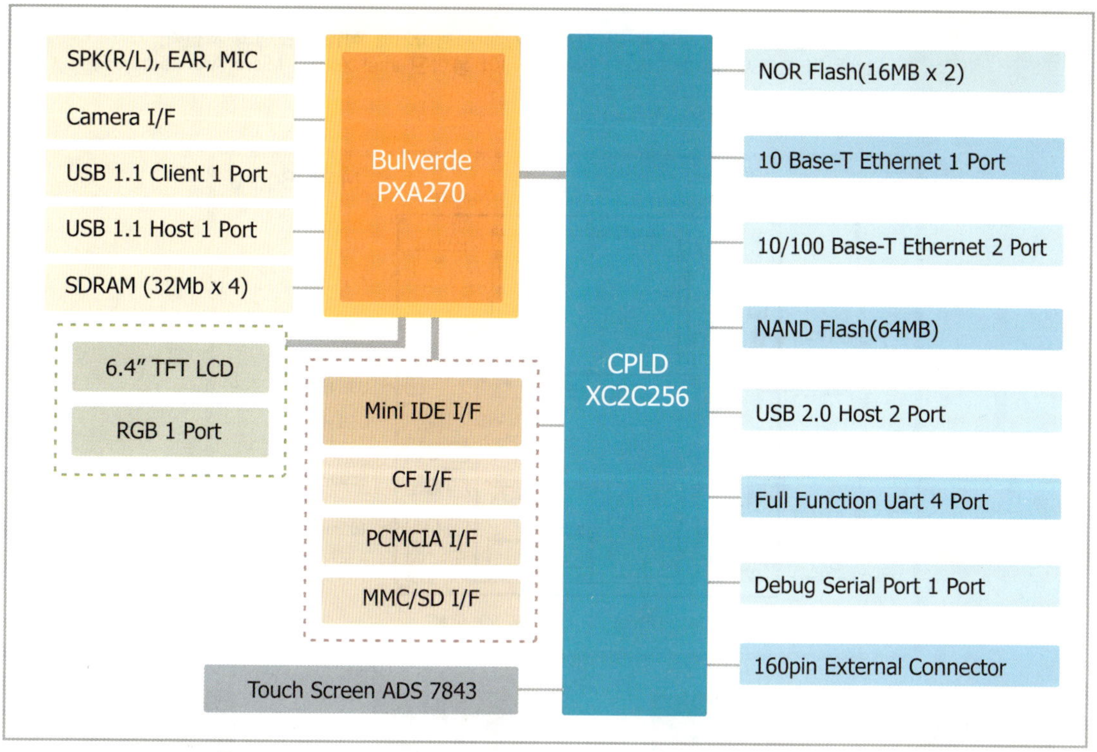

유비쿼터스(응용) 센서 네트워크 시스템 연동 S/W

로그인

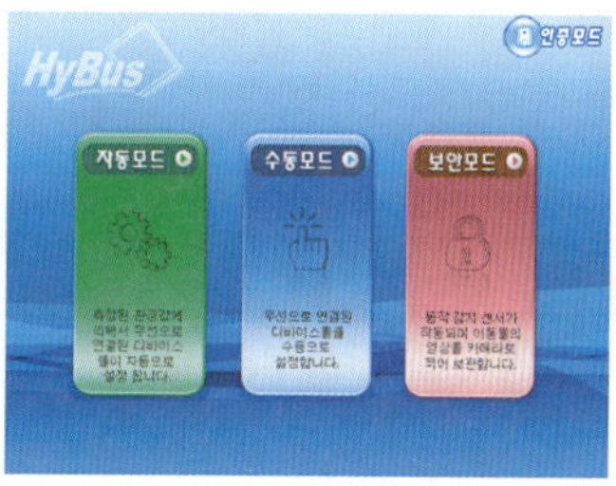

모드선택

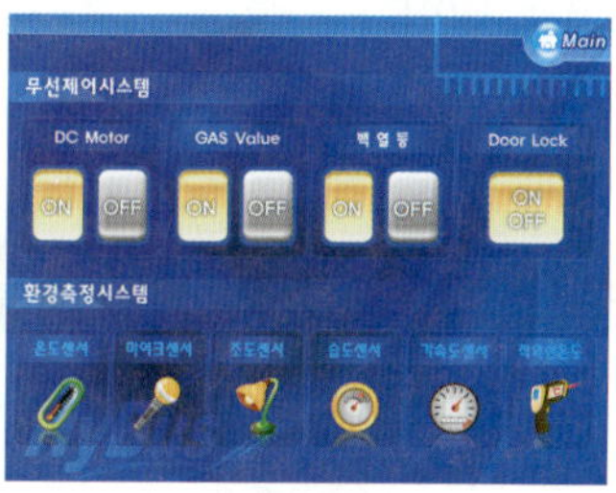

메뉴선택화면

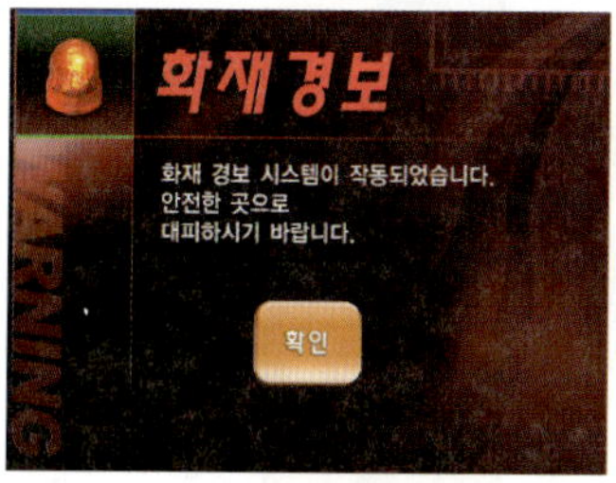

화재경보시스템

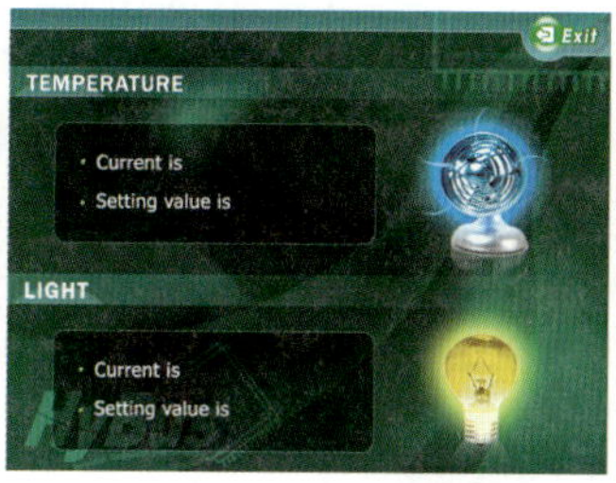

온도센서

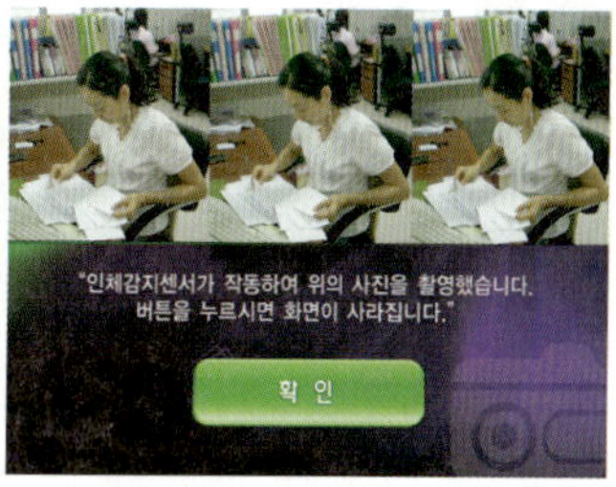

인체감지시스템

하이버스(주) www.hybus.net
서울시 구로구 구로3동 212-8번지 대륭포스트타워 1차 701호 • Tel : 02-2082-2400 • Fax : 02-2082-2406 • hybus@hybus.net

X-Hyper270TKU

제품 구성

PXA27x Processor

PXA27x 프로세서는 휴대용 및 범용 기기에 사용하기에 적합한 소형의 저전력, 고성능의 프로세서이며 다양한 Peripheral이 통합된 Intel Xscale Micro Architecture의 System-on-chip 마이크로프로세서이다.

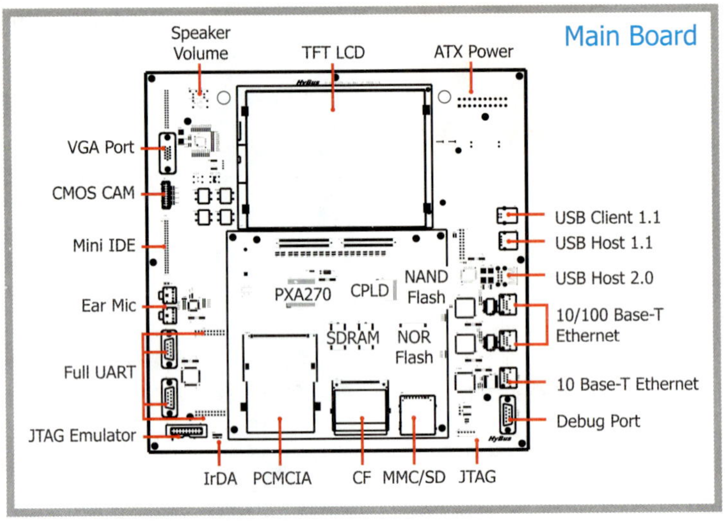

FPGA Board
(140만 게이트)

IEB Board
(기본)

NEW IEB Board 2.0 Revision

- 각각의 디바이스를 Address별로 직접 제어 가능
- 디바이스들을 직접 제어해 봄으로써 디바이스에 대한 정확한 이해가 요구됨 (교육용에 적합)

LPM Module

- 16x16 RGB LED Module Interface 가능
- 각 색상당 9bit 크기의 밝기 조절 가능
- PXA270TKU와 LPM Module간 Interface를 CPLD에서 담당 (사용자가 마음대로 코딩 가능)

교 재

[Embedded Linux 교재]

1. 임베디드 시스템
2. 임베디드 시스템 소프트웨어
3. X-Hyper270-TKU 임베디드 시스템 구성 및 성능
4. 임베디드 리눅스 시스템 개발환경 구축

:

8. 임베디드 리눅스 시스템 응용

[Embedded Linux 실습교재]

1. 임베디드 시스템 개요
2. 임베디드시스템 개발환경
3. Cross-complier
4. 리눅스 이미지 퓨징
5. 부트로더 이해하기
6. 커널 이미지 생성

:

13. GUI 프로그래밍

[WinCE 5.0 교재]

1. Windows CE 개요
2. X-Hyper270TKU 구성
3. 운영체계
4. WinCE 개발환경 구축
5. EBoot 환경 구축
6. Tiny Kernel 환경 구축
7. Handheld Device
8. Device Driver 구성
9. Application 구성

[전자/전기공학과용 교재]

1. ARM overview
2. Embedded Linux Overview
3. 리눅스 시스템 개발환경
4. 하드웨어 회로 설계 방법
5. JTAG 이해 및 Fusing 알고리즘
6. 펌웨어를 이용한 제어
7. 디바이스 드라이버
8. 하드웨어를 이용한 응용 프로그램

[Network Embedded 교재]

1. 리눅스 명령어 설명
2. 네트워크 프로그램의 기본
3. INETD와 네트워크 서비스
4. Socket programming
5. Packet Analysis
6. 유선 LAN 이론

:

12. wireless LAN

[강의용 PPT 교재]

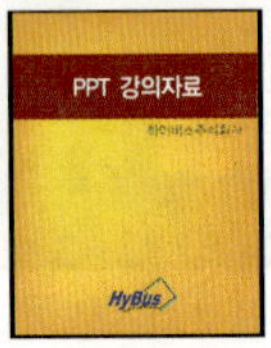

1. 임베디드 시스템 개요
2. 임베디드 시스템 하드웨어
3. 임베디드 리눅스 쉘 명령어
4. 크로스컴파일러 설치
5. Host 환경설정
6. FUSING

:

12. QT설치 및 Application

USN System
Ubiquitous Sensor Network

USN-Hmote System

Hmote2420-ZigBee System

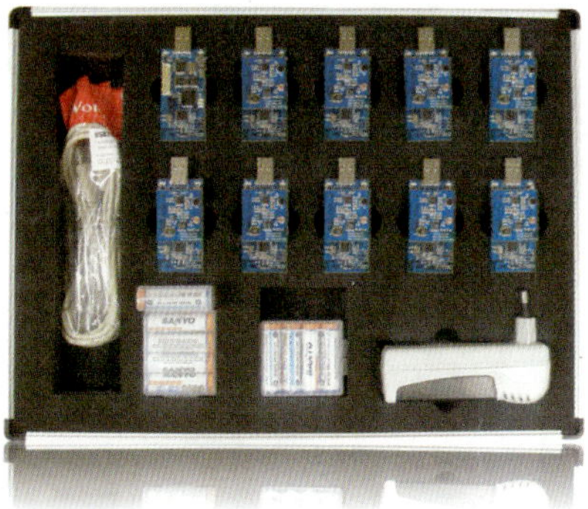

Wireless sensor network system
Based IEEE802.15.4

Hmote2420은 강력한 성능의 TI MSP430 프로세서를 사용하여 저전력이며 강력한 성능을 제공하고 RF Chip은 CC2420을 사용하여 IEEE802.15.4 스텍을 지원합니다.
USB 인터페이스를 통해 프로그래밍이 가능하고 확장 슬롯을 통해 센서 보드가 연결되며 센서보드는 파트별로 다양한 센서들을 연결하여 사용 가능합니다.

제품 특징

FEATURE

IEEE802.15.4 Module
(ZigBee 가능)

- 강력한 성능의 TI MSP430 Processor 사용
- TinyOS 기반의 실시간 센서 네트워크 구성
- 내장PCB 안테나 및 외장 확장 안테나 단자 및 다양한 센서 확장을 위한 확장 포트 제공
- USB를 통한 프로그래밍 및 데이터 송수신 가능
- 강력한 전원 관리기능, 다양한센서기능(온도, 조도, 습도, 마이크)
- 실내위치 추적 기능 추가(초음파센서)
- Embedded system(X-Hyper270)과 연결하여 사용가능
- Sensor Library 및 Source, 기술문서, 교재, 수업용 자료제공 및 교육지원

시리즈명	구성항목	수량	내용설명
H/W	Hmote2420 (IEEE802.15.4 Processor/Radio Board - 2.4G)	10	
	H-sensor Board (Light,Temperature, Humidity, Mic)	9	
	Charger	1	
	Rechargeable Battery	20	
S/W	TinyOS Development Tools	1	CDROM
	Sensor Networking and Test Applications	1	CDROM
	Sensor Network Monitoring S/W	1	CDROM
교재	TinyOS Getting Started Guide	1	CDROM
	무선센서네트워크 활용 - 출판교재	1	
	무선센서네트워크 응용과 실습 - 출판교재	1	
Accessory	Aluminium Hard Case	1	
	USB Cable	1	

USN 활용

1. USN System 소개 및 개발환경 구축
2. TinyOS와 nesC 시작하기
3. 모스 부호 프로그램
4. 이벤트 기반의 센서 데이터 수집
5. 응용데이터 프로세싱을 위한 Task 소개
6. 무선 통신 프로그램
7. TOSSIM을 이용한 TinyOS 응용 시뮬레이션
8. PC로 데이터 출력
9. 패킷
10. 데이터 저장 프로그램
11. Mote KIT 응용 Level 1,2,3

USN 응용

1. U-센서 네트워크의 개요
2. TinyOS의 설치 및 개요
3. TinyOS 및 nesC 프로그래밍
4. 센서 네트워크 하드웨어의 구성
5. 무선 통신과 멀티홉 메쉬 네트워킹
6. U-센서 개발환경 및 응용

하이버스(주) www.hybus.net
서울시 구로구 구로3동 212-8번지 대륭포스트타워 1차 701호 • Tel : 02-2082-2400 • Fax : 02-2082-2406 • hybus@hybus.net

Ubiquitous Sensor Network

Hmote2420

유비쿼터스 센서 네트워킹을 쉽고
신뢰할 수 있게 개발 할 수 있는

"저전력 고성능 MOTE"

제품 특징

250kbps 2.4GHz IEEE 802.15.4 Chipcon CC2420 RF Chip 사용

- 다른 IEEE 802.15.4 디바이스와의 정보 처리 상호 운영 가능
- Texas Instruments MSP430 microcontroller (10k RAM, 48k Flash) 사용
- Onboard 안테나 (50m range indoors / 125m range outdoors)
- 초 저 전류 소모
- Speep mode로 부터 빠른 wakeup (<6us)
- Connector를 통한 다양한 센서 보드 확장 가능
- Optional SMA antenna connector 내장
- USB를 통한 Programming and data collection
- TinyOS 지원 : mesh networking and communication implementation

제품 사양

ITEM	내 용
H/W	TI MSP430 16bit Processor – Speed : 8MHz/32KHz – Program Space : 48kb, RAM : 10kB
	RF Chip CC2420 – Frequency : 2400~2483MHz – Data rate : 250kbps
	내장 Antenna / 외부 Antenna Interface
	USB Interface / 확장 Connector

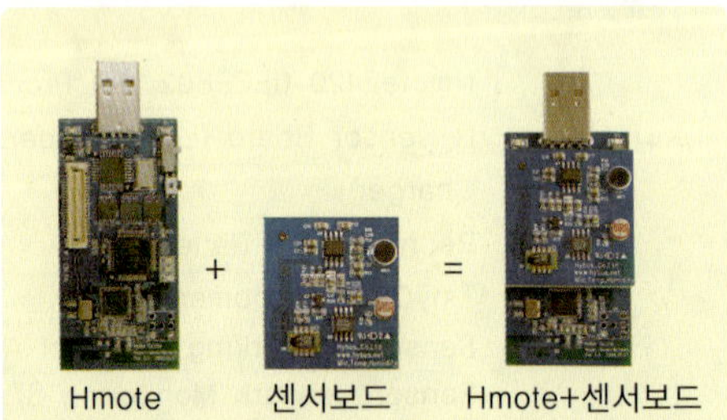

기본 센서 모듈

- 온도 센서
- 습도 센서
- 조도 센서
- Tone 감지 센서

하이버스(주) www.hybus.net
서울시 구로구 구로3동 212-8번지 대륭포스트타워 1차 701호 • Tel : 02-2082-2400 • Fax : 02-2082-2406 • hybus@hybus.net

USN System
Ubiquitous Sensor Network

USN-Hmote System

무선 홈 네트워크 시스템

Wireless Home Network System은 USN 기술을 이용하여 집안의 환경을 모니터링 하고 모든 가전기기를 무선으로 제어함으로써 거주자에게 최적의 환경을 서비스 할 수 있습니다.

Embedded 제어 Module

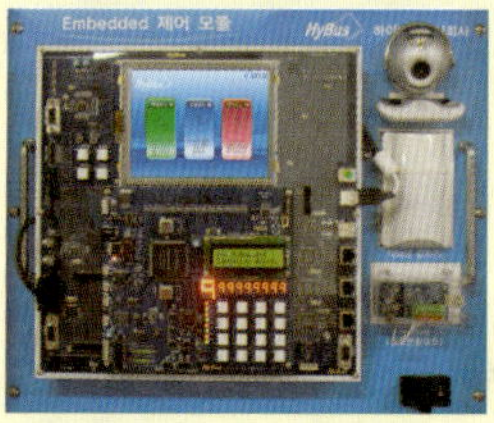

구분	항목	수량
H/W	• XHyper270TKU Embedded Board	1
	• CMOS Camera/적외선 인체 감지기	1
	• Hmote2420	1
	• DC 제어 보드/판넬기구물	1
S/W	• XHyper270TKU Embedded Board S/W	1
	• Embedded System과 USN 연동 S/W	1
	• CMOS Camera 구동 S/W	1
	• 적외선 인체 감지기 제어 S/W	1

RFID 제어 Module

구분	항목	수량
H/W	• RFID Reader/보관함	1
	• RFID Tag	5
	• Door Lock	1
	• Hmote2420	1
	• DC 제어/신호 변환 보드	1
	• 판넬기구물	1
S/W	• RFID/도어 락 구동 S/W	1
	• 임베디드 서버 모듈을 통한 RFID 인증 S/W	1

U-Security/Safety Module

구분	항목	수량
H/W	• 가스/연기 감지기/가스 벨브기	1
	• 화재 알림 경광등	1
	• Hmote2420	4
	• DC 제어 보드	2
	• 신호 변환 보드	4
	• 판넬 기구물	1
S/W	• 가스/연기 감지기 제어 S/W	1
	• 가스 벨브/경광등 구동 S/W	1

U-Home Network Module

구분	항목	수량
H/W	• 선풍기/백열등(기구물 포함)	1
	• Hmote2420	6
	• H Sensor 보드(온도, 조도, 습도)	3
	• LED 표시/DC 제어/AC 제어 보드	1
	• 신호 변환 보드	2
	• 판넬기구물	1
S/W	• 온도/습도/조도 센서 수집 S/W	1
	• 선풍기/백열등 구동 S/W	1

* Module 별로 판매 가능 (별도 전원 공급으로 독립적인 실험 가능)
* 모든 Module은 PC로도 제어 가능

U-Health Module

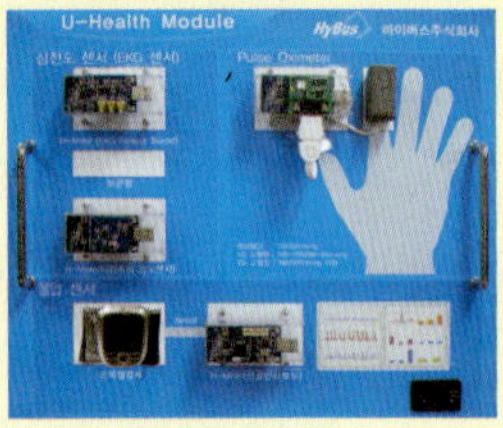

H/W	• 심전도(EKG) 센서 • Hmote2420 • 비접촉식 온도 센서 • Pulse Oximeter 센서 • 손목혈압계 센서 • 신호 변환 보드	1 4 1 1 1 1
S/W	• TinyOS 기반 S/W	1

동작도

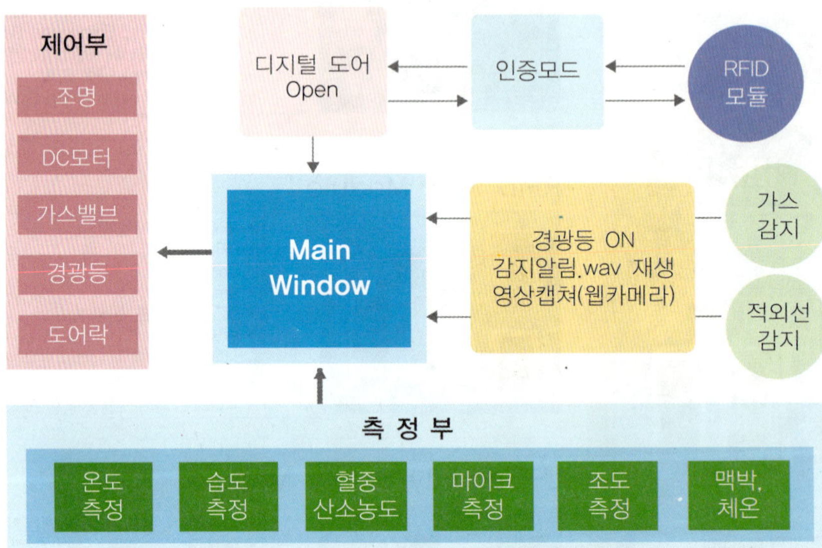

▶ Hmote-ZigBee Ubiquitous Sensor Network 동작 화면

유비쿼터스 센서 네트워크 초기 화면

유비쿼터스 센서 네트워크 모드 화면

유비쿼터스 센서 네트워크 메인 화면

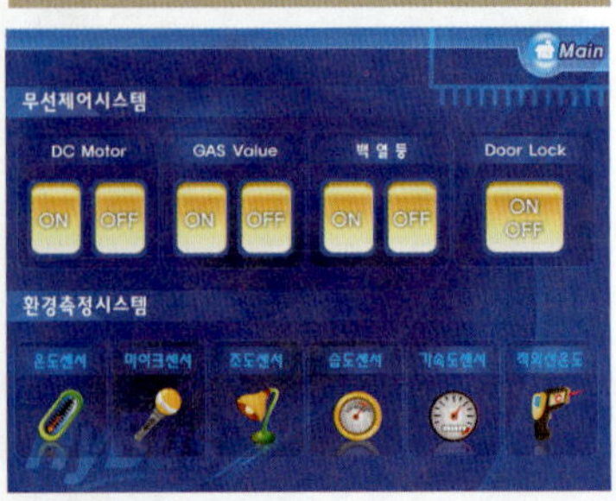

〈RFID 인증을 통해 메인 화면 로그인〉

하이버스(주) www.hybus.net
서울시 구로구 구로3동 212-8번지 대륭포스트타워 1차 701호 • Tel : 02-2082-2400 • Fax : 02-2082-2406 • hybus@hybus.net